全国技工院校"十二五"系列规划教材

PLC 应用技术（三菱）

（任务驱动模式）

主　编　杨杰忠
副主编　郭能强　李仁芝　张焕英
参　编　李亚明　郑　欣　诸葛英　潘协龙
　　　　勾东海　吴坤国　覃泽涛

U0255531

机械工业出版社

本书以任务驱动教学法为主线，以应用为目的，以具体的任务为载体，介绍了三菱 PLC 的基础知识、基本操作、基础应用等内容。本书的主要任务有：认识 PLC 控制系统、PLC 基本控制系统设计与装调、顺序控制系统设计与装调、复杂功能控制系统设计与装调。

本书可作为技工院校、职业院校及成人高等院校、民办高校的电气自动化专业、机电一体化等专业师生的教学用书，也可供从事自动化控制技术的工程技术人员参考。

图书在版编目（CIP）数据

PLC 应用技术（三菱）．任务驱动模式/杨杰忠编著．　—北京：机械工业出版社，2013.8（2023.7 重印）
全国技工院校"十二五"系列规划教材
ISBN 978-7-111- 43046-9

Ⅰ.①P…　Ⅱ.①杨…　Ⅲ.①plc 技术–技工学校–教学参考资料
Ⅳ.① TM571.6

中国版本图书馆 CIP 数据核字（2013）第 144095 号

机械工业出版社（北京市百万庄大街 22 号　邮政编码 100037）
策划编辑：陈玉芝　责任编辑：林运鑫
版式设计：霍永明　责任校对：张　媛
封面设计：张　静　责任印制：常天培
北京机工印刷厂有限公司印刷
2023 年 7 月第 1 版第 6 次印刷
184mm×260mm · 26.75 印张 · 661 千字
标准书号：ISBN 978-7-111- 43046-9
定价：50.00 元

全国技工院校"十二五"系列规划教材
编审委员会

序

　　"十二五"期间，加速转变生产方式，调整产业结构，将是我国国民经济和社会发展的重中之重。而要完成这种转变和调整，就必须有一大批高素质的技能型人才作为后盾。根据《国家中长期人才发展规划纲要（2010—2020 年)》的要求，至 2020 年，我国高技能人才占技能劳动者的比例将由 2008 年的24.4%上升到28%（目前一些经济发达国家的这个比例已达到40%）。可以预见，作为高技能人才培养重要组成部分的高级技工教育，在未来的 10 年必将会迎来一个高速发展的黄金期。近几年来，各职业院校都在积极开展高级工培养的试点工作，并取得了较好的效果。但由于起步较晚，课程体系、教学模式都还有待完善与提高，教材建设也相对滞后，至今还没有一套适合高级技工教育快速发展需要的成体系、高质量的教材。即使一些专业（工种）有高级工教材也不是很完善，或是内容陈旧、实用性不强，或是形式单一、无法突出高技能人才培养的特色，更没有形成合理的体系。因此，开发一套体系完整、特色鲜明、适合理论实践一体化教学、反映企业最新技术与工艺的高级工教材，就成为高级技工教育亟待解决的课题。

　　鉴于高级技工教材短缺的现状，机械工业出版社与中国机械工业教育协会从 2010 年 10 月开始，组织相关人员，采用走访、问卷调查、座谈等方式，对全国有代表性的机电行业企业、部分省市的职业院校进行了历时 6 个月的深入调研。对目前企业对高级工的知识、技能要求，各学校高级工教育教学现状、教学和课程改革情况以及对教材的需求等有了比较清晰的认识。在此基础上，他们紧紧依托行业优势，以为企业输送满足其岗位需求的合格人才为最终目标，组织了行业和技能教育方面的专家精心规划了教材书目，对编写内容、编写模式等进行了深入探讨，形成了本系列教材的基本编写框架。为保证教材的编写质量、编写队伍的专业性和权威性，2011 年 5 月，他们面向全国技工院校公开征稿，共收到来自全国 22 个省（直辖市）的 110 多所学校的 600 多份申报材料。在组织专家对作者及教材编写大纲进行了严格的评审后，决定首批启动编写机械加工制造类专业、电工电子类专业、汽车检测与维修专业、计算机技术相关专业教材以及部分公共基础课教材等，共计 80 余种。

本系列教材的编写指导思想明确，坚持以达到国家职业技能鉴定标准和就业能力为目标，以各专业的工作内容为主线，以工作任务为引领，由浅入深，循序渐进，精简理论，突出核心技能与实操能力，使理论与实践融为一体，充分体现"教"、"学"、"做"合一的教学思想，致力于构建符合当前教学改革方向的，以培养应用型、技术型、创新型人才为目标的教材体系。

本系列教材重点突出了如下三个特色：一是"新"字当头，即体系新、模式新、内容新。体系新是把教材以学科体系为主转变为以专业技术体系为主；模式新是把教材传统章节模式转变为以工作过程的项目为主；内容新是教材充分反映了新材料、新工艺、新技术、新方法。二是注重科学性。教材从体系、模式到内容符合教学规律，符合国内外制造技术水平实际情况。在具体任务和实例的选取上，突出先进性、实用性和典型性，便于组织教学，以提高学生的学习效率。三是体现普适性。由于当前高级工生源既有中职毕业生，又有高中生，各自学制也不同，还要考虑到在职人群，教材内容安排上尽量照顾到了不同的求学者，适用面比较广泛。

此外，本系列教材还配备了电子教学课件，以及相应的习题集，实验、实习教程，现场操作视频等，初步实现教材的立体化。

我相信，本系列教材的出版，对深化职业技术教育改革，提高高级工培养的质量，都会起到积极的作用。在此，我谨向各位作者和所在单位及为这套教材出力的学者表示衷心的感谢。

原机械工业部教育司副司长
中国机械工业教育协会高级顾问

郭广发

前　言

为贯彻全国职业技术学校坚持以就业为导向的办学方针，实现以课程对接岗位、教材对接技能的目的，为更好地适应"工学结合、任务驱动模式"教学的要求，我们编写了本书。

在本书的编写过程中，主要体现了以下特点：

1. 坚持以应用为目的，精选任务内容。内容选择上本着"够用、适用"为度的指导思想，采用理论与技能训练一体化的教学模式，有利于提高学生分析问题和解决问题的能力，有利于提高学生的动手能力和工作的适应能力。

2. 根据 PLC 技术的发展，尽可能地在书中充实新知识、新技术。

3. 在编写过程中，采用大量的图片、实物照片将知识点直观地展示出来，降低学生的学习难度，提高其学习兴趣。

4. 各学习任务的习题全面覆盖了中、高级工职业资格证书考试内容。

5. 为方便教学，我们还为本书配备了电子课件。

本书由杨杰忠任主编并统稿，郭能强、李仁芝、张焕英任副主编，参加编写的还有李亚明、郑欣、诸葛英、潘协龙、勾东海、吴坤国、覃泽涛。

由于编者水平有限，书中难免有错漏和不妥之处，敬请读者批评指正。

编　者

目　录

单元1 认识 PLC 控制系统

任务1 认识 PLC

 学习目标

知识目标：1. 了解 PLC 产生的背景，及其常用品牌和各自的特点。
2. 掌握 PLC 的应用及功能。
能力目标：能根据控制要求对 PLC 进行选型。

工作任务

随着科学技术的不断进步，工业生产逐渐实现现代化，特别是在工业生产中，流水线是比较常用的一种自动化设备模式，在实际的生产中，经常要对流水线上的产品进行分拣。以前系统的电气控制大多采用继电器和接触器，这种操作方式存在劳动强度大、能耗高等缺点。随着工业现代化的迅猛发展，继电器控制系统无法达到相应的控制要求。因此，采用 PLC 控制是十分必要的。

如图 1-1-1 所示为某生产流水线用于分拣黑白物料（如黑白球）的机械装置模拟图。此运输机的机械手工作顺序为：向下→抓住球→向上→向右运行→向下释放球。在这个过程中，可以把两种不同的物料输送到不同的地方。具体动作如下：

1）按下起动按钮，机械手回到原位，如图 1-1-2 所示。机械手移动到物料 A 处，抓起

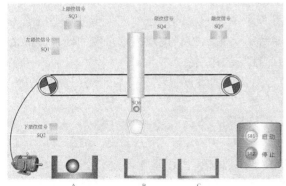

图 1-1-1　分拣黑白球的机械装置模拟图

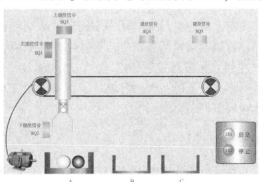

图 1-1-2　机械手回到原位

物料。手抓装置中有光电传感器，通过光电传感器判断黑白物料的情况，抓起白色物料时，如图 1-1-3 所示；抓起黑色物料时，如图 1-1-4 所示。

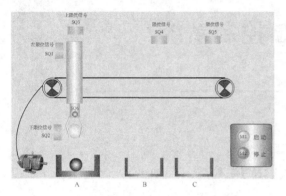 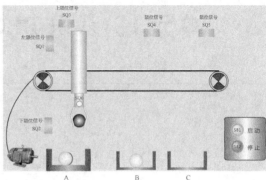

图 1-1-3　机械手抓起白色物料　　　　　　图 1-1-4　机械手抓起黑色物料

2）判断完黑白物料后，控制机械手装置的直流电动机就会驱动机械手移动，当到达指定的地点（B 处或 C 处），如图 1-1-5 所示，从而进行分拣。

3）机械手装置上面的三相步进电动机驱动器控制三相步进电动机的旋转，带动丝杠旋转进而使机械手上升或下降，步进电动机旋转的圈数决定了机械手上升或下降的距离，如图 1-1-6 所示。

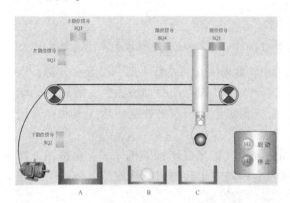 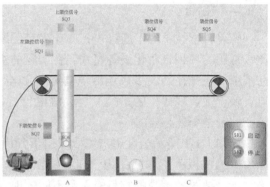

图 1-1-5　机械手移动到 C 处位置　　　　　　图 1-1-6　机械手下降距离

综上所述，可知这是一个比较复杂的动作系统，有传感器的信号处理、步进电动机的控制、直流电动机的控制等，这些部件能有机地联系在一起，有目的地完成规定的任务，都是通过 PLC 来进行控制和处理的，PLC 起着"指挥官"的作用。

本次任务的主要内容就是了解 PLC 在工业自动化中的发展过程、特点、应用及功能等，学会根据控制要求对 PLC 进行选型。

任务分析

本任务主要是从 PLC 产生的背景，PLC 的应用、功能，PLC 常用品牌及各自的特点等方面进行阐述，通过学习达到初识 PLC 的目的，为后续的学习奠定基础，同时掌握根据控制要求正确选择 PLC 机型的方法。

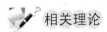 相关理论

一、PLC 的发展过程

PLC 是可编程序控制器（Programmable Controller）的简称。实际上，可编程序控制器的英文缩写为 PC，为了与个人计算机（Personal Computer）相区别，人们就将最初用于逻辑控制的可编程序控制器（Programmable Logic Controller）叫做 PLC。

初期的 PLC 主要用于汽车制造业，当时汽车生产流水线控制系统基本上都是由继电器控制装置构成的，汽车的每一次改型都要求生产流水线继电器控制装置的重新设计，这样继电器控制装置就需要经常更改设计和安装，为此美国的数字设备公司（DEC）于 1969 年研制出世界上第一台可编程序控制器。此后这项技术迅速发展，并推动世界各国对可编程序控制器的研制和应用。日本、德国等先后研制出自己的可编程序控制器，PLC 的发展过程大致可分为以下几个阶段。

第一阶段：功能简单，主要是逻辑运算、定时和计数功能，没有形成系列。与继电器控制相比，可靠性有一定的提高。CPU 由中小规模集成电路组成，存储器为磁心存储器。目前已无人问津。

第二阶段：增加了数字运算功能，能完成模拟量控制，开始具备自诊断功能，存储器采用 EPROM。目前此类 PLC 已退出市场。

第三阶段：将微处理器用在 PLC 中，而且向多微处理器发展，使 PLC 的功能和处理速度大大增强，具有通信功能和远程 I/O 能力。这类 PLC 仍在部分使用。

第四阶段：能完成对整个车间的监控，可将多台 PLC 连接起来与大系统连成一体，实现网络资源共享。编程语言除了传统的梯形图、流程图、指令表等以外，还有用于算术运算的 BASIC 语言以及用于顺序控制的 GRAPH 语言，用于机床控制的数控语言等。这类 PLC 是当前自动化控制的主流。

目前，为了适应大中小型企业的不同需要，扩大 PLC 在工业自动化领域的应用范围，PLC 正朝着以下两个方向发展：

1）抵档 PLC 向小型化、简易廉价方向发展，使之能更加广泛地取代继电器控制。

2）中高档 PLC 向大型、高速、多功能方向发展，使之能取代工业控制机械的部分功能，对复杂系统进行综合性自动控制。

PLC 的历史只有 40 多年，但其发展极为迅速。为了确定它的性质，国际电工委员会（International Electrical Committee）对 PLC 作了如下定义：

PLC 是一种数字运算操作的电子系统，专为在工业环境下应用而设计。它采用可编程的存储器，用来在其内部存储执行逻辑运算、顺序控制、定时、计数和算术运算等操作指令，并通过数字式或模拟式的输入和输出，控制各种类型的机械或生产过程。PLC 及其相关设备，都应按易于与工业控制系统形成一个整体，易于扩展其功能的原则设计。

二、PLC 的应用领域

PLC 的应用非常广泛，例如：电梯控制、防盗系统的控制、交通分流信号灯控制、楼宇供水自动控制、消防系统自动控制、供电系统自动控制、喷水池自动控制及各种生产流水线的自动控制等，其应用情况大致可归纳为如下几类。

1. 开关量逻辑控制

这是 PLC 最基本、最广泛的应用领域，取代传统的继电-接触器控制电路，实现逻辑控制、顺序控制，既可用于单台设备的控制，又可用于多机群控及自动化流水线。例如，注塑机、印刷机、订书机械、组合机床、磨床、包装生产线、电镀流水线等。

2. 模拟量控制

PLC 利用 PID（Proportional Integral Derivative）算法可实现闭环控制功能。例如，温度、速度、压力及流量等过程量的控制。

3. 运动控制

PLC 可以用于圆周运动或直线运动的定位控制。近年来许多 PLC 厂商在自己的产品中增加了脉冲输出功能，配合原有的高速计数器功能，使 PLC 的定位控制能力大大增强。此外，许多 PLC 品牌具有位置控制模块，可驱动步进电动机或伺服电动机的单轴或多轴位置控制模块，使 PLC 广泛地用于各种机械、机床、机器人、电梯等场合。

4. 数据处理

现代 PLC 具有数学运算、数据传送、数据转换、排序、查表、位操作等功能，可以完成数据采集、分析及处理。这些数据除可以与存储在存储器中的参考值比较，在完成一定的控制操作外，也可以利用通信功能传送到别的智能装置，或将它们打印制表。数据处理一般用于大型控制系统，如无人控制的柔性制造系统；也可用于过程控制系统，如造纸、冶金、食品工业中的一些大型控制系统。

5. 通信及联网

PLC 通信包括 PLC 间的通信及 PLC 与其他智能设备之间的通信。随着计算机控制的发展，工厂自动化网络发展得很快，各 PLC 厂商都十分重视 PLC 的通信功能，纷纷推出各自的网络系统。新近生产的 PLC 无论是网络接入能力还是通信技术指标都得到了很大加强，这使 PLC 在远程及大型控制系统中的应用能力大大增加。

三、PLC 的特点、性能指标及分类

1. PLC 的特点

（1）高可靠性　高可靠性是 PLC 最突出的特点之一。由于工业生产过程是不间断的，这就对用于工业生产过程的控制器提出了高可靠性的要求。它的平均故障间隔时间为 3 万 ~ 5 万小时以上。

（2）灵活性　以往电气工程师必须为每套设备配置专用控制装置，有了 PLC 以后，硬件设备采用相同的 PLC，只需编写不同应用软件程序即可，且可以用一台 PLC 控制几台操作方式完全不同的设备。

（3）便于改进和修正　相对于传统的电气控制电路，PLC 为改进和修订原设计提供了极其方便的手段。以前也许要花费几周的时间，用 PLC 也许只用几分钟就可以完成。

（4）触点利用率提高　传统电路中一个继电器只能提供几个触点用于联锁，而在 PLC 中，一个输入中的开关量或程序中的一个"线圈"可提供用户所需要的任意联锁触点，也就是说，触点在程序中可不受限制地使用。

（5）丰富的 I/O 接口　由于工业控制机只是整个工业生产过程自动控制系统中的一个控制中枢，所以 PLC 除了具有计算机的基本部分（如 CPU、存储器等）以外，还有丰富的 I/O 接口模块。对不同的现场信号都有相应的 I/O 模块与现场器件或设备连接。

（6）模拟调试　PLC 能对所控功能在实验室内进行模拟调试，缩短现场的调试时间，而传统电气电路是无法在实验室进行调试的，只能在现场花费大量的时间调试。

（7）对现场进行微观监视　在 PLC 系统中，操作人员能通过显示器观测到所控每个触点的运行情况，随时监视事故发生点。

（8）快速动作　传统继电器触点的响应时间一般需要几百毫秒，而 PLC 里的节点反应很快，内部是微秒级的，外部是毫秒级的。

（9）梯形图及布尔代数并用　PLC 的程序编制可采用电气技术人员熟悉的梯形图方式，也可采用程序员熟悉的布尔代数图形方式。

（10）体积小、质量轻、功耗低　由于 PLC 内部采用半导体集成电路，与传统控制系统相比较，其体积小、质量轻、功耗低。

（11）编程简单、使用方便　PLC 采用面向控制过程，目前的 PLC 大多数采用梯形图语言编程方式，它继承了传统控制电路的清晰直观感，考虑到大多数电气技术人员的读图习惯及应用微机的水平，很容易被技术人员所接受。

2. 性能指标

（1）硬件指标　硬件指标主要包括环境温度、环境湿度、抗振、抗冲击力、抗噪声干扰、耐压、接地要求和使用环境等。由于 PLC 是专门为适应恶劣的工业环境而设计的，所以 PLC 一般都能满足以上硬件的要求，如 PLC 一般在下列条件下工作：温度 0~55℃，湿度小于 80%。

（2）软件指标　PLC 的软件指标通常从以下几个方面进行描述：

1）编程语言。不同机型的 PLC，具有不同的编程语言。常用的编程语言有梯形图、指令表和控制系统流程图共 3 种。

2）用户存储器容量和类型。用户存储器用来存储用户通过编程器输入的程序。其存储容量通常以字或步为单位计算，例如 FX2 的存储容量为 2k 步。常用的用户程序存储器类型有 RAM、EEPROM 和 EPROM 共 3 种。

3）I/O 总数。PLC 有开关量和模拟量两种输入/输出。对开关量输入/输出（I/O）总数，通常用最大 I/O 点数表示；对模拟量的 I/O 总数，通常用最大 I/O 通道数表示。

4）指令数。用来表示 PLC 的功能。一般指令数越多，其功能越强。

5）软元件的种类和点数。指辅助继电器、定时器、计数器、状态、数据寄存器和各种特殊继电器等。

6）扫描速度。以 "μs/步" 表示。例如，0.48μs/步表示扫描一步用户程序所需要的时间为 0.48μs。PLC 的扫描速度越快，其输出对输入的响应越快。

7）其他指标。如 PLC 的运行方式、输入/输出方式、自诊断功能、通信联网功能、远程监控等。

3. PLC 的分类

目前 PLC 的种类很多，规格性能不一，且没有一个权威的统一分类标准，但是目前一般按下面几种情况大致分类：

（1）按结构形式分类　PLC 按结构形式可分为整体式和模块式两种。

1）整体式。整体式 PLC 是将其电源、中央处理器、输入/输出部件等集中配置在一起，有的甚至全部安装在一块印制电路板上。整体式 PLC 结构紧凑、体积小、质量轻、价格低、I/O 点数固定、使用不灵活。小型 PLC 常使用这种结构。

2）模块式。模块式 PLC 是把 PLC 的各部分以模块形式分开，如电源模块、CPU 模块、输入模块、输出模块等。把这些模块插入机架底板上，组装在一个机架内。这种结构配置灵活、装配方便、便于扩展。一般中型和大型 PLC 常采用这种结构。

（2）按输入/输出点数和存储容量分类　按输入/输出点数和存储容量来分，PLC 大致可分为大、中、小型三种。

1）小型 PLC。小型 PLC 的输入/输出点数在 256 点以下，单 CPU、8 位或 16 位处理器，用户程序存储容量在 4k 字以下。目前，常见的小型 PLC 有美国通用电气（GE）公司的 GE-I，美国德州仪器公司的 TI100，日本三菱电气公司的 F、F1、F2，日本立石公司（欧姆龙）的 C20、C40，德国西门子公司的 S7-200，日本东芝公司的 EX20、EX40，中外合资无锡华光电子工业有限公司的 SR-20/21 等。

2）中型 PLC。中型 PLC 的输入/输出点数为 256～2048 点，双 CPU，用户程序存储容量一般为 2～10k 字。目前，常见的中型 PLC 有美国通用电气（GE）公司的 GE-Ⅲ，德国西门子公司的 S7-300、SU-5、SU-6，日本立石公司（欧姆龙）的 C500，中外合资无锡华光电子工业有限公司的 SR-400 等。

3）大型 PLC。大型 PLC 的输入/输出点数在 2048 点以上，多 CPU、16 位或 32 位处理器，用户程序存储容量达 10k 字以上。目前，常见的大型 PLC 有美国通用电气（GE）公司的 GE-Ⅳ，德国西门子公司的 S7-400，日本立石公司（欧姆龙）的 C2000，日本三菱电气公司的 K3 等。

（3）按功能分类　按 PLC 功能的强弱来分，PLC 一般可分为低档机、中档机和高档机三种。其功能如下：

1）低档 PLC 具有逻辑运算、定时、计数等功能。有的还增设模拟量处理、算术运算、数据传送等功能。

2）中档 PLC 除具有低档机的功能外，还具有较强的模拟量输入/输出、算术运算、数据传送等功能，可完成既有开关量又有模拟量控制的任务。

3）高档 PLC 增设有带符号算术运算及矩阵运算等，使运算能力更强，还具有模拟调节、联网通信、监视、记录和打印等功能，使 PLC 的功能更多更强。能进行远程控制、构成分布式控制系统，成为整个工厂的自动化网络。

四、FX 系列 PLC 的特点与规格

1. FX 系列 PLC 的型号意义

FX 系列 PLC 的型号表示方法如图 1-1-7 所示。

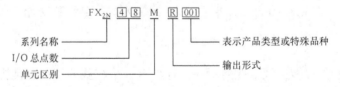

图 1-1-7　FX 系列 PLC 的型号及表示方法

型号含义说明：

（1）系列名称　FX 系列的名称常用有 1S、1N、2N、3U 和 3G 等，因此目前常用的 FX 系列的型号有 FX1S 系列、FX1N 系列、FX2N 系列、FX2NC 系列、FX3U 系列和 FX3G 系列等。

（2）单元类型　FX 系列的单元类型一般有 4 种，其表示方法如下：

1）M 表示基本单元。

2）E 表示输入/输出混合扩展单元及扩展模块。

3）EX 表示输入专用扩展模块。

4）EY 表示输出专用扩展模块。

（3）输出形式　PLC 的输出形式一般分为 3 种。其中 R 表示继电器输出；T 表示晶体管输出；S 表示晶闸管输出。这 3 种输出形式的电路结构如图 1-1-8 所示。其输出方式的性能比较见表 1-1-1。

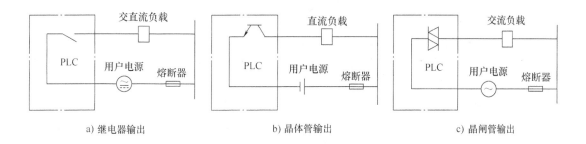

a）继电器输出　　　　　　　b）晶体管输出　　　　　　　c）晶闸管输出

图 1-1-8　PLC 三种输出形式的电路结构

表 1-1-1　3 种输出方式的性能比较

项目		继电器输出方式	晶体管输出方式	晶闸管输出方式
外部电源		AC 250V，DC 30V 以下	DC 5～30V	AC 85～242V
最大负载	电阻负载	2A/1 点	0.5A/1 点 0.8A/1 点	0.3A/1 点 0.8A/1 点
	感性负载	80VA	12W/DC 24V	15V·A/AC 100V
	灯负载	100W	1.5W/DC 24V	30W
开路漏电流		—	0.1mA/DC 24V	1mA/AC 100V 或 2.4mA/DC 24V
响应时间		约 10ms	0.2ms 以下	1ms 以下
电路隔离		继电器隔离	光耦合器隔离	光敏晶体管隔离
动作显示		继电器通电时 LED 灯亮	光耦驱动时 LED 灯亮	光敏晶体管驱动时 LED 灯亮

提示　1）继电器输出的 PLC 可以直接驱动 2A 以内的负载，一般的电磁阀、继电器都用继电器输出型。若当电磁阀线圈的负载电流超过 2A 时，可通过中间继电器进行过渡控制。

2）晶体管输出的 PLC 只能驱动 0.5A 以内的负载，但是其响应速度快，一般用来输出高速脉冲，可以控制高速电磁阀、步进及伺服马达等。

（4）产品类型和特殊品种

1）产品类型。PLC 的产品类型一般分为两种，其中 001 表示标准产品；ES/UL 表示欧规产品。目前国内销售的 PLC 一般都为标准版的 PLC。

2）特殊品种。PLC 的特殊品种代号共有 8 种，其文字代号及含义如下：

① D：DC 电源，DC 输入。

② A1：AC 电源，AC 输入（AC 100~120V）或 AC 输入模块。

③ H：大电流输出扩展模块（1A/1 点）。

④ V：立式端子排的扩展模块。

⑤ C：接插口输入输出方式。

⑥ F：输入滤波器 1ms 的扩展模块。

⑦ L：TTL 输入型扩展模块。

⑧ S：独立端子（无公共端）扩展模块。

若特殊品种一项无标记，通常表示 AC 电源，DC 输入，横式端子排。继电器输出：2A/点；晶体管输出：0.5A/点；晶闸管输出：0.3A/点。

例如：型号"FX2N-64MR"表示该 PLC 为 FX2N 系列，AC 电源，DC 输入的基本单元、I/O 总点数为 64 点，继电器输出方式。又如型号"FX2N-48MRD"表示该 PLC 为 FX2N 系列，I/O 总点数为 64 点，DC 电源，DC 输入的基本单元，继电器输出方式。再如型号"FX-4EYSH"表示该 PLC 为 FX 系列，输入点数为 0，输出点数为 4 点，晶闸管输出的大电流输出扩展模块。

> **提示** PLC 在选用时应根据不同的要求选用不同的输出方式。若需要大电流输出，则应选继电器输出方式或晶闸管输出方式；若电路需要快速通断或需要频繁动作，则应选用晶体管输出方式或晶闸管输出方式。

2. 常用的 FX 系列 CPU 的性能

常用的 FX 系列 CPU 的性能见表 1-1-2。

表 1-1-2　常用的 FX 系列 CPU 的性能

CPU 系列	FX1S	FX1N	FX2N	FX3U
运算控制方式	存储程序反复运算（专用 LST），有中断指令			
输入/输出控制方式	批处理方式（执行 END 时），有 I/O 刷新指令			
编程语言	梯形图、步进梯形图、SFC			
程序内存	内置 2000 步 EEPROM	内置 8000 步 EEPROM	内置 2000 步 RAM	内置 64000 步 RAM
可选存储器	FX1N-EEPROM-8L		RAM8K EEPROM4-16K	FX3U-PLROM-64L FX3U-PLROM-16
指令种类	顺控指令 27 个，步进梯形图指令 2 个			顺控 29 个
	应用指令 85 种	应用指令 89 种	应用指令 128 种	应用指令 209 种
运算处理速度	基本指令 0.55~0.7μs，应用指令 1007μs		基本指令 0.08μs	基本指令 0.065μs
扩展功能	无	有	有	有
输入输出点数	30 点以下	128 点以下	256 点以下	384 点以下

3. FX 系列的扩展模块

FX 系列 PLC 的扩展模块主要有扩展 I/O 模块（输入扩展模块、输出扩展模块）和扩展 I/O（混合模块）。如图 1-1-9 所示就是常见的 FX2N 系列 PLC 的输入扩展模块、输出扩展模块和混合模块的外形图。

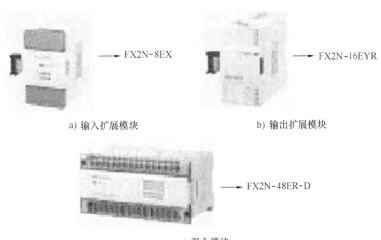

a) 输入扩展模块　　　　　　　　　　b) 输出扩展模块

c) 混合模块

图 1-1-9　FX2N 系列 PLC 扩展模块外形图

（1）FX 系列扩展 I/O 模块　FX 系列扩展 I/O 模块包括输入扩展模块和输出扩展模块，常用的 FX 系列扩展 I/O 模块见表 1-1-3。

表 1-1-3　常用的 FX 系列控制 I/O 模块

型号	I/O 总数	输入		输出		可连接的 PLC		
		数目	类型	数目	类型	FX1S	FX1N	FX2N
FX0N-8EX	8	8	漏型	—	—		√	√
FX0N-16EX	16	16	漏型	—	—		√	√
FX2N-16EX	16	16	漏型	—	—		√	√
FX0N-8EYR	8	—	—	8	继电器		√	√
FX0N-8EYT		—	—		晶体管		√	√
FX0N-16EYR	16	—	—	16	继电器		√	√
FX0N-16EYT		—	—		晶体管		√	√
FX2N-16EYR	16	—	—	16	继电器		√	√
FX2N-16EYT		—	—		晶体管		√	√

（2）FX 系列扩展 I/O 混合模块　FX 系列扩展 I/O 混合模块是既含输入扩展又含输出扩展的模块，常用的 FX 系列扩展 I/O 混合模块见表 1-1-4。

表1-1-4　常用的 FX 系列扩展 I/O（混合模块）

型号	I/O 总数	输入		输出		可连接的 PLC		
		数目	类型	数目	类型	FX1S	FX1N	FX2N
FX2N-32ER	32	16	漏型	16	继电器		√	√
FX2N-32ET					晶体管			
FX0N-40ER	40	24	漏型	16	继电器		√	
FX0N-40ET					晶体管			
FX2N-48ER	48	24	漏型	24	继电器		√	√
FX2N-48ET					晶体管			
FX2N-40ER-D	40	24	漏型	16	继电器		√	
FX2N-48ER-D	48	24	漏型	16	继电器			√
FX2N-48ER-D					晶体管			
FX0N-8ER	8	4	漏型	4	继电器		√	√

4. FX 系列特殊功能模块

常用的 FX 系列特殊功能模块见表1-1-5。

表1-1-5　常用的 FX 系列特殊功能模块

模块类型	模块型号	模块类型	模块型号	模块类型	模块型号
模拟量模块	FX0N-3A	高速计数模块	FX2N-1HC	通信接口模块	FX1N-232-BD
	FX2N-2AD	脉冲输出模块	FX2N-1PG		FX2N-232-BD
	FX2N-4AD		FX2N-10PG		FX1N-422-BD
	FX2N-8AD	定位控制模块	FX2N-10GM		FX1N-485-BD
	FX2N-2DA		FX2N-20GM		FX2N-422-BD
	FX2N-4DA	CCLINK 主站模块	FX2N-16CCL-M		FX2N-485-BD
温度模块	FX2N-4AD-PT	CCLINK 接口模块	FX2N-32CCL		FX0N-485-ADP
	FX2N-4AD-TC				FX2N-485-ADP

五、PLC 的选择原则

自从 PLC 技术在工业领域中得到广泛应用以来，PLC 产品的种类越来越多，而且功能也日趋完善。当前工业领域中应用的 PLC 既有从美国、日本、德国等国家进口的，也有国内厂家组装或自行开发的，已达几十个系列、上百种型号。由于 PLC 品种繁多，其结构形式、性能、容量、指令系统、编程方式、价格和适用场合等都有不同。因此，合理选择 PLC，对于提高 PLC 控制系统的经济技术指标有着重要意义。本书主要从 PLC 机型、容量、I/O 模块、电源模块等部件的选择来介绍小型 PLC 选型的一般原则。

1. PLC 的机型选择

PLC 的机型选择的基本原则是在能够满足控制要求及保证运行可靠、维护方便的前提下，以求最佳的性价比。

（1）结构形式的选择　在系统工艺过程较为固定的小型控制系统中，常采用 I/O 点的平均价格较便宜的整体式 PLC；在较复杂系统和环境差（维修量大）的场合，常采用模块式 PLC，因为模块式 PLC 扩展灵活方便，I/O 点数、输入点数与输出点数的比例、I/O 模块的种类等方面选择余地大，并且在维修时只需要更换模块，判断故障的范围也很方便。

（2）安装方式的选择　按照 PLC 的不同安装方式，控制系统分为集中式、远程 I/O 式和多台 PLC 联网的分布式。在集中式控制系统中，无需设置驱动远程 I/O 硬件，控制系统反应快、成本低。远程 I/O 式适用于大型控制系统，因为远程 I/O 可以分别安装在 I/O 装置附近，I/O 连线比集中式短，控制系统的装置分布范围很大，但需要增设驱动器和远程 I/O 电源。多台 PLC 联网的分布式可以选用小型 PLC，但必须要附加通信模块，适用于多台设备分别独立控制且又存在相互联系的控制系统。

（3）功能要求的选择

1）对于只有开关量控制的设备，具有逻辑运算、定时、计数等功能的一般小型（低档）PLC 即可满足其控制要求。

2）对于开关量控制为主，带少量模拟量控制的系统，可以选择带 A-D 和 D-A 转换模块、能够实现加减算术运算、数据传送的增强型低档 PLC。

3）对于较控制复杂，要求具有 PID 运算、闭环控制、通信联网等功能的系统，可以根据控制规模大小及复杂程度，选用中档或高档 PLC，但价格一般较贵。

（4）响应速度的要求选择　PLC 的扫描工作方式所引起的响应延迟可达 2~3 个扫描周期。在一般应用场合中，PLC 响应速度都可以满足要求。但对于某些特殊场合，则要求考虑 PLC 的响应速度。可以选用扫描速度高的 PLC，或选用具有高速 I/O 处理功能指令的 PLC，或选用具有快速响应模块和中断输入模块的 PLC 等，来减少 PLC 的 I/O 响应的延迟时间。

（5）系统可靠性的要求选择　对于一般的系统，PLC 的可靠性均能满足。对可靠性要求很高的系统，应考虑是否采用冗余控制系统或热备用系统。

（6）机型统一的要求选择　对于一个企业，应尽可能使用机型统一的 PLC。这是基于以下三方面进行考虑的。

1）使用同一机型的 PLC，其模块可互相备用，便于备品、备件的采购和管理。

2）同一机型的 PLC 功能和编程方法相同，有利于技术力量的培训和技术水平的提高。

3）同一机型的 PLC，其外围设备通用，资源可共享，易于联网通信，配上位计算机后易于形成一个多级分布式控制系统。

2. PLC 的容量选择

PLC 的容量选择包括 I/O 点数和用户程序存储容量两个方面的参数选择。

（1）I/O 点数的选择　由于 PLC 平均 I/O 点的价格比较高，所以应该在满足控制要求和留有一定备用量的前提下力争少使用 I/O 点数。一般情况下 I/O 点数是根据被控对象的输入/输出信号的实际个数，再加上 10%~15% 的备用量来确定的。在不同机型的 PLC 中，输入与输出点数的比例不同，在选择时应保证输入/输出点都够用，且节余还不能很多。因此，往往选择较少点数的主机加扩展模块，可以比直接选择较多点数的主机更经济。

（2）用户程序存储容量的选择　用户程序存储容量是指 PLC 用于存储用户程序的存储器容量，其大小由用户程序的长短决定。用户程序存储容量一般可按下式进行估算，再按实际需要留适当的余量（20%~30%）来选择，即

$$存储容量 = 开关量 I/O 点总数 \times 10 + 模拟量通道数 \times 100$$

> **提示**　绝大部分 PLC 均能满足上式要求。但值得注意的是：当控制对象较复杂、数据处理量较大时，可能出现存储容量不够的问题，这时应特殊对待。

3. I/O 模块的选择

一般情况下，I/O 模块的价格占 PLC 价格的一半以上。不同的 I/O 模块，其电路及功能不同，所以 I/O 模块将直接影响 PLC 的应用范围和价格。在此仅介绍有关开关量 I/O 模块的选择。

（1）开关量输入模块的选择　PLC 输入模块的作用是用来检测、接收现场输入设备的信号，并将输入的信号转换为 PLC 内部接收的低电压信号。

1）输入信号的类型选择。常用开关量输入模块的信号类型有三种，即直流输入、交流输入和交流/直流输入。在进行选择时，应根据现场的输入信号和周围环境来考虑。直流输入模块具有延迟时间短的特点，可以直接与接近开关、光敏开关等电子输入设备连接；交流输入模块具有接触可靠的特点，适用于有油雾、粉尘的恶劣环境。

2）输入信号电压等级的选择。PLC 的开关量输入模块输入信号的电压等级有：直流 5V、12V、24V、48V、60V 等；交流 110V、220V 等。在选择时应根据现场输入设备与输入模块之间的距离来考虑。一般 5V、12V、24V 用于传输距离较近的场合。距离较远的应选择电压等级较高的模块。

3）输入接线方式的选择。PLC 的开关量输入模块的接线方式有汇点式输入和分组式输入两种，如图 1-1-10 所示。汇点式输入模块的所有输入点使用一个公共端 COM；而分组式输入模块是将输入点分成若干组，每一组使用一个公共端 COM，各组之间是分隔的。分组式输入的每点平均价格较汇点式输入高。并且还要考虑同时接通的输入点个数。对于选用高密度的输入模块（如 32 点、48 点等），还应考虑该模块同时接通的点数一般不要超过输入点数的 60%。

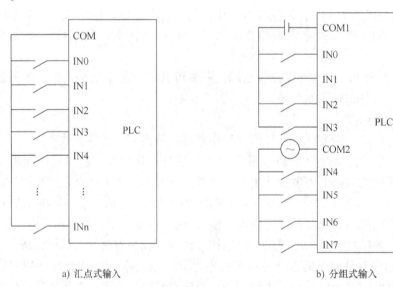

a) 汇点式输入　　　　　　　　　　　　b) 分组式输入

图 1-1-10　开关量输入模块的接线方式

提示　对于三菱 PLC 而言，图 1-1-10 中的输入点一般采用 X 来表示，如图中的 IN0 对应的是 X0，IN1 对应 X1，其他输入点也一样。

4）输入门槛电平高低的要求选择。从提高系统可靠性角度来看，必须考虑输入门槛电平的大小。门槛电平越高，抗干扰能力越强，传输距离也越远。

（2）开关量输出模块的选择　输出模块的作用是将 PLC 内部低电压信号转换成外部输出设备所需的驱动信号。在进行选择时，应主要考虑负载电压的种类和大小、系统对延迟时间的要求、负载状态变化是否频繁等。

1）输出方式的选择。开关量输出模块的输出方式有继电器输出、晶闸管输出和晶体管输出。继电器输出具有价格便宜，既可驱动交流负载又可驱动直流负载，适用的电压范围较宽和导通压降小，承受瞬时过电压和过电流的能力较强的优点。但由于它属于有触点元件，所以其动作速度较慢、使用寿命较短、可靠性较差，所以只适用于不频繁通断的场合。对于驱动感性负载，其触点的动作频率不得超过 1Hz。双向晶闸管输出或晶体管输出适用于频繁通断的负载，它们属于无触点元件。双向晶闸管输出只能用于交流负载，而晶体管输出只能用于直流负载。

2）输出接线方式的选择。PLC 的输出接线方式一般有分组式输出和分隔式输出两种，如图 1-1-11 所示。分组式输出是几个输出点为一组，使用一个公共端并且各组之间是分隔的，可以分别使用不同的电源。分隔式输出的每一个输出点的公共端，各输出点之间相互隔离，每个输出点可使用不同的电源，主要根据系统负载的电源种类的多少而定。一般整体式 PLC 既有分组式输出，也有分隔式输出。

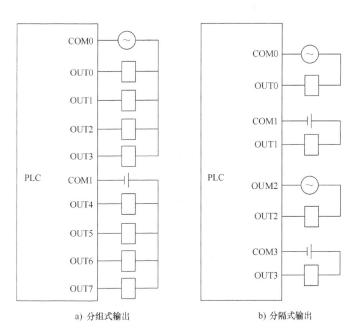

a) 分组式输出　　　　b) 分隔式输出

图 1-1-11　开关量输出模块的接线方式

提示　对于三菱 PLC 而言，图 1-1-11 中的输出点一般是采用 Y 来表示，如图中的 OUT0 对应的是 Y0，OUT1 对应 Y1，其他输出点也一样。

3）输出电流的选择。输出模块的输出电流（驱动能力）必须大于负载的额定电流。用户应根据实际负载电流的大小选择输出模块的输出电流。如果实际负载电流较大，输出模块无法直接驱动，可增加中间放大环节。

4. 电源模块及其他外设的选择

（1）电源模块的选择　电源模块的选择较为简单，只需考虑电源的额定输出电流即可。电源模块的额定输出电流必须大于 CPU 模块、I/O 模块及其他模块的总消耗电流。电源模块的选择仅对于模块式结构的 PLC 而言，对于整体式 PLC 不存在电源模块的选择。

（2）编程器的选择　简易编程器适用于小型控制系统或不需要在线编程的系统。功能强、编程方便的智能编程器适用于由中、高档 PLC 构成的复杂系统或需要在线编程的 PLC 系统，但智能编程器价格较贵。如果有现成的个人计算机，可以选用 PLC 的编程软件包，在个人计算机上实现编程器的功能。

（3）写入器的选择　由于干扰、锂电池电压变化等原因，RAM 中的用户程序可能会受到破坏，可以使用 EPROM 写入器将用户程序固化在 EPROM 中。当前使用的一些 PLC 或编程器本身具有 EPROM 写入器功能。

任务准备

实施本任务教学所使用的实训设备及工具材料可参考表 1-1-6 所示。

表 1-1-6　实训设备及工具材料

序号	分类	名称	型号规格	数量	单位	备注
1	工具	电工常用工具		1	套	
2	仪表	万用表	MF47 型	1	块	
3	设备器材	编程计算机	要求机型：IBM PC/AT（兼容）；CPU：486 以上；内存：8MB 或更高（推荐 16MB 以上）；显示器：分辨率为 800×600 点，16 色或更高	1	台	
4	设备器材	接口单元	采用 FX-232AWC 型 RS-232/RS-422 转换器（便携式）或 FX-232AW 型 RS-232C/RS-422 转换器（内置式），以及其他指定的转换器	1	套	
5		通信电缆	FX-422CAB 型 RS-422 缆线（用于 FX2、FX2C 型 PLC，0.3m）或 FX-422CAB-150 型 RS-422 缆线（用于 FX2、FX2C 型 PLC，1.5m），以及其他指定的缆线	1	条	

（续）

序号	分类	名称	型号规格	数量	单位	备注
6	设备器材	可编程序控制器	FX2N-48MR	1	台	
7		安装配电盘	600mm×900mm	1	块	
8		导轨	C45	0.3	m	
9		空气断路器	Multi9 C65N D20	1	只	
10		熔断器	RT28-32	6	只	
11		按钮	LA4-2H	1	只	
12		接触器	CJ10-10 或 CJT1-10	1	只	
13		接线端子	D-20	20	只	
14	消耗材料	铜塑线	BV1/1.37mm²	10	m	主电路
15		铜塑线	BV1/1.13mm²	15	m	控制电路
16		软线	BVR7/0.75mm²	10	m	
17		紧固件	M4×20mm 螺杆	若干	只	
18			M4×12mm 螺杆	若干	只	
19			φ4mm 平垫圈	若干	只	
20			φ4mm 弹簧垫圈及 M4mm 螺母	若干	只	
21		号码管		若干	m	
22		号码笔		1	支	

任务实施

一、观看 PLC 在工厂自动化中的应用录像

记录 PLC 的品牌及型号，并查阅相关资料，了解 PLC 的主要技术指标及特点，填写于表 1-1-7 中。

表 1-1-7　观看 PLC 在工厂自动化中的应用录像记录表

序号	品牌及型号	主要技术指标	特点
1			
2			
3			

二、参观工厂、实训室

记录 PLC 的品牌及型号，并查阅相关资料，了解 PLC 的主要技术指标及特点，填写于表 1-1-8 中。

表 1-1-8　参观工厂、实训室记录表

序号	品牌及型号	主要技术指标	特点
1			
2			
3			

三、PLC 的选型训练

现有一套电气控制设备，需要用到一台 PLC 的小单机。其主要控制一些继电器、接触器、电磁阀等开关量信号，并通过一些按钮、行程开关、接近开关、光敏开关等开关量输入信号。无其他特殊功能要求。统计后，输入信号需要 18 个，输出信号需要 20 个，请根据要求选择性价比较高的三菱 PLC。

1. 分析 CPU 功能进行选型

通过对控制要求的分析，本控制系统只需简单的开关量控制，并且 I/O 点数较少，因此三菱 FX 系列的 PLC 都能满足其控制要求，所以可从性价比较高的 FX1S 系列开始选型。

2. 分析 I/O 点数进行选型

从控制要求分析可知，此设备控制需的 I/O 点数为 38 个点，超过了 30 点。从表 1-1-2 中可知 FX1S 系列的 PLC 最大 I/O 点数为 30，并且该系列的 PLC 不能扩展，满足不了控制需要，因此，可排除 FX1S 系列的 PLC。

3. 分析价格进行选型

由于 FX0N 系列的 PLC 已停产，而 FX2N 系列的较贵，因此选择 FX1N 系列性价比较高。

4. 确定 PLC 的型号规格

从 FX1N 系列的 PLC 来看，主要有以下两款型号的 PLC 能满足上述选择要求。

（1）FX1N-40MR 的 PLC（输入 24 点，输出 16 点）　由于该型号 PLC 的输入点数是 24 点，而控制要求需要 18 点，所以可满足选择要求，并留有一定的裕量。但控制要求需要 20 个输出点，而该型号 PLC 的输出点只有 16 点，满足不了要求。若要选择该型号的 PLC，则可以增加扩展模块，由表 1-1-3 的 FX 系列控制 I/O 模块中可知，只要增加一个 FX2N-8EYR 的 8 点扩展输出模块，这样输出点数（16 点 +8 点 =24 点）就能满足要求。

（2）FX1N-60MR 的 PLC（输入 36 点，输出 24 点）　若选择该型号的 PLC，则 I/O 点数完全可以满足要求，而且 I/O 点数剩余许多。

从对上述两款 FX1N 系列的 PLC 进行分析可知，若选用 FX1N-40MR 的 PLC 需增加 1 个 FX2N-8EYR 模块，而 FX1N-60MR 的 PLC 可以直接选用。如此就只需比较两者的价格就可以确定所选用 PLC 的型号。若 FX1N-40MR 的 PLC 的价格为 2000 元，FX2N-8EYR 模块为 500 元；若 FX1N-60MR 的 PLC 的价格也是 2500 元，则应选择性价比较高的 FX1N-60MR 的 PLC。这是因为它们虽然在价格和输出点数上一样，但 FX1N-60MR 的 PLC 的输入点数为 36 点，比 FX1N-40MR PLC 的输入点数多，可便于以后设备的改造增加点数的需要。

检查评议

对任务实施的完成情况进行检查，并将结果填入表 1-1-9 所示评分表内。

表 1-1-9　评 分 标 准

序号	主要内容	考核要求	评分标准	配分	扣分	得分
1	观看录像	正确记录 PLC 的品牌及型号，正确描述主要技术指标及特点	1. 记录 PLC 的品牌、型号有错误或遗漏，每处扣 2 分 2. 描述主要技术指标及特点有错误或遗漏，每处扣 2 分	20		
2	参观工厂	正确记录 PLC 的品牌及型号，正确描述主要技术指标及特点	1. 记录 PLC 的品牌、型号有错误或遗漏，每处扣 2 分 2. 描述主要技术指标及特点有错误或遗漏，每处扣 2 分	20		
3	PLC 的选型	1. 能根据控制要求，分析 CPU 功能正确选型 2. 能根据控制要求，分析 I/O 点数正确选型 3. 能根据控制要求，分析价格正确选型 4. 能根据控制要求，确定 PLC 的型号规格	1. 不能通过分析 CPU 功能正确选型扣 20 分 2. 不能通过分析 I/O 点数正确选型扣 20 分 3. 不能通过分析价格正确选型扣 10 分 4. 不能根据控制要求，确定 PLC 的型号规格扣 50 分	50		
4	安全文明生产	劳动保护用品穿戴整齐；遵守操作规程；讲文明礼貌；操作结束要清理现场	1. 操作中，违犯安全文明生产考核要求的任何一项扣 5 分，扣完为止 2. 当发现学生有重大事故隐患时，要立即予以制止，并每次扣安全文明生产总分 5 分	10		
合 计						
开始时间：			结束时间：			

问题及防治

在进行 PLC 的选型的过程中，时常会遇到如下问题：

问题：在进行 PLC 选型时，只注重 I/O 点数的选择而忽视了存储容量的选择。

【后果及原因】　由于用户程序所需的存储容量大小不仅与 PLC 系统的功能有关，而且还与功能实现的方法、程序编写水平有关。一个有经验的程序员和一个初学者，在完成同一复杂功能时，其程序量可能相差 25% 之多，所以对于初学者应该在存储容量估算时应多留余量。

【预防措施】　PLC 的 I/O 点数的多少，在很大程度上反映了 PLC 系统的功能要求，因此可在 I/O 点数确定的基础上，可按下式估算存储容量后，再加 20% ~ 30% 的余量。存储容量为：存储容量（字节）＝开关量 I/O 点总数×10 + 模拟量通道数×100。

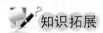

知识拓展

PLC 是将传统的继电器控制技术、微型计算机技术和通信技术相融合，专为工业控制而设计的专用控制器，是计算机化的高科技产品，其价格相对比较高（至少在数千元以上）。因此，在确定控制系统方案时，首先应该考虑是否有必要采用 PLC 控制。如果控制系统很简单，所需 I/O 点数较少；或者虽然控制系统需要 I/O 点较多，但控制要求并不复杂，各部分的相互联系很少，这些情况都没有使用 PLC 的必要。在遇到下列几种情况时，可考虑使用 PLC。

1）系统的控制要求复杂，所需的 I/O 点数较多。如使用继电器控制，则需要大量的中间继电器、时间继电器等器件。

2）系统对可靠性的要求特别高，继电器控制不能达到要求。

3）系统加工产品种类和工艺流程经常变化，因此，需要经常修改系统参数，改变控制电路结构，使控制系统功能有扩充的可能。

4）由一台 PLC 控制多台设备的系统。

5）需要与其他设备实现通信或联网的系统。

在新设计的较复杂机械设备中，使用 PLC 控制将比使用继电器控制节省大量的元器件，能减少控制柜内部的接线或安装工作量，减小控制柜或控制箱的体积，在经济上也往往比继电器控制更便宜。

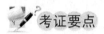

考证要点

根据国家职业资格考试（高级工）相关要求，该任务内容的考证要点见表 1-1-10。

表 1-1-10　考证要点

行为领域	鉴定范围	鉴定点	重要程度
理论知识	可编程序控制器的基本知识	1. PLC 的基本功能 2. PLC 的特点、分类及型号规格 3. PLC 的选用原则	★★
操作技能	可编程序控制器的选型	能根据控制要求进行 PLC 的选型	★★★

考证测试题

一、填空题（请将正确的答案填在横线空白处）

1. PLC 是一种_____操作的电子系统，专为在工业环境下应用而设计的。它可采用可编程的存储器，用来在其内部存储执行逻辑运算、_____、定时、计数和算术运算等操作指令，并通过_____式或_____式的输入和输出，控制各种类型的机械或生产过程。

2. 选择 PLC 包括 PLC 的_____、_____、_____、电源的选择。

3. PLC 的容量选择包括_____和用户程序_____两个方面参数的选择。

4. PLC 的机型选择包括_____的选择、_____的选择、_____的选择、_____

的要求、_____的要求、_____。

5. PLC 的输出形式一般分为_____形式、_____形式和_____形式共 3 种。

二、选择题（将正确答案的序号填入括号内）

1. （　　）不属于 PLC 的输出方式。

A. 继电器输出　　　B. 普通晶闸管　　　C. 双向晶闸管　D. 晶体管

2. 可编程序控制器电柜内的温度不能超出（　　）的要求范围。

A. −5 ~ 50℃　　　B. 0 ~ 50℃　　　　C. 0 ~ 55℃　　　D. 5 ~ 55℃

3. 继电器输出的 PLC 可以直接驱动（　　）以内的负载，一般的电磁阀、继电器都用继电器输出型。

A. 0.5A　　　　　B. 1A　　　　　　C. 2A　　　　　D. 5A

4. 晶体管输出的 PLC 只能驱动（　　）以内的负载，但是其响应速度快，一般用来输出高速脉冲，可以控制高速电磁阀、步进及伺服马达等。

A. 0.5A　　　　　B. 1A　　　　　　C. 2A　　　　　D. 5A

5. F-20MT 可编程序控制器表示（　　）类型。

A. 继电器输出　　　B. 晶闸管输出　　　C. 晶体管输出　　　D. 单晶体管输出

三、判断题（在下列括号内，正确的打"√"，错误的打"×"）

（　　）1. 继电器输出具有价格便宜，可驱动交流负载，适用的电压大小范围较宽和导通压降小，但承受瞬时过电压和过电流的能力较差的特点。

（　　）2. 从提高系统的可靠性角度看，必须考虑输入门槛电平的大小。门槛电平越高，抗干扰能力越强，传输距离也越远。

（　　）3. 双向晶闸管输出只能用于交流负载，而晶体管输出只能用于直流负载。

（　　）4. 双向晶闸管输出或晶体管输出适用于不频繁通断的负载，它们属于无触点元器件。

四、简答题

1. 系统采用 PLC 控制的一般条件是什么？

2. 简述 PLC 具有哪些功能？

任务 2　PLC 硬件安装及接线

 学习目标

> **知识目标**：掌握 PLC 的组成及工作原理，并理解 PLC 控制系统与继电-接触器逻辑控制
> 　　　　　系统的区别。
> **能力目标**：掌握 PLC 输入、输出端子的接线原理及注意事项。

 工作任务

本次任务的主要内容是：通过本任务的学习，熟悉 PLC 的硬件组成及系统特性，同时掌握三菱 PLC 输入、输出端子的接线原理及注意事项。

任务分析

本任务是对三菱 FX 系列 PLC 硬件组成、系统特性及硬件的安装与使用的介绍，通过学习熟悉 PLC 的系统特性及工作原理，并理解 PLC 控制系统与继电-接触器逻辑控制系统的区别；同时掌握 PLC 硬件的安装方法、步骤和使用方法，为后续的编程控制学习奠定基础。

相关理论

PLC 是微机技术和控制技术相结合的产物，是一种以微处理器为核心的用于控制的特殊计算机，因此 PLC 的基本组成和与一般的微机系统类似。PLC 的种类虽然繁多、性能各异，但在硬件组成原理上，几乎所有的 PLC 都具有相同或相似的结构。

一、PLC 的硬件组成

PLC 的硬件组成主要由中央处理器（CPU）、存储器、输入单元、输出单元、通信接口、扩展接口及电源等组成。其中，CPU 是 PLC 的核心，输入单元与输出单元是连接现场输入/输出设备与 CPU 之间的接口电路，通信接口用于与编程器、上位计算机等外设连接。

对于整体式的 PLC，所有的部件都装在同一机壳内，其组成框图如图 1-2-1 所示。而对于模块式的 PLC，它的各部件独立封装成模块，各模块通过总线连接，安装在机架或导轨上，其组成框图如图 1-2-2 所示。无论是哪种结构类型的 PLC，都可根据用户需要进行配置与组合。

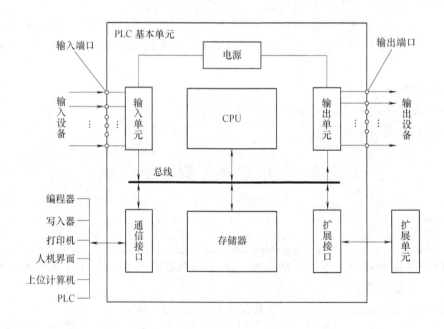

图 1-2-1　整体式 PLC 的组成框图

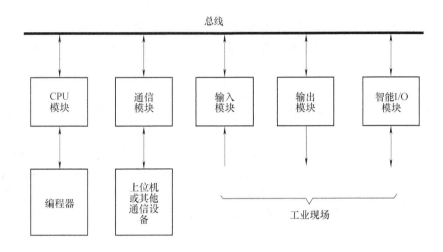

图 1-2-2　模块式 PLC 的组成框图

> **提示**　尽管整体式与模块式 PLC 的结构不太一样，但它们各部分的功能作用是相同的。

1. 中央处理器（CPU）

在前一任务中我们对 CPU 作了一些简单的介绍，CPU 是 PLC 的核心，在 PLC 中所配置的 CPU 随机型不同而不同。常用的 CPU 共有三类，即通用微处理器（如 Z80、8086、80286 等）、单片微处理器（如 8031、8096 等）和位片式微处理器（如 AMD29W 等）。小型 PLC 大多采用 8 位通用微处理器和单片微处理器；中型 PLC 大多采用 16 位通用微处理器或单片微处理器；大型 PLC 大多采用高速位片式微处理器。

目前，小型 PLC 为单 CPU 系统，而大、中型 PLC 则大多为双 CPU 系统，甚至有些 PLC 中多达 8 片 CPU。对于双 CPU 系统，一般一片为字处理器，多采用 8 位或 16 位处理器；另一片为位处理器，采用由各厂家设计制造的专用芯片。

字处理器为主处理器，用于执行编程器接口功能、监视内部定时器、监视扫描周期、处理字节指令以及对系统总线和位处理器进行控制等。

位处理器为从处理器，主要用于处理位操作指令和实现 PLC 编程语言向机器语言的转换。位处理器的采用，提高了 PLC 的速度，使 PLC 更好地满足实时控制要求。

总之，在 PLC 中 CPU 按系统程序赋予的功能，指挥 PLC 有条不紊地工作，归纳起来，主要包括以下几个方面：

1）接收编程器输入的用户程序和数据。

2）诊断电源、PLC 内部电路的工作故障和编程中的语法错误等。

3）通过输入接口接收现场的状态或数据，并存入输入映像寄存器或数据寄存器中。

4）从存储器逐条读取用户程序，经过解释后执行。

5）根据执行的结果，更新有关标志位和输出映像寄存器的内容，通过输出单元实现输出控制。另外，有些 PLC 还具有制表打印或数据通信等功能。

2. 存储器

在 PLC 中，存储器主要用于存放系统程序、用户程序及工作数据。PLC 的存储器主要有两种：一种是可读/写操作的随机存储器 RAM；另一种是只读存储器 ROM、PROM、EPROM 和 EEPROM。

3. 输入/输出单元

输入/输出单元通常也称为 I/O 单元或 I/O 模块，是 PLC 与工业生产现场之间的连接部件。PLC 通过输入接口可以检测被控对象的各种数据，以这些数据作为 PLC 对被控制对象进行控制的依据；同时 PLC 又通过输出接口将处理结果送给被控制对象，以实现控制目的。

由于外部输入设备和输出设备所需的信号电平是多种多样的，而 PLC 内部 CPU 处理的信息只能是标准电平，所以 I/O 接口要实现这种转换。I/O 接口一般都具有光电隔离和滤波功能，以提高 PLC 的抗干扰能力。另外，I/O 接口上通常还有状态指示，工作状况直观，便于维护。

PLC 提供了多种操作电平和驱动能力的 I/O 接口，有各种各样功能的 I/O 接口供用户选择。I/O 接口的主要类型有：数字量（开关量）输入、数字量（开关量）输出、模拟量输入、模拟量输出等。

（1）数字量（开关量）输入接口　常用的开关量输入接口按其使用的电源不同分为三种类型：直流输入接口、交流输入接口和交/直流输入接口，其基本原理电路如图 1-2-3 所示。

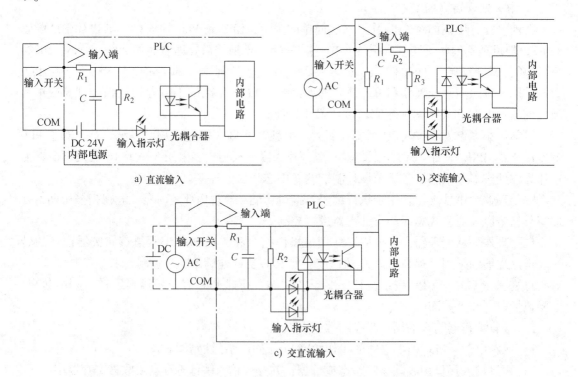

a) 直流输入　　　　　　　　　　　　　　　b) 交流输入

c) 交直流输入

图 1-2-3　开关量输入接口的基本原理电路

（2）数字量（开关量）输出接口　常用的开关量输出接口按输出开关器件不同分为三种类型：继电器输出、晶体管输出和双向晶闸管输出，其基本原理电路如图 1-2-4 所示。

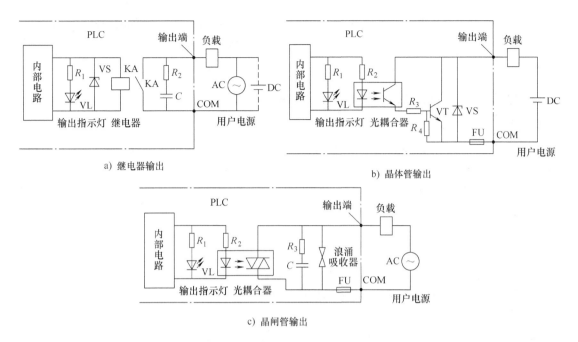

图 1-2-4　开关量输出接口的基本原理电路

> **提示**　继电器输出接口可驱动交流或直流负载,但其响应时间长、动作频率低;而晶体管输出和双向晶闸管输出接口的响应速度快、动作频率高,但前者只能用于驱动直流负载,后者只能用于交流负载。

PLC 的 I/O 接口所能接受的输入信号个数和输出信号个数称为 PLC 输入/输出(I/O)点数。I/O 点数是选择 PLC 的重要依据之一。当系统的 I/O 点数不够时,可通过 PLC 的 I/O 扩展接口对系统进行扩展。

4. 通信接口

PLC 配有各种通信接口,这些接口一般都带有通信处理器。PLC 通过这些通信接口可与监视器、打印机、其他 PLC、计算机等设备实现通信。如 PLC 与打印机连接,可将过程信息、系统参数等输出打印;与监视器连接,可将控制过程用图像显示出来;与其他 PLC 连接,可组成多机系统或连成网络,实现更大规模控制;与计算机连接,可组成多级分布式控制系统,实现控制与管理相结合。该通信的具体实例应用将在后续的课题任务中进行介绍,在此不再赘述。

5. 编程装置

编程装置的作用是编辑、调试、输入用户程序,也可在线监控 PLC 内部状态和参数,与 PLC 进行人机对话。它是开发、应用、维护 PLC 不可缺少的工具。编程装置可以是专用的编程器,也可以是配有专用编程软件包的通用计算机系统。专用的编程器是由 PLC 厂家生产,专供该厂家生产的某些 PLC 产品使用的,它主要由键盘、显示器和外存储器接插件等部件组成。本书所有课题任务的程序都是采用配有专用编程软件包的通用计算机系统进行编程的,该编程软件包将在本课题的任务 3 进行介绍。

6. 电源

PLC 配有开关电源，以供内部电路使用。与普通电源相比，PLC 电源的稳定性好、抗干扰能力强。对电网提供的电源稳定性要求不高。一般允许电源电压在其额定值 ±15% 的范围内波动。

> **提示** 许多 PLC 还向外提供直流 24V 稳压电源，用于外部传感器供电。

7. 其他外部设备

除了以上所述的部件和设备外，PLC 还有许多外部设备，如 EPROM 写入器、外存储器、人/机接口装置等。这将在以后应用中再作介绍，在此不再赘述。

二、PLC 的软件组成

PLC 的软件由系统监控程序和用户程序组成。

1. 系统监控程序

系统监控程序是每一台 PLC 必须包括的部分，它是由 PLC 制造厂商设计编写的，并存入 PLC 的系统存储器中，用户不能直接读写与更改。系统监控程序分为系统管理程序、用户指令解释程序、标准程序模块或系统调用子程序模块。

2. 用户程序

用户程序是 PLC 的使用者利用 PLC 的编程语言，根据控制要求编制的程序。它是用梯形图或某种 PLC 指令的助记符编制而成的，可以是梯形图、指令表、高级语言、汇编语言等，其助记符形式随 PLC 型号的不同而略有不同。下面简要的介绍几种常见的 PLC 编程语言，详细的内容将在后续的课题任务中再作介绍。

（1）梯形图（Ladder Diagram，LD）　梯形图基本上沿用继电-接触器控制系统图的形式，采用的符号也大致相同。如图 1-2-5a 所示，梯形图的两侧平行竖线为母线，其间由许多触点和编程线圈组成逻辑行。应用梯形图进行编程时，只要按梯形图逻辑行顺序输入到计算机中去，计算机就可自动将梯形图转换成 PLC 能接受的机器语言，存入并执行。

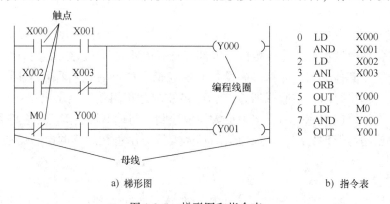

a) 梯形图　　　　　　　　　　　　　　　　b) 指令表

图 1-2-5　梯形图和指令表

如图 1-2-6 所示是 PLC 内部各类等效继电器的线圈和触点与继电器线圈和触点的图形符号比较，其等效继电器的动作原理与常规继电器控制中动作原理完全一致。

用 PLC 内部各类等效继电器的线圈和触点的图形符号按照一定的原理构成的图形叫做梯形图。

从图 1-2-6 中可以看出，梯形图其实就是从继电-接触器控制电路图变化过来的，因此梯形图形式上与继电-接触器控制很相似，读图方法和习惯也相同。梯形图是用图形符号在图

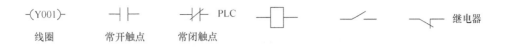

图 1-2-6　PLC 内部各类等效继电器的线圈和触点与
继电器线圈和触点的图形符号

中的相互关系来表示控制逻辑的编程语言，并且梯形图通过连线，将许多功能强大的 PLC 指令的图形符号连在一起，以表达所调用的 PLC 指令及其前后顺序关系，是目前最常用的一种可编程序控制器程序设计语言。

如图 1-2-7 所示是传统的继电-接触器控制电路和所对应的梯形图。

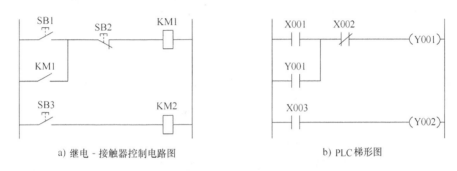

a) 继电 - 接触器控制电路图　　　　　　　　b) PLC 梯形图

图 1-2-7　继电-接触器控制电路与 PLC 梯形图

从图中可看出，两种图所表达思想是一致的，但具体的表达方式有一定的区别。PLC 梯形图使用的内部继电器、定时/计数器等，都是由软件来实现的，使用方便，修改灵活，是原继电-接触器控制电路硬接线所无法比拟的。

在所有梯形图中，都由左母线、右母线和逻辑行组成，每个逻辑行由各种等效继电器的触点串并联和线圈组成。画梯形图时必须遵守以下原则：

1）左母线只能直接接各类继电器的触点，继电器线圈不能直接接左母线。

2）右母线只能直接接各类继电器的线圈（不含输入继电器线圈），继电器的触点不能直接接右母线。

3）一般情况下，同一线圈的编号在梯形图中只能出现一次，而同一触点的编号在梯形图中可以重复出现。

4）梯形图中触点可以任意的串联或并联，而线圈可以并联但不可以串联。

5）梯形图应该按照从左到右、从上到下顺序画。

（2）指令表（Instruction List，IL）　　指令表类似于计算机汇编语言的形式，用指令的助记符来进行编程。它通过编程器按照指令表的指令顺序逐条写入 PLC 并可直接运行。指令表的助记符比较直观，编程也简单，便于工程人员掌握，因此得到广泛的应用。但要注意不同厂家制造的 PLC，所使用的指令助记符有所不同，即对同一梯形图来说，用指令助记符写成的语句表也不同。图 1-2-5a 的梯形图所对应的指令表如图 1-2-5b 所示。

语句是指令表编程语言的基本单元，每个控制功能有一个或多个语句组成的程序来执行。每条语句规定可编程序控制器中 CPU 如何动作的指令，PLC 的指令有基本指令和功能指令之分。指令表和梯形图之间存在唯一对应关系，图 1-2-7 所示梯形图对应的指令表如下：

步序	助记符	操作元件
0	LD	X001
1	OR	Y001
2	ANI	X002
3	OUT	Y001
4	LD	X003
5	OUT	Y002
6	END	

上面所给出的每一条指令都属于基本指令。基本指令一般由助记符和操作元件组成，助记符是每一条基本指令的符号（如 LD、OR、ANI、OUT 和 END），它表明了操作功能；操作元件是基本指令的操作对象（如 X000、X001、Y000）。某些基本指令仅由助记符组成，如 END 指令。

三、PLC 的工作原理

PLC 用户程序的执行采用的是循环扫描工作方式。即 PLC 对用户程序逐条顺序执行，直至程序结束，然后再从头开始扫描，周而复始，直至停止执行用户程序。PLC 有两种基本的工作模式，即运行（RUN）模式和停止（STOP），如图 1-2-8 所示。

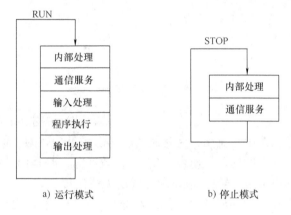

图 1-2-8　PLC 基本的工作模式

1. 运行模式

在运行模式下 PLC 对用户程序的循环扫描过程，一般分为三个阶段进行，即输入采样阶段、程序执行阶段和输出刷新阶段，如图 1-2-9 所示。

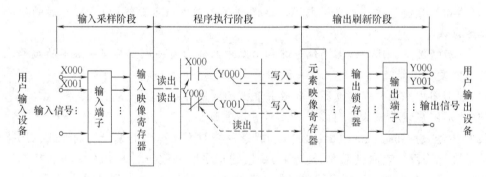

图 1-2-9　PLC 执行程序过程示意图

（1）输入采样阶段　PLC 在此阶段，以扫描方式顺序读入所有输入端子的状态即接通/断开（ON 或 OFF），并将其状态存入输入映像寄存器。接着转入程序执行阶段，在程序执行期间，即使输入状态发生变化，输入映像寄存器内容也不会变化，输入状态的变化只能在下一个扫描周期的输入采样阶段才被读入刷新。

（2）程序执行阶段　在程序执行阶段，PLC 对程序按顺序进行扫描。如果程序用梯形图表示，则总是按先上后下、从左向右的顺序进行扫描。每扫描一条指令时，所需的输入状态或其他元素的状态分别由输入映像寄存器和元素映像寄存器中读出，然后进行逻辑运算，并将运算结果写入到元素映像寄存器中。也就是说程序执行过程中，元素映像寄存器内元素的状态可以被后面将要执行到的程序所应用，它所寄存的内容也会随程序执行的进程而变化。

（3）输出刷新阶段　输出刷新阶段又称为输出处理阶段。在此阶段，PLC 将元素映像寄存器中所有输出继电器的状态即接通/断开，转存到输出锁存电路，再驱动被控对象（负载），这就是 PLC 的实际输出。

PLC 重复地执行上述三个阶段，这三个阶段也是分时完成的。为了连续地完成 PLC 所承担的工作，系统必须周而复始地依一定的顺序完成这一系列的具体工作。这种工作方式叫做循环扫描工作方式。PLC 执行一次扫描操作所需的时间称为扫描周期，其典型值为 1 ~ 100ms。一般来说，一个扫描过程中，执行指令的时间占了绝大部分。

2. 停止模式

在停止模式下，PLC 只进行内部处理和通信服务工作。在内部处理阶段，PLC 检查 CPU 模块内部的硬件是否正常，进行监控定时器复位工作。在通信服务阶段 PLC 与其他的带 CPU 的智能装置通信。

由于 PLC 采用循环扫描工作方式，即对信息采用串行处理方式，这必然带来了输入/输出的响应滞后问题。

输入/输出滞后时间又称为系统响应时间，是指从 PLC 外部输入信号发生变化的时刻起至它控制的有关外部输出信号发生变化的时刻止之间的时间间隔。它由输入电路的滤波时间、输出模块的滞后时间和扫描工作方式产生的滞后时间三部分组成。

1）输入模块的 RC 滤波电路用来滤除由输入端引入的干扰噪声，消除因外接输入触点动作时产生抖动引起的不良影响。滤波时间常数决定了输入滤波时间的长短，其典型值为 10ms。

2）输出模块的滞后时间与模块开关器件的类型有关。继电器型为 10ms；晶体管型一般小于 1ms；双向晶闸管型在负载通电时的滞后时间约为 1ms；负载由通电到断电时的最大滞后时间约为 10ms。

3）由扫描工作方式产生的滞后时间最大可多于两个扫描周期。

输入/输出滞后时间对于一般工业设备是完全允许的，但对于某些需要输出对输入做出快速响应的工业现场，可以采用快速响应模块、高速计数器模块以及中断处理等措施来尽量减小响应。

四、PLC 控制系统与继电-接触器逻辑控制系统的比较

以本书单元 2 中任务 1 "三相异步电动机单方向连续运行控制系统设计与装调"为例，将 PLC 控制系统与继电-接触器逻辑控制系统进行比较，两种控制系统的不同点主要表现在以下几个方面。

1. 组成的器件不同

继电-接触器逻辑控制系统是由许多硬件继电器和接触器组成的，而 PLC 则是由许多"软继电器"组成。传统的继电-接触器控制系统本来有很强的抗干扰能力，但其用了大量的机械触点，因物理性能疲劳、尘埃的隔离性及电弧的影响，系统可靠性大大降低。如图 1-2-10 所示的继电-接触器逻辑控制系统实现电动机的单方向连续运行，就是通过接触器 KM 的一副辅助常开触点实现自保的，一旦触点变形或受尘埃的隔离及电弧的影响造成接触不良时，将会影响电动机的正常运行。而 PLC 采用无机械触点的逻辑运算微电子技术，复杂的控制由 PLC 内部运算器完成，故使用寿命长、可靠性高。

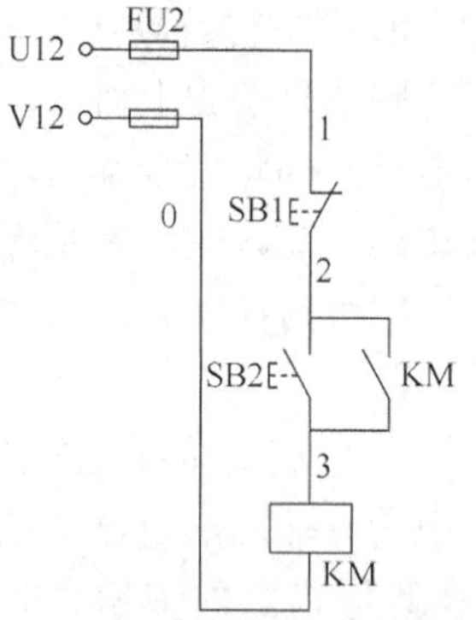

2. 触点的数量不同

继电器和接触器的触点数较少，一般只有 4 ~ 8 对，而 PLC 内部的"软继电器"可供编程的触点数有无限对。

图 1-2-10　继电-接触器逻辑控制系统实现电动机单方向连续运行控制电路

3. 控制方式不同

如图 1-2-10 所示是采用的继电-接触器逻辑控制系统实现电动机单方向连续运行控制的电路，从图中可知其逻辑控制系统是通过元器件之间的硬件接线来实现的，当按下起动按钮 SB2 后，SB2 的常开触点闭合，使接触器 KM 线圈获电铁心吸合，KM 辅助常开触点闭合，松开起动按钮 SB2，接触器 KM 线圈通过自己的辅助常开触点实现自锁；当按下停止按钮 SB1 时，SB1 常闭触点切断接触器 KM 线圈回路，接触器 KM 线圈失电铁心释放，KM 辅助常开触点复位断开，松开停止按钮 SB1 后，接触器 KM 线圈处于断电状态；从整个控制过程可以看到接触器 KM 的控制功能就固定在电路中；在这种控制系统中，要实现不同的控制要求必须通过改变控制电路的接线，才能实现功能的转换。如想将本电路的控制功能改成断续（点动）控制，必须将 KM 辅助常开触点和与其连接的 2 号线、3 号线拆除才可实现。

PLC 控制系统与继电-接触器逻辑控制系统有着本质的区别，它是通过软件编程来实现控制功能的，即通过输入端子接收外部输入信号，接内部输入继电器；输出继电器的触点接到 PLC 的输出端子上，由已编好的程序（梯形图）驱动，通过输出继电器触点的通断实现对负载的功能控制。

如图 1-2-11 所示是图 1-2-10 所示的电动机单方向连续运行控制的 PLC 等效控制系统框图。从图中可以看出，按下起动按钮 SB2 后，内部输入继电器 X001 的等效线圈接通（ON），在程序（梯形图）中的 X001 的常开触点接通（ON），驱动内部输出继电器 Y000 工作，与输出端子相连的 Y000 常开触点接通（ON），使与输出端子相连的接触器 KM 获电动作；与此同时在程序（梯形图）中的 Y000 常开触点接通（ON）；当松开起动按钮 SB2 后，内部输入继电器 X001 的等效线圈失电（OFF），内部输出继电器 Y000 通过常开触点保持得电，保证接触器 KM 线圈继续保持得电，起到类似接触器自锁的作用。

需要停止时，按下停止按钮 SB1，内部输入继电器 X000 的等效线圈接通（ON），在程序（梯形图）中 X000 的常闭触点断开（OFF），驱动内部输出继电器 Y000 停止工作，与输出端子相连的 Y000 常开触点断开（OFF），使与输出端子相连的接触器 KM 失电；与此同时，在程序（梯形图）中的 Y000 常开触点断开（OFF）；当松开停止按钮 SB1 后，内部输入继电器 X000 的等效线圈失电（OFF），X000 的常闭触点复位（OFF）。

从上述控制过程中，可以看到 PLC 控制系统实现电动机单方向连续运行，主要是通过

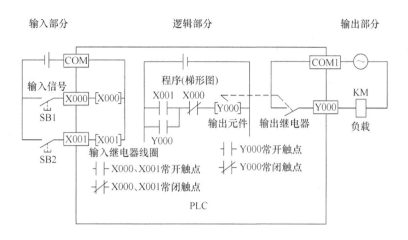

图 1-2-11 电动机单方向连续运行控制的 PLC 控制系统框图

PLC 的程序（梯形图）来驱动，如想将本电路的控制功能改成断续（点动）控制，只需修改原来程序，外部接线不用改变即可实现；如去掉原程序（梯形图）中并联的 Y000 常开触点程序（OR Y000）就可实现。因此，PLC 控制系统具有只要改变控制程序，就可改变功能控制的灵活特点。

4. 工作方式不同

在继电-接触器逻辑控制系统中，当电源接通时，电路中各继电器都处于受制约状态。在 PLC 中，各"软继电器"都处于周期性循环扫描接通中，每个"软继电器"受制于接通的时间是短暂的。

任务准备

实施本任务所使用的实训设备及工具材料可参考表 1-2-1。

表 1-2-1 实训设备及工具材料

序号	分类	名称	型号规格	数量	单位	备注
1	工具	电工常用工具		1	套	
2	仪表	万用表	MF47 型	1	块	
3		编程计算机		1	台	
4		接口单元		1	套	
5		通信电缆		1	条	
6		可编程序控制器	FX2N-48MR FX2N-48MT	各1	台	
7	设备	编程软件包	GX-Developer Ver. 8	1	个	
8	器材	安装配电盘	600mm×900mm	1	块	
9		导轨	C45	0.3	m	
10		空气断路器	Multi9 C65N D20	1	只	
11		熔断器	RT28-32	6	只	
12		按钮	LA4-3H	1	只	

（续）

序号	分类	名称	型号规格	数量	单位	备注
13	设备器材	接近开关	NPN 型	1	只	
14		接触器	CJ10-10 或 CJT1-10	1	只	
15		电磁阀	DC24	1	只	
16		接线端子	D-20	20	只	
17	消耗材料	铜塑线	BV1/1.37mm²	10	m	主电路
18		铜塑线	BV1/1.13mm²	15	m	控制电路
19		软线	BVR7/0.75mm²	10	m	
20		紧固件	M4×20mm 螺杆	若干	只	
21			M4×12mm 螺杆	若干	只	
22			φ4mm 平垫圈	若干	只	
23			φ4mm 弹簧垫圈及 M4mm 螺母	若干	只	
24		号码管		若干	m	
25		号码笔		1	支	

任务实施

一、FX2N 系列 PLC 硬件的识别与安装

PLC 是一种新型的通用自动化控制装置，尽管可编程序控制器在设计制造时已采取了很多措施，对工业环境已比较适应，但是工业生产现场的工作环境较为恶劣，为确保可编程序控制器控制系统稳定、可靠，还是应当尽量使可编程序控制器有良好的工作环境条件，并采取必要抗干扰措施。

1. 安装环境

为保证 PLC 工作的可靠性，尽可能地延长其使用寿命，在安装时一定要注意周围的环境，其安装场合应该满足以下几点：

1）环境温度为 0~55℃。

2）环境相对湿度应为 35%~85%。

3）周围无易燃和腐蚀性气体。

4）周围无过量的灰尘和金属微粒。

5）避免过度振动和冲击。

6）不能受太阳光的直接照射或水的溅射。

> **提示** 除满足以上环境条件外，安装时还应注意以下几点：
>
> 1）PLC 的所有单元必须在断电时安装和拆卸。
>
> 2）为防止静电对 PLC 组件的影响，在接触 PLC 前，先用手接触某一接地的金属物体，以释放人体所带静电。
>
> 3）注意 PLC 机体周围的通风和散热条件，切勿将导线头、切屑等杂物通过通风窗落入机体内。

2. PLC 系统的安装

PLC 的安装固定常有两种方式:一是直接利用机箱上的安装孔,用螺钉将机箱固定在控制柜的背板或面板上;二是利用 DIN 导轨安装,这需先将 DIN 导轨固定好,再将 PLC 及各种扩展单元卡在 DIN 导轨上。如图 1-2-12 所示为 FX2N 机及扩展设备在 DIN 导轨上安装情况。

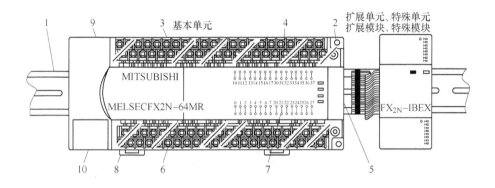

图 1-2-12　FX2N 机及扩展设备在 DIN 导轨上安装

1—35mm 宽的 DIN 导轨　2—安装孔(32 点以下 2 个,以上 4 个)　3—电源、辅助电源输入信号用装卸式端子板
4—输入口指示灯　5—扩展单元、特殊单元、特殊模块接线插座盖板　6—输出用装卸式端子板
7—输出口指示灯　8—DIN 导轨装卸卡子　9—面板盖　10—外部设备接线插座盖板

二、认识 FX 系列 PLC 的输入/输出接点及公共端子

如图 1-2-13 所示为 FX 系列 PLC 基本单元面板平面图。

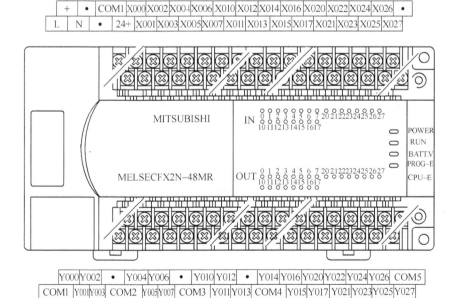

图 1-2-13　FX 系列 PLC 基本单元面板平面图

1. 图中型号 FX2N-48MR 的意义

"FX2N" 表示 PLC 系列名称。除此之外，还有 FX0S、FX0N、FX1S、FX1N 等。

"48" 表示输入/输出总点数：24 点输入，24 点输出。范围是 4 ~ 128 点。"M" 表示基本单元。"R" 表示继电器输出。

2. 输入/输出端子的标号

输入/输出端子的标号都标注在端子上，为了清晰地看出这些标号，可以用如图 1-2-13 所示的平面图来反映。

1）图中有输入端子（X）和输出端子（Y）接线柱。

2）在输入端子侧，L、N 是外接 220V 电源的接线柱，L 接相线，N 接中性线，作为 PLC 的工作电源。

3）"24 + 端子"一般用于连接传感器。严禁在"24 + 端子"供电。

4）无源开关量接在 X000、X001、……、X027 接线柱与 COM 之间。

5）图中"·"为空接线端子，千万不要在空接线端子接线。

6）将输出端子侧分成若干区，每个区有一个公共端。

例如，FX2N-48MR 的接线如下：

Y000、Y001、Y002、Y003 组成一个接线区，COM1 是它们的公共端；Y004、Y005、Y006、Y007 组成一个接线区，COM2 是它们的公共端。Y010、Y011、Y012、Y013 组成一个接线区，COM3 是它们的公共端；Y014、Y015、Y016、Y017 组成一个接线区，COM4 是它们的公共端；Y020、Y021、Y022、Y023、Y024、Y025、Y026、Y027 组成一个接线区，COM5 是它们的公共端。

各接线区可以使用不同的电源。当不同区的接线端子使用同一外接负载电源时，其公共端 COM 应连接在一起。

7）面板中间有输入和输出信号的指示灯：IN 右边有 24 个小指示灯表示输入信号动作；OUT 右边 24 个小指示灯表示输出信号动作。

8）面板右面还有动作指示灯：POWEN——电源指示灯；RUN——运行指示灯；BATT. V——电池电压下降指示灯；PROG-E——程序出错指示灯，程序出错时此指示灯闪烁；CPU-E——CPU 出错指示灯，CPU 出错时此指示灯亮。

9）面板的左下角有一盖板，打开盖板后右边有一个插座，这是 PLC 与计算机对话的接口，也就是传输线的接口。

10）通过面板，PLC 的基本单元可以用连接电缆与计算机、扩展模块、扩展单元以及特殊模块相连接。

三、FX2N 系列 PLC 的接线

PLC 在工作前必须正确地接入控制系统，与 PLC 连接的主要有 PLC 的电源接线、输入/输出器件的接线、通信线和接地线等。

1. 电源接线

PLC 基本单元的供电通常有两种情况：一是直接使用工频交流电，通过交流输入端子连接，对电压的要求比较宽松，100 ~ 250V 均可使用；二是采用外部直流开关电源供电，一般配有直流 24V 输入端子。采用交流供电的 PLC，机内自带直流 24V 内部电源，为输入器件及扩展模块供电。FX2N 系列 PLC 大多为 AC/DC 输入形式。如图 1-2-14 所示为 FX2N-48M

的 AC/DC 输入型机电源配线原理图。如图 1-2-15 所示为 FX2N-48M 的输入端子排及电源接线图，上部端子排中标有 L 及 N 的接线位为交流电源相线及中性线的接入点。

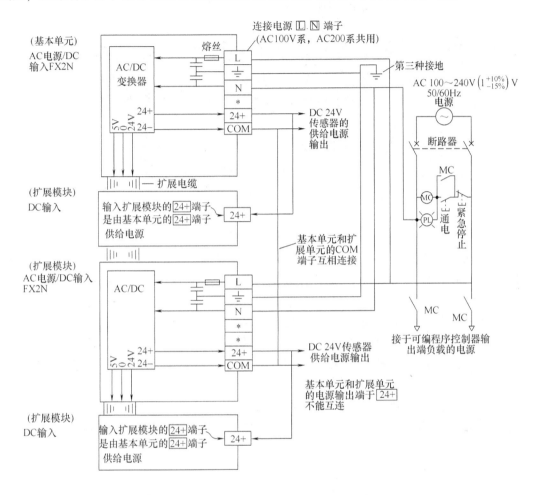

图 1-2-14　AC/DC 输入型机电源接线原理图

注：*端子为空端子，不要外部配线，可作中继端子使用。

提示　在进行电源接线时，还要注意以下几点：

1) FX 系列 PLC 必须在所有外部设备通电后才能开始工作。为保证这一点，可采取下面的措施：所有外部设备都通电后再将方式选择开关由"STOP"方式设置为"RUN"方式；将 FX 系列 PLC 编程设置为在外部设备未通电前不进行输入/输出操作。

2) 当控制单元与其他单元相接时，各单元的电源线连接应能同时接通和断开。

3) 当电源瞬间断电时间小于 10ms 时，不影响 PLC 的正常工作。

4) 为避免因失常而引起的系统瘫痪或发生无法补救的重大事故，应增加紧急停机电路。

5) 当需要控制两个相反的动作时，应在 PLC 和控制设备之间加互锁电路。

2. 控制单元输入端子接线

PLC 的输入口连接输入信号，器件主要有开关、按钮及各种传感器，这些都是触点类型

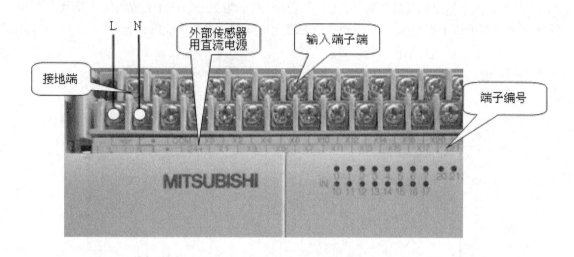

图 1-2-15 FX2N-48M 的输入端子排及电源接线

的器件。在接入 PLC 时，每个触点的两个接头分别连接一个输入点及输入公共端。由图 1-2-15可知，PLC 的开关量输入接线点都是端子接入方式，每一位信号占用一个端子。图 1-2-15中上部为输入端子，COM 端为公共端，输入公共端在某些 PLC 中是分组隔离的，在 FX2N 机中是连通的。开关、按钮等器件都是无源器件，PLC 内部电源能为每个输入点提供大约 7mA 工作电流，这也就限制了电路的长度。有源传感器在接入时必须注意与机内电源的极性配合。模拟量信号的输入须采用专用的模拟量工作单元。图 1-2-16 为输入器件接线图。

FX 系列的控制单元输入端子板为两头带端子的可拆卸板，外部开关设备与 PLC 之间的输入信号均通过输入端子进行连接。在进行输入端子接线时，应注意以下几点：

1）输入线尽可能远离输出线、高压线及电动机等干扰源。

2）不能将输入设备连接到带 "·" 端子上。

3）交流型 PLC 的内藏式直流电源输出可用于输入；直流型 PLC 的直流电源输出功率不够时，可使用外接电源。

4）切勿将外接电源加到交流型 PLC 的内藏式直流电源的输出端子上。

5）切勿将用于输入的电源并联在一起，更不可将这些电源并联到其他电源上。

3. 接地线的接入

良好的接地是保证 PLC 正常工作的必要条件，在接地时要注意以下几点：

1）PLC 的接地线应为专用接地线，其直径应在 2mm 以上。

2）接地电阻应小于 100Ω。

3）PLC 的接地线不能和其他设备共用，更不能将其接到一个建筑物的大型金属结构上。

4）PLC 的各单元的接地线相连。

4. 控制单元输出端子接线

PLC 输出口上连接的器件主要是继电器、接触器、电磁阀等线圈。这些器件均采用 PLC 机外的专用电源供电，PLC 内部只是提供一组开关触点。接入时线圈的一端接输出点端子，

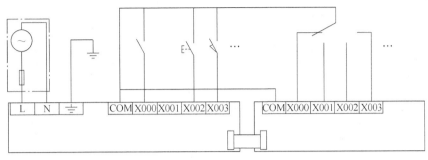

a）三菱 FX2N PLC 输入信号接线方式

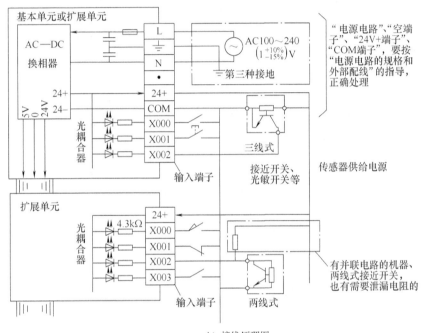

b）接线原理图

图 1-2-16　输入器件接线图

一端经电源接输出公共端。如图 1-2-13 中下部为输出端子，由于输出口连接线圈种类多，所需的电源种类及电压不同，输出口公共端常为许多组，而且组间是隔离的。如图 1-2-17所示三菱 FX2N PLC 输出接线示意图。图中继电器 KA1、KA2 和接触器 KM1、KM2 线圈为AC 220V，电磁阀 YV1、YV2 为 DC 24V，这样电磁阀与继电器、接触器便不能分在一组。而继电器、接触器为相同电压类型和等级，可以分在一组。如果一组安排不下，可以分在两组或多组，但这些组的公共点要连接在一起。

　　PLC 输出口的电流定额一般为 2A，大电流的执行器件必须配装中间继电器。如图1-2-18是继电器作为输出器件的连接图。

　　FX2N 系列控制单元输出端子板为两头带端子的可拆卸板，PLC 与输出设备之间的输出信号均通过输出端子进行连接。在进行输出端子接线时，<u>应注意以下几点</u>：

　　1）输出线尽可能远离高压线和动力线等干扰源。

　　2）不能将输出设备连接到带"·"端子上。

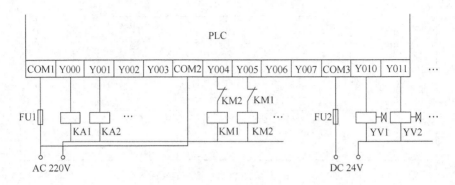

图 1-2-17　三菱 FX2N PLC 输出信号接线方式

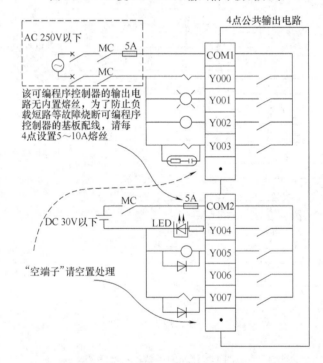

图 1-2-18　输出器件接线原理图

3）各"COM"端均为独立的，故各输出端既可独立输出，又可采用公共并接输出。当各负载使用不同电压时，采用独立输出方式；而各个负载使用相同电压时，可采用公共输出方式。

4）当多个负载连到同一电源上时，应使用型号为 AFP1803 的短路片将它们的"COM"端短接起来。

5）若输出端接感性负载时，需根据负载的不同情况接入相应的保护电路。在交流感性负载两端并联 RC 串联电路；在直流感性负载两端并联二极管保护电路；在带低电流负载的输出端并联一个泄放电阻以避免漏电流的干扰。以上保护元器件应安装在距离负载 50cm 以内。

6）在 PLC 内部输出电路中没有熔丝，为防止因负载短路而造成输出短路，应在外部输出电路中安装熔断器或设计紧急停机电路。

四、FX2N 系列 PLC 硬件的接线练习

将已编好的程序分别下载到继电器输出型和晶体管输出型的 PLC 中，指导学生进行不同类型 PLC 的输入端和输出端的接线训练。

检查评议

对学生任务实施的完成情况进行检查，并对各项重要环节进行赋值评分，同时对学生综合能力进行评价，并将结果填入表 1-2-2 所示的评分表内。

表 1-2-2　评 分 标 准

序号	主要内容	考核要求	评分标准	配分	扣分	得分
1	绘制 PLC 接线图	能正确绘制 PLC 的 I/O 接线图	1. 接线图绘制正确，否则每错一项扣 10 分 2. 图形符号和文字符号表述正确，否则每错一项扣 1 分	40		
2	根据接线图进行电路安装	熟练正确地将进行 PLC 输入、输出端的接线，并进行模拟调试	1. 不会接线的扣 50 分 2. 接线正确，每接错一根线扣 10 分 3. 仿真试车不成功扣 30 分	50		
3	安全文明生产	劳动保护用品穿戴整齐；电工工具佩带齐全；遵守操作规程；讲文明礼貌；操作结束要清理现场	1. 操作中，违犯任何一项安全文明生产考核要求的扣 5 分，扣完为止 2. 当发现学生有重大事故隐患时，要立即予以制止，并每次扣安全文明生产总分 5 分	10		
合 计						
开始时间：			结束时间：			

问题及防治

在进行 PLC 输入/输出器件的安装和使用过程中，时常会遇到如下情况：

问题 1：在进行三线制 NPN 型传感器开关（接近开关）的输入端接线安装时，将电源线和输出线接反。

【后果及原因】　将无法使输入端获取信号，这是因为三线制 NPN 型接近开关输出的是低电平，如果接反了将无法使输入端获取接近开关输出的输入信号。

【预防措施】　在进行三线制 NPN 型传感器开关（接近开关）的输入端接线安装时，需将接近开关输出低电平的一端接到 PLC 的输入端，另外两端分别接到 PLC 的电源上，其接线如图 1-2-19 所示。

问题 2：在进行晶体管输出型 PLC 的输出端接线安装时，易将交流电源接入和直流电源的极性接反。

【后果及原因】　在进行晶体管输出型 PLC 的输出端接线安装时，误将交流电源接入，将导致 PLC 输出端的内部电路损坏，严重时会损坏 PLC；若将直流电源的极性接反，将导致直流负载无法驱动。

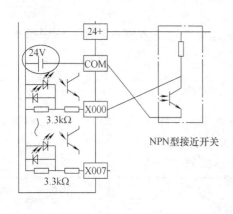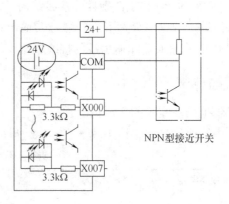

a) 正确接法　　　　　　　　　　　　　　　　b) 错误接法

图 1-2-19　三线制 NPN 型传感器开关（接近开关）的输入端接线

【预防措施】　在进行晶体管输出型 PLC 的输出端接线安装时，直流电源的极性不能接反，并且只能驱动直流负载，其正确的接线如图 1-2-20 所示。

问题 3：在进行 PLC 的多个输出端接线安装时，易将交流负载和直流负载的 COM 端混淆共用。

【后果及原因】　在进行 PLC 的多个输出端接线安装时，误将交流负载和直流负载的 COM 端混淆共用，将导致 PLC 输出端的内部电路损坏，严重时会损坏 PLC。

【预防措施】　在进行 PLC 的多个输出端接线安装时，应将交流负载和直流负载区分开来，分别接到不同的 COM 端上，其正确的接线如图 1-2-21 所示。

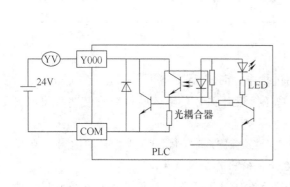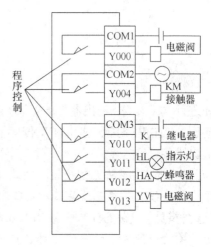

图 1-2-20　晶体管输出型 PLC 的输出端接线图　　　　图 1-2-21　PLC 多个输出端的接线

知识拓展

[FX-20P-E 型手持编程器]

简易编程器只能联机编程，而不能直接输入和编辑梯形图程序，需将梯形图程序转化成指令表程序才能输入。简易编程器体积小、价格便宜，它可以直接插在 PLC 的编程插座上，或者用专用电缆与 PLC 相连，以方便编程和调试。有些简易编程器带有存储盒，可以用来存储用户程序，如三菱的 FX-20P-E 型简易编程器。

一、FX-20P-E 型手持编程器的组成与面板布置

FX-20P-E 型手持编程器（简称 HPP）可以用于 FX 系列 PLC，也可通过转换器 FX-20P-E-FKIT 用于 F1、F2 系列 PLC。

FX-20P-E 型手持编程器由液晶显示屏，ROM 写入器接口，存储器卡盒接口，以及由功能键、指令键、元件符号键和数字键等键盘组成，如图 1-2-22、图 1-2-23 所示。

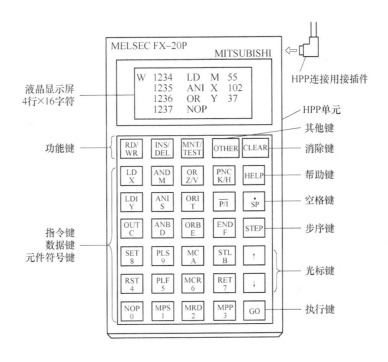

图 1-2-22　FX-20P-E 型手持编程器面板布置图

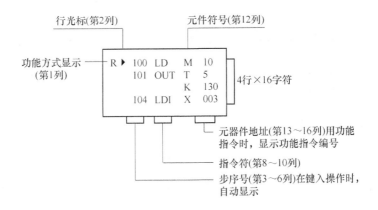

图 1-2-23　液晶显示屏

二、编程器的工作方式

1. 编程工作方式

编程工作方式的主要功能是输入新的控制程序或对已有的程序予以编辑。FX-20P-E 型手持编程器具有在线（ONLINE，或称为联机）编程和离线（OFFLINE，或称为脱机）编程两种方式。在线编程时编程器与 PLC 直接相连，编程器直接对 PLC 用户程序存储器进行读写操作。若 PLC 内装有 EEPROM 卡盒，程序写入该卡盒，若没有 EEPROM 卡盒，程序写入 PLC 内的 RAM 中。在离线编程时，编制的程序首先写入编程器内的 RAM 中，以后再成批传入 PLC 的存储器。

2. 监控工作方式

监控工作方式可以对运行中的控制器工作状态进行监视和跟踪。FX-20P-E 型手持编程器的监视功能是通过编程器的显示屏监视和确认在联机工作方式下 PLC 的动作和控制状态。它包括元件的监视、通/断检查和动作状态的监视等内容。

3. 使用方法

（1）清除用户程序存储器内容　编程器设置在编程位置时，首先清除程序存储器的内容，当全部程序被清除后，编程器上显示变为空。

（2）程序写入　将用户程序写到基本单元里去。

（3）用步序号读出程序　先指定步序，然后按下 INS/DEL 键，再顺序按 STEP（+）键。

（4）程序查找　程序查找可以使用户快捷、准确地查找程序中指定的器件和常数。

（5）修改程序　先利用程序查找功能确定并读出要修改的指令，然后写出新的指令。

（6）删除和插入程序　先利用程序查找功能确定并读出要删除的某条指令，然后按下 INS/DEL 键，在删除指令之后步序将自动加 1。

用同样的方法在程序中插入一条指令，可查找并读出紧接在要插入指令后的那条指令。然后键入要插入的指令并按下 INS/DEL 键，指令步序号随着新的指令送入之后自动加 1。

（7）检查程序　程序写好后要进行检查，如果有错误则要进行修改。它的操作有语法检查、电路检查、求和效验检查和双线圈检查等。

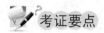 **考证要点**

根据国家职业资格考试（高级工）相关要求，该任务内容的考证要点见表 1-2-3 所示。

表 1-2-3　考证要点

行为领域	鉴定范围	鉴定点	重要程度
理论知识	可编程序控制器的基本知识	1. PLC 的组成及工作原理 2. PLC 的硬件系统	★★
操作技能	可编程序控制器的选型	PLC 的硬件安装与调试	★★★

考证测试题

一、填空题（请将正确的答案填在横线空白处）

1. 常用的开关量输入模块的信号类型有＿＿＿＿＿输入、＿＿＿＿＿输入和＿＿＿＿＿输入三种。

2. PLC 的开关量输入模块的接线方式有＿＿＿＿＿式输入和＿＿＿＿＿式输入两种。

3. 开关量输出模块的输出方式有＿＿＿＿＿输出、＿＿＿＿＿输出和＿＿＿＿＿输出。

4. PLC 的输出接线方式有＿＿＿＿＿式输出和＿＿＿＿＿式输出两种。

5. 按结构形式分类，PLC 可分为＿＿＿＿＿式和＿＿＿＿＿式两种。

6. 可编程序控制器系统也称之为"软接线"程序控制系统，由＿＿＿＿＿和＿＿＿＿＿两大部分组成。

7. 每一次扫描所用的时间称为＿＿＿＿＿。每一次扫描有三个阶段分别为＿＿＿＿＿、＿＿＿＿＿和＿＿＿＿＿。

8. PLC 工作方式选择开关有＿＿＿＿＿和＿＿＿＿＿两档。

9. 状态指示栏分为＿＿＿＿＿、＿＿＿＿＿和＿＿＿＿＿三部分。

二、判断题（在下列括号内，正确的打"√"，错误的打"×"）

（　　）1. PLC 是专门用来完成逻辑运算的控制器。

（　　）2. PLC 的输出形式是继电器触点输出。

（　　）3. 当 I/O 点数不够时，可通过 PLC 的 I/O 扩展接口对系统进行任意扩展。

（　　）4. PLC 上接线端子的数量一般少于 I/O 点的数量。

（　　）5. PLC 地址单元一般占用两个字节。

（　　）6. 由于 PLC 执行指令的速度很快，所以通常用执行 1000 步指令所需要的时间来衡量 PLC 的速度。

（　　）7. 由于 PLC 电源的好坏直接影响 PLC 的功能和可靠性，所以目前大部分 PLC 采用开关式稳压电源供电。

（　　）8. PLC 中软元件的接点数量不受限制。

（　　）9. PLC 可以向扩展模块提供 24V 直流电源。

（　　）10. PLC 的自检过程在每次开机通电时完成的。

（　　）11. PLC 中的输出继电器触点只能用于驱动外部负载，不可以在程序内使用。

（　　）12. PLC 晶体管输出接口响应速度快、动作频率高，但只能用于驱动直流负载。

三、选择题（将正确答案的序号填入括号内）

1. （　　）不属于 PLC 的输出方式。

A. 继电器输出　　B. 普通晶闸管　　C. 双向晶闸管　　D. 晶体管

2. PLC 内部有许多辅助继电器，其作用相当于继电-接触器控制系统中的（　　）。

A. 接触器　　B. 中间继电器　　C. 时间继电器　　D. 热继电器

3. PLC 输出电路组成时，（　　）。

A. 直流感性负载需并联整流二极管

B. 直流感性负载需并联浪涌二极管

C. 直流感性负载需串联整流二极管

D. 直流感性负载需串联浪涌二极管

4. 国内外 PLC 各生产厂家都把（　　）作为第一用户编程语言。

A. 梯形图　　　　　B. 指令表　　　　　C. 逻辑功能图　　　　D. C 语言

5. 输入采样阶段，PLC 的中央处理器对各输入端进行扫描，将输入信号送入（　　）。

A. 累加器　　　　　B. 指针寄存器　　C. 状态寄存器　　　D. 存储器

6. 一般而言，PLC 的 AC 输入电源电压范围是（　　）。

A. AC 24V　　　　B. AC 86～264V　C. AC 220～380V　D. AC 24～220V

7. 下面（　　）不是 PLC 常用的分类方式。

A. I/O 点数　　　B. 结构形式　　　C. PLC 功能　　　　D. PLC 体积

8. PLC 的输入模块一般使用（　　）来隔离内部电路和外部电路。

A. 光耦合器　　　B. 继电器　　　　C. 传感器　　　　　D. 电磁耦合

9. PLC 的工作方式是（　　）。

A. 等待工作方式　　　　　　　B. 中断工作方式

C. 扫描工作方式　　　　　　　D. 循环扫描工作方式

10. PLC 中输出继电器的常开触点的数量是（　　）。

A. 6 个　　　　　　B. 24 个　　　　　C. 100 个　　　　　D. 无数个

11. 影响 PLC 扫描周期长短的因素大致是（　　）。

A. 输入接口响应的速度　　　　B. 用户程序长短和 CPU 执行指令的速度

C. 输出接口响应的速度　　　　D. I/O 的点数

12. 下列不属于 PLC 硬件系统组成的是（　　）。

A. 用户程序　　　B. 输入输出接口　C. 中央处理单元　　D. 通信接口

13. 如果系统负载变化频繁，则最好选用（　　）型输出的 PLC。

A. 晶体管输出接口　　　　　　B. 双向晶闸管输出接口

C. 继电器输出接口　　　　　　D. 任意接口

14. PLC 程序执行时的结果保存在（　　）。

A. 输出继电器　　　　　　　　B. 元件映像寄存器

C. 输出锁存器　　　　　　　　D. 通用寄存器

15. PLC 工作环境的空气相对湿度一般要小于（　　）。

A. 60%　　　　　　B. 80%　　　　　　C. 85%　　　　　　D. 90%

16. 对于系统输出的变化不是很频繁，建议优先选用（　　）型输出 PLC。

A. 晶体管输出接口　　　　　　B. 双向晶闸管输出接口

C. 继电器输出接口　　　　　　D. 任意接口

17. PLC 输入器件提供信号不包括下列（　　）信号。

A. 模拟信号　　　B. 数字信号　　　C. 开关信号　　　　D. 离散信号

18. PLC 输出方式为晶体管型时，它适用于（　　）负载。

A. 感性　　　　　　B. 交流　　　　　C. 直流　　　　　　D. 交直流

19. PLC 的（　　）程序要永久保存在 PLC 之中，用户不能改变。

A. 用户程序　　　B. 系统程序　　　C. 软件程序　　　　D. 仿真程序

任务 3 PLC 软件安装及使用

学习目标

知识目标：1. 了解 GX-Developer 编程软件和仿真软件的主要功能。
2. 熟悉 GX-Developer 编程软件和仿真软件的画面。

能力目标：1. 掌握微机环境下对 GX-Developer 编程软件和仿真软件的安装方法和步骤。
2. 能使用 GX-Developer 编程软件进行简单编程，并用微机对 PLC 进行调试和监控。

工作任务

不同机型的 PLC，具有不同的编程语言。常用的编程语言有梯形图、指令表、控制系统流程图三种。三菱 FX 系列的 PLC 也不例外，其编程的主要手段主要有手持式简易编程器、便携式图形编程器和微型计算机等。三菱 FX 系列 PLC 还有一些编程开发软件，如 GX 开发器。它可以用于生成涵盖所有三菱 PLC 设备软件包，使用该软件可以为 FX、A 等系列 PLC 生成程序。这些程序可在 Windows 操作系统上运行，便于操作和维护，可以用梯形图、语句表等进行编程，程序兼容性强。GX-Developer 编程软件包是一个专门用来开发 FX 系列 PLC 程序的软件包，它可用梯形图、指令表和顺序功能图来写入和编辑程序，并能进行各种编程方式的互换，它运用于 Windows 操作系统，这对于调试操作和维护操作来说可以提高工作效率，并具有较强的兼容性。本次任务的主要内容是 GX-Developer 编程软件包的安装和使用。

任务分析

本任务是对三菱 GX-Developer Ver. 8 中文编程软件及仿真软件的安装和使用进行介绍，通过学习熟悉编程软件和仿真软件的主要功能，掌握编程软件和仿真软件的安装方法及使用方法，为后续的编程学习奠定基础。

相关理论

一、三菱 GX-Developer Ver. 8 编程软件概述

三菱 GX-Developer Ver. 8 编程软件是三菱公司设计的在 Windows 环境下使用的 PLC 编程软件，它能够完成 Q 系列、QnA 系列、A 系列（包括运动 CPU）、FX 系列 PLC 梯形图、指令表、SFC 等的编程，支持当前所有三菱系列 PLC 的软件编程。

该软件简单易学，具有丰富的工具箱和直观形象的视窗界面。编程时，既可用键盘操作，也可以用鼠标操作；操作时可联机编程；该软件还可以对以太网、MELSECNET/10（H）、CC-Link 等网络进行参数设定，具有完善的诊断功能，能方便地实现网络监控，程序的上传、下载不仅可通过 CPU 模块直接连接完成，也可以通过网络系统［如以太网、MELSECNET/10（H）、CC-Link、电话线等］完成。下面以三菱 FX 系列（FX2N）PLC 为例，介绍该软件的主要功能及使用方法。

1. GX-Developer Ver. 8 编程软件的主要功能

GX-Developer Ver. 8 编程软件的功能十分强大，集成了项目管理、程序键入、编译链接、模拟仿真和程序调试等功能，其主要功能如下：

1）在 GX-Developer Ver. 8 编程软件中，可通过电路符号、列表语言及 SFC 符号来创建 PLC 程序，建立注释数据及设置寄存器数据。

2）创建 PLC 程序以及将其存储为文件，可用打印机打印。

3）该程序可在串行系统中与 PLC 进行通信、文件传送、操作监控以及各种测试功能。

4）该程序可脱离 PLC 进行仿真调试。

2. 系统配置

(1) 计算机　要求机型：IBM PC/AT（兼容）；CPU：486 以上；内存：8MB 或更高（推荐 16MB 以上）；显示器：分辨率为 800×600 点，16 色或更高。

(2) 接口单元　采用 FX-232AWC 型 RS-232/RS-422 转换器（便携式）或 FX-232AW 型 RS-232C/RS-422 转换器（内置式），以及其他指定的转换器。

(3) 通信电缆　FX-422CAB 型 RS-422 缆线（用于 FX2，FX2C 型 PLC，0.3m）或 FX-422CAB-150 型 RS-422 缆线（用于 FX2，FX2C 型 PLC，1.5m），以及其他指定的缆线。

3. GX-Developer Ver. 8 编程软件的操作界面

打开 GX-Developer Ver. 8 软件后，会出现如图 1-3-1 所示的操作界面。其操作界面主要由项目标题栏（状态栏）、下拉菜单（主菜单栏）、快捷工具栏、编辑窗口、管理窗口等部分组成。在调试模式下，还可打开远程运行窗口、数据监视窗口等。

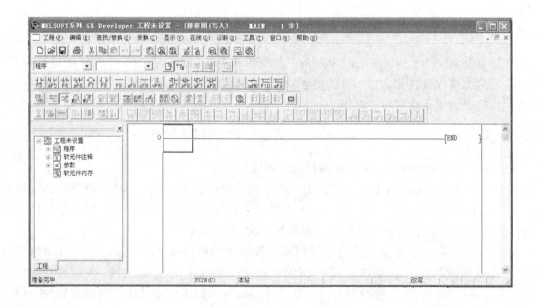

图 1-3-1　GX-Developer Ver. 8 软件的操作界面

（1）菜单栏　GX-Developer Ver. 8 的下拉菜单（主菜单栏）包含工程、编辑、查找/替换、变换、显示、在线、诊断、工具、窗口、帮助等 10 个下拉菜单，每个菜单又有若干个菜单项，如图 1-3-2 所示。

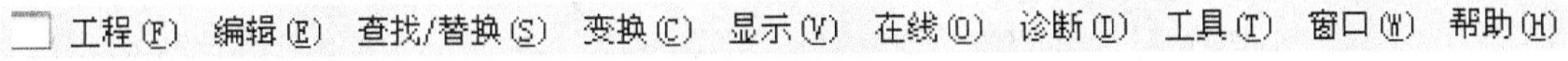

工程(F)　编辑(E)　查找/替换(S)　变换(C)　显示(V)　在线(O)　诊断(D)　工具(T)　窗口(W)　帮助(H)

图 1-3-2　菜单栏

（2）工具栏　工具栏中有"标准"工具条、"梯形图符号"工具条、"工程数据切换"工具条、"工程参数列表切换"按钮、"梯形图标记"工具条、"程序"处理按钮和"SFC"编程按钮等，如图 1-3-3 所示。这些工具条或按钮的功能都在菜单栏中，为使用方便，放在工具栏中作为快捷键。了解这些快捷键的作用，便于快速编程。

图 1-3-3　工具栏

1）"标准"工具条。

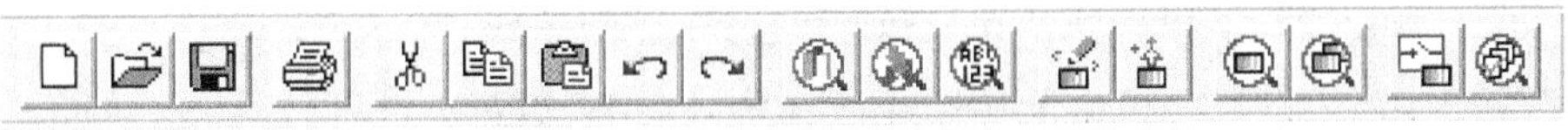

① □：："新建工程"，新建一个 PLC 编程文件。

② ：："打开工程"，打开已有的文件。

③ ：："工程保存"，保存现有的编辑文件。

④ ：："打印"，如果打印机已连接好，则打印现有的编辑文件。

⑤ ：："剪切"，剪切选定的内容并放在剪贴板上。

⑥ ：："复制"，复制选定的内容并放在剪贴板上。

⑦ ：："粘贴"，将剪贴板上的内容粘贴在以鼠标所在为起始点的位置。

⑧ ：："软元件查找"。

⑨ ：："指令查找"。

⑩ ：："字串符查找"。

⑪ ：："PLC 写入"，将编好的程序变换后写入 PLC 中，以便运行。

⑫ ：："PLC 读取"，将 PLC 中的程序读出来放在计算机中，以便检查或修改。

⑬ ：："软元件登录监视"。

⑭ ：："软元件成批监视"。

⑮ ：："软元件测试"。

⑯ ：："参数检查"。

2）"工程数据切换"、"注释"等工具条。可在程序、参数、注释、编程元件内存这4个项目中切换。

3）"梯形图符号"工具条。

① ：："常开触点"，单击此按钮或按 F5 输入常开触点。

② ：："并联常开触点"，单击此按钮或按 ↑ Shift + F5 输入常开触点。

③ ：："常闭触点"，单击此按钮或按 F6 输入常闭触点。

④ ：："并联常闭触点"，单击此按钮或按 ↑ Shift + F6 输入常闭触点。

⑤ ：："线圈"，单击此按钮或按 F7 输入线圈。

⑥ ：："应用指令"，单击此按钮或按 F8 输入应用指令。

⑦ ：："画横线"，单击此按钮或按 F8 画横线。

⑧ ：："画竖线"，单击此按钮或按 ↑ Shift + F9 画竖线。

⑨ ：："横线删除"，单击此按钮或按 Ctrl + F9 删除横线。

⑩ ：："竖线删除"，单击此按钮或按 Ctrl + F10 删除竖线。

⑪ ：："上升沿脉冲"，单击此按钮或按 ↑ Shift + F7 输入上升沿脉冲。

⑫ ：："下降沿脉冲"，单击此按钮或按 ↑ Shift + F8 输入下降沿脉冲。

⑬ ：："并联上升沿脉冲"，单击此按钮或按 Alt + F7 输入并联上升沿脉冲。

⑭ ：："并联下降沿脉冲"，单击此按钮或按 Alt + F8 输入并联下降沿脉冲。

⑮ ：："运算结果取反"，单击此按钮或按 Caps + F10 使运算结果取反。

⑯ ：："划线输入"，单击此按钮或按 F10 划线输入。

⑰ ：："划线删除"，单击此按钮或按 Alt + F9 将划线删除。

4）"程序"工具条。

① ：："梯形图/列表显示切换"，即梯形图与指令表相互转换。

② ：："读出模式"。

③ 　：“写入模式”。

④ 　：“监视模式”。

⑤ 　：“监视（写入模式）”。

⑥ 　：“注释编辑”。

⑦ 　：“声明编辑”。

⑧ 　：“注解项编辑”。

⑨ 　：“梯形图登录监视”。

⑩ 　：“触点线圈查找”。

⑪ 　：“程序检查”。

　：“梯形图逻辑测试起动/结束”。

5）“SFC 符号”工具条。可对 SFC 程序进行块变换、块信息设置、排序、块监视操作。

6）工程参数列表。工程参数列表如图 1-3-4 所示。

图 1-3-4　工程参数列表

显示程序（MAIN）、软元件注释（COMMENT）、参数（PLC 参数）、软元件内存等内容，可实现这些项目的数据设定。

任务准备

实施本任务教学所使用的实训设备及工具材料可参考表 1-3-1。

表 1-3-1　实训设备及工具材料

序号	分类	名称	型号规格	数量	单位	备注
1	工具	电工常用工具		1	套	
2	仪表	万用表	MF47 型	1	块	
3	设备器材	编程计算机	要求机型：IBM PC/AT（兼容）；CPU：486 以上；内存：8MB 或更高（推荐 16MB 以上）；显示器：分辨率为 800×600 点，16 色或更高	1	台	
4		接口单元	采用 FX-232AWC 型 RS-232/RS-422 转换器（便携式）或 FX-232AW 型 RS-232C/RS-422 转换器（内置式），以及其他指定的转换器	1	套	
5		通信电缆	FX-422CAB 型 RS-422 缆线（用于 FX2、FX2C 型 PLC，0.3m）或 FX-422CAB-150 型 RS-422 缆线（用于 FX2，FX2C 型 PLC，1.5m），以及其他指定的缆线	1	条	
6		编程及仿真软件	GX-Developer Ver. 8 GX-Simulator	1	套	
7		可编程序控制器	FX2N-48MR	1	台	
8		安装配电盘	600mm×900mm	1	块	
9		导轨	C45	0.3	m	
10		空气断路器	Multi9 C65N D20	1	只	
11		熔断器	RT28-32	6	只	
12		按钮	LA4-3H	1	只	
13		接触器	CJ10-10 或 CJT1-10	1	只	
14		接线端子	D-20	20	只	
15	消耗材料	铜塑线	BV1/1.37mm²	10	m	主电路
16		铜塑线	BV1/1.13mm²	15	m	控制电路
17		软线	BVR7/0.75mm²	10	m	
18		紧固件	M4×20mm 螺杆	若干	只	
19			M4×12mm 螺杆	若干	只	
20			ϕ4mm 平垫圈	若干	只	
21			ϕ4mm 弹簧垫圈及 M4mm 螺母	若干	只	
22		号码管		若干	m	
23		号码笔		1	支	

任务实施

一、GX-Developer Ver. 8 中文编程软件的安装

在 PLC 上机编程设计前，必须先对编程软件进行安装。GX-Developer Ver. 8 中文编程软件的安装主要包括三部分，即使用环境、编程环境和仿真运行环境，其安装的具体方法和步骤如下：

1. 使用环境的安装

在安装软件前，应首先安装使用（通用）环境，若不安装环境，编程软件是无法正常安装使用的。其安装的具体方法及步骤如下：

1）首先打开 GX-Developer Ver. 8 中文软件包，找到 EnvMEL 文件夹并打开，如图 1-3-5 所示。然后找到使用环境安装图标 SETUP Setup Launcher InstallShield So，并双击图标，则会进入使用环境安装画面，如图 1-3-6 所示。

图 1-3-5　打开使用环境安装文件夹 EnvMEL 的画面

2）单击画面"欢迎"对话框里的"下一个（N）＞"按钮，会出现如图 1-3-7 所示的信息对话框。然后继续单击"信息对话框"里的"下一个（N）＞"按钮，会出现如图 1-3-8 所示的软件安装画面。

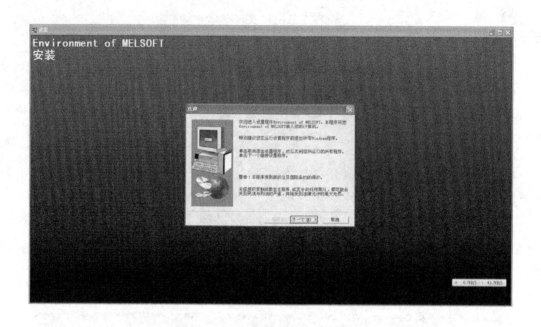

图 1-3-6　进入使用环境安装的画面

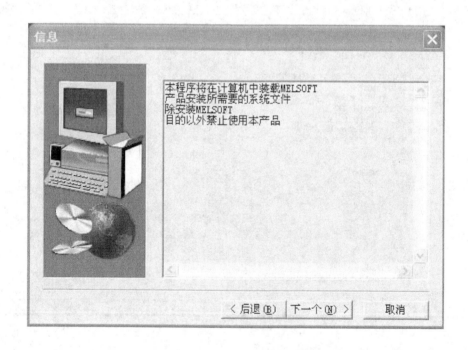

图 1-3-7　进入使用环境安装的信息画面

3）当软件自行安装完毕后，会自动出现"设置完成"的画面，如图 1-3-9 所示，此时只要单击画面对话框里的"结束"按钮，就可完成使用环境的安装。

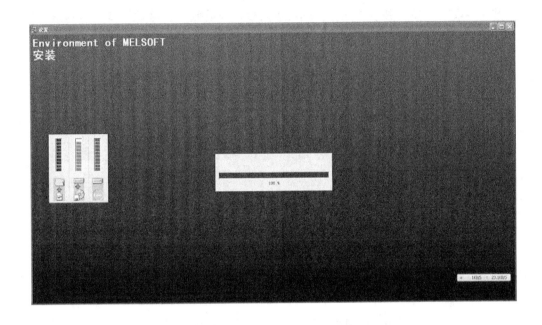

图 1-3-8 软件安装进行中的画面

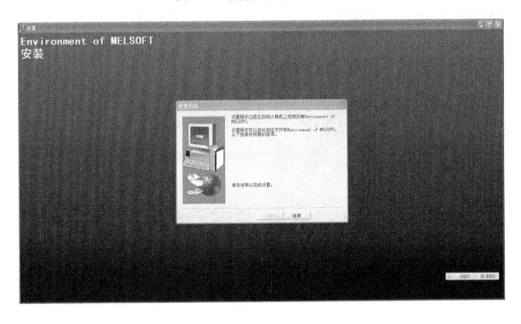

图 1-3-9 使用环境设置安装完成的画面

2. 编程软件的安装

当使用环境安装完后就可以实施软件的安装。在安装软件的过程中，会要求输入一个序列号，同样在安装过程中，还要对一些选项进行选择，当安装完编程软件后，再进行仿真软件的安装。具体方法及步骤如下：

1）当使用环境安装完后，返回到前面打开的 GX-Developer Ver. 8 中文软件包，打开"记事本"文档，可查看到安装序列号（见图 1-3-10），并复制，以备安装使用。然后找到软件安装图标，并双击图标，则会进入软件安装画面，然后一步一步地进行安装，进入用户信息画面，如图 1-3-11 所示。

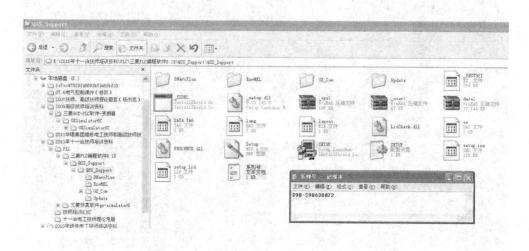

图 1-3-10　打开软件包中序列号的画面

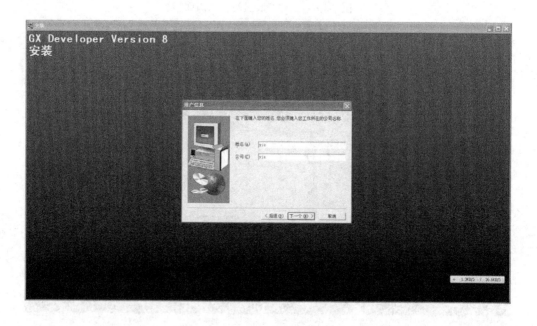

图 1-3-11　输入用户信息的画面

> **提示**　在打开软件安装文件包进行软件安装时，其他三个文件夹在安装时主安装程序会自动调用，但不必管它。

2）单击图 1-3-11 画面"用户信息"对话框里的"下一个（N）>"按钮，会出现如图 1-3-12 所示的"注册确认"对话框，单击框里的"是（Y）"按钮，将会出现"输入产品序列号"的对话框，然后输入产品序列号，如图 1-3-13 所示的。

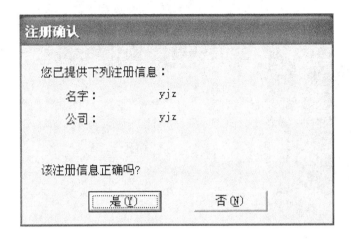

图 1-3-12 注册确认画面

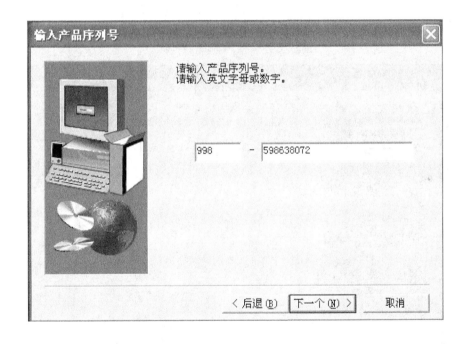

图 1-3-13 输入产品序列号的画面

提示 在输入各种注册信息后,输入序列号。不同软件的序列号可能会不相同,序列号可以在下载后的压缩包里得到。

3)软件安装的项目选择。单击图 1-3-13 画面里的"下一个(N)>"按钮,会出现如图 1-3-14 所示的"选择部件"对话框。由于 ST 语言是在 IEC61131-3 规范中被规定的结构化文本语言,在此也可不作选择,直接单击画面里的"下一个(N)>"按钮,会出现如图 1-3-15 所示的监视专用选择画面。

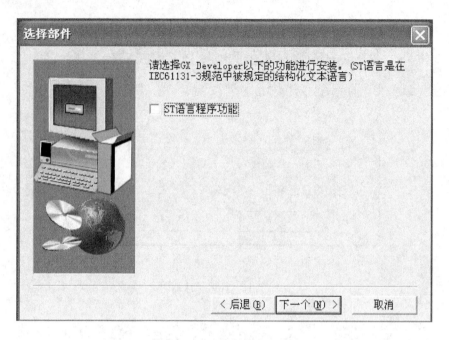

图 1-3-14   ST 语言选择画面

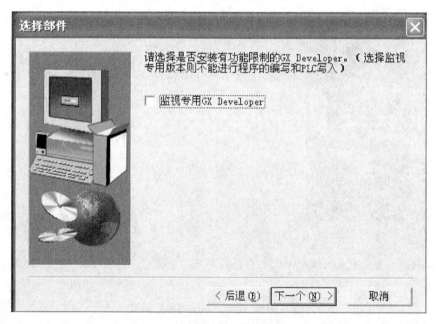

图 1-3-15   监视专用选择画面

提示   特别注意：安装选项中，每一个步骤要仔细看，有的选项打勾了反而不好，如在"监视专用"选项中千万注意这里不能打勾，否则软件只能做监视用，将造成无法编程。同时这个地方也是软件安装过程中出现问题最多的地方。

4）等待安装过程。当所有安装选项的选择部件确认完毕后，就会进入如图 1-3-16 所示的等待安装过程；直至出现如图 1-3-17 所示的"本产品安装完毕"对话框，软件才算安装完毕，然后单击对话框里的"确定"按钮，结束编程软件的安装。

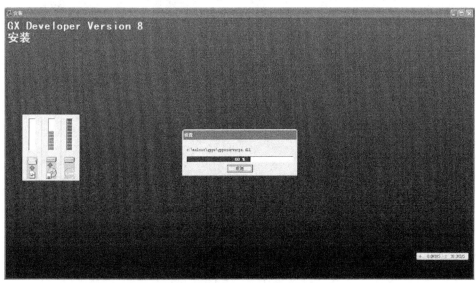

图 1-3-16 软件等待安装过程画面

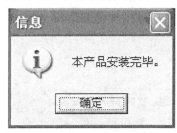

图 1-3-17 软件安装完毕画面

二、仿真软件的安装

当编程软件安装完毕后，会进行仿真软件的安装。安装仿真软件的目的是在没有 PLC 的情况下，编写完的程序对错可以通过仿真软件来进行模拟测试，其安装的方法及步骤如下。

1. 使用环境的安装

与编程软件的安装一样，在安装仿真软件时，也应首先进行使用环境的安装，否则将会造成仿真软件不能使用。其安装方法如下：

首先打开 GX-Simulator6 中文软件包，找到 EnvMEL 文件夹并打开，如图 1-3-18 所示；然后找到使用环境安装图标 SETUP Setup Launcher ，并双击图标，出现如图 1-3-19 所示的画面；数秒后，会出现如图 1-3-20 所示的信息对话框画面，单击对话框里的"确定"按钮，即可完成仿真软件使用环境的安装。

2. 仿真运行环境的安装

1）当使用环境安装完后，返回到前面打开的 GX-Simulator6 中文软件包，并打开"记事本"文档，可查看到安装序列号（见图 1-3-21），并复制，以备安装使用。然后找到软件安装图标 SETUP Setup Launcher ，并双击图标，进入软件安装画面，如图 1-3-22 所示。数秒后，进入如图 1-3-23 所示的画面。

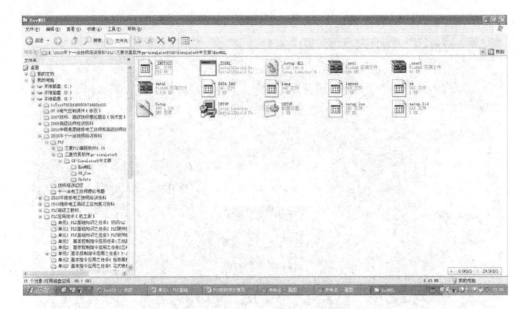

图 1-3-18　打开仿真软件使用环境安装文件夹 EnvMEL 的画面

图 1-3-19　进入仿真软件使用环境安装的画面

图 1-3-20　仿真软件使用环境安装完毕的画面

2）单击图 1-3-23 画面中"安装"对话框里的"确定"按钮，会弹出如图 1-3-24 所示

图 1-3-21   打开仿真软件包中序列号的画面

图 1-3-22   进入仿真运行环境安装的画面（一）

图 1-3-23   进入仿真运行环境安装的画面（二）

的安装对话框。此时只要单击对话框里的"确定"按钮，即可进入如图 1-3-25 所示的 SWnD5-LLT 程序设置安装画面。

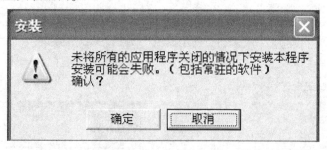

图 1-3-24　未关掉其他应用程序软件安装时会出现的画面

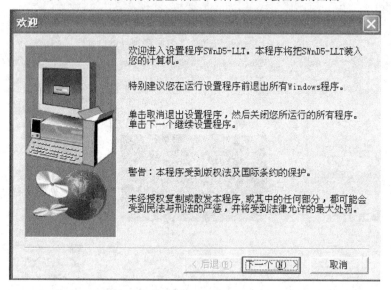

图 1-3-25　SWnD5-LLT 程序设置安装画面

> **提示**　特别注意：在安装的时候，最好把其他应用程序关掉，包括杀毒软件、防火墙、IE 浏览器、办公软件。因为这些软件可能会调用系统的其他文件，影响安装的正常进行。如图 1-3-24 所示就是未关掉其他应用程序会出现的画面，只要单击"确定"即可。

3）单击图 1-3-25 所示画面中的"下一个（N）>"按钮，会出现图 1-3-11 所示"用户信息"画面，只要输入用户信息后，并单击对话框里的"下一个（N）>"按钮，会出现如图 1-3-12 所示的"注册确认"对话框，单击框里的"是（Y）"按钮，将会出现"输入产品 ID 号"的对话框，然后输入产品序列号，如图 1-3-26 所示。

4）当输入完产品的序列号后，只要单击"输入产品 ID 号"的对话框里的"下一个（N）>"按钮，会出现如图 1-3-27 所示的选择目标位置画面。然后单击对话框里的"下一个（N）>"按钮，会出现类似如图 1-3-16 所示的软件等待安装过程画面。数秒后，软件安装完毕，会弹出类似如图 1-3-17 所示的软件安装完毕的画面，此时只要单击画面中的"确定"按钮，即可完成仿真运行软件的安装。

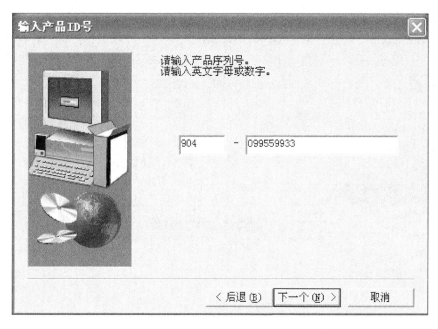

图 1-3-26　输入产品 ID 号的画面

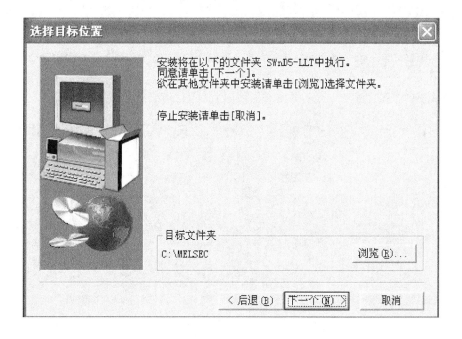

图 1-3-27　选择目标位置对话框画面

三、软件的测试

当软件安装完毕后，应对程序进行检测。打开程序，测试程序是否正常，如果程序不正常，有可能是因为操作系统的 DLL 文件或者其他系统文件丢失，一般程序会提示是因为少了哪一个文件而造成的。在这样的情况下，有两种可能：一是本身的软件有问题；二是安装过程有问题。后者重装就可能解决。具体测试过程如下。

1. 系统的启动与退出

（1）系统启动 要想启动 GX-Developer 软件，可单击桌面的"开始/程序"，选择"MELSOFT 应用程序"→"GX-Developer"选项，如图 1-3-28 所示。然后用单击  选项，就会打开 GX-Developer 窗口，如图 1-3-29 所示。

图 1-3-28 系统启动画面

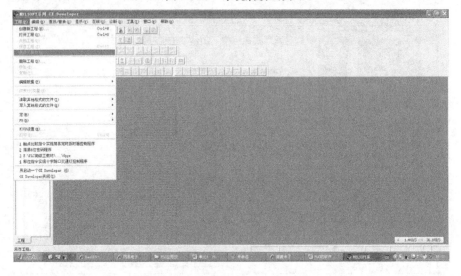

图 1-3-29 打开的 GX-Developer 窗口

（2）系统的退出 用鼠标选取"工程"菜单下的"关闭"命令，即可退出 GX-Developer 系统。

2. 文件的管理

（1）创建新工程 在图 1-3-29 的 GX-Developer 窗口中，选择"工程"→"创建新工程"菜单项，或者按［Ctrl］+［N］键操作，在出现的创建新工程对话框中 PLC 系列选择"FXCPU"，PLC 类型选择"FX2N（C）"，程序类型选择"梯形图逻辑"，如图 1-3-30 所示；单击"确定"，可显示如图 1-3-31 所示的编程窗口。如单击"取消"按钮，则不建新工程。

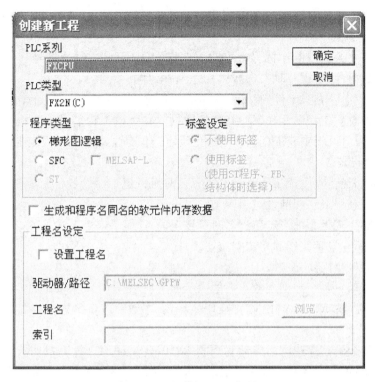

图 1-3-30 创建新工程对话框

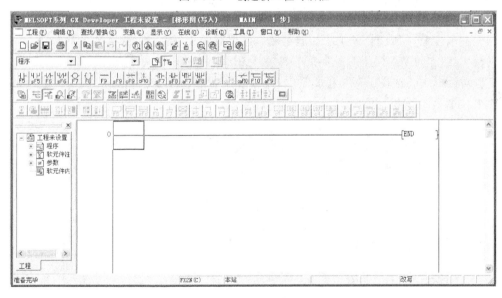

图 1-3-31 创建新工程对话框

> **提示** 在进行创建工程名时,一定要弄清图 1-3-30 中各选项说明内容:

1) PLC 系列:有 QCPU（Q 模式）系列、QCPU（A 模式）系列、QnA 系列、ACPU 系列、运动控制 CPU（SCPU）系列和 FXCPU 系列。

2) PLC 类型:根据所选择的 PLC 系列,确定相应的 PLC 类型。

3）程序类型：可选"梯形图逻辑"或"SFC"，当在 QCPU（Q 模式）中选择 SFC 时，MELSAP-L 亦可选择。

4）标号设置：当无需制作标号程序时，选择"无标号"；制作标号程序时，选择"标号程序"；制作标号＋FB 程序时，选择"标号＋FB 程序"。

5）生成和程序同名的软元件内存数据：新建工程时，生成和程序同名的软元件内存数据。

6）工程名设置：工程名用作保存新建的数据，在生成工程前设定工程名，单击复选框选中；另外，工程名可于生成工程前或生成后设定，但是生成工程后设定工程名时，需要在"另存工程为…"设定。

7）驱动器/路径：在生成工程前设定工程名时可设定。

8）工程名：在生成工程前设定工程名时可设定。

9）标题：在生成工程前设定工程名时可设定。

10）确定：所有设定完毕后单击本按钮。

另外，新建工程时还应注意以下几点：

1）新建工程后，各个数据及数据名的表示如下所示。

程序：MAIN；注释：COMMENT（通用注释）；参数：PLC 参数、网络参数（限于 A 系列，QnA/Q 系列）。

2）当生成复数的程序或同时启动复数的 GX-Developer 时，计算机的资源可能不够用而导致画面的表示不正常；此时，应重新启动 GX-Developer 或者关闭其他的应用程序。

3）当未指定驱动器/路径名（空白）就保存工程时，GX-Developer 可自动在默认值设定的驱动器/路径中保存工程。

（2）打开工程　所谓打开工程，就是读取已保存的工程文件，其操作步骤如下：

选择"工程"→"打开工程"菜单或按［Ctrl］＋［O］键，在出现的如图 1-3-32 所示打开工程对话框中，选择所存工程驱动器/路径和工程名，单击"打开"按钮，进入编辑窗口；单击"取消"按钮，重新选择。

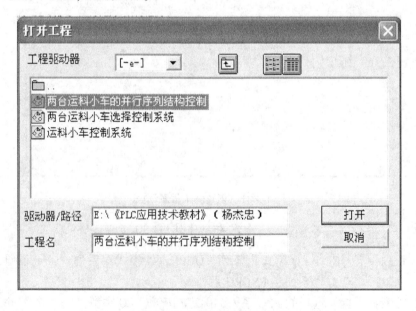

图 1-3-32　打开工程对话框

在图 1-3-32 中，选择"两台运料小车的并行序列结构控制"工程，单击打开后得到梯形图编辑窗口，这样即可编辑程序或与 PLC 进行通信等操作。

（3）文件的保存和关闭　保存当前 PLC 程序，注释数据以及其他在同一文件名下的数据。操作方法：执行"工程"→"保存工程"菜单操作或［Ctrl］+［S］键操作即可。将已处于打开状态的 PLC 程序关闭，操作方法是执行"工程"→"关闭工程"菜单操作即可。

提示　在关闭工程时应注意：在未设定工程名或者正在编辑时选择"关闭工程"，将会弹出一个询问保存对话框，如图 1-3-33 所示。如果希望保存当前工程时应单击"是"按钮，否则应单击"否"按钮，如果需继续编辑工程应单击"取消"按钮。

图 1-3-33　关闭工程时的询问保存对话框

（4）删除工程　将已保存在计算机中的工程文件删除，操作步骤如下：

1）选择"工程"→"删除工程"……弹出"删除工程"对话框。

2）单击要删除的文件名，按［Enter］键，或者单击"删除"按钮；或者双击要删除的文件名，弹出删除确认对话框。单击"取消"按钮，不继续删除操作。

3）单击"是"按钮，确认删除工程。单击"否"按钮，返回上一对话框。

3. 编程操作

（1）梯形图表示画面时的限制事项

1）在 1 个画面上表示梯形图 12 行（800×600 像素画面缩小率 50%）。

2）1 个梯形图块在 24 行以内制作，超出 24 行就会出现错误。

3）1 个梯形图的触点数是 11 个触点和 1 个线圈。

4）注释文字表示见表 1-3-2。

表 1-3-2　注释文字表示列表

注释文字	输入文字数	梯形图画面表示文字数
软元件注释	半角 32 字符（全角 16 文字）	8 文字 ×4 行
说明	半角 64 字符（全角 32 文字）	设定的文字部分全部表示
注解	半角 32 字符（全角 16 文字）	
机器名	半角 8 字符（全角 4 文字）	

（2）梯形图编辑画面时的限制事项

1）1 个梯形图块的最大编辑是 24 行。

2）1 个梯形图块的编辑是 24 行，总梯形图块的行数最大为 48 行。

3）数据的剪切最大是 48 行，块单位最大是 124KB 步。

4）数据的复制最大是 48 行，块单位最大是 124KB 步。

5）读取模式的剪切、复制、粘贴等编辑不能进行。

6）主控操作（MC）的记号不能进行编辑，读取模式、监视模式时表示 MC 记号（写入模式时 MC 记号不表示）。

7）1 个梯形图块的步数必须在 4KB 步以内，梯形图块中的 NOP 指令也包括在步数内，梯形图块和梯形图块间的 NOP 指令没有关系。

（3）输入梯形图程序　输入如图 1-3-34 所示的梯形图程序，操作方法及步骤如下：

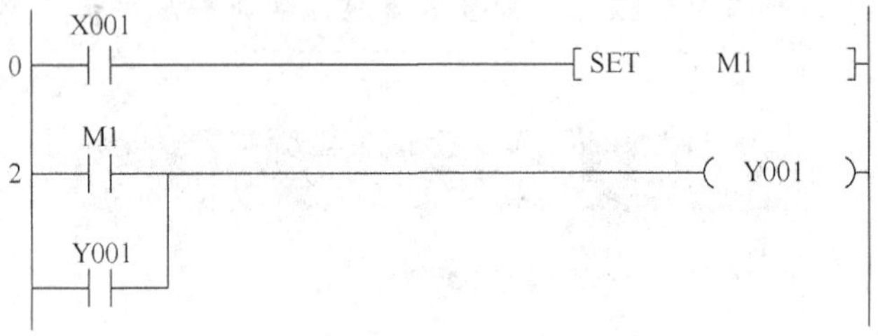

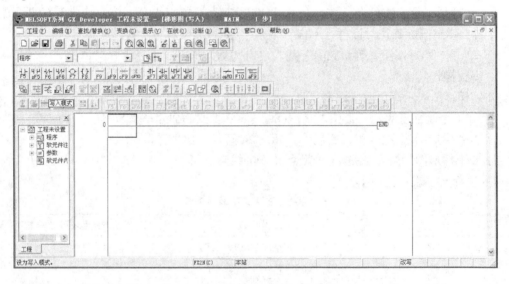

图 1-3-34　输入的梯形图示例

1）新建一个工程，在菜单栏中选择"编辑"菜单→"写入模式"，如图 1-3-35 所示。在蓝线光标框处直接开始输入指令或单击 图标，就会弹出"梯形图输入"对话框。然后在对话框的文本输入框中输入"LD X1"指令（LD 与 X1 之间需空格），或在有梯形图标记"┤├"的文本框中输入"X1"，如图 1-3-36 所示；最后单击对话框中的"确定"按钮或按〔Enter〕键，就会出现如图 1-3-37 所示的画面。

图 1-3-35　进入梯形图程序输入画面

2）采用前述类似的方法输入"SET M1"指令（或选择 ，然后输入相应的指令），输入完毕后单击确定，可得到如图 1-3-38 所示的画面。

3）再用上述类似的方法输入"LD M1"和"OUT Y1"指令。如图 1-3-39 所示为输入

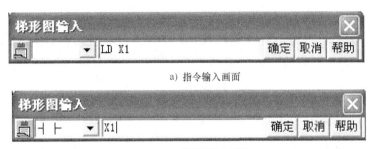

a) 指令输入画面

b) 梯形图输入画面

图 1-3-36　梯形图及指令输入画面

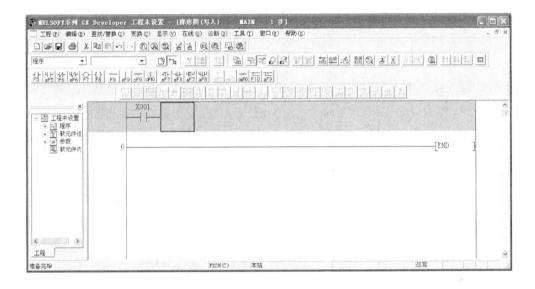

图 1-3-37　X001 输入完毕画面

图 1-3-38　"SET M1" 输入完毕画面

指令后的程序窗口。

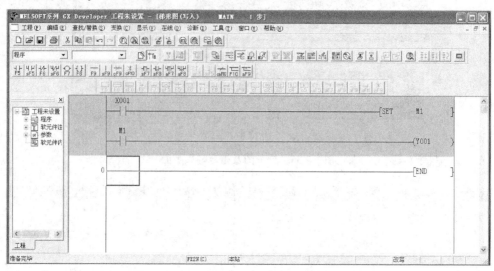

图 1-3-39   "LD M1" 和 "OUT Y1" 指令输入完毕画面

4）再在图 1-3-39 的蓝线光标框处直接输入 "OR Y1" 或单击相应的工具图标 并输入指令，确定后程序窗口中显示已输入完毕的梯形图，如图 1-3-40 所示。至此，完成了程序的创建。

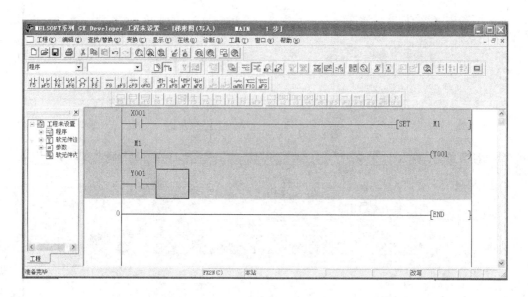

图 1-3-40   梯形图输入完毕画面

（4）编辑操作   当梯形图输入完毕后，可通过执行 "编辑" 菜单栏中指令，对输入的程序进行修改和检查，如图 1-3-41 所示。

（5）梯形图的转换及保存操作   编辑好的程序先通过执行 "变换" 菜单→ "变换" 操作，或按 [F4] 键变换后才能保存，如图 1-3-42 所示。在变换过程中显示梯形图变换信息，如果在不完成变换的情况下关闭梯形图窗口，新创建的梯形图将不被保存。如图 1-3-43 所示是程序变换后梯形图的画面。

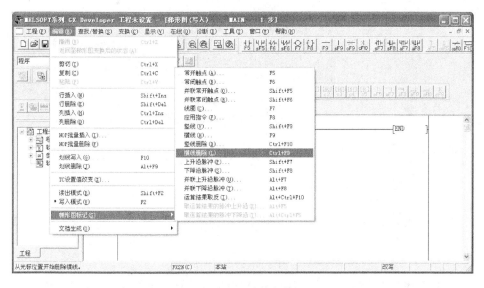

图 1-3-41　编辑操作

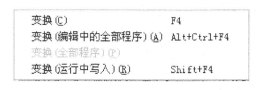

图 1-3-42　变换操作

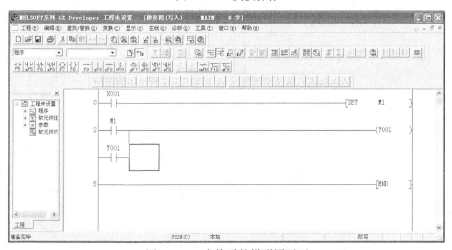

图 1-3-43　变换后的梯形图画面

（6）程序调试及运行

1）程序的检查。执行"诊断"菜单→"诊断"命令，进行程序检查，如图 1-3-44 所示。

2）程序的写入。PLC 在 STOP 模式下，执行"在线"菜单→"PLC 写入"命令，出现 PLC 写入对话框，如图 1-3-45 所示，选择"参数"和"程序"，再按"执行"，从而完成程序写入。

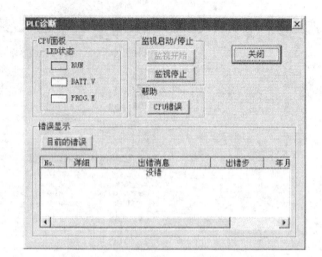

图 1-3-44　诊断操作

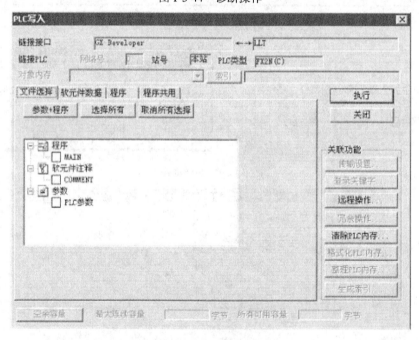

图 1-3-45　程序的写入操作

3）程序的读取。PLC 在 STOP 模式下，执行"在线"菜单→"PLC 读取"命令，将 PLC 的程序发送到计算机中。

提示　在传送程序时，应注意以下问题：

① 计算机的 RS232C 端口及 PLC 之间必须用指定的缆线及转换器连接。

② PLC 必须在 STOP 模式下，才能执行程序传送。

③ 执行完"PLC 写入"后，PLC 中的程序将被丢失，原来的程序将被读入的程序所替代。

④ 在"PLC 读取"时，程序必须在 RAM 或 EEPROM 内存保护关断的情况下读取。

4）程序的运行及监控。

① 运行。执行"在线"菜单→"远程操作"命令,将 PLC 设为 RUN 模式,程序运行,如图 1-3-46 所示。

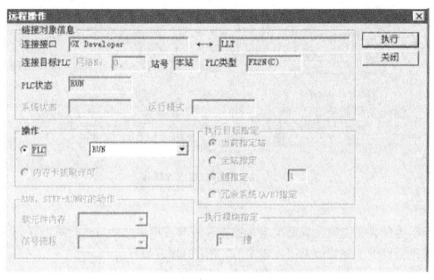

图 1-3-46 运行操作

② 监控。执行程序运行后,再执行"在线"菜单→"监视"命令,可对 PLC 的运行过程进行监控。结合控制程序,操作有关输入信号,观察输出状态,如图 1-3-47 所示。

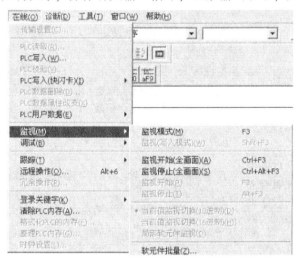

图 1-3-47 监控操作

5)程序的调试。程序运行过程中出现的错误一般有两种:

① 一般错误:运行的结果与设计的要求不一致,需要对程序进行修改。先执行"在线"菜单→"远程操作"命令,将 PLC 设为 STOP 模式,再执行"编辑"菜单→"写入模式"命令,再从程序读取开始执行(输入正确的程序),直到程序正确。

② 致命错误:PLC 停止运行,PLC 上的 ERROR 指示灯亮,则需要对程序进行修改。先执行"在线"菜单→"清除 PLC 内存"命令,如图 1-3-48 所示;将 PLC 内的错误程序全部清除后,再按上面的命令从程序中读取且开始执行(输入正确的程序),直到程序正确。

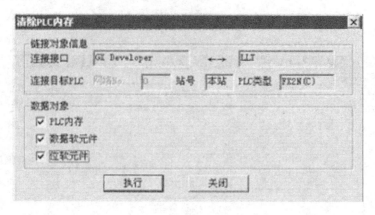

图 1-3-48　清除 PLC 内存操作

 **检查评议**

教师对学生任务实施的完成情况进行检查，并对各项重要环节进行赋值评分，同时对学生综合能力进行评价，并将结果填入表 1-3-3 所示的评分表内。

表 1-3-3　评 分 标 准

序号	主要内容	考核要求	评分标准	配分	扣分	得分
1	软件安装	能正确进行 GX-Developer 软件的安装	1. 编程软件安装的方法及步骤正确，否则每错一项扣 10 分 2. 仿真软件安装的方法及步骤正确，否则每错一项扣 10 分 3. 不会安装，扣 50 分	40		
2	程序输入及仿真调试	熟练正确地将所编程序输入 PLC；并进行模拟调试，完成软件安装后的测试	1. 不会熟练操作 PLC 键盘输入指令，扣 2 分 2. 不会用删除、插入、修改、存盘等命令，每项扣 2 分 3. 仿真试车不成功，扣 30 分	50		
3	安全文明生产	劳动保护用品穿戴整齐；电工工具佩带齐全；遵守操作规程；讲文明礼貌；操作结束要清理现场	1. 操作中，违犯安全文明生产考核要求的任何一项扣 5 分，扣完为止 2. 当发现学生有重大事故隐患时，要立即予以制止，并每次扣安全文明生产总分 5 分	10		
合 计						
开始时间：		结束时间：				

 **问题及防治**

在进行 GX-Developer Ver. 8 编程软件的安装和使用过程中，时常会遇到如下情况：

问题 1：在进行 GX-Developer Ver. 8 编程软件的安装时，没有先进行使用环境的安装而直接进行软件的安装。

【后果及原因】　将导致编程软件无法正确安装和使用。

【预防措施】　在进行 GX-Developer Ver. 8 编程软件的安装时，应先进行使用环境的安装，然后才进行软件的安装。

问题 2：进行 GX-Developer Ver. 8 编程软件的安装过程中，在软件安装的项目选择时，错误地对"ST 语言程序功能"和"监视 GX Develop"进行选择。

【后果及原因】 将导致编程软件无法进行编程，这是因为如果在"监视专用"选项中打勾，会导致软件只能做监视用，将造成无法编程。同时这个地方也是软件安装过程中出现问题最多的地方。

【预防措施】 进行 GX-Developer Ver. 8 编程软件的安装过程中，在软件安装的项目选择时，每一个步骤要仔细看，有的选项打勾了反而不利，应按照正确的方法进行选择。

 知识拓展

[三菱可编程序控制器系列软件]

三菱 PLC 软件种类较多，应用非常广泛，除了上述介绍的目前最新版本的 GX-Developer Ver. 8 软件外，还有以下几种常用的软件，在此只做简单介绍。

1. FXGP-WIN-C 软件

FXGP-WIN-C 软件主要适用于三菱 FX 系列 PLC 程序设计软件（不含 FX3U），支持梯形图、指令表、SFC 语言程序设计，可进行程序的线上更改、监控及调试，具有异地读写 PLC 程序功能。

2. GX Developer 软件

GX Developer 软件适用于三菱全系列 PLC 程序设计软件，支持梯形图、指令表、SFC、ST 及 FB、Label 语言程序设计，网络参数设定，可进行程序的线上更改、监控及调试，结构化程序的编写（分部程序设计），可制作成标准化程序，在其他同类系统中使用。

3. GX Simulator 软件

GX Simulator 软件主要适用于三菱 PLC 的仿真调试软件，支持三菱所有型号 LC（FX，AnU，QnA 和 Q 系列），模拟外部 I/O 信号，设定软件状态与数值。

4. GX Explorer 软件

GX Explorer 软件是三菱全系列 PLC 维护工具，提供 PLC 维护必要的功能。类似 Windows 操作，通过拖动进行程序的上传/下载，可以同时打开几个窗口监控多 CPU 系统的资料，配合 GX RemoteService-I，使用网际网络维护功能。

5. GX RemoteService I 软件

GX RemoteService I 软件是三菱全系列 PLC 远程访问工具，安装在服务器上，通过网际网络/局域网连接 PLC 和客户。将 PLC 的状态发 EMAIL 给手机或计算机，可以通过网际网络流览器对软组件进行监控/测试。在客户机上，可使用 GX Explorer 软件通过网际网络/局域网进入 PLC。

6. GX Configurator-CC 软件

GX Configurator-CC 软件是 A 系列专用，CC-Link 单元的设定、监控工具。用于 A 系列 CC-Link 主站模块的 CC-Link 网络参数设定，无需再编制顺控程序来设定参数，在软件图形输入屏幕中简单设定。可以监控、测试和诊断 CC-Link 站的状态（主站/其他站），可以设置 AJ65BT-R2 的缓存寄存器。

7. GX Configurator-AD 软件

GX Configurator-AD 软件是 Q 系列专用，A-D 转换单元的设定、监控工具。用于设置 Q64AD、Q68ADV 和 Q68ADI 模数转换模块的初始化数据和自动刷新资料，不用编制顺控程序即可实现 A-D 模块的初始化功能。

8. GX Configurator-DA 软件

GX Configurator-DA 软件是 Q 系列专用，D-A 转换单元的设定、监控工具。用于设置 Q62DA、Q64DA、Q68DAV 和 Q68DAI 数模转换模块的初始化及自动刷新数据。不用编制顺控程序即可实现 D-A 模块的初始化功能。

9. GX ConfigMB 软件

GX ConfigMB 软件是 Q 系列专用，MODBUS 决议串行通信单元的设定、监控工具。用于设置串行通信模块 QJ71MB91。

10. GX Configurator-SC 软件

GX Configurator-SC 软件是 Q 系列专用，串行通信单元的设定、监控工具。用于设置串行通信模块 QJ71C24（N）、QJ71C24（N）-R2（R4）的条件资料。不用顺控程序即可实现传送控制、MC 协议通信、无协议通信、交互协议通信、PLC 监视功能和调制解调器设置参数设定。

11. GX Configurator-CT 软件

GX Configurator-CT 软件是 Q 系列专用，高速计数器单元的设定、监控工具。用于设置 QD62 、QD62E 或 QD62D 高速计数模块的初始化数据和自动刷新资料，不用编制顺控程序即可实现初始化功能。

12. GX Configurator-PT 软件

GX Configurator-PT 软件是 Q 系列专用，QD70 单元的设定、监控工具。用来设定 QD70P4 或 QD70P8 定位模块的初始化数据。省去了用于初始化资料设定的顺控程序，便于检查设置状态和运行状态。

13. GX Configurator-QP 软件

GX Configurator-QP 软件是 Q 系列专用，QD75P/DM 用的定位单元的设定、监控工具。可以对 QD75□□进行各种参数、定位资料的设置，监视控制状态并执行运行测试。具有（离线）预设定位资料基础上的模拟及对调试和维护有用的监视功能，即以时序图形式表示定位模块 I/O 信号、外部 I/O 信号和缓冲存储器状态的采样监视。

14. GX Configurator-TI 软件

GX Configurator-TI 软件是 Q 系列专用，温度输入器单元的设定、监控工具。用于设置 Q64TD 或 Q64RD 温度输入模块的初始化数据和自动刷新资料，不用编制顺控程序即可实现初始化功能。

15. GX Configurator-TC 软件

GX Configurator-TC 软件是 Q 系列专用，温度调节器单元的设定、监控工具。用于设置 Q64TCTT、Q64TCTTBW、Q64TCRT 或 Q64TCRTBW 温度控制模块的初始化数据和自动刷新数据。

16. GX Configurator-AS 软件

GX Configurator-AS 软件是 Q 系列专用，AS-I 主控单元的设定、监控工具。用于设置

AS-i 主模块 QJ71AS92 自动读出、写入的通信资料，CPU 软组件存储的自动刷新设置、配置资料的注册/EEPROM 保存等。

17. GX Configurator-DP 软件

GX Configurator-DP 软件是 MELSEC-PLC 系列专用，Profibus-DP 模块的设定、监控工具。用于设置 Profibus-DP 主站模块 QJ71PB92D 和 A（1S）J71PB92D 网络参数（包括主站参数设定、总线参数设定、从站设定等）。使用 QJ71PB92D 时可以实现自动刷新功能，可以通过网络线上远程登入模块。

18. GX Converter 软件

GX Converter 软件包用于将 GX Developer 的资料转换成 Word 或 Excel 资料，使文件的创建简单化。把 Excel 资料（CSV 格式）或文本资料（TXT 文件）用于 GPPW，把 GPPW 程序表和软组件注释转换为 Excel 资料（CSV 格式）或文本资料（TXT 文件）。

19. MX Component 软件

MX Component 软件支持个人计算机与可程序设计控制器之间的所有通信路径，支持 Visual C++，Visual Basic 和 Access Excel 的 VBA、VBScript。不用考虑各种通信协议的不同，只要经简单处理即可实现通信。不用连接 PLC，可与 GX Simulator 同时使用，实现仿真调试。

20. MX Sheet 软件

MX Sheet 软件是一种软件包，它使用 Excel，不用程序设计，只要进行简单设置，即可运行可程序设计控制器系统的监视、记录、警报信息的采集、设置值的更改操作。将可程序设计控制器的软组件资料存储在 Excel 上，能够容易地收集和分析现场的品质、温度、试验结果等的资料。Excel 上显示可程序设计控制器内的软组件实时状态。将可程序设计控制器内的位信息作为警报信息存储在 Excel 上，保存故障发生的历史记录。自动保存按照指定时刻或可程序设计控制器发出触发条件 Excel 上显示出来的资料，可用来实现日报和试验结果表的制作及存储的自动化。

考证要点

根据国家职业资格考试（高级工）相关要求，该任务内容的考证要点见表 1-3-4 所示。

表 1-3-4　考证要点

行为领域	鉴定范围	鉴定点	重要程度
理论知识	可编程序控制器的基本知识	PLC 的软件使用	★★
操作技能	可编程序控制器的软件使用	PLC 的软件安装与使用	★★★

考证测试题

一、填空题（请将正确的答案填在横线空白处）

1. 不同机型的 PLC，具有不同的编程语言。常用的编程语言有_____和_____及控制系统_____三种。

2. GX-Developer 编程软件包是一个专门用来开发 FX 系列 PLC 程序的软件包，它可用_____、_____和_____来写入和编辑程序，并能进行各种编程方式的互换，它运用于_____操作系统，这对于调试操作和维护操作来说可以提高工作效率，并具有较强的兼容性。

3. GX-Developer Ver. 8 软件的操作界面主要由项目标题栏（状态栏）、下拉菜单（主菜单栏）、_____栏、_____、管理窗口等部分组成。

4. 项目标题栏（状态栏）主要显示有_____、文件路径、编辑模式、程序步数以及_____类型和当前操作状态等。

5. GX-Developer Ver. 8 软件共有 8 个快捷工具栏，即标准、数据切换、梯形图标记、_____、注释、_____、SFC 和 SFC 符号工具栏。

6. 管理窗口是软件的_____列表窗口，主要包括显示程序、编程元件的注释、参数和编程元件内存等内容，可实现这些项目的_____设定、管理、修改等功能。

二、判断题（在下列括号内，正确的打"√"，错误的打"×"）

（   ）1. 在 GX-Developer Ver. 8 编程软件中，可通过电路符号、列表语言及 SFC 符号来创建 PLC 程序，建立注释数据及设置寄存器数据。

（   ）2. 在安装软件前，首先必须安装使用（通用）环境，若不安装环境，编程软件是无法正常安装使用的。

（   ）3. 当未指定驱动器/路径名（空白）就保存工程时，GX-Developer 可自动在默认值设定的驱动器/路径中保存工程。

（   ）4. GX-Developer Ver. 8 软件中文编程软件的安装主要包括三部分：使用环境、编程环境和仿真运行环境。

单元 2　PLC 基本控制系统设计与装调　**2**

任务 1　三相异步电动机单方向连续运行控制系统设计与装调

 学习目标

> 知识目标：1. 掌握 LD、LDI、OR、ORI、AND、ANI、OUT、END 等基本驱动指令和编
> 程元件（X、Y）的功能及应用。
> 　　　　　2. 掌握梯形图的编程原则。
> 能力目标：1. 会根据控制要求，能灵活地运用经验法，按照梯形图的设计原则，将三相
> 　　　　　异步电动机单方向运行控制的继电控制电路转换成梯形图。
> 　　　　　2. 能通过三菱 GX-Developer 编程软件，采用梯形图输入法输入梯形图，并通
> 　　　　　过仿真软件采用逻辑梯形图测试的方法，进行模拟仿真运行；然后将仿真
> 　　　　　成功后的程序下载写入到事先接好外部接线的 PLC 中，完成控制系统的调
> 　　　　　试。

⚠️ 工作任务

　　在实际生产中，三相异步电动机的起停控制是非常基础和应用广泛的控制。例如，生产
线中的货物传送带、农田灌溉系统中的抽水机、大型购物商场的扶梯等都是三相异步电动机
起停控制的典型应用。它们具有一个共同的特征就是电动机的单方向连续运转。如图 2-1-1
所示就是一河沙场的河沙自动装载装置示意图。当有货车运送河沙时，按下起动按钮，传送
带把河沙送入货车车厢；当货车车厢装满河沙时，按下停止按钮，传送带停止。

　　河沙场的河沙自动装载装置采用的是继电-接触器逻辑控制系统，其电气控制电路如图
2-1-2 所示。

　　本次任务的主要内容是：用 PLC 控制系统来实现如图 2-1-2 所示的三相异步电动机单方
向连续运行的控制，完成自动装载装置控制系统的改造。其控制时序图如图 2-1-3 所示。

　　任务要求：

　　1）能够通过起停按钮实现三相异步电动机的单方向连续运行的起停控制。

　　2）具有短路保护和过载保护等必要的保护措施。

　　3）利用 PLC 的基本指令来实现上述控制。

图 2-1-1　自动装载系统示意图

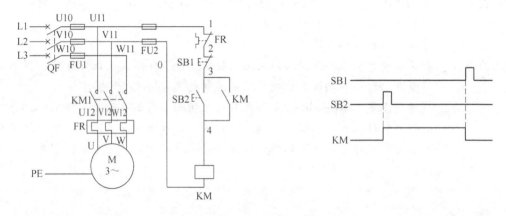

图 2-1-2　三相异步电动机单方向连续运行控制的电路　　　图 2-1-3　控制时序图

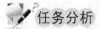 任务分析

　　通过单元 1 的任务学习可知，PLC 控制系统与继电-接触器逻辑控制系统有着本质的区别，它是通过软件编程来实现控制功能的，即它通过输入端子接收外部输入信号，接内部输入继电器；输出继电器的触点接到 PLC 的输出端子上，由已编好的程序（梯形图）驱动，通过输出继电器触点的通断，实现对负载的功能控制。因此在本次任务学习时，应首先了解 PLC 的基本驱动指令和编程元件的功能和应用，以及 PLC 的软件系统及梯形图的编程原则。然后根据控制要求，灵活地运用经验法，按照梯形图的设计原则，将三相异步电动机单方向连续运行控制的继电控制电路转换成梯形图。同时通过三菱 GX-Developer 编程软件，采用梯形图输入法输入梯形图，并通过仿真软件采用逻辑梯形图测试的方法，进行模拟仿真运行；最后将仿真成功后的程序下载，并写入到已接好外部接线的 PLC 中，从而完成控制系统的调试。

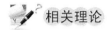 相关理论

一、编程元件（X、Y）

1. 输入继电器（X）

输入继电器（X）与输入端相连，它是专门用来接受 PLC 外部开关信号的元件。PLC 通过输入接口将外部输入信号状态（接通时为"1"，断开时为"0"）读入并存储在输入映像寄存器中。其特点如下：

1）输入继电器必须由外部信号驱动，不能用程序驱动，所以在程序中不可能出现其线圈。由于输入继电器反映输入映像寄存器中的状态，所以其触点的使用次数不限，即各点输入继电器都有任意对常开及常闭触点供编程使用。

2）FX 系列 PLC 的输入继电器采用 X 和八进制数共同组成编号，如 X000 ~ X007、X010 ~ X017 等。FX2N 型 PLC 的输入继电器编号范围为 X000 ~ X267（184 点）。

> **提示**　PLC 的基本单元输入继电器的编号是固定的，扩展单元和扩展模块是按与基本单元最靠近开始，顺序进行编号。例如，基本单元 FX2N-64M 的输入继电器编号为 X000 ~ X037（32 点），如果接有扩展单元或扩展模块，则扩展的输入继电器从 X040 开始编号。

2. 输出继电器（Y）

输出继电器可将 PLC 内部信号输出传送给外部负载（用户输出设备）。输出继电器线圈由 PLC 内部程序的指令驱动，其线圈状态传送给输出单元，再由输出单元对应的硬触点来驱动外部负载。其特点如下：

1）每个输出继电器在输出单元中都对应有唯一一个常开硬触点，但在程序中供编程用的输出继电器，无论是常开还是常闭触点，都是软触点，所以可以使用无数次，即每个输出继电器都有一个线圈及任意对常开及常闭触点供编程使用。

2）FX 系列 PLC 的输出继电器采用 Y 和八进制数共同组成编号，如 Y000 ~ Y007、Y010 ~ Y017 等。FX2N 编号范围为 Y000 ~ Y267（184 点）。

> **提示**　与输入继电器一样，基本单元的输出继电器的编号是固定的，扩展单元和扩展模块的编号也是按与基本单元最靠近开始，顺序进行编号。在实际使用中，输入、输出继电器的数量，要视具体系统的配置情况而定。

二、基本指令（LD、LDI、OR、ORI、AND、ANI、OUT、END）

1. 指令的助记符及功能

指令的助记符及功能见表 2-1-1。

表 2-1-1　基本指令的助记符及功能

指令助记符、名称	功能	可作用的软元件	程序步
LD（取指令）	常开触点逻辑运算开始	X、Y、M、S、T、C	1
LDI（取反指令）	常闭触点逻辑运算开始	X、Y、M、S、T、C	1

（续）

指令助记符、名称	功能	可作用的软元件	程序步
AND（与指令）	串联一常开触点	X、Y、M、S、T、C	1
ANI（与非指令）	串联一常闭触点	X、Y、M、S、T、C	1
OR（或指令）	并联一常开触点	X、Y、M、S、T、C	1
ORI（或非指令）	并联一常闭触点	X、Y、M、S、T、C	1
OUT（输出指令）	驱动线圈的输出	Y、M、S、T、C	Y、M：1 步 特殊 M：2 步 T：3 步 C：3~5 步
END（结束指令）	程序结束指令，表示程序结束，返回起始地址		1

2. 编程实例

LD、LDI、OR、ORI、AND、ANI、OUT、END 等基本逻辑指令在编程应用时的梯形图、指令表和时序图见表 2-1-2。

表 2-1-2　基本指令编程应用的梯形图、指令表和时序图

梯形图	指令表	时序图
	LD　X000 OUT　Y000 END	
	LDI　X001 OUT　Y001 END	
	LD　X000 OR　X001 OUT　Y000 END	
	LD　X000 ORI　X001 OUT　Y001 END	

（续）

梯形图	指令表	时序图
	LD　X003 AND　X004 OUT　Y001 END	
	LD　X003 ANI　X004 OUT　Y001 END	

3. 指令功能的说明

1) LD、LDI 分别是取常开触点和常闭触点，LD 指令是将常开触点接到左母线上，LDI 是将常闭触点接到左母线上，都是将指定操作元件中的内容取出并送入操作器。在分支电路的起点处，LD、LDI 可与 ANB、ORB 指令组合使用。

2) OR、ORI 指令是从当前步开始，将一个触点与前面的 LD、LDI 指令步进行并联。也就是说，从当前步开始，将常开触点或常闭触点接到左母线。OR 用于常开触点的并联，ORI 则用于常闭触点的并联；都是把指定操作元件中的内容和原来保存在操作器里的内容进行逻辑"或"，并将这一逻辑运算的结果存入操作器。对于两个或两个以上触点的并联，将会用到后面任务介绍的 ORB 指令。

3) AND、ANI 指令可进行 1 个触点的串联。串联触点的数量不受限制，可多次使用。

4) OUT 指令是对输出继电器、辅助继电器、状态继电器、定时器、计数器等线圈的驱动指令，但不能用于输入继电器。这些线圈均接于右母线。另外，OUT 指令还可对并联线圈进行多次驱动。

三、梯形图的特点及编程原则

梯形图与继电器控制电路图很接近，在结构形式、元件符号及逻辑控制功能方面是类似的，但梯形图具有自己的特点及设计原则。

1. 梯形图的特点

1) 梯形图中，所有触点都应按从上到下，从左到右的顺序排列，并且触点只允许画在左水平方向（主控触点除外）。每个继电器线圈为一个逻辑行，即一层阶梯。每个逻辑行开始于左母线，然后是触点的连接，最后终止于继电器线圈。母线与线圈之间一定要有触点，而线圈与右母线之间不能存在任何触点。

2) 在梯形图中，每个继电器均为存储器中的一位，称为"软继电器"。当存储器状态为"1"，表示该继电器得电，其常开触点闭合或常闭触点断开。

3) 在梯形图中，梯形图中两端的母线并非实际电源的两端，而是"概念"电流，"概念"电流只能从左到右流动。

4) 在梯形图中，某个继电器线圈编号只能出现一次，而继电器触点可以无限次使用，如果同一继电器线圈重复使用两次，PLC 将视其为语法错误。

5) 在梯形图中，前面所有每个继电器线圈为一个逻辑执行结果，立刻被后面逻辑操作使用。

6）在梯形图中，输入继电器没有线圈，只有触点，其他继电器既有线圈又有触点。

2. 梯形图编程的设计规则

1）触点不能接在线圈的右边，如图 2-1-4a 所示；线圈也不能直接与左母线连接，必须通过触点来连接，如图 2-1-4b 所示。

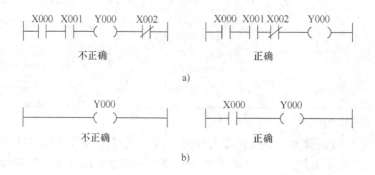

图 2-1-4　规则 1）说明

2）在每一个逻辑行上，当几条支路并联时，串联触点多的应画在上边，如图 2-1-5a 所示；几条支路串联时，并联触点多的应画在左边，如图 2-1-5b 所示。这样可以减少编程指令。

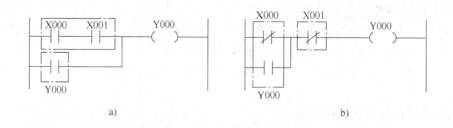

图 2-1-5　规则 2）说明

3）梯形图的触点应画在水平支路上，而不应画在垂直支路上，如图 2-1-6 所示。

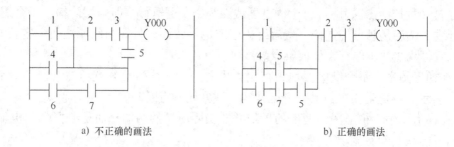

图 2-1-6　规则 3）说明
a）不正确的画法　b）正确的画法

4）遇到不可编程的梯形图时，可根据信号单向自左至右，自上而下流动的原则对原梯形图进行重新编排，以便于正确应用 PLC 基本编程指令进行编程，如图 2-1-7 所示。

5）双线圈输出不可用。如果在同一程序中同一元件的线圈重复出现两次或两次以上，则称为双线圈输出，这时前面的输出无效，后面的输出有效，如图 2-1-8 所示。一般不应出现双线圈输出。

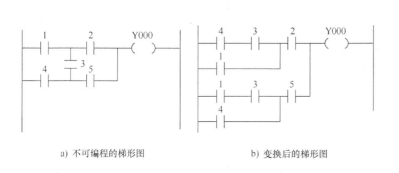

图 2-1-7　规则 4）说明

a）不可编程的梯形图　b）变换后的梯形图

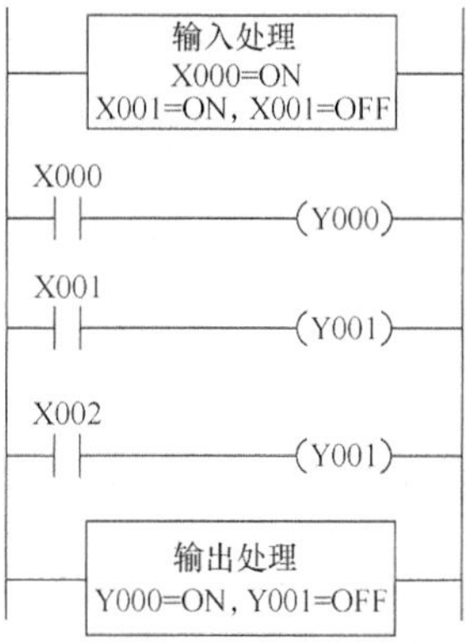

图 2-1-8　规则 5）说明

任务准备

实施本任务教学所使用的实训设备及工具材料可参考表 2-1-3。

表 2-1-3　实训设备及工具材料

序号	分类	名称	型号规格	数量	单位	备注
1	工具	电工常用工具		1	套	
2	仪表	万用表	MF47 型	1	块	
3	设备器材	编程计算机		1	台	
4		接口单元		1	套	
5		通信电缆		1	条	
6		可编程序控制器	FX2N-48MR	1	台	
7		安装配电盘	600mm×900mm	1	块	
8		导轨	C45	0.3	m	
9		空气断路器	Multi9 C65N D20	1	只	
10		熔断器	RT28-32	6	只	
11		按钮	LA4-2H	1	只	
12		接触器	CJ10-10 或 CJT1-10	1	只	
13		接线端子	D-20	20	只	

（续）

序号	分类	名称	型号规格	数量	单位	备注
14		铜塑线	BV1/1.37mm²	10	m	主电路
15		铜塑线	BV1/1.13mm²	15	m	控制电路
16		软线	BVR7/0.75mm²	10	m	
17	消耗材料		M4×20mm 螺杆	若干	只	
18		紧固件	M4×12mm 螺杆	若干	只	
19			φ4mm 平垫圈	若干	只	
20			φ4mm 弹簧垫圈及 M4mm 螺母	若干	只	
21		号码管		若干	m	
22		号码笔		1	支	

任务实施

一、通过分析控制要求，分配输入点和输出点，并写出 I/O 通道地址分配表

根据本任务控制要求，可确定 PLC 需要 2 个输入点、1 个输出点，其 I/O 通道分配表见表 2-1-4 所示。

表 2-1-4 I/O 通道地址分配表

输入			输出		
元器件代号	作用	输入继电器	元器件代号	作用	输出继电器
SB1	停止按钮	X000	KM	正转控制	Y000
SB2	起动按钮	X001			

二、画出 PLC 接线图（I/O 接线图）

PLC 接线图如图 2-1-9 所示。

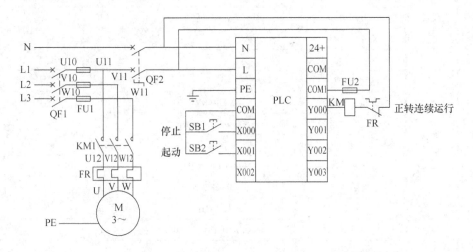

图 2-1-9 PLC 接线图

三、程序设计

根据 I/O 通道地址分配及任务控制要求分析，设计本任务控制的梯形图，并写出指令表。

编程思路： 当按下起动按钮 SB2 时，输入继电器 X001 接通，输出继电器 Y000 置 1，交流接触器 KM 线圈得电，这时电动机连续运行。此时即使松开按钮 SB2，输出继电器 Y000 仍保持接通状态，这就是继电器逻辑控制中所说的"自锁"或"自保持功能"；当按下停止按钮 SB1 时，输出继电器 Y000 置 0，电动机停止运行。从以上分析可知满足电动机连续运行控制要求，需要用到起动和复位控制程序。可以通过下面的设计程序来实现

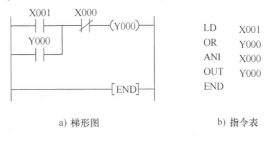

LD	X001
OR	Y000
ANI	X000
OUT	Y000
END	

a) 梯形图　　　　　　　　　b) 指令表

图 2-1-10　PLC 控制电动机单方向连续
运行梯形图及指令表
a) 梯形图　 b) 指令表

PLC 控制电动机单方向连续运行电路的要求。其梯形图及指令表如图 2-1-10 所示。

如图 2-1-10 所示电路又称为起—保—停电路，它是梯形图中最基本的电路之一。起—保—停电路在梯形图中的应用极为广泛，其最主要的特点是具有"记忆"功能。

四、程序输入及仿真运行

1. 程序输入

（1）启动编程软件　按照图 2-1-11 所示画面的提示操作，进入图 2-1-12 所示的程序主画面。然后单击"显示"，打开工具条，进入如图 2-1-13 所示的工具条选择画面。

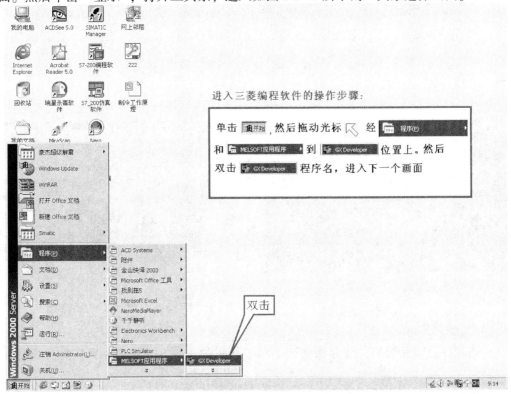

图 2-1-11　进入程序画面

按照如图 2-1-13 所示的工具条选择画面进行工具条的选择，然后单击"确定"按钮，就会再次进入如图 2-1-12 所示的程序主界面。再次单击"显示"按钮，打开状态条，进入图 2-1-14 所示的状态条选择画面。

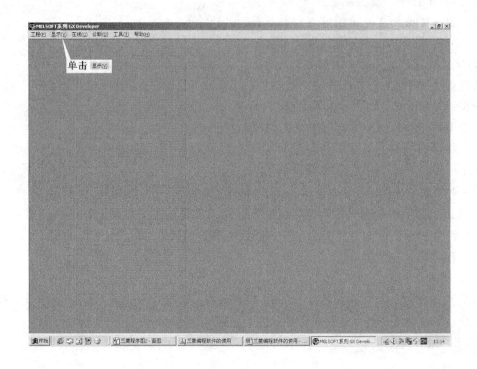

图 2-1-12   程序主界面

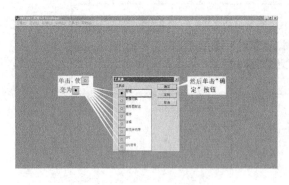

图 2-1-13   工具条的选择画面

图 2-1-14   状态条的选择画面

（2）工程名的建立

1）当软件启动完毕后，会返回如图 2-1-15 所示的主界面，单击画面中的"新建工程名"图标，会弹出如图 2-1-16 所示的"创建新工程"的对话框。

2）单击如图 2-1-16 所示对话框的"PLC 系列"的下拉按钮，进入如图 2-1-17 所示的

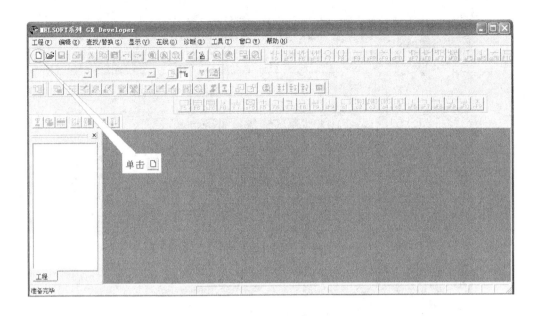

图 2-1-15　选择新建工程名画面

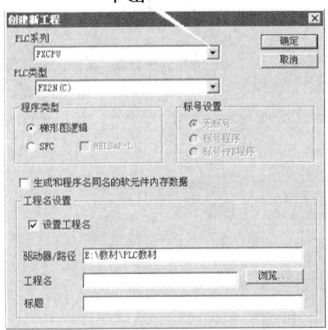

图 2-1-16　创建工程名对话框

"PLC 系列选择"画面，并按图中的提示选择"FXCPU"，然后单击"确定"按钮。

3）当选择完"PLC 系列"后，再次单击如图 2-1-16 所示"创建新工程"对话框里的"PLC 类型"的下拉按钮，会进入如图 2-1-18 所示的"PLC 类型选择"画面，按图中的提示

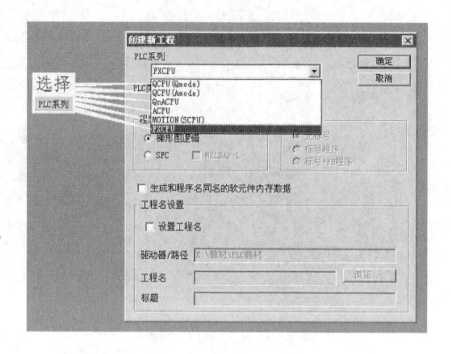

图 2-1-17 PLC 系列选择画面

选择"FX2N（C）"，然后单击"确定"按钮。

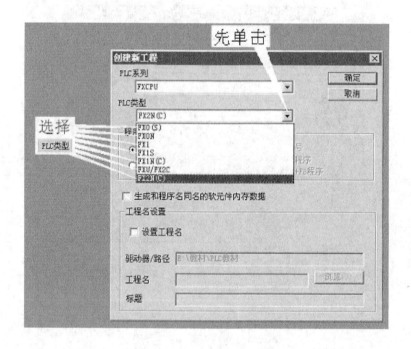

图 2-1-18 PLC 类型选择画面

4）当选择完"PLC 系列"和"PLC 类型"后就可按照如图 2-1-19 所示的画面进行工程名的设置，并输入"三相异步电动机单方向连续运行"的工程名，然后单击"浏览"即可弹出图 2-1-20 所示"工程的驱动器"选择对话框。

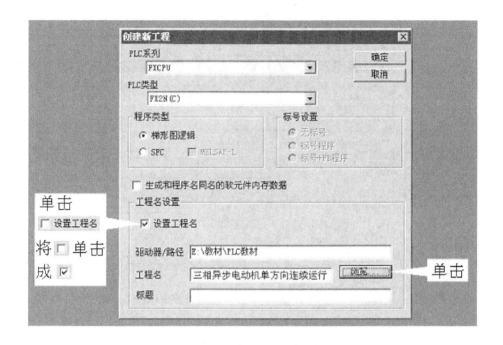

图 2-1-19   设置工程名画面

图 2-1-20   工程驱动器对话框画面

5）单击如图 2-1-20 所示的对话框中的"工程的驱动器"下拉按钮，出现如图 2-1-21 所示"选择路径"画面，并按画面提示选择所需的路径，然后单击对话框中的"新建文件"

图标，会弹出如图 2-1-22 所示的对话框。

图 2-1-21　路径选择画面

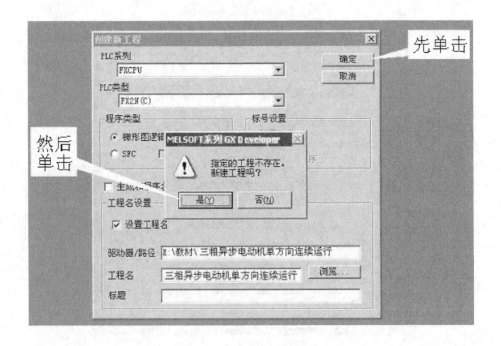

图 2-1-22　新建工程名画面

6）按照如图 2-1-22 所示对话框中的提示进行操作，会进入如图 2-1-23 所示的梯形图编程界面。

（3）程序输入　将如图 2-1-10 所示梯形图，按下列步骤输入到计算机中。

图 2-1-23　梯形图编程界面

1）起动按钮 X001 的输入。将光标移至如图 2-1-24 所示梯形图编程界面的蓝框内，然后双击，会弹出如图 2-1-25 所示的梯形图对话框。

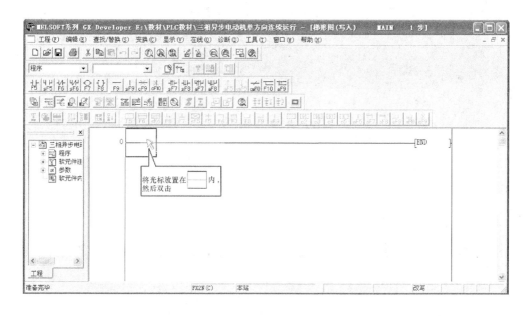

图 2-1-24　启动按钮 X001 的输入画面

按照如图 2-1-25 所示画面的提示，在"梯形图输入对话框"内输入 X001 的常开触点和编号，然后单击"确定"按钮，会进入如图 2-1-26 所示的画面。

2）停止按钮 X000 的输入。将光标移至如图 2-1-26 所示梯形图编程界面的蓝框内，然后按照图中的提示进行操作，会弹出如图 2-1-27 所示的梯形图输入对话框。再按照如图

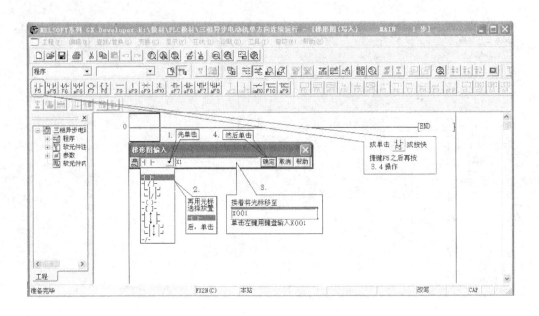

图 2-1-25　起动按钮 X001 的输入画面

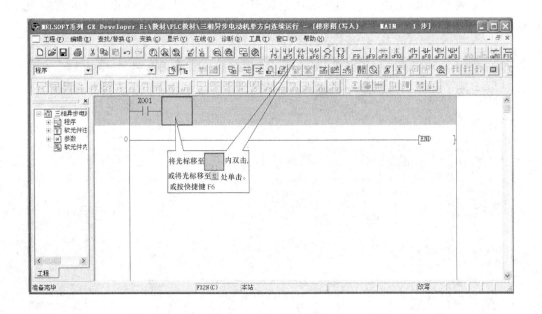

图 2-1-26　停止按钮 X000 的输入画面

2-1-27 所示画面的提示，在"梯形图输入对话框"内输入 X000 的常闭触点和编号，然后单击"确定"按钮，进入如图 2-1-28 所示的画面。

3）输出继电器 Y000 线圈的输入。按照如图 2-1-28 所示画面的操作提示，在"梯形图输入"对话框中输入 Y000 的线圈的图形符号和文字符号，然后单击"确定"按钮，就会进入如图 2-1-29 所示的画面。

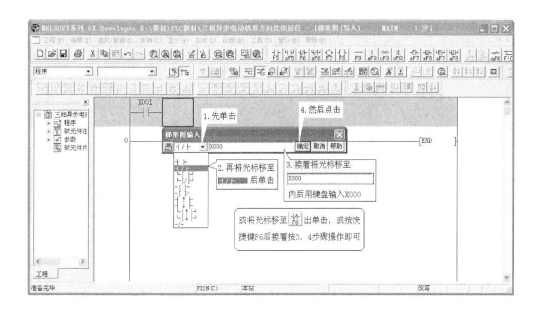

图 2-1-27　停止按钮 X000 的输入画面

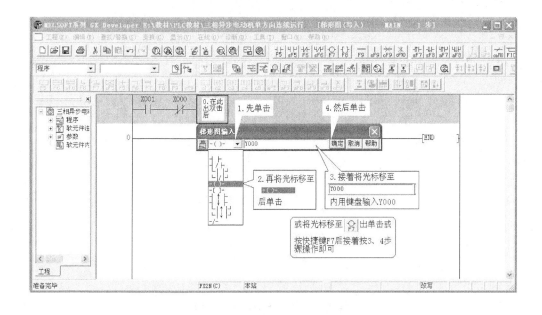

图 2-1-28　输出继电器 Y000 的输入画面

4）输出继电器 Y000 "自锁" 触点的输入。按照如图 2-1-29 所示画面的操作提示，在 "梯形图输入" 对话框中输入 Y000 的并联常开触点的图形符号和文字符号，然后单击 "确定"按钮，就会进入如图 2-1-30 所示的画面。

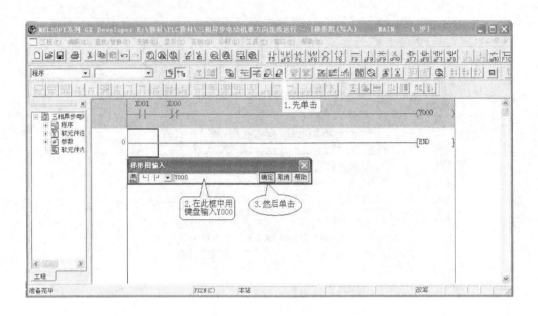

图 2-1-29　输出继电器 Y000 的并联常开触点输入画面

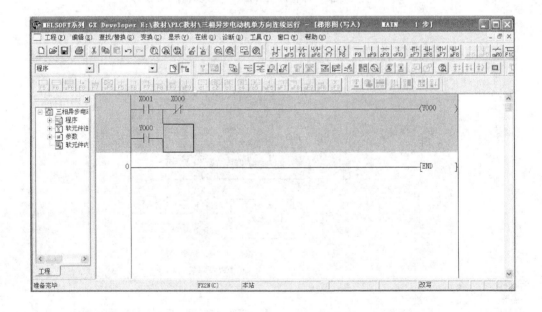

图 2-1-30　梯形图输入完毕画面

（4）程序的保存　当梯形图输入完毕后，要保存程序。保存程序时，首先将梯形图进行变换，操作过程如图 2-1-31a 所示。变换后的画面如图 2-1-31b 所示，然后按照如图 2-1-31c 所示进行程序保存。

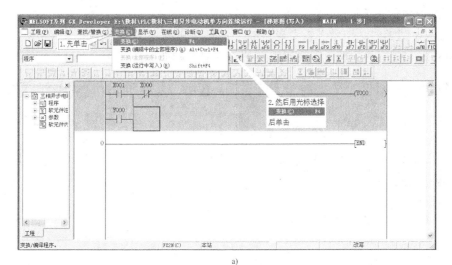

a)

b)

c)

图 2-1-31　梯形图程序保存画面

2. 程序模拟仿真运行

1）单击如图 2-1-32 所示下拉菜单中的"工具"里的"梯形图逻辑测试起动（L）"，即可进入如图 2-1-33 所示的梯形图逻辑测试的仿真启动画面。

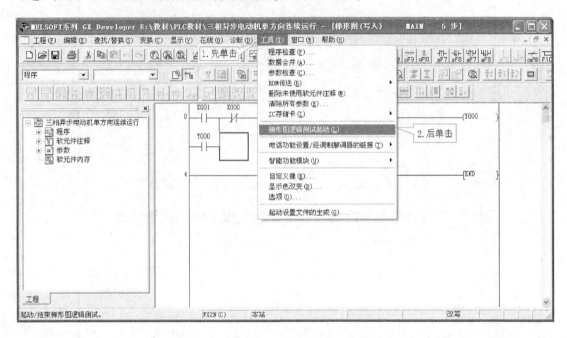

图 2-1-32　梯形图逻辑测试的仿真启动操作画面

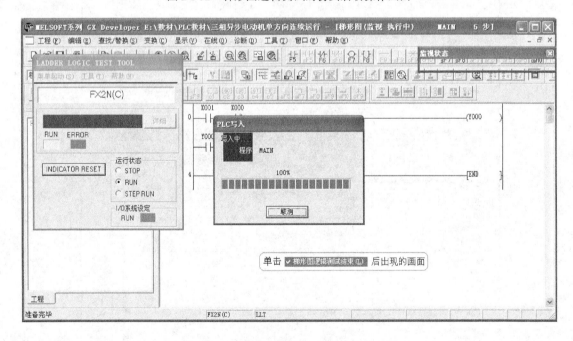

图 2-1-33　梯形图逻辑测试仿真启动画面

2）当仿真软件启动结束后，会出现如图 2-1-34 所示的画面，然后根据图中的提示进行仿真操作。

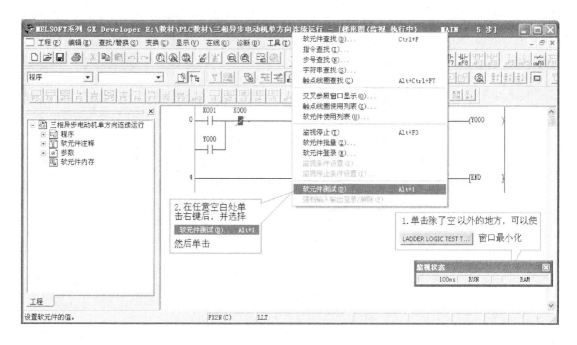

图 2-1-34 梯形图逻辑测试软元件测试启动画面

3）单击如图 2-1-34 所示画面中的"软元件测试（D）"，会弹出如图 2-1-35 所示的"软元件测试"对话框。然后按照图中的提示将对话框下拉，以便在仿真测试过程中能观察到梯形图仿真时的触点和线圈通断电的情况。

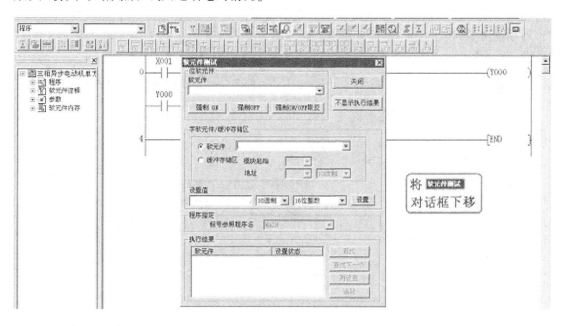

图 2-1-35 软元件测试对话框画面

4）按照如图 2-1-36 所示的梯形图逻辑测试的操作画面进行仿真操作，并观察显示器里梯形图中的软元件的通断电情况是否与任务控制要求相符。

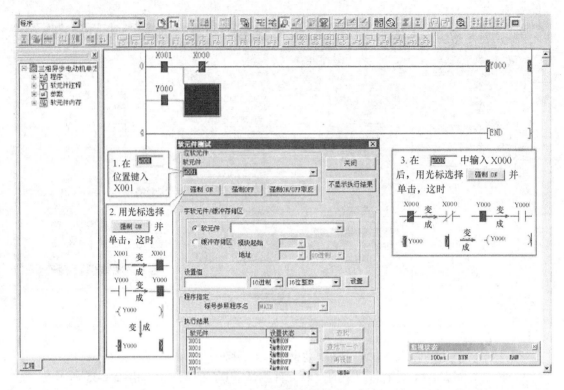

图 2-1-36　梯形图逻辑测试仿真操作画面

5）当梯形图逻辑测试仿真操作完毕，需要结束模拟仿真运行时，可按照如图 2-1-37 所示的梯形图逻辑测试仿真操作画面提示，先单击下拉菜单中的"工具"，然后用光标找到"梯形图逻辑测试结束（L）"后并单击，会弹出如图 2-1-38 所示的"结束梯形图逻辑测试"对话框。

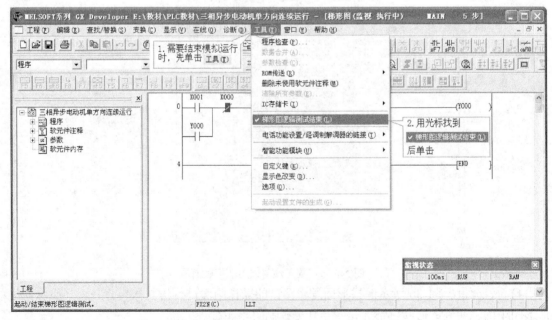

图 2-1-37　结束梯形图逻辑测试仿真操作画面

6）单击如图 2-1-38 所示"结束梯形图逻辑测试"对话框里的"确定"按钮，即可结束梯形图逻辑测试的仿真运行。

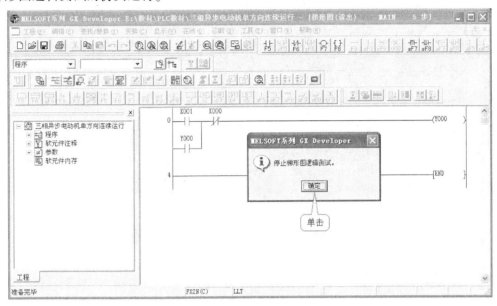

图 2-1-38　结束梯形图逻辑测试仿真操作画面

3. 程序下载

（1）PLC 与计算机连接。使用专用通信电缆 RS—232/RS—422 转换器，将 PLC 的编程接口与计算机的 COM1 串口连接。

（2）程序写入　首先接通系统电源，将 PLC 的 RUN/STOP 开关拨到"STOP"位置，然后通过 MELSOFT 系列 GX Developer 软件的"PLC"菜单中"在线"栏的"PLC 写入"，就可以把仿真成功的程序写入到 PLC 中，如图 2-1-39 所示。

图 2-1-39　PLC 与计算机联机画面

五、电路安装与调试

1）根据图 2-1-9 所示的 PLC 接线图（I/O 接线图），画出三相异步电动机 PLC 控制系统的电气安装接线图，如图 2-1-40 所示。然后按照以下安装电路的要求在如图 2-1-41 所示的模拟实物控制配线板上进行元器件及电路安装。

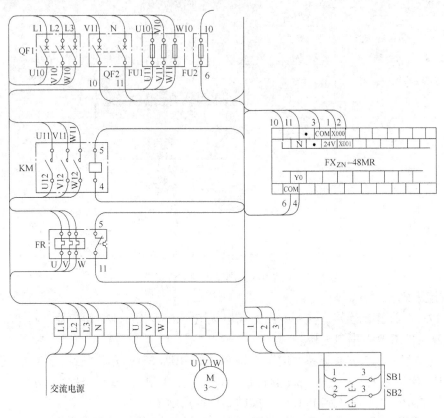

图 2-1-40　三相异步电动机单方向连续运行 PLC 控制系统接线图

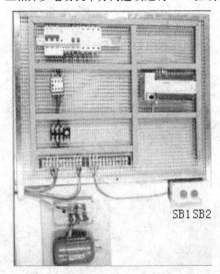

图 2-1-41　三相异步电动机单方向连续运行模拟实物控制配线板

2）安装电路。

① 检查元器件。根据表 2-1-3 配齐元器件，检查元器件的规格是否符合要求，并用万用表检测元器件是否完好。

② 固定元器件。固定好本任务所需元器件。

③ 配线安装。根据配线原则和工艺要求，进行配线安装。

④ 自检。对照接线图检查接线是否无误，再使用万用表检测电路的阻值是否与设计相符。

3）通电调试。

① 经自检无误后，在指导教师的指导下，方可通电调试。

② 按照表 2-1-5 进行操作，观察系统运行情况并做好记录。如出现故障，应立即切断电源，分析原因、检查电路或梯形图，排除故障后，方可进行重新调试，直到系统功能调试成功为止。

表 2-1-5　程序调试步骤及运行情况记录

操作步骤	操作内容	观察内容	观察结果	思考内容
第一步	将仿真成功后的程序下载到 PLC 后，合上断路器 QS	"POWER" 灯		理解 PLC 的工作过程
		所有的 "IN" 灯		
第二步	将 RUN/STOP 开关拨到 "RUN" 位置	"RUN" 灯		
第三步	按下 SB2	接触器 KM 和电动机		
第四步	按下 SB1			
第五步	将 RUN/STOP 开关拨到 "STOP" 位置	"RUN" 灯		
第六步	按下 SB2	接触器 KM 和电动机		
第七步	按下 SB1			

 检查评议

对任务实施的完成情况进行检查，并将结果填入表 2-1-6 所示评分表内。

表 2-1-6　任务测评表

序号	主要内容	考核要求	评分标准	配分	扣分	得分
1	电路设计	根据任务，设计电路电气原理图，列出 PLC 控制 I/O 口（输入/输出）元件地址分配表，根据加工工艺，设计梯形图及 PLC 控制 I/O 口（输入/输出）接线图	1. 电气控制原理设计功能不全，每缺一项功能扣 5 分 2. 电气控制原理设计错，扣 20 分 3. 输入输出地址遗漏或搞错，每处扣 5 分 4. 梯形图表达不正确或画法不规范，每处扣 1 分 5. 接线图表达不正确或画法不规范，每处扣 2 分	70		
2	程序输入及仿真调试	熟练正确地将所编程序输入 PLC；按照被控设备的动作要求进行模拟调试，达到设计要求	1. 不会熟练操作 PLC 键盘输入指令，扣 2 分 2. 不会用删除、插入、修改、存盘等命令，每项扣 2 分 3. 仿真试车不成功，扣 50 分			

（续）

序号	主要内容	考核要求	评分标准	配分	扣分	得分
3	安装与接线	按 PLC 控制 I/O 口（输入/输出）接线图在模拟配线板正确安装，元件在配线板上布置要合理，安装要准确紧固，配线导线要紧固、美观，导线要进入线槽，导线要有端子标号	1. 试机运行不正常，扣 20 分 2. 损坏元器件，扣 5 分 3. 试机运行正常，但不按电气原理图接线，扣 5 分 4. 布线不进入线槽，不美观，主电路、控制电路每根扣 1 分 5. 接点松动、露铜过长、反圈、压绝缘层，标记线号不清楚、遗漏或误标，引出端无别径压端子，每处扣 1 分 6. 损伤导线绝缘或线芯，每根扣 1 分 7. 不按 PLC 控制 I/O（输入/输出）接线图接线，每处扣 5 分	20		
4	安全文明生产	劳动保护用品穿戴整齐；电工工具佩带齐全；遵守操作规程；尊重考评员，讲文明礼貌；考试结束要清理现场	1. 考试中，违犯安全文明生产考核要求的任何一项扣 2 分，扣完为止 2. 当考评员发现考生有重大事故隐患时，要立即予以制止，并每次扣安全文明生产总分 5 分	10		
合计						
开始时间：			结束时间：			

问题及防治

在进行三相异步电动机单方向连续运行控制的梯形图程序设计、上机编程、模拟仿真及电路安装与调试的过程中，时常会遇到如下情况：

问题 1：在设计 PLC 的 I/O 接线图时，停止按钮 SB1 采用常闭触点（或常开触点），而在梯形图设计时仍然继续对应的采用 X000 的常闭触点（或常开触点）。

【后果及原因】 在 PLC 控制系统中，当 PLC 外部输入端子的停止按钮采用常闭触点时，在程序中的梯形图里应采用常开触点，而不能采用与之相对应的常闭触点。这是因为一旦 PLC 控制系统接通电源，系统内的直流 24V 的开关电源会通过 PLC 外部的停止按钮常闭触点构成回路，使输入继电器 X000 获电，此时梯形图中的 X000 常闭触点处于断开状态（置"0"），断开了输出继电器 Y000 线圈回路，造成当按下起动按钮 SB2 即 X001 置"1"时，无法使输出继电器 Y000 线圈获电，不能驱动 PLC 外部输出端子上的接触器 KM 动作，电动机无法起动。同理，如果当 PLC 外部输入端子的停止按钮采用常开触点时，在程序中的梯形图里也采用常开触点的话，输出继电器 Y000 线圈永远处于断电状态，无法进行起动控制。

【预防措施】 在 PLC 控制系统中，当 PLC 外部输入端子的停止按钮采用常闭触点时，在程序中的梯形图里应采用常开触点；而当 PLC 外部输入端子的停止按钮采用常开触点时，在程序中的梯形图里则应采用常闭触点。

问题 2：在进行编程时，容易忘记对"PLC 系列"和"PLC 类型"的选择。

【后果及原因】 在开始进行 PLC 梯形图上机编程前，首先应进行与实际 PLC 型号相符的"PLC

系列"和"PLC 类型"的选择,否则当程序编完后,会造成程序无法下载写入到 PLC 系统中。

【预防措施】　在进行 PLC 的梯形图编程时,应首先根据实际的 PLC 型号,在编程软件中对"PLC 系列"和"PLC 类型"进行选择,并建立工程名,然后进行梯形图的输入、保存、模拟仿真,当程序仿真成功后,再将程序写到 PLC 中,最后安装接线,检查电路无误后进行通电调试。

问题 3:在进行 PLC 控制系统的接线时,误将输入端子与输出端子接反。

【后果及原因】　在进行 PLC 控制系统的接线时,误将输入端子与输出端子接反,会损坏 PLC 的内部。这是因为 PLC 的输入端子采用的是直流 24V 电源,如果误当输出端子来接,就会通入 220V 的交流电源,导致 PLC 损坏。

【预防措施】　在进行 PLC 控制系统的接线时,一定严格按照 PLC 接线图进行安装接线,接完线后应首先进行自检,然后通过教师的检查和指导方可通电调试。

知识拓展

一、自保持与消除指令(SET、RST)

当有些线圈在运算过程中要一直保持置位时,将用到自保持置位指令 SET 和复位指令 RST。自保持与消除指令也叫做置位与复位指令,其指令的助记符和功能见表 2-1-7。

表 2-1-7　置位与复位指令的助记符和功能

指令助记符、名称	功能	可作用的软元件	程序步
SET(置位)	保持动作	Y、M、S	Y、M:1 步 S、特殊 M:2 步
RST(复位)	清除动作保持,寄存器清零	Y、M、S、C、D、V、Z	C:2 步 D、V、Z:3 步

关于指令功能的说明:

1)当控制触点接通时,SET 使作用的元件置位,RST 使作用的元件复位。

2)对同一软元件,可以多次使用 SET、RST 指令,使用顺序也可随意。但最后执行的指令有效。

3)对计数器 C、数据寄存器 D 和变址寄存器 V、Z 的寄存内容清零,可以用 RST 指令。对积算定时器的当前值或触点复位,也可用 RST 指令。

二、利用置位/复位指令实现本任务的控制

利用置位/复位指令实现本任务控制的梯形图及指令表如图 2-1-42 所示。

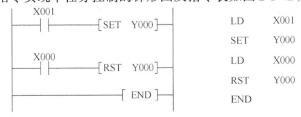

a)梯形图　　　　　　　b)指令表

图 2-1-42　置位/复位指令实现三相异步电动机单方向连续运行

> **提示**　图 2-1-42 所示的置位/复位电路与图 2-1-9 所示的起—保—停电路的功能完全相同。该电路的记忆作用是通过置位、复位指令实现的。置位/复位电路也是梯形图中的基本电路之一。

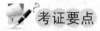 **考证要点**

根据国家职业资格考试（高级工）相关要求，该任务内容的考证要点见表 2-1-8。

表 2-1-8　考证要点

行为领域	鉴定范围	鉴定点	重要程度
理论知识	可编程序控制系统读图分析与程序编制及调试	1. 基本指令表 2. 可编程序控制器编程技巧 3. 用编程软件对程序进行监控与调试的方法 4. 程序错误的纠正步骤与方法	★★
操作技能	可编程序控制系统读图分析与程序编制及调试	1. 能使用基本指令编写程序 2. 能用可编程序控制器的控制程序改进原来由继电器组成的控制电路 3. 能使用编程软件来模拟现场信号进行基本指令为主的程序调试	★★★

考证测试题

一、填空题（请将正确的答案填在横线空白处）

1. 梯形图编程语言是在 ＿＿＿＿＿＿＿＿＿＿＿＿ 原理图的基础上演变而来的一种 ＿＿＿＿＿＿＿＿ 语言。

2. 梯形图的两侧垂直公共线称为 ＿＿＿＿＿＿ ，左侧母线对应于继电—接触器控制系统中的 ＿＿＿＿＿＿ ，右侧母线对应于继电—接触器控制系统中的 ＿＿＿＿＿＿ 。

3. 对于并联电路，串联触点多的支路排在 ＿＿＿＿＿＿＿＿ ；对于串联电路，并联触点多的支路排在 ＿＿＿＿＿＿＿＿ 。

4. 写出下列指令的功能：

LD ＿＿＿＿＿＿＿＿＿＿＿ ；OUT ＿＿＿＿＿＿＿＿＿＿＿ ；

OR ＿＿＿＿＿＿＿＿＿＿＿ ；ANI ＿＿＿＿＿＿＿＿＿＿＿ 。

二、选择题（将正确答案的序号填入括号内）

1. 根据控制梯形图下列指令正确的是（　　　）。

```
    X01                    X00    X12            Y30
    ┤├────────────────────┤/├───┤/├──────────────( )
    Y30
    ┤├
```

A. AND X00　　　　B. LD X12　　　　C. ANI X12　　　　D. LDI X12

2. 根据控制梯形图下列指令正确的是（　　　）。

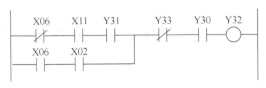

A. ANI X11　　　　B. AND X11　　　　C. LD X11　　　　D. LDI X11

3. 在一个程序中，同一地址号的线圈（　　）次输出，且继电器线圈不能串联只能并联。

A. 只能有一　　　B. 只能有二　　　C. 只能有三　　　D. 无限

4. F 系列可编程序控制器常开点用（　　）指令。

A. LD　　　　　B. LDI　　　　　C. OR　　　　　D. ORI

5. F 系列可编程序控制器中的 ANI 指令用于（　　）。

A. 常闭触点的串联　B. 常闭触点的并联　C. 常开触点的串联　D. 常开触点的并联

6. RST 指令不能用于（　　）的复位。

A. 输入继电器　　B. 计数器　　　C. 辅助继电器　　D. 定时器

7. F 系列可编程序控制器输出继电器用（　　）表示。

A. X　　　　　　B. Y　　　　　　C. T　　　　　　D. C

三、判断题（在下列括号内，正确的打"√"，错误的打"×"）

1. （　　）F 系列可编程序控制器输入、输出继电器的编号是按十进制数编制的。

2. （　　）F 系列可编程序控制器中的 OR 指令用于常闭触点的并联。

3. （　　）LDI 和 LD 分别取常开和常闭触点，并且都是从输入公共线开始。

四、技能题

1. 题目：设计两地控制电动机单方向连续运行的 PLC 控制系统。

2. 考核要求

（1）根据控制功能用 PLC 进行控制电路的设计，并且进行安装与调试。

（2）电路设计。根据任务，设计主电路电路图，列出 PLC 控制 I/O 口（输入/输出）元件地址分配表，根据加工工艺，设计梯形图及 PLC 控制 I/O 口（输入/输出）接线图，并仿真运行。

（3）安装与接线

1）将熔断器、接触器、继电器、PLC 装在一块配线板上，而将转换开关、按钮等装在另一块配线板上。

2）按 PLC 控制 I/O 口(输入/输出)接线图在模拟配线板上正确安装,元器件在配线板上布置要合理,安装要准确、紧固,配线导线要紧固、美观,导线要进入线槽,导线要有端子标号。

（4）PLC 键盘操作。熟练操作键盘，能正确地将所编程序输入 PLC；按照被控设备的动作要求进行模拟调试，达到设计要求。

（5）通电试验。正确使用电工工具及万用表，进行仔细检查，通电试验，并注意人身和设备安全。

（6）考核时间分配

1）设计梯形图及 PLC 控制 I/O 口（输入/输出）接线图及上机编程时间为 90min。

2）安装接线时间为 60min。

3）试机时间为 5min。

3. 评分标准（见表 2-1-6）。

任务 2　三相异步电动机正、反转控制系统设计与装调

> 知识目标：1. 掌握 ORB、ANB MPS、MRD、MPP 等基本驱动指令的功能及应用。
>
> 　　　　　2. 掌握梯形图的编程原则。
>
> 能力目标：1. 会根据控制要求，能灵活地运用经验法，通过基本指令或多重输出指令实现三相异步电动机正、反转控制的梯形图程序设计。
>
> 　　　　　2. 能通过三菱 GX-Developer 编程软件，采用指令表输入法输入指令，并通过仿真软件采用逻辑梯形图测试的方法，进行仿真。然后将仿真成功后的程序下载写入到事先接好外部接线的 PLC 中，完成控制系统的调试。

工作任务

　　在实际生产中，三相异步电动机的正、反转控制是一种基本且典型的控制。如机床工作台的左移和右移，摇臂钻床钻头的正、反转，数控机床的进刀和退刀等，均需要对电动机进行正、反转控制。用于有落差搬运物品的卷扬机控制，就是一个典型的三相异步电动机的正、反转控制。

　　现有一小型煤矿，通过卷扬机带动一运煤小车，把矿井里挖出的煤运到地面。如图 2-2-1 所示就是该卷扬机的模拟示意图。其具体控制过程是：井下工人按下上井起动按钮，卷扬机带动装满煤的小车，把煤运到地面。当小车到达地面后按下停止按钮，卷扬机停止，卸煤。按下下井起动按钮，小车下行到矿井里；按下停止，卷扬机停止，继续装煤。

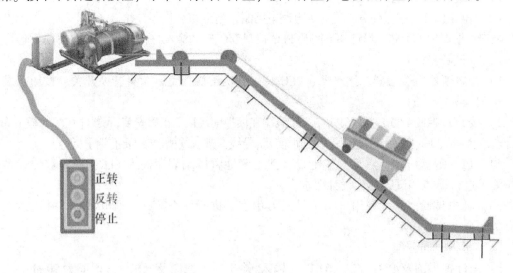

图 2-2-1　卷扬机控制模拟图

　　该卷扬机控制采用的是继电-接触器逻辑控制系统，其电气控制原理图如图 2-2-2 所示。

[本任务内容]：用 PLC 控制系统实现图 2-2-2 所示的三相交流异步电动机正、反转控制电路

的改造。其控制的时序图如图 2-2-3 所示。

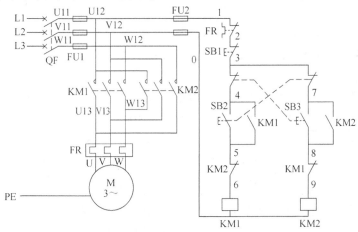

图 2-2-2　复合联锁接触器正、反转控制电路

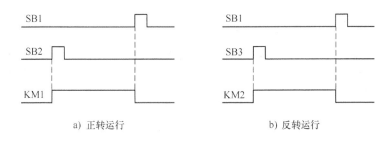

a）正转运行　　　　　　　　　　　　b）反转运行

图 2-2-3　电动机正、反转控制时序图

[任务控制要求]

1）能够用按钮控制三相交流异步电动机的正、反转起动和停止。

2）具有短路保护和过载保护等必要的联锁保护措施。

3）利用 PLC 基本指令中的块及多重输出指令来实现上述控制。

✏ 任务分析

通过对图 2-2-2 所示的继电器控制电路和图 2-2-3 所示的控制时序图分析，可知三相异步电动机的正、反转控制原理为：起动时，首先合上总电源开关 QF，按下正转起动按钮 SB2，接触器 KM1 线圈得电，其辅助常开触点闭合自锁，辅助常闭触点断开联锁，主触点闭合，电动机正转运行。当需要反转时，只需按下反转起动按钮 SB3，接触器 KM1 线圈断电，KM1 触点复位断开正向电源，接触器 KM2 线圈得电，其辅助常开触点闭合自锁，辅助常闭触点断开联锁，主触点闭合，电动机反转运行。按下 SB1 为总停止按钮。

在本次任务学习时，应首先了解实现本次任务 PLC 控制的基本逻辑指令的功能及应用，以及 PLC 的软件系统及梯形图的编程原则。然后根据控制要求，能灵活地运用经验法，按照梯形图的设计原则，将三相异步电动机正、反转运行的继电控制电路转换成梯形图。同时通过三菱 GX-Developer 编程软件，采用指令表输入法输入控制程序的指令，并将指令表切换成梯形图，并通过仿真软件采用逻辑梯形图测试的方法，进行模拟仿真运行；最后将仿真成功后的程序下载，并写入到已接好外部接线的 PLC 中，完成控制系统的调试。

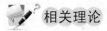 相关理论

一、基本指令（ORB、ANB、MPS、MRD、MPP）

1. 电路块的并联与串联连接指令（ORB、ANB）

（1）指令的助记符和功能　电路块的并联与串联连接指令的助记符和功能见表 2-2-1。

表 2-2-1　ORB 和 ANB 指令的助记符及功能

指令助记符、名称	功　能	可作用的软元件	程序步
ORB（电路块或）	串联电路的并联连接	无	1
ANB（电路块与）	并联电路的串联连接	无	1

（2）编程实例　ORB 指令和 ANB 指令编程应用时的梯形图及指令表见表 2-2-2。

表 2-2-2　ORB 指令和 ANB 编程应用时的梯形图及指令表

梯形图	指令表 1	指令表 2
M0 M1 M0 ─(Y001) M1 M2 M2	LD　M0 OR　M1 LD　M1 OR　M2 ANB LD　M0 OR　M2 ANB OUT　Y001	LD　M0 OR　M1 LD　M1 OR　M2 LD　M0 OR　M2 ANB ANB OUT　Y001
M0 M1 ─(Y001) M1 M2 M2 M0	LD　M0 AND　M1 LD　M1 AND　M2 ORB LD　M2 AND　M0 ORB OUT　Y001	LD　M0 AND　M1 LD　M1 AND　M2 LD　M2 AND　M0 ORB ORB OUT　Y001
X000 X001 ─(Y001) X002 X003 X004 X005 X006 X007	LD　X000 OR　X002 LD　X001 OR　X003 ANB LD　X004 ANI　X005 ORB LDI　X006 AND　X007 ORB OUT　Y001	分支的起点 与前面的电路块串联连接 分支的起点 与前面的电路块并联连接 分支的起点 与前面的电路块并联连接

（3）关于指令功能的说明

1）2个或2个以上触点串联的电路块称为串联电路块。将串联电路块作并联时，分支开始用 LD、LDI 指令，分支结束用 ORB 指令。

2）由一个或多个触点的串联电路形成的并联分支电路称为并联电路块，并联电路块在串联时，要使用 ANB 指令。此电路块的起始要用 LD、LDI 指令，分支结束用 ANB 指令。

3）多个串联电路块作并联，或多个并联电路作串联时，电路块数没有限制。

4）在使用 ORB 指令编程时，也可把所需要并联的回路连贯地写出，而在这些回路的末尾连续使用与支路个数相同的 ORB 指令，这时的指令最多使用7次。

5）在使用 ANB 指令编程时，也可把所需要串联的回路连贯地写出，而在这些回路的末尾连续使用与回路个数相同的 ANB 指令，这时的指令最多使用7次。

2. 多重输出指令（MPS、MRD、MPP）

多重输出是指从某一点经串联触点驱动线圈之后，再由这一点驱动另一线圈，或再经串联触点驱动另一线圈的输出方式。多重输出指令（MPS、MRD、MPP）也叫做栈操作指令。

（1）指令的助记符和功能　多重输出指令的助记符和功能见表2-2-3。

表 2-2-3　多重输出指令的助记符及功能

指令助记符、名称	功能	可作用的软元件	程序步
MPS（进栈）	记忆到 MPS 指令为止的状态	无	1
MRD（读栈）	读出到 MPS 指令为止的状态	无	1
MPP（出栈）	读出到 MPS 指令为止的状态并清除该状态	无	1

（2）编程实例　在编程时，需要将中间运算结果存储时，就可以通过栈操作指令来实现。如三菱 FX2N 的 PLC 就提供了11个存储中间运算结果的栈存储器，使用一次 MPS 指令，当时的逻辑运算结果压入栈的第一层，栈中原来的数据依次向下一层推移；当使用 MRD 指令时，栈内的数据不会发生变化，（即不上移或下移），而是将栈的最上层数据读出；当执行 MPP 指令时，将栈的最上层数据读出，同时该数据从栈中消失，而栈中其他层的数据向上移动一层，因此也称为弹栈。如图2-2-4所示就是栈操作指令用于多重输出的梯形图的情况分析。

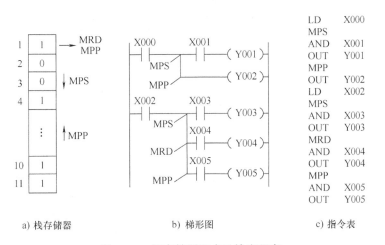

a）栈存储器　　　　b）梯形图　　　　c）指令表

图 2-2-4　栈存储器和多重输出程序

编程实例一：一层堆栈编程，如图 2-2-5 所示。

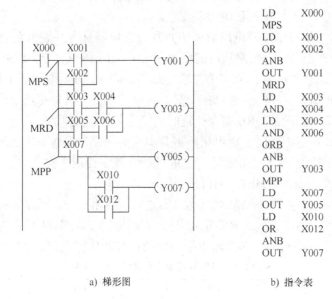

a) 梯形图   b) 指令表

图 2-2-5　一层堆栈编程

编程实例二：二层堆栈编程，如图 2-2-6 所示。

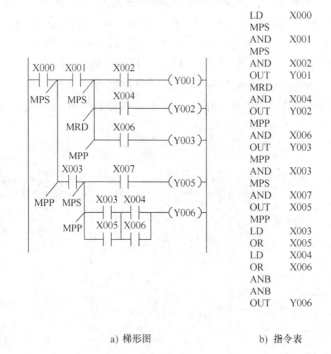

a) 梯形图   b) 指令表

图 2-2-6　二层堆栈编程

（3）关于指令功能的说明

1）MPS 指令用于分支的开始处；MRD 指令用于分支的中间处；MPP 指令用于分支的结束处。

2）MPS、MRD 和 MPP 指令均为不带操作元件指令，其中 MPS 和 MPP 指令必须配对使用。

3）由于三菱 FX2N 的 PLC 就提供了 11 个栈存储器，因此 MPS 和 MPP 指令连续使用的次数不得超过 11 次。

任务准备

实施本次任务教学所使用的实训设备及工具材料可参考表 2-2-4。

表 2-2-4　实训设备及工具材料

序号	分类	名称	型号规格	数量	单位	备注
1	工具	电工常用工具		1	套	
2	仪表	万用表	MF47 型	1	块	
3	设备器材	编程计算机		1	台	
4		接口单元		1	套	
5		通信电缆		1	条	
6		可编程序控制器	FX2N-48MR	1	台	
7		安装配电盘	600mm×900mm	1	块	
8		导轨	C45	0.3	m	
9		空气断路器	Multi9 C65N D20	1	只	
10		熔断器	RT28-32	6	只	
11		按钮	LA4-3H	1	只	
12		接触器	CJ10-10 或 CJT1-10	2	只	
13		接线端子	D-20	20	只	
14		热继电器		1	只	
15		三相异步电动机	自定	1	台	
16	消耗材料	铜塑线	BV1/1.37mm^2	10	m	主电路
17		铜塑线	BV1/1.13mm^2	15	m	控制电路
18		软线	BVR7/0.75mm^2	10	m	
19		紧固件	M4×20mm 螺杆	若干	只	
20			M4×12mm 螺杆	若干	只	
21			ϕ4mm 平垫圈	若干	只	
22			ϕ4mm 弹簧垫圈及 M4mm 螺母	若干	只	
23		号码管		若干	m	
24		号码笔		1	支	

任务实施

一、通过对本任务控制要求分析，分配输入点和输出点，写出 I/O 通道地址分配表

根据任务控制要求，可确定 PLC 需要 3 个输入点，2 个输出点，其 I/O 通道分配表见表 2-2-5 所示。

表 2-2-5　I/O 通道地址分配表

输　入			输　出		
元件代号	作用	输入继电器	元件代号	作用	输出继电器
SB1	停止按钮	X000	KM1	正转控制	Y000
SB2	正转按钮	X001	KM2	反转控制	Y001
SB3	反转按钮	X002			

二、画出 PLC 接线图（I/O 接线图）　　PLC 接线图如图 2-2-7 所示。

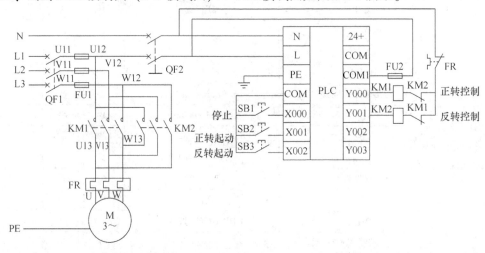

图 2-2-7　正、反转控制 I/O 接线图

> **提示**　在设计正、反转控制 I/O 接线图时，由于 PLC 的扫描周期和接触器的动作时间不匹配，只在梯形图中加入"软继电器"的互锁会造成 Y000 虽然断开，可能接触器 KM1 还未断开，在没有外部硬件联锁的情况下，接触器 KM2 会得电动作，主触点闭合，会引起主电路电源相间短路；同理，在实际控制过程中，当接触器 KM1 或接触器 KM2 任何一个接触器的主触点熔焊时，由于没有外部硬件的联锁，只在梯形图中加入"软继电器"的互锁还会造成主电路电源相间短路。

三、程序设计

根据 I/O 通道地址分配及图 2-2-3 所示的控制时序图可知，当按下正转起动按钮 SB2 时，输入继电器 X001 接通，输出继电器 Y000 置 1，接触器 KM1 线圈得电并自保，主触点闭合，电动机正转连续运行。若按下停止按钮 SB1 时，输入继电器 X000 接通，输出继电器 Y000 置 0，接触器 KM1 线圈断电，主触点断开，电动机停止运行；当按下反转起动按钮

SB3 时，输入继电器 X002 接通，输出继电器 Y001 置 1，接触器 KM2 线圈得电并自保，主触点闭合，电动机反转连续运行。若按下停止按钮 SB1 时，输入继电器 X000接通，输出继电器 Y000 置 0，接触器 KM2 线圈断电，主触点断开，电动机停止运行。从图 2-2-2 所示的继电器控制电路可知，不但正、反转按钮实现了互锁，而且正、反转接触器之间也实现了联锁。结合以上的编程分析及所学的起—保—停基本编程环节和栈操作指令，可以通过下面两种方案来实现 PLC 控制电动机正、反转连续运行电路的要求。

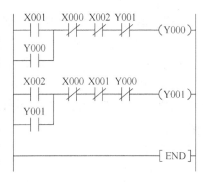

图 2-2-8　利用起—保—停基本编程环节设计的电动机正、反转运行控制梯形图

设计方案一：直接用起—保—停基本编程环节进行设计

起—保—停基本编程环节实现电动机正、反转运行控制的梯形图如图 2-2-8 所示。

> **提示**　此设计方案通过在正转运行支路中串入 X002 和 Y001 的常闭触点，在反转运行支路中串入 X001 和 Y000 的常闭触点来实现按钮和接触器的互锁。

设计方案二：利用栈操作指令进行设计

利用栈操作指令进行设计实现电动机正、反转运行控制的梯形图及指令表如图 2-2-9 所示。

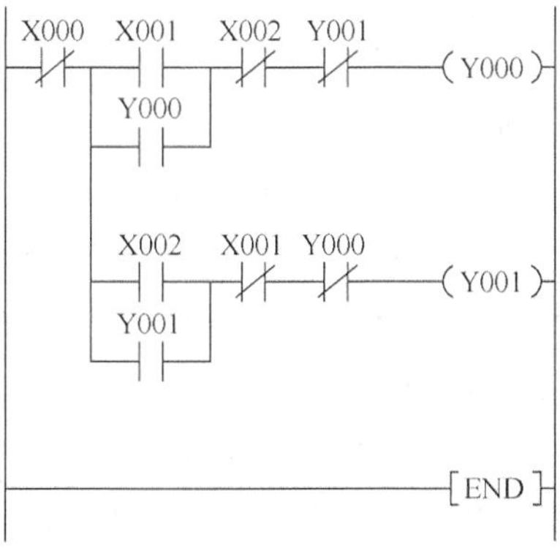

0	LDI	X000
1	MPS	
2	LD	X001
3	OR	Y000
4	ANB	
5	ANI	X002
6	ANI	Y001
7	OUT	Y000
8	MPP	
9	LD	X002
10	OR	Y001
11	ANB	
12	ANI	X001
13	ANI	Y000
14	OUT	Y001
15	END	

a) 梯形图　　　　　　　　　b) 指令表

图 2-2-9　栈操作指令实现电动机正、反转运行控制

四、程序输入及仿真运行

1. 程序输入

（1）梯形图输入法　起动 MELSOFT 系列 GX Developer 编程软件，首先创建新文件名，并命名为"起—保—停基本编程环节实现电动机正反转运行控制"，选择 PLC 的类型为

"FX2N"，运用上一个任务所学的梯形图输入法，输入图 2-2-8 所示的梯形图，梯形图程序输入过程在此不再赘述。

（2）指令输入法　采用指令输入法进行程序输入的方法及步骤如下：

1）起动 MELSOFT 系列 GX Developer 编程软件，创建新文件名，并命名为"栈指令实现电动机正、反转运行控制"，选择 PLC 的类型为"FX2N"；首先进入如图 2-2-10 所示梯形图编程画面，然后单击左下角工具栏中的"梯形图/列表显示切换"图标，进入如图 2-2-11 所示的指令表编程画面。

图 2-2-10　梯形图编程画面

2）指令表的输入。在图 2-2-11 所示的指令表编程画面中，依次输入如图 2-2-9b 所示中的指令表。指令输入的方法是：首先在计算机键盘上键入 LDI 指令，出现如图 2-2-12 所示的"列表输入"对话框，接着按空格键，然后输入 X000，最后单击列表输入框内的"确定"按钮或按回车键"Enter"，则出现如图 2-2-13 所示的画面。

运用上述指令输入法依次将如图 2-2-9b 所示指令表中的指令输入完毕，将得到如图 2-2-14所示的画面。然后再次单击左下角工具栏中的"⬚"图标，会返回梯形图编程画面，画面中会自动出现如图 2-2-15 所示的栈操作指令实现的三相异步电动机正、反转控制的梯形图。

2. 程序保存

只需单击工具栏上的工程保存"⬚"图标，即可对所编的程序进行保存。

3. 仿真运行

（1）仿真软件的起动　首先单击"梯形图逻辑测试起动/结束"图标"⬚"，先进入程序写入状态，然后进入梯形图逻辑测试状态，如图 2-2-16 所示。

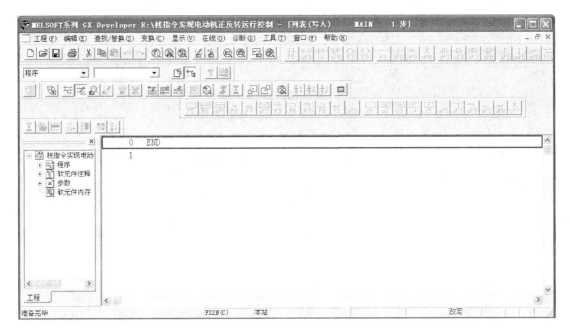

图 2-2-11 指令表编程画面

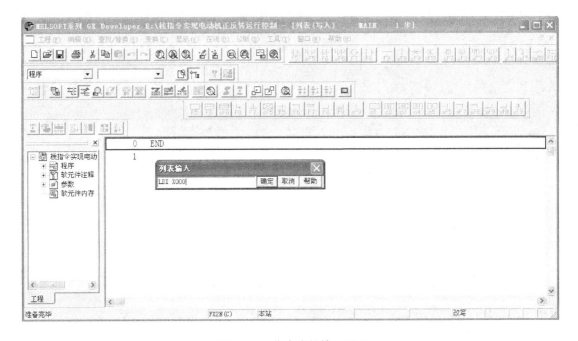

图 2-2-12 指令表的输入画面

（2）软元件测试 将鼠标移至显示屏画面任意一个空白处，然后单击鼠标右键，会出现如图 2-2-17 所示的画面，然后选择并单击对话框中的"软元件测试"，将出现如图 2-2-18 所示的画面。

1）正转控制仿真测试。在如图 2-2-18 所示的软元件测试对话框里的位软元件栏的软元件框中输入 X001 后，单击"　强制 ON　"的图标，此时 X001 常开触点闭合，X001 常闭触点

图 2-2-13　指令输入后画面

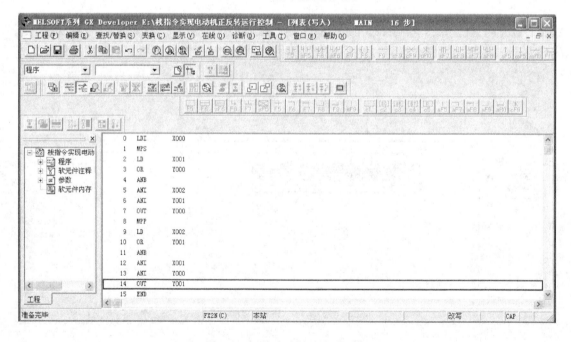

图 2-2-14　指令表输入完成画面

断开；然后再单击"　强制OFF　"的图标，此时 X001 常开触点和常闭触点复位，相当于在 PLC 输入端，按下正转起动按钮 SB2，给 PLC 输入正转起动信号，此时输出继电器 Y000 线圈得电，Y000 常开触点接通自保，Y000 常闭触点断开互锁，同时 PLC 输出端的 Y000 有信号输出。如果在 Y000 端子上接有接触器 KM1，则接触器 KM1 线圈将得电，如图 2-2-19 所示。

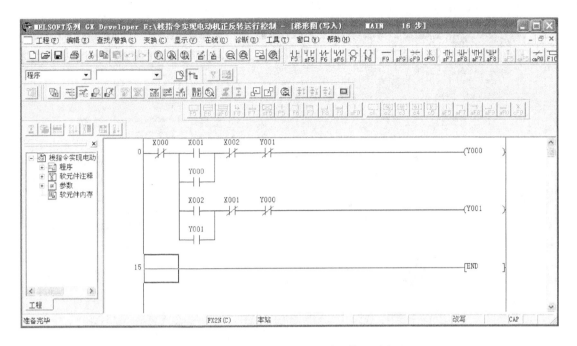

图 2-2-15   由指令表输入画面切换到的梯形图编程画面

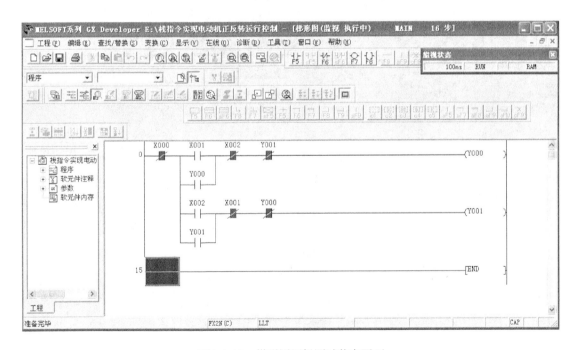

图 2-2-16   梯形图逻辑测试状态画面

2）停止控制仿真测试。在软元件测试对话框里的位软元件栏的软元件框中输入 X000 后，单击 " 强制 ON " 的图标，此时 X000 常闭触点断开，相当于在 PLC 输入端，按下停止按钮 SB1，给 PLC 输入停止信号，此时输出继电器 Y000 线圈失电，Y000 常开触点断开，Y000 常闭触点复位闭合，同时 PLC 输出端的 Y000 输出信号中断。如果在 Y000 端子上接有

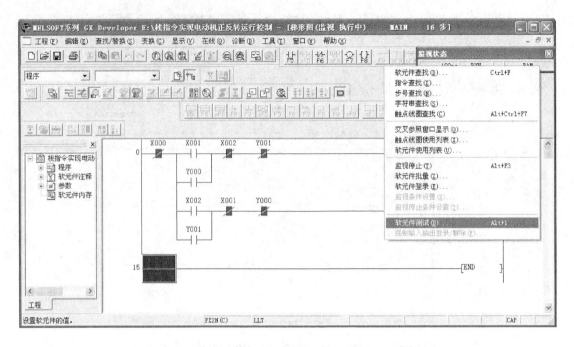

图 2-2-17　软元件测试选择画面

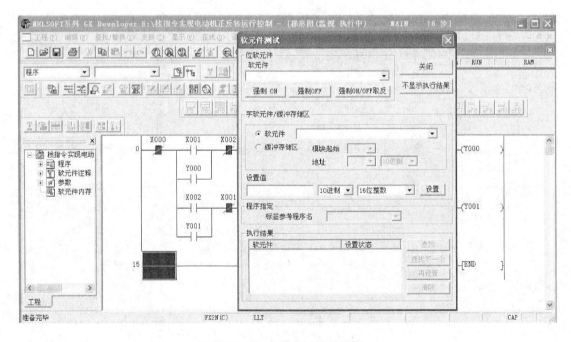

图 2-2-18　软元件测试对话框

接触器 KM1，则接触器 KM1 线圈将断电，然后再单击 " 强制OFF " 的图标，此时 X000 常闭触点复位，为反转起动或下一次起动做准备，如图 2-2-20 所示。

　　3）反转控制仿真测试。其仿真测试的方法同正转控制仿真测试方法一样，只是在软元件对话框里的位软元件栏的软元件框中输入的是 X002。

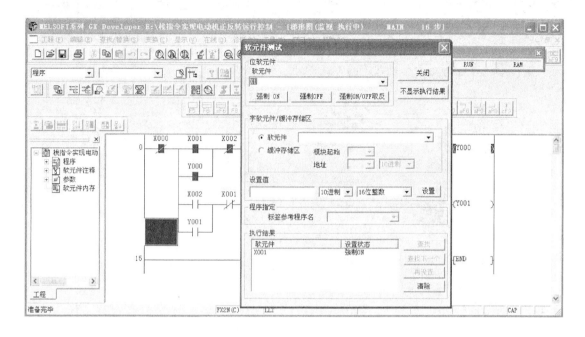

图 2-2-19   正转控制仿真测试

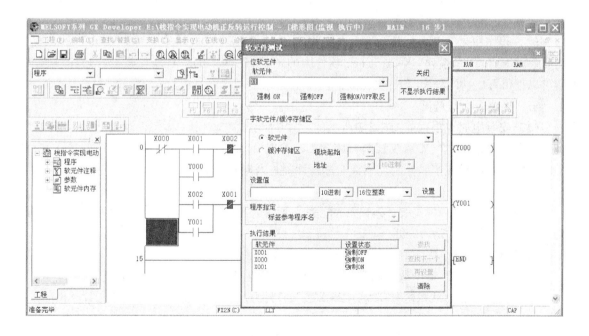

图 2-2-20   停止控制仿真测试

4）结束仿真测试。只要关闭软元件测试对话框，然后再单击"梯形图逻辑测试起动/结束""　□　"图标，会出现"停止梯形图逻辑测试"的对话框，此时只要单击对话框中的"确定"按钮，就可结束梯形图的仿真逻辑测试，如图 2-2-21 所示。

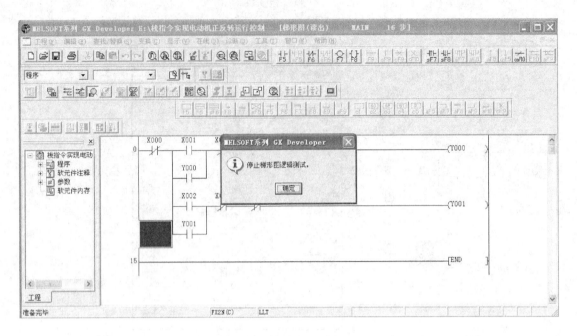

图 2-2-21　结束梯形图逻辑测试

4. 程序下载

（1）PLC 与计算机连接　使用专用通信电缆 RS—232/RS—422 转换器将 PLC 的编程接口与计算机的 COM1 串口连接。

（2）程序写入　首先接通系统电源，将 PLC 的 RUN/STOP 开关拨到"STOP"的位置，然后通过 MELSOFT 系列 GX Developer 软件中的"PLC"菜单的"在线"栏的"PLC 写入"，就可以把仿真成功的程序写入的 PLC 中。

五、电路安装与调试

（1）安装电路　根据如图 2-2-7 所示的 PLC 接线图（I/O 接线图），画出三相异步电动机 PLC 控制系统的电气安装接线图，如图 2-2-22 所示。然后按照以下安装电路的要求在如图 2-2-23 所示的模拟实物控制配线板上进行元器件及电路安装。

（2）检查电路

1）检查元器件。根据表 2-2-4 所示配齐元器件，检查元器件的规格是否符合要求，并用万用表检测元器件是否完好。

2）固定元器件。固定好本任务控制所需元器件。

3）配线安装。根据配线原则和工艺要求进行配线安装。

4）自检。对照接线图检查接线是否无误，再使用万用表检测电路的阻值是否与设计相符。

（3）通电调试

1）经自检无误后，在教师的指导下，方可通电调试。

2）首先接通系统电源开关 QF2，将 PLC 的 RUN/STOP 开关拨到"RUN"的位置，然后通过计算机上的 MELSOFT 系列 GX Developer 软件中的"监控/测试"监视程序的运行情况，再按照表 2-2-6 进行操作，观察系统运行情况并做好记录。如出现故障，应立即切断电源，分析原因、检查电路或梯形图，排除故障后，方可进行重新调试，直到系统功能调试成功为止。

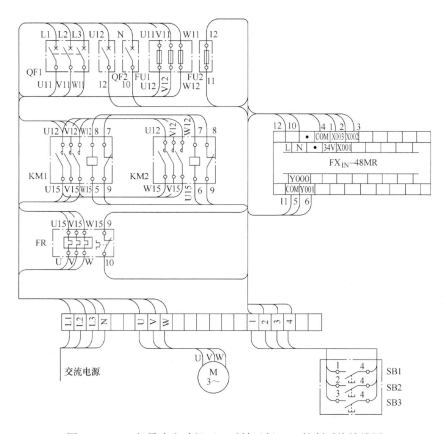

图 2-2-22　三相异步电动机正、反转运行 PLC 控制系统接线图

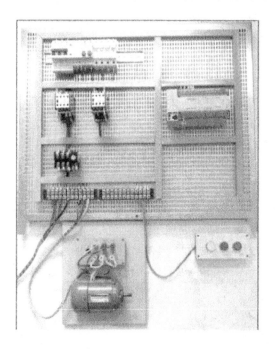

图 2-2-23　三相异步电动机正、反转运行控制系统安装效果图

表 2-2-6　程序调试步骤及运行情况记录表

操作步骤	操作内容	观察内容	观察结果	思考内容
第一步	按下 SB2			
第二步	按下 SB1			
第三步	按下 SB3	KM1、KM2 动作和电动机运行		理解 PLC 的工作过程
第四步	按下 SB1			
第五步	再按下 SB2			
第六步	再按下 SB3			

检查评议

对任务实施的完成情况进行检查，并将结果填入任务测评表（参见表 2-1-6）。

问题及防治

在进行三相异步电动机正、反转运行控制的梯形图程序设计、上机编程、模拟仿真及电路安装与调试的过程中，会遇到如下情况：

问题 1：在设计正、反转控制 I/O 接线图时，往往遗漏接触器 KM1 和 KM2 的接触器的外部联锁，如图 2-2-24 所示。

【后果及原因】 在设计正、反转控制 I/O 接线图时，由于 PLC 的扫描周期和接触器的动作时间不匹配，只在梯形图中加入"软继电器"的互锁会造成 Y000 虽然断开，可能接触器 KM1 还未断开，在没有外部硬件联锁的情况下，接触器 KM2 得电动作，主触点闭合，会引起主电路电源相间短路；同理，在实际控制过程中，当接触器 KM1 或接触器 KM2 任何一个接触器的主触点熔焊时，由于没有外部硬件的联锁，只在梯形图中加入"软继电器"的互锁会造成主电路电源相间短路。

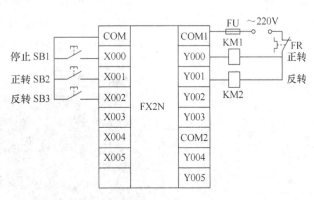

图 2-2-24　错误的正、反转控制 I/O 接线图

【预防措施】 在设计正、反转控制 I/O 接线图时，为了防止接触器 KM1 或接触器 KM2 任何一个接触器的主触点熔焊时，造成主电路电源相间短路，必须进行 PLC 输出端外部硬件联锁。

问题 2：在运用指令表输入法编程时，当键入完指令助记符后没有按空格键就键入元件号。

【后果及原因】 在运用指令表输入法编程时，当键入完指令助记符后没有按空格键就键入元件号，会出现如图 2-2-25 所示的画面，无法完成指令的输入。

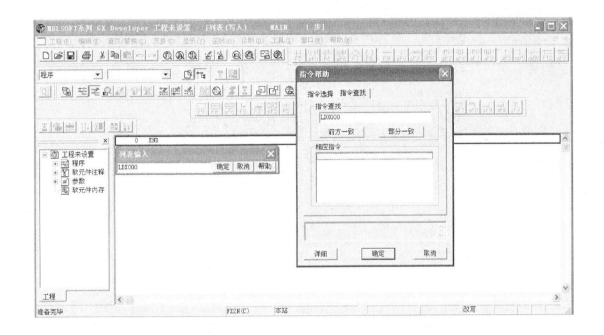

图 2-2-25   错误的指令输入法

【预防措施】   在运用指令表输入法编程时，当键入完指令助记符后应按空格键，然后再键入元件号、参数等。

知识拓展

PLC 程序的创建，可以用梯形图输入法，也可以用指令表输入法。在用指令表输入法创建程序时，要注意所键入的指令顺序，也就是 PLC 执行程序的顺序，即同一列从上而下，同一行从左到右。如果键入指令的顺序弄错，则程序会出错。

1. 创建指令表

当启动 MELSOFT 系列 GX Developer 编程软件后，将鼠标移到下拉菜单中的"梯形图/列表显示切换" 图标并单击，则出现指令表编辑屏幕，如图 2-2-26 所示。图中从 0 行开始，准备接受指令表输入。输入指令表时，不必键入序号，只需由键盘键入指令助记符以及元件号、参数即可。

2. 创建指令表程序

（1）输入 LD/LDI、AND/ANI、OR/ORI、OUT 指令   这些指令带一个或两个参数，在指令、元件号、以及参数之间，需按空格键。每行指令输入完毕，按回车键，例如：

LD X0 ↙   OR Y1 ↙   ANI X1 ↙   OUT T0 K20 ↙

键入指令前，指令表编辑屏幕有一蓝线条框行，当键入指令时，就会出现"列表输入"对话框，如图 2-2-27 所示。在此框中键入指令、元件符号、参数，按回车键后，此对话框消失，在原位置上出现行号、指令元件号及参数，而蓝线条框会下移一行，等待下一条指令的输入。

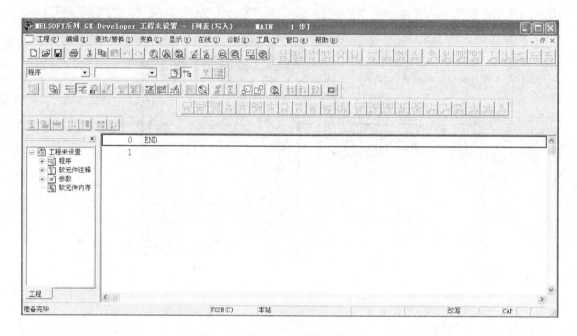

图 2-2-26　创建指令表

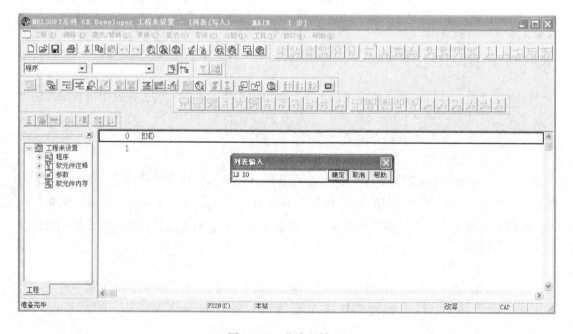

图 2-2-27　指令的输入

（2）无操作参数指令的输入　这些指令包括 ANB、ORB、MPS、MRD、MPP、INV、NOP、RET、END 等，这些指令无参数，只需由键盘键入指令并回车即可。例如：

ANB ↙   ORB ↙   MPS ↙   MRD ↙   MPP ↙   INV ↙   NOP ↙   RET ↙
END ↙

（3）输入 SET/RST、MC/MCR、PLS/PLF 这些指令有一个或二个参数，例如：
SET S20 ↙   RST C0 ↙   PLS M1 ↙   MC N0 M10 ↙   MCR N0 ↙

（4）应用指令的输入 应用指令的指令表输入，直接由键盘键入应用指令助记符、参数即可。在助记符与参数、参数与参数之间要按空格键。例如：
MOV K100 D10 ↙   ZRST M10 M20 ↙   SFTR X0 M0 K16 K4 ↙

3. 指令表与梯形图之间的切换

当指令表键入结束指令 END 并回车后，蓝线条框移到 END 之后一行，才可进行指令表与梯形图的切换。在未达到 END 之前如进行切换，可能会因此失去程序语句而引致程序出错。

4. 指令表的元件删除和修改

（1）删除 将鼠标移到带删除的指令行，单击右键会出现编辑对话框，如图 2-2-28 所示。再将鼠标移到编辑对话框的"行删除"，单击删除命令，则蓝线条框所指示的程序行被删除，行号上移且重新排列。

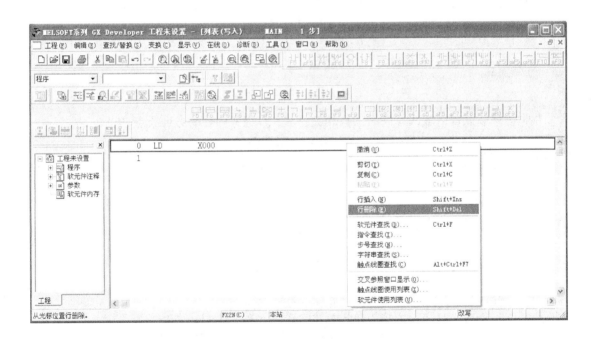

图 2-2-28 指令表的元件删除

（2）插入 将鼠标移到带插入的指令行，单击右键会出现编辑对话框，再将鼠标移到编辑对话框的"行插入"，单击行插入命令，则蓝线条框所指示的程序行为 NOP（空操作），如图 2-2-29 所示。按照指令表输入法从键盘中键入指令和参数，回车，则在此行位置上便出现所插入的程序行，而原先的程序行号下移。

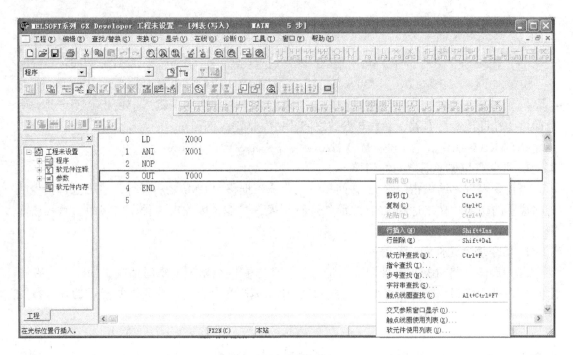

图 2-2-29　指令表的元件插入

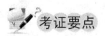考证要点

根据国家职业资格考试（高级工）相关要求，该任务内容的考证要点见表 2-2-7。

表 2-2-7　考证要点

行为领域	鉴定范围	鉴定点	重要程度
理论知识	可编程控制系统读图分析与程序编制及调试	1. 基本指令表 2. 可编程序控制器编程技巧 3. 用编程软件对程序进行监控与调试的方法 4. 程序错误的纠正步骤与方法	★★
操作技能	可编程控制系统读图分析与程序编制及调试	1. 能使用基本指令编写程序 2. 能用可编程序控制器控制程序改造原来由继电器组成的控制电路 3. 能使用编程软件来模拟现场信号进行基本指令为主的程序调试	★★★

考证测试题

一、填空题（请将正确的答案填在横线空白处）

1. 写出下列指令功能：

ORB _____；ANB _____；MPS _____；

MRD _____；MPP _____。

2. 在编程时，可把所需要并联的回路连贯地写出，而在这些回路的末尾连续使用与支路个数相同的_____指令，这时指令最多使用不超过_____次。

3. 在编程时，可把所需要串联的回路连贯地写出，而在这些回路的末尾连续使用与回路个数相同的_____指令，这时指令最多使用不超过_____次。

4. MPS、MRD 和 MPP 指令均为不带_____指令，其中 MPS 和 MPP 指令必须配对使用。

5. 由于三菱 FX2N 的 PLC 就提供了 11 个栈存储器，所以 MPS 和 MPP 指令连续使用的次数不得超过_____次。

二、选择题（将正确答案的序号填入括号内）

1. 在编程时，也可把所需要并联的回路连贯地写出，而在这些回路的末尾连续使用与支路个数相同的 ORB 指令，这时指令最多使用（　　　）。

A. 没有限制　　　　B. 有限制　　　　C. 七次　　　　D. 八次

2. F 系列可编程序控制器中的 ORB 指令用于（　　　）。

A. 串联　　　　　　B. 并联　　　　　　C. 回路串联　　D. 回路并联

3. F 系列可编程序控制器中回路串联用（　　　）指令。

A. AND　　　　　　B. ANI　　　　　　C. ORB　　　　　D. ANB

三、判断题（在下列括号内，正确的打"√"，错误的打"×"）

1. （　　　）MPP 指令用于分支的开始处；MRD 指令用于分支的中间处；MPS 指令用于分支的结束处。

2. （　　　）2 个或 2 个以上触点串联连接的电路块称为串联电路块。将串联电路块并联时，分支开始用 LD、LDI 指令，分支结束用 ANB 指令。

3. （　　　）由一个或多个触点的串联电路形成的并联分支电路称为并联电路块，并联电路块串联时，要使用 ORB 指令。

4. （　　　）多个串联电路块作并联连接，或多个并联电路作串联时，电路块数没有限制。

四、技能题

1. 题目：用 PLC 进行控制电路的设计，并进行安装与调试。

2. 考核要求

（1）按图 2-2-30 所示的继电控制电路的控制功能用 PLC 进行控制电路的设计，并且进行安装与调试。

（2）电路设计　根据任务，设计主电路电路图，列出 PLC 控制 I/O 口（输入/输出）元件地址分配，根据加工工艺设计梯形图及 PLC 控制 I/O 口（输入/输出）接线图，并能仿真运行。

（3）安装与接线

1）将熔断器、接触器、继电器、PLC 安装在一块配线板上，而将转换开关、按钮等安装在另一块配线板上。

2）按 PLC 控制 I/O 口（输入/输出）接线图在模拟配线板上正确安装，元器件在配线板上布置要合理，安装要准确、紧固，配线导线要紧固、美观，导线要进入线槽，导线要有端子标号。

（4）PLC 键盘操作　熟练操作键盘，能正确地将所编程序输入 PLC；按照被控设备的动作要求进行模拟调试，达到设计要求。

（5）通电试验　正确使用电工工具及万用表，进行仔细检查，通电试验，并注意人身和设备安全。

（6）考核时间分配

1）设计梯形图及 PLC 控制 I/O 口（输入/输出）接线图及上机编程时间为 90min。

2）安装接线时间为 60min。

3）试机时间为 5min。

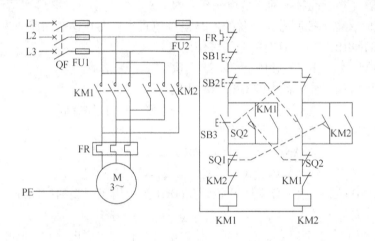

图 2-2-30　继电控制电路

3. 评分标准（见表 2-1-6）。

任务 3　三相异步电动机丫–△降压起动控制系统设计与装调

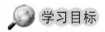 学习目标

知识目标：1. 掌握主控指令 MC、MCR 的功能及应用，同时了解主控指令与多重输出指令的异同点。
2. 掌握主控指令在 PLC 的软件系统及梯形图的编程原则。
能力目标：1. 会根据控制要求，能灵活地运用经验法，通过主控指令或多重输出指令实现三相异步电动机丫-△降压起动控制的梯形图程序设计。
2. 能通过三菱 GX-Developer 编程软件，采用梯形图输入法或指令表输入法进行编程，并通过仿真软件采用软元件测试的方法进行仿真；然后将仿真成功后的程序下载写入已接好外部接线的 PLC 中，完成控制系统的调试。

工作任务

　　在实际生产过程中，三相异步电动机因其结构简单、价格便宜、可靠性高等优点被广泛应用。但在起动过程中起动电流较大，所以大功率的电动机必须采取一定的降压起动方式进行起动，以限制电动机的起动电流。丫-△降压起动就是一种常用的简单方便的降压起动方式。

　　对于正常运行的定子绕组为三角形联结的笼型异步电动机，如果在起动时将定子绕组接成星形联结，待电动机起动完毕后再接成三角形联结运行，就可以降低起动电流，减小它对电网的冲击，这种起动方式称为星形-三角形降压起动，简称丫-△降压起动。

　　某加工车间的一台机床的主轴电动机就是采用如图 2-3-1 所示的三相异步电动机丫-△降压起动的继电控制电路进行控制的，其具体控制过程为：按下起动按钮 SB2，主轴电动机的内部绕组接成"丫"联结，延时 5s 后，再将主轴电动机内部绕组组接成"△"联结，这样电动机就完成了丫-△降压起动的过程。当加工完工件后，按下停止按钮 SB1，主轴电动机停止工作。

　　[本次任务内容]：用 PLC 控制系统来实现对如图 2-3-1 所示的三相交流异步电动机的丫-△降压起动控制的改造，其控制的时序图如图 2-3-2 所示。

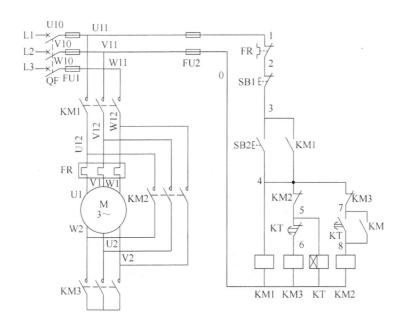

图 2-3-1　三相异步电动机丫-△降压起动的继电控制电路

[任务控制要求]

1）能够用按钮控制三相交流异步电动机的丫-△降压起动和停止。

2）具有短路保护和过载保护等必要的保护措施。

3）利用 PLC 基本指令中的主控指令或多重输出指令来实现上述控制。

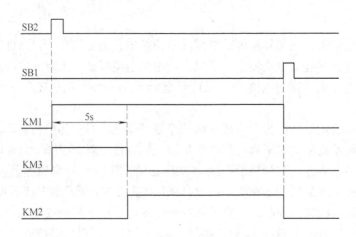

图 2-3-2　三相异步电动机丫-△降压起动控制时序图

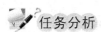 **任务分析**

通过对图 2-3-1 所示的继电器控制电路和图 2-3-2 所示的控制时序图分析可知，三相异步电动机的丫-△降压起动控制原理为：起动时，首先合上总电源开关 QF，按下起动按钮 SB2，接触器 KM1 线圈得电，其辅助常开触点闭合自锁，主触点闭合；接触器 KM3 和时间继电器 KT 线圈同时得电，辅助常闭触点断开联锁；主触点闭合，电动机丫联结起动。5 s 后，时间继电器 KT 的延时断开瞬时闭合，常闭触点延时断开，接触器 KM3 线圈失电，其主触点断开，丫联结起动结束。而 KM3 辅助常闭触点复位，时间继电器 KT 的延时闭合瞬时断开，常开触点延时闭合，接触器 KM2 线圈得电，KM2 主触点闭合，其辅助常开触点闭合自锁，电动机△联结运行；KM2 辅助常闭触点断开联锁，时间继电器 KT 线圈失电，其延时断开瞬时闭合，常闭触点复位为下次起动作准备。需要停止时，按下停止按钮 SB1 即可。

在进行本次任务学习时，应首先了解实现本次任务 PLC 控制的主控指令的功能及应用，以及主控指令在 PLC 的软件系统及梯形图的编程原则。然后根据控制要求，能灵活地运用经验法，按照梯形图的设计原则，运用主控指令将三相异步电动机丫-△降压起动的继电-接触器控制电路转换成梯形图。同时通过三菱 GX-Developer 编程软件，采用梯形图输入法或指令表输入法输入控制程序，并通过仿真软件采用软元件测试的方法进行模拟仿真运行；最后将仿真成功后的程序下载，并写入已接好外部接线的 PLC 中，完成控制系统的调试。

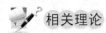 **相关理论**

一、主控和主控复位指令（MC、MCR）

在编程时常遇到具有主控点的电路，使用主控触点移位和复位指令往往会使编程简化。

1. 指令的助记符和功能

主控和主控复位指令的助记符和功能见表 2-3-1。

表 2-3-1　主控和主控复位指令的助记符及功能

指令助记符、名称	功能	可作用的软元件	程序步
MC（主控开始）	公共串联主控触点的连接	N（层次），Y，M（特殊 M 除外）	3
MCR（主控复位）	公共串联主控触点的清除	N（层次）	2

2. 编程实例

在编程时，经常会遇到多个线圈同时受一个或一组触点控制，如果在每个线圈的控制电路中都串入同样的触点，将占用很多存储单元，如图 2-3-3 所示就是多个线圈受一个触点控制的普通编程方法。MC 和 MCR 指令可以解决这一问题。使用主控指令的触点称为主控触点，它在梯形图中一般垂直使用，主控触点是控制某一段程序的总开关。对图 2-3-3 中的控制程序可采用主控指令进行简化编程，简化后的梯形图和指令表如图 2-3-4 所示。

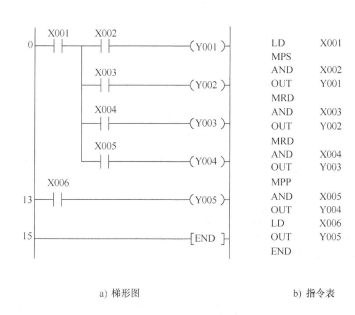

a) 梯形图　　　　　　　　　　　　　b) 指令表

图 2-3-3　多个线圈受一个触点控制的普通编程方法

从图 2-3-4 可知，当常开触点 X001 接通时，主控触点 M0 闭合，执行 MC 到 MCR 的指令，输出线圈 Y001、Y002、Y003、Y004 分别由 X002、X003、X004、X005 的通断来决定各自的输出状态。而当常开触点 X001 断开时，主控触点 M0 断开，MC 到 MCR 的指令之间的程序不执行，此时无论 X002、X003、X004、X005 是否通断，输出线圈 Y001、Y002、Y003、Y004 全部处于 OFF 状态。输出线圈 Y005 不在主控范围内，所以其状态不受主控触点的限制，仅取决于 X006 的通断。

3. 关于指令功能的说明

1）当控制触点接通时，执行主控 MC 指令，相对于母线（LD、LDI 点）移到主控触点后，直接执行从 MC 到 MCR 之间的指令，MCR 令其返回原母线。

2）当多次使用主控指令（但没有嵌套）时，可以通过改变 Y、M 地址号实现，通过常用的 N0 进行编程。N0 的使用次数没有限制。

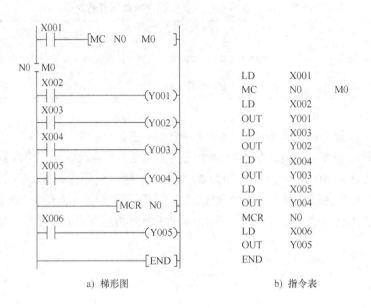

LD	X001	
MC	N0	M0
LD	X002	
OUT	Y001	
LD	X003	
OUT	Y002	
LD	X004	
OUT	Y003	
LD	X005	
OUT	Y004	
MCR	N0	
LD	X006	
OUT	Y005	
END		

a) 梯形图　　　　　　　　　　b) 指令表

图 2-3-4　MC、MCR 指令编程

3）MC、MCR 指令可以嵌套。嵌套时，MC 指令的嵌套级 N 的地址号从 N0 开始按顺序增大。使用返回指令 MCR 时，嵌套级地址号顺次减少。

4）MC 指令里的继电器 M（或 Y）不能重复使用，如果重复使用会出现双重线圈的输出。MC 到 MCR 在程序中是成对出现的。

> **提示**　在一个 MC 指令区内若再使用 MC 指令称为嵌套。嵌套级数最多为 8 级，编号按 N0→N1→N2→N3→N4→N5→N6→N7 顺序增大，每级的返回用对应的 MCR 指令，从编号大的嵌套级开始复位。

二、编程元件——定时器（T）

延时控制就是利用 PLC 的通用定时器和其他元器件构成各种时间控制，这是各类控制系统经常用到的功能。如本任务中的电动机绕组星形联结起动的延时控制就是利用 PLC 的通用定时器和其他元器件构成的时间控制电路。本次任务中只对通用定时器作简单的介绍，详细的内容将在"任务 4　抢答器控制系统的设计与装调"中进行介绍。

PLC 中的定时器（T）相当于继电器控制系统中的通电型时间继电器。它是通过对一定周期的时钟脉冲计数实现定时的，时钟脉冲的周期有 1ms、10ms 和 100ms 三种，当所计脉冲个数达到设定值时触点动作，它可以提供无限对常开、常闭延时触点。设定值可用常数 K 或数据寄存器 D 来设置。

1. 通用定时器的分类

100ms 通用定时器（T0～T199）共 200 点，其中 T192～T199 为子程序和中断服务程序专用定时器。这类定时器是对 100ms 时钟累积计数，设定值为 1～32767，所以其定时范围为 0.1～3276.7s。

10ms 通用定时器（T200～T245）共 46 点，这类定时器是对 10ms 时钟累积计数，设定值为 1～32767，所以其定时范围为 0.01～327.67s。

2. 通用定时器的动作原理

通用定时器的动作原理如图 2-3-5 所示。当 X000 闭合，定时器 T0 线圈得电，开始延时，经过延时时间 $\Delta t = 100\text{ms} \times 100 = 10\text{s}$ 后，定时器常开触点 T0 闭合，驱动 Y000。当 X000 断开时，T0 失电，Y000 失电。

图 2-3-5　通用定时器的动作原理

任务准备

实施本任务教学所使用的实训设备及工具材料可参考表 2-3-2。

表 2-3-2　实训设备及工具材料

序号	分类	名称	型号规格	数量	单位	备注
1	工具	电工常用工具		1	套	
2	仪表	万用表	MF47 型	1	块	
3	设备器材	编程计算机		1	台	
4		接口单元		1	套	
5		通信电缆		1	条	
6		可编程序控制器	FX2N-48MR	1	台	
7		安装配电盘	600mm×900mm	1	块	
8		导轨	C45	0.3	m	
9		空气断路器	Multi9 C65N D20	1	只	
10		熔断器	RT28-32	6	只	
11		按钮	LA4-2H	1	只	
12		接触器	CJ10-10 或 CJT1-10	3	只	
13		接线端子	D-20	20	只	
14		三相异步电动机	△联结，自定	1	台	
15	消耗材料	铜塑线	BV1/1.37mm²	10	m	主电路
16		铜塑线	BV1/1.13mm²	15	m	控制电路
17		软线	BVR7/0.75mm²	10	m	
18		紧固件	M4×20mm 螺杆	若干	只	
19			M4×12mm 螺杆	若干	只	
20			ϕ4mm 平垫圈	若干	只	
21			ϕ4mm 弹簧垫圈及 M4mm 螺母	若干	只	
22		号码管		若干	m	
23		号码笔		1	支	

任务实施

一、通过对本任务控制要求分析，分配输入点和输出点，写出 I/O 通道地址分配表

根据任务控制要求，可确定 PLC 需要 2 个输入点，3 个输出点，其 I/O 通道分配表见表 2-3-3。

表 2-3-3　I/O 通道地址分配表

输　入			输　出		
元器件代号	作用	输入继电器	元器件代号	作用	输出继电器
SB1	停止按钮	X000	KM1	正转控制	Y000
SB2	起动按钮	X001	KM2	三角形联结控制	Y001
			KM3	星形联结控制	Y002

二、画出 PLC 接线图（I/O 接线图）

PLC 接线图如图 2-3-6 所示。

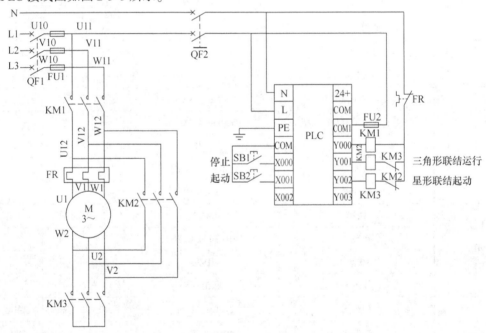

图 2-3-6　丫-△降压起动控制 I/O 接线图

> **提示**　在丫-△降压起动的过程中要完成丫联结到△联结的切换，丫联结起动和△联结运行不能同时通电。如果丫联结和△联结同时通电，会造成电源相间短路。因此在设计丫-△降压起动控制 I/O 接线图时，由于 PLC 的扫描周期和接触器的动作时间不匹配，只在梯形图中加入"软继电器"的互锁会造成 Y002 虽然断开，但是接触器 KM3 可能还未断开，在没有外部硬件联锁的情况下，接触器 KM2 会得电动作，主触点闭合，会引起主电路电源相间短路；同理，在实际控制过程中，当接触器 KM2 或接触器 KM3 任

何一个接触器的主触点熔焊时，由于没有外部硬件的联锁，只在梯形图中加入"软继电器"的互锁会造成主电路电源相间短路。此外，还可以通过程序增加一个丫联结断电后的延时控制再接通△联结。

三、程序设计

在进行 PLC 控制系统的编程设计时，往往有多个设计方案，本次任务的编程设计也不例外，可以通过目前所学的相关基本指令进行设计，设计方案主要有以下三种。

1. 采用块与指令及多重输出指令进行设计

编程思路：用 PLC 控制系统对继电控制系统的改造，对于编程初学者来说，一般都是采用经验法，在原继电控制电路的基础上进行等效的变化。采用块与指令及多重输出指令将原继电控制电路等效出的控制程序及指令表如图 2-3-7 所示。

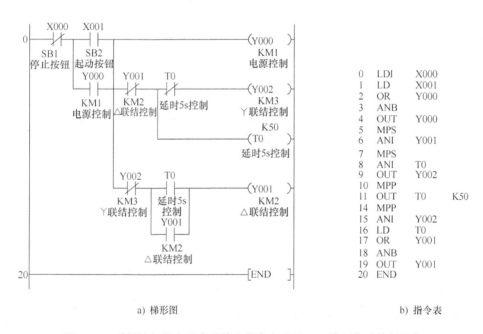

a) 梯形图   b) 指令表

图 2-3-7   采用块与指令及多重输出指令实现的丫-△降压起动控制程序

2. 采用串、并联及输出指令进行设计

（1）丫-△降压起动电源控制程序的设计   **编程思路**：从图 2-3-1 所示的丫-△降压起动的继电控制电路和图 2-3-2 所示的控制时序图分析可知，无论是丫联结起动还是△联结运行，接触器 KM1（Y000）始终保持得电。因此，可以采用在任务 1 中所学的"起-保-停"电路进行接触器 KM1（Y000）的控制设计，其控制程序如图 2-3-8 所示。

（2）丫-△降压起动丫联结起动控制程序的设计   **编程思路**：由于丫联结起动控制时，除了接触器 KM1（Y000）得电外，还必须使接触器 KM3（Y002）通电，所以可以通过 Y000 的辅助常开触点使 Y002 线圈获电，即将 Y000 的辅助常开触点与 Y002 线圈串联，其控制程序如图 2-3-9 所示。

（3）丫-△降压起动的丫联结起动延时控制程序的设计   **编程思路**：由于丫联结起动的延时时间为 5s，所以可采用本任务所学的编程元件定时器 T0 的辅助常闭触点与 Y002 线圈

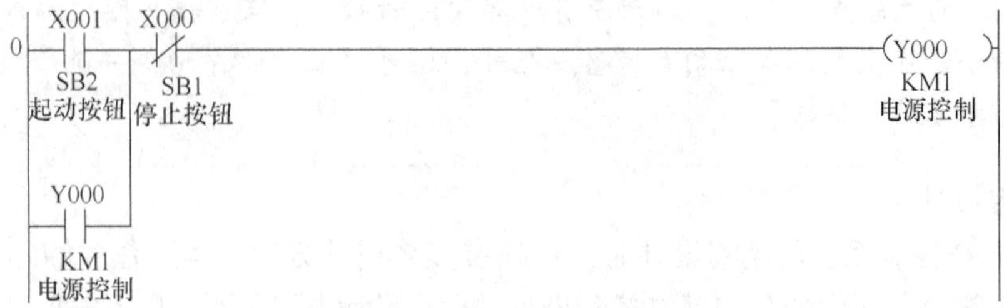

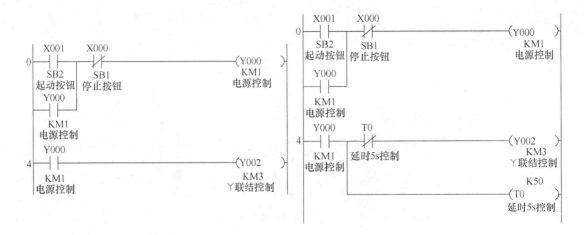

图 2-3-8　Y-△降压起动电源控制程序

串联进行延时控制编程设计，如图 2-3-10 所示。值得一提的是，由于 T0 为 100ms 的通用定时器，所以在设置时间参数时应为 K50。

图 2-3-9　Y 联结起动控制程序　　　　图 2-3-10　Y 联结起动延时控制程序

（4）Y-△降压起动的△联结运行控制程序的设计　**编程思路：** 当Y联结起动结束后，通过定时器 T0 的辅助常开触点接通△联结控制接触器 KM2（Y001），由于△联结运行时必须保证 Y002 断电，所以在Y联结起动的支路中串联 Y001 的常闭触点。另外，为了保证在定时器 T0 断电后，使 Y001 线圈保持得电，用 Y001 的辅助常开触点与 T0 的辅助常开触点并联，实现 Y001 的自保持控制，其控制程序如图 2-3-11 所示。

（5）添加必要的联锁保护，完善控制程序　**编程思路：** 从图 2-3-11 所示的程序可以看出，当按下停止按钮 SB1（X000）时，无法使 Y001 断电，因此，必须在△联结控制电路中串联 X000 的常闭触点，从而完善原来的程序，得出本任务采用串、并联及输出指令实现控制的程序，其控制程序及指令表如图 2-3-12 所示。

3. 采用主控指令进行设计

　　编程思路： 从图 2-3-1 所示的Y-△降压起动的继电控制电路和图 2-3-2 所示的控制时序图分析可知，无论是Y联结起动还是△联结运行，电源控制接触器 KM1（Y000）都起着主控的作用，KM2（Y001）、KM3（Y002）线圈的通断，都直接受到 KM1（Y000）常开辅助触点的控制。因此，可将 KM1（Y000）常开辅助触点作为主控触点。根据主控指令的编程原则，采用主控指令进行设计的程序及指令表如图 2-3-13 所示。

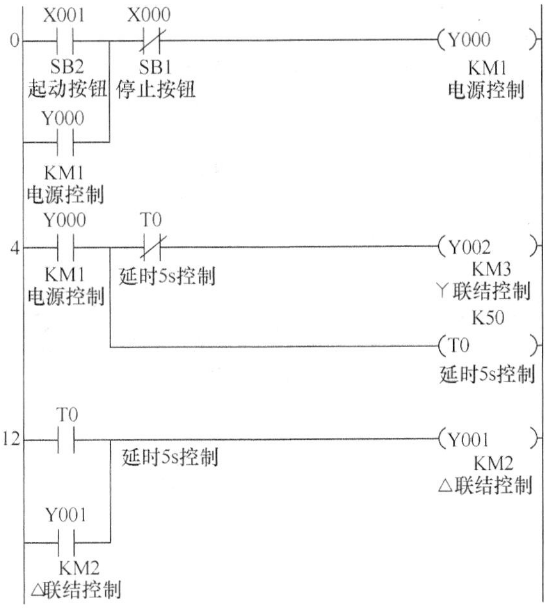

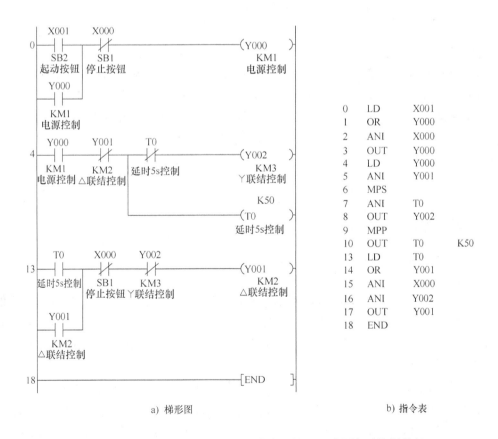

图 2-3-11　△联结运行控制程序

0	LD	X001	
1	OR	Y000	
2	ANI	X000	
3	OUT	Y000	
4	LD	Y000	
5	ANI	Y001	
6	MPS		
7	ANI	T0	
8	OUT	Y002	
9	MPP		
10	OUT	T0	K50
13	LD	T0	
14	OR	Y001	
15	ANI	X000	
16	ANI	Y002	
17	OUT	Y001	
18	END		

a) 梯形图　　　　　　　　　　b) 指令表

图 2-3-12　采用串、并联及输出指令实现的丫-△降压起动控制程序

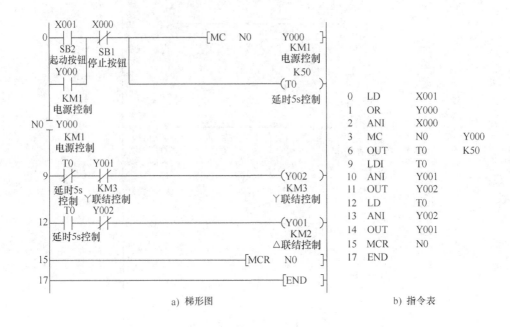

a) 梯形图   b) 指令表

图 2-3-13　采用主控指令实现的丫-△降压起动控制程序

> **提示**　通过对上述三种设计方案进行比较可以看出，采用块与指令及多重输出指令直接将继电控制电路等效转换成梯形图的程序较长，而直接采用串、并联指令及输出指令设计和采用主控指令设计的程序，所列出的程序精短，且清晰明了。另外，由于 PLC 控制系统与继电控制系统是两种不同控制的方式，不是所有的继电器控制电路都可以直接等效转换成梯形图，特别是较复杂的继电器控制电路。例如，如图 2-3-14 所示的丫-△降压起动控制电路就不能简单地直接等效转换成梯形图。

> **想一想：** 如果将如图 2-3-14 所示的丫-△降压起动控制电路简单地直接等效转换成梯形图会出现什么情况？

四、程序输入及仿真运行

1. 程序输入

起动 MELSOFT 系列 GX Developer 编程软件，首先创建新文件名，并命名为"主控指令实现丫-△降压起动控制"，选择 PLC 的类型为"FX2N"，运用前面任务所学的梯形图输入法或指令表输入法，输入图 2-3-13 所示的梯形图或指令表，在此仅就主控指令的输入和定时器线圈输入做一介绍。

（1）主控指令的输入　在输入本程序的主控指令时，首先单击下拉菜单中的"▦"图标，此时会弹出"梯形图输入"对话框，接着在对话框中输入主控指令"MC N0 Y000"，如图 2-3-15 所示。然后单击对话框中的"确定"按钮，即可完成指令的输入，如图 2-3-16 所示。

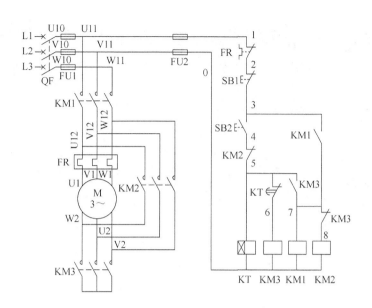

图 2-3-14　丫-△降压起动控制电路

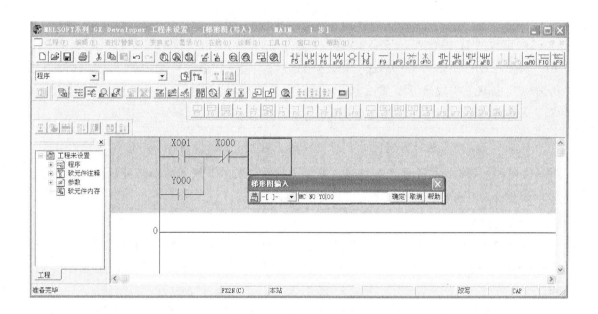

图 2-3-15　主控指令的输入

提示　在输入主控指令 MC N0 Y000 时，应选择的是应用指令"⬚"图标，即〔MC　N0　Y000〕；不能使用线圈"⬚"图标，即（MC　N0　Y000），否则，将无法进行编程。

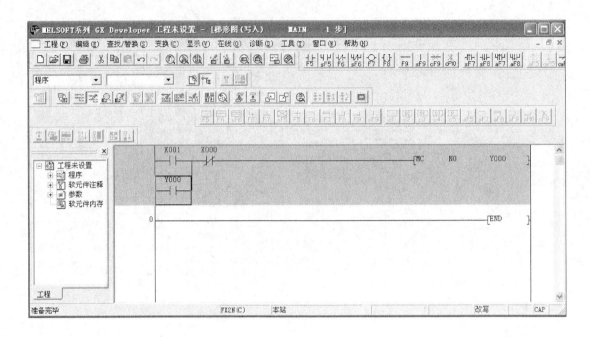

图 2-3-16　主控指令输入后的画面

（2）定时器 T0 的输入　在输入定时器线圈时，首先单击下拉菜单中的"⟨占⟩"图标，此时会弹出"梯形图输入"对话框，接着在对话框中输入定时器线圈的助记符和时间常数"T0 K50"，如图 2-3-17 所示。然后单击对话框中的"确定"按钮，即可完成定时器的输入，如图 2-3-18 所示。

> **提示**　在输入定时器线圈时，应选择的是线圈"⟨占⟩"图标，不能使用应用指令"⟨卝⟩"图标，否则，将无法进行编程。另外，在输入定时器线圈的助记符后，需按空格键后方可输入时间常数，并在时间常数前加"K"。

2. 仿真运行

在前面任务中曾介绍了"梯形图逻辑测试"的仿真方法，当梯形图程序较为复杂时，采用该方法进行仿真监控不太直观，一般会采用"软元件测试法"进行仿真，其操作过程如下：

1）首先单击下拉菜单中的"梯形图逻辑测试起动/结束"□图标，然后会出现如图 2-3-19 所示的画面。

2）单击图 2-3-19 所示画面中"LADDER LOGIC TEST TOOL"对话框中的"菜单起动"，会出现如图 2-3-20 所示的选择窗口。然后选择并单击"继电器内存监视"，会出现如图 2-3-21 所示的画面。

3）将光标移动到"位软元件窗口"并单击位软元件"X"，会出现如图 2-3-22 所示画面。

4）用上述同样的方法分别进行位软元件"Y"和字软元件"T"的选择，然后单击工

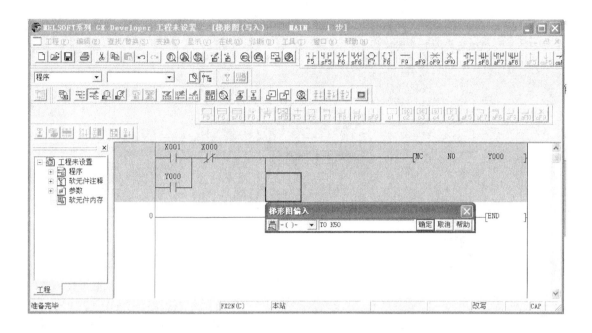

图 2-3-17 定时器 T0 线圈的输入

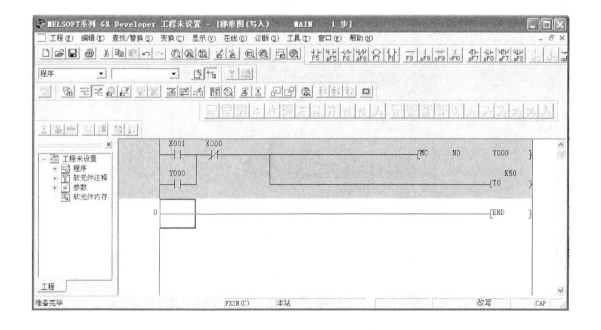

图 2-3-18 定时器输入后的画面

具栏中的"窗口(W)",选择"并列表示"并单击,会出现如图 2-3-23 所示的位软元件"X"、"Y"、"T"的"并列表示"监控窗口。

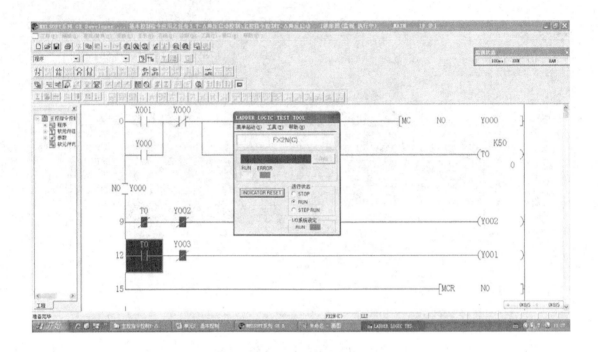

图 2-3-19 起动仿真软件

图 2-3-20 继电器内存监视的选择

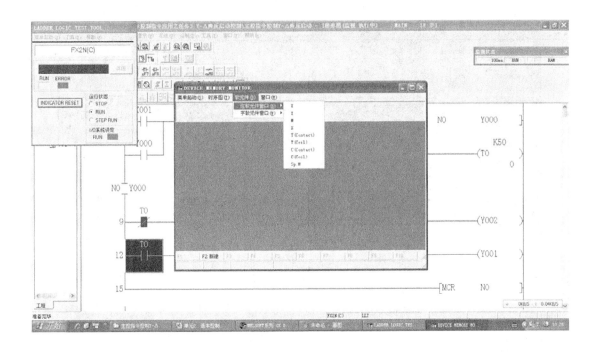

图 2-3-21　软元件的选择

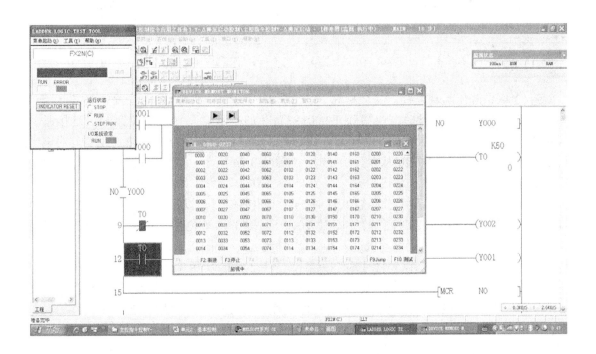

图 2-3-22　位软元件"X"的选择

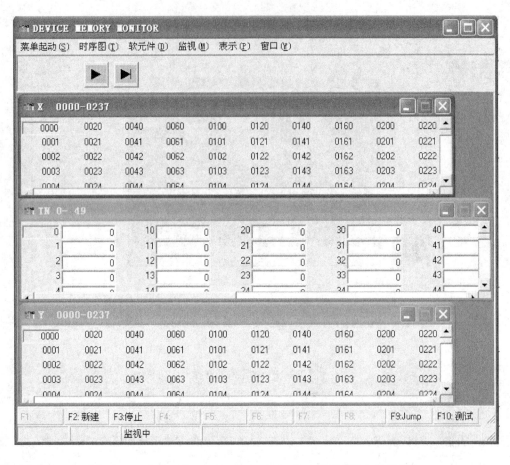

图 2-3-23　位软元件"X"、"Y"、"T"的"并列表示"监控窗口

5）丫联结降压起动监控。将鼠标移至图 2-3-23 所示的"X001"的位置并双击（相当于按下起动按钮 SB2）；此时可观察到"X001"黄色的指示灯亮（说明按钮 SB2 已接通），同时"Y000"（接触器 KM1）和"Y002"（接触器 KM3）的黄色指示灯亮（说明此时电动机已丫联结起动），定时器 T0 从 0 开始计时，如图 2-3-24 所示。然后再双击"X001"，黄色的指示灯熄灭（说明按钮 SB2 已松开），"Y000"、"Y002"和"T0"黄色指示灯保持亮。

6）△联结运行监控。当定时器 T0 计时 5s（即当前值对于设定值 50），Y002 黄色指示灯熄灭（相当于接触器 KM3 断开），此时 Y000 和 Y001 的黄色指示灯亮（相当于接触器 KM1 和接触器 KM2 接通），电动机进入△联结运行状态，如图 2-3-25 所示。

7）停止控制监控。当需要停止时，只要双击图 2-3-25 所示中的 X000（相当于按下停止按钮 SB1），此时 Y000 和 Y001 黄色指示灯熄灭，定时器 T0 的时间常数归零，如图 2-3-26 所示。然后再双击一次 X000（相当于松开停止按钮 SB1）回到初始状态，等待第二次起动。

3. 程序下载

（1）PLC 与计算机连接　使用专用通信电缆 RS-232/RS—422 转换器将 PLC 的编程接口

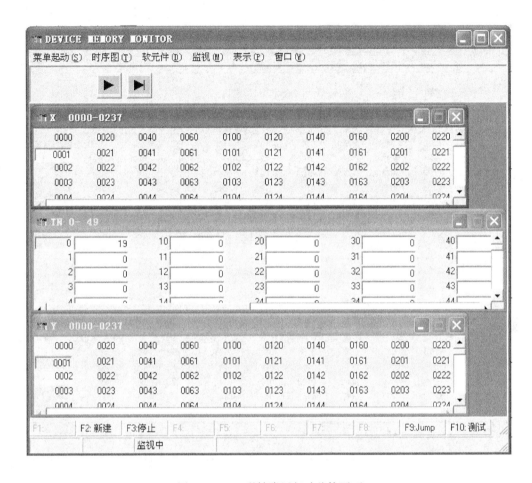

图 2-3-24　丫联结降压起动监控画面

与计算机的 COM1 串口连接。

（2）程序写入　首先接通系统电源，将 PLC 的 RUN/STOP 开关拨到"STOP"的位置，然后通过 MELSOFT 系列 GX Developer 软件中的"PLC"菜单的"在线"栏的"PLC 写入"，就可以把仿真成功的程序写入的 PLC 中。

五、电路安装与调试

（1）安装电路　根据图 2-3-6 所示的 PLC 接线图（I/O 接线图），画出三相异步电动机 PLC 控制系统的电气安装接线图，如图 2-3-27 所示。然后按照以下安装电路的要求在如图 2-3-28 所示的模拟实物控制配线板上进行元器件及电路安装。

（2）检查电路

1）检查元器件。根据表 2-3-2 所示配齐元器件，检查元器件的规格是否符合要求，并用万用表检测元器件是否完好。

2）固定元器件。固定好本任务所需元器件。

3）配线安装。根据配线原则和工艺要求，进行配线安装。

4）自检。对照接线图检查接线是否无误，再使用万用表检测电路的阻值是否与设计相符。

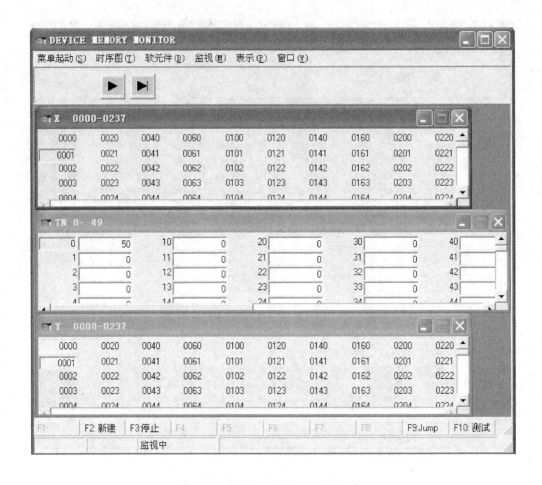

图 2-3-25　△联结全压运行监控画面

（3）通电调试

1）经自检无误后，在指导教师的指导下，方可通电调试。

2）首先接通系统电源开关 QF1 和 QF2，将 PLC 的 RUN/STOP 开关拨到 "RUN" 的位置，然后通过计算机上的 MELSOFT 系列 GX Developer 软件中的 "监控/测试" 监视程序的运行情况，再按照表 2-3-4 进行操作，观察系统运行情况并做好记录。如出现故障，应立即切断电源，分析原因、检查电路或梯形图，排除故障后，方可进行重新调试，直到系统功能调试成功为止。

表 2-3-4　程序调试步骤及运行情况记录表

操作步骤	操作内容	观察内容	观察结果	思考内容
第一步	按下 SB2	KM1、KM2 和 KM3 的动作		理解 PLC 的工作过程
第二步	按下 SB1			

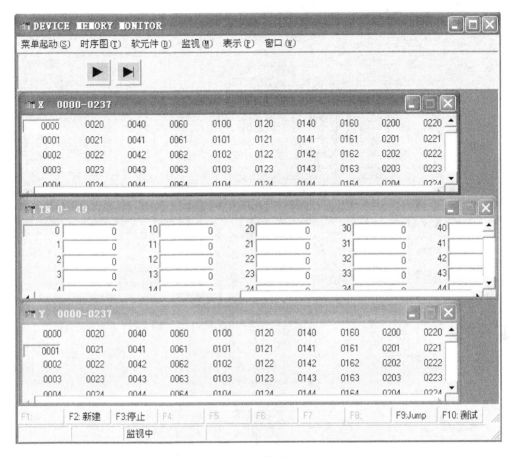

图2-3-26　停止控制监控画面

检查评议

对任务实施的完成情况进行检查，并将结果填入任务测评表（见表2-1-6）。

问题及防治

在进行三相异步电动机⋎-△降压起动控制的梯形图程序设计、上机编程、模拟仿真及电路安装与调试的过程中，时常会遇到如下问题：

问题：在设计⋎-△降压起动控制I/O接线图时，往往因在梯形图控制程序中设置了Y001（KM2）和Y002（KM3）的软元件互锁，而遗漏接触器KM2和KM3的接触器的外部联锁。

【后果及原因】　在实际控制过程中，当接触器KM2或接触器KM3任何一个接触器的主触点熔焊时，由于没有外部硬件的联锁，只在梯形图中加入"软继电器"的互锁会造成主电路电源相间短路。

【预防措施】　在设计⋎-△降压起动控制I/O接线图时，为了防止接触器KM2或接触器KM3任何一个接触器的主触点因熔焊，造成主电路电源相间短路，必须进行PLC输出端外部硬件联锁。

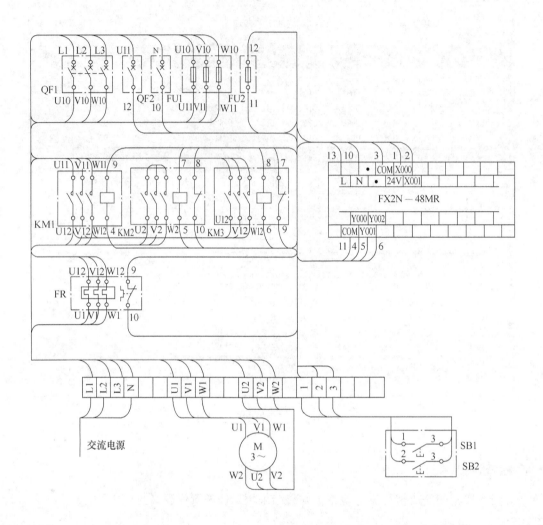

图 2-3-27　Y-△降压起动 PLC 控制系统接线图

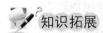知识拓展

一、理论知识的拓展

1. 嵌套编程实例

在同一主控程序中再次使用主控指令时称为嵌套，如图 2-3-29 所示为二级嵌套的主控程序梯形图和指令表，多级嵌套的梯形图也可画成如图 2-3-30 所示。

2. 无嵌套编程实例

在没有嵌套级时，主控指令梯形图如图 2-3-31 所示，从理论上说嵌套级 N0 可以无数次使用。

图 2-3-28   Y-△降压起动 PLC 控制系统安装效果图

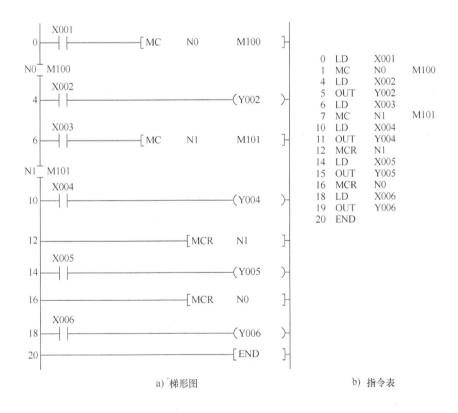

0	LD	X001	
1	MC	N0	M100
4	LD	X002	
5	OUT	Y002	
6	LD	X003	
7	MC	N1	M101
10	LD	X004	
11	OUT	Y004	
12	MCR	N1	
14	LD	X005	
15	OUT	Y005	
16	MCR	N0	
18	LD	X006	
19	OUT	Y006	
20	END		

a) 梯形图   b) 指令表

图 2-3-29   二级嵌套的主控程序梯形图和指令表

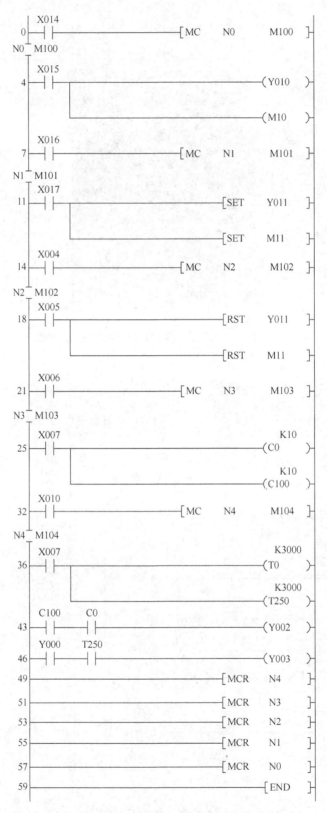

图 2-3-30　多级嵌套的主控程序梯形图

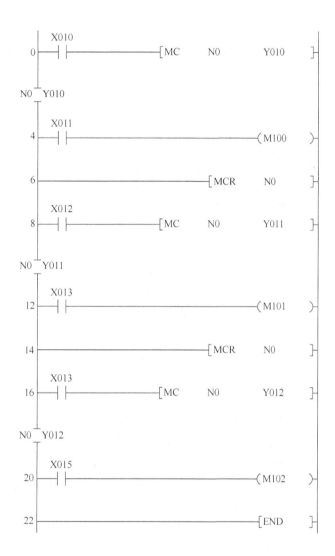

图 2-3-31　无嵌套级的主控程序梯形图

二、技能拓展

1）用 PLC 实现丫-△降压起动的可逆运行电动机控制电路。其控制要求如下：

①　按下正转按钮 SB1，电动机以丫-△方式正向起动，丫联结起动 10s 后转换为△联结运行。按下停止按钮 SB3，电动机停止运行。

②　按下反转按钮 SB2，电动机以丫-△方式反向起动，丫联结起动 10s 后转换为△联结运行。按下停止按钮 SB3，电动机停止运行。

2）有三台电动机 M1、M2、M3，要求按下面要求进行起动和停止：起动时，M1 和 M2 同时起动，2min 后 M3 自动起动；停车时，M3 必须先停止，3min 后 M1、M2 同时自行停止。按控制要求，指出所需控制的电气元器件，并作 I/O 地址分配，画出 PLC 外部接线图及电动机的主电路图，设计一个满足要求的梯形图程序，然后上机仿真调试。

考证要点

根据国家职业资格考试（高级工）相关要求，该任务内容的考证要点见表 2-3-5。

表 2-3-5　考证要点

行为领域	鉴定范围	鉴定点	重要程度
理论知识	可编程序控制系统读图分析与程序编制及调试	1. 基本指令表和编程元件 2. 可编程序控制器编程技巧 3. 用编程软件对程序进行监控与调试的方法 4. 程序错误的纠正步骤与方法	★★
操作技能	可编程序控制系统读图分析与程序编制及调试	1. 能使用基本指令和定时器编写程序 2. 能用可编程序控制器控制程序改造原来由继电器组成的控制电路 3. 能使用编程软件来模拟现场信号进行基本指令为主的程序调试	★★★

考证测试题

一、填空题（请将正确的答案填在横线空白处）

1. 说明下列指令的含义。

MC：_____，MCR：_____。

2. PLC 中定时器可在程序中作_____控制，FX2N 系列常见定时器的时钟脉冲有_____ ms、_____ ms 和_____ ms 三种不同周期。

3. MC/MCR 指令可以嵌套使用，这时嵌套级编号是从_____到_____按顺序增加顺序不能颠倒。最后主控返回用 MCR 指令时，必须从_____的嵌套级编号开始返回，也就是按_____到_____的顺序顺序返回，不能颠倒。最后一定是 MCR __指令，与主控点相连的接点应使用_____、_____指令。

二、选择题（将正确答案的序号填入括号内）

1. T2 的时间设定值为 K123，则其实际设定时间为（　　）。

A. 12.3s　　　　B. 1.23s　　　　C. 123s　　　　D. 0.123s

2. （　　）指令为主控开始指令。

A. MC　　　　B. MCR　　　　C. CJP　　　　D. EJP

3. （　　）指令为主控复位指令。

A. MC　　　　B. MCR　　　　C. CJP　　　　D. EJP

4. 在一个 MC 指令区内，若再使用 MC 指令称为嵌套，嵌套级数最多为（　　）层。

A. 7　　　　B. 8　　　　C. 10　　　　D. 11

三、判断题（在下列括号内，正确的打"√"，错误的打"×"）

1. （　　）MC 指令可以单独使用。

2. （　　）K100 是定时器 T 的常数设定值，如果定时器是 T2，则 T2 的延时时间为 100s。

四、技能题

1. 题目：用 PLC 进行控制电路的设计，并进行安装与调试。

2. 考核要求：

（1）按图 2-3-32 所示的继电-接触器控制电路的控制功能用 PLC 进行控制电路的设计，并且进行安装与调试.

（2）电路设计：根据任务，设计主电路电路图，列出 PLC 控制 I/O 口（输入/输出）元件地址分配表，根据加工工艺，设计梯形图及 PLC 控制 I/O 口（输入/输出）接线图，并能仿真运行。

（3）安装与接线：

1）将熔断器、接触器、继电器、PLC 它装在一块配线板上，而将转换开关、按钮等安装在另一块配线板上。

2）按 PLC 控制 I/O 口（输入/输出）接线图在模拟配线板上正确安装，元器件在配线板上布置要合理，安装要准确、紧固，配线导线要紧固、美观，导线要进入线槽，导线要有端子标号。

（4）PLC 键盘操作：熟练操作键盘，能正确地将所编程序输入 PLC；按照被控设备的动作要求进行模拟调试，达到设计要求。

（5）通电试验：正确使用电工工具及万用表，进行仔细检查，通电试验，并注意人身和设备安全。

（6）考核时间分配：

1）设计梯形图及 PLC 控制 I/O 口（输入/输出）接线图及上机编程时间为 90min。

2）安装接线时间为 60min。

3）试机时间为 5min。

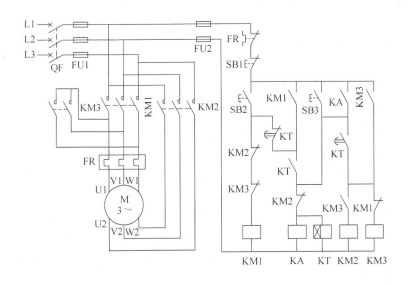

图 2-3-32　双速电动机控制电路

3. 评分标准（见表 2-1-6）。

任务 4 抢答器控制系统设计与装调

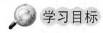 **学习目标**

知识目标：1. 掌握微分指令 PLS、PLF 的功能及应用。
2. 掌握三菱 PLC 置位指令、复位指令、微分指令及主控指令和定时器在 PLC 的软件系统及梯形图编程设计中的综合应用。

能力目标：1. 会根据控制要求灵活地运用经验法，通过置位指令、复位指令、微分指令及主控指令和定时器的综合运用，实现抢答器控制系统的梯形图程序设计。
2. 能通过三菱 GX-Developer 编程软件，采用梯形图输入法或指令表输入法进行编程，然后通过仿真软件采用软元件测试的方法，进行模拟仿真运行。
3. 能进行抢答器 PLC 控制系统的电路安装与调试。

工作任务

抢答器常用于各种知识竞赛，为各种竞赛增添了刺激性、娱乐性，在一定程度上丰富了人们的业余文化生活。实现抢答器功能的方式有多种，可以采用早期的模拟电路、数字电路或模数混合电路，也可采用 PLC。用 PLC 进行知识竞赛抢答器设计，其控制方便、灵活，只要改变输入 PLC 的控制程序，便可改变竞赛抢答器的抢答方案。如图 2-4-1 所示为竞赛抢答器的实物图。

［本次任务的主要内容］：通过 PLC 控制系统实现对竞赛抢答器系统的控制。竞赛抢答器可供参赛的三组进行抢答比赛，其［控制要求］：

1）抢答器设有 1 个主持人总台和 3 个参赛队分台，总台设置有总台电源指示灯、撤消抢答信号指示灯、总台电源转换开关、抢答开始/复位按钮。分台设有一个抢答按钮和一个分台抢答指示灯。

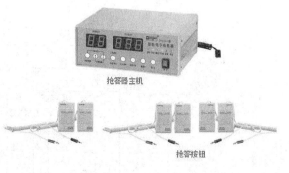

图 2-4-1 竞赛抢答器的实物图

2）竞赛开始前，竞赛主持人首先接通"起动/停止"转换开关，电源指示灯亮。

3）各队抢答必须在主持人给出题目，说了"开始"并按下开始抢答按钮后的 10s 内进行，如果在 10s 内有人抢答，则最先按下的抢答按钮信号有效，相应分台上的抢答指示灯亮，其他组再按抢答按钮无效。

4）当主持人按下开始抢答按钮后，如果在 10s 内无人抢答，则撤消抢答信号指示灯亮，表示抢答器自动撤消此次抢答信号。

5）主持人没有按下开始抢答按钮，各分台按下抢答按钮均无反应。

6）在一个题目回答结束或 10s 后无人抢答，只要主持人再次按下抢答开始/复位按钮后，所有分台抢答指示灯和撤消抢答信号指示灯熄灭，同时抢答器恢复原始状态，为第二轮抢答做好准备。

任务分析

从对任务控制要求分析可知，只有当主持人合上总电源开关，抢答器才能工作；当抢答开始后，若 10s 内某组率先按下抢答按钮，则该组抢答指示灯亮，表示获得抢答权，其他组再按抢答按钮无效。回答完毕后，主持人再次按下复位按钮后，抢答指示灯熄灭，进行下一轮抢答。根据控制要求可用 PLC 的定时器及其通电延时控制电路和 PLC 基本指令中的微分指令和主控触点指令来实现编程设计。

相关理论

一、编程元件

1. 辅助继电器（M）

在 PLC 内部有很多辅助继电器，其功能相当于继电控制系统中的中间继电器。辅助继电器线圈与输出继电器线圈一样，由 PLC 内部各软元件的触点驱动，用文字符号"M"表示。辅助继电器有无数对常开触点和常闭触点供用户编程使用，使用次数不受限制。但是，这些触点不能直接驱动外部负载，外部负载只能由输出继电器驱动。

辅助继电器（M）以十进制数进行编号，按功能来分，一般分为普通（通用型）辅助继电器、断电（失电）保持型辅助继电器和特殊辅助继电器，见表 2-4-1。在本次任务中主要介绍普通（通用型）辅助继电器和断电（失电）保持型辅助继电器，而特殊辅助继电器将在任务 5 内容中将进行介绍，在此不再赘述。

表 2-4-1 FX2N 和 FX0N 辅助继电器的分类

分 类	FX2N 系列	FX0N 系列
普通（通用型）辅助继电器	500 点，M0 ~ M499	384 点，M0 ~ M383
断电（失电）保持型辅助继电器	2572 点，M500 ~ M3071	128 点，M383 ~ M511
特殊辅助继电器	256 点，M8000 ~ M8255	57 点，M8000 ~ M8254

（1）普通（通用型）辅助继电器（M0 ~ M499） FX2N 系列 PLC 内有普通（通用型）辅助继电器 500 点，其地址按十进制数编号（除输入/输出继电器 X、Y 外，所有的软元件地址号均为十进制数），即 M0 ~ M499。这些辅助继电器只能在 PLC 内部起辅助作用，在使用时，它除了不能驱动外部负载外，其他功能与输出继电器非常类似。

1）编程实例：普通（通用型）辅助继电器的编程实例如图 2-4-2 所示。

2）实例说明：当 X001 置 1 时，辅助继电器 M1 线圈得电，M1 其中一副常开触点闭合，使 M1 线圈自保持；另一副常开触点闭合，使输出继电器 Y001 得电。当 X001 置 1 时，M1 线圈失电，M1 的常开触点断开，Y001 断电。

3）普通（通用型）辅助继电器的特点：线圈得电触点动作，线圈失电触点复位。

（2）断电（失电）保持型辅助继电器（M500 ~ M3071） 在图 2-4-2 所示的梯形图中，若 PLC 在运行中发生停电，输出继电器和通用辅助继电器将全部成为断开状态，通电后再

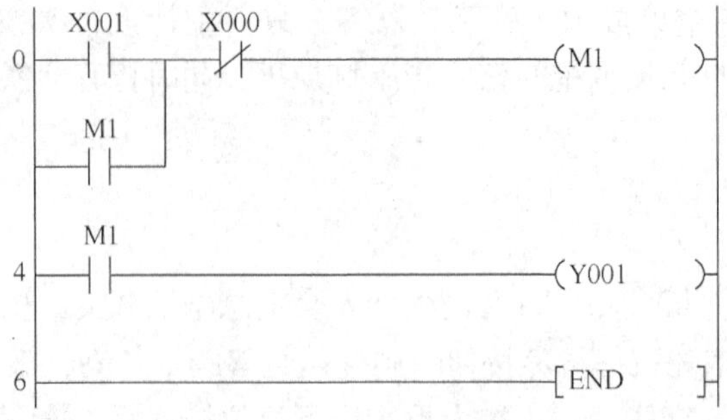

图 2-4-2　普通（通用型）辅助继电器的编程实例

运行时，除 PLC 运行时就接通的触点外，其他触点仍处于断开状态，使断电前的运行状态发生了改变。在生产中，有时需要保持失电前的状态，以使通电后再运行时能继续失电前的工作，这时就需要用一种能保存失电前状态的辅助继电器，即断电（失电）保持型辅助继电器。断电（失电）保持型辅助继电器并不是真正能在它自身电源切断的条件下保存原工作状态的，只不过是它在 PLC 失去外部供电时可立即由 PLC 内部的备用电池供电而已。

1）编程实例：断电（失电）保持型辅助继电器的编程实例如图 2-4-3 所示。

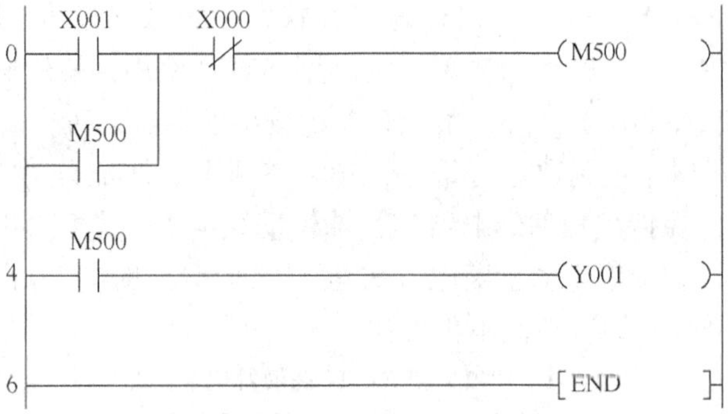

图 2-4-3　断电（失电）保持型辅助继电器的编程实例

2）实例说明：当 X001 接通后，M500 动作，其常开触点闭合自锁，输出继电器 Y001 得电；即使 X001 再断开，M500 的状态仍保持不变。假如此时 PLC 失去供电，等 PLC 供电恢复后再运行时，只要停电前后 X000 的状态不发生改变，M500 仍能保持动作，Y001 保持得电。

> **提示**　M500 的状态不发生变化并不是因为自锁触点的作用，而是因为辅助继电器 M500 有后备电池的缘故。

3）断电（失电）保持型辅助继电器的特点：断电时线圈后备锂电池供电，当再恢复供电时能记忆断电前的状态（注意：对于这类继电器，要用 RST 命令清除其记忆内容）。

2. 定时器（T）

在前面任务 3 中已简单地介绍了定时器的一些知识，本任务将对定时器的工作原理和典型的定时器控制电路进行详细介绍。

（1）通用定时器工作原理　定时器中有一个设定值寄存器（一个字长），一个当前值寄存器（一个字长）和一个用来存储其输出触点的映像寄存器（一个二进制位），这三个量使用同一地址编号，通用定时器的特点是不具备断电保持功能，即当输入电路断开或停电时定时器复位。通用定时器的内部结构示意图如图 2-4-4 所示。

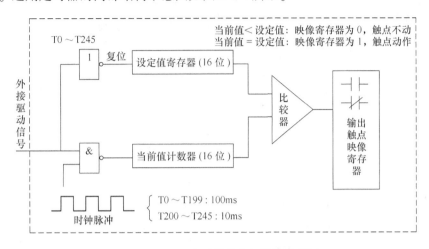

图 2-4-4　通用定时器的内部结构示意图

通用定时器的工作原理如图 2-4-5 所示。当输入 X000 接通时，定时器 T0 从 0 开始对 100ms 时钟脉冲进行累积计数；当 T0 当前值与设定值 K1000 相等时，定时器 T0 的常开触点接通，Y000 接通，经过的时间为 $1000 \times 0.1s = 100s$。当 X000 断开时定时器 T0 复位，当前值变为 0，其常开触点断开，Y000 也随之断开。若外部电源断电或输入电路断开，定时器也复位。

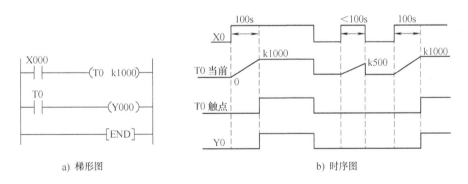

a) 梯形图　　　　　　　　　　　b) 时序图

图 2-4-5　通用定时器的工作原理

（2）典型的定时器应用电路

1）通电延时接通控制。在如图 2-4-6 所示电路中，当输入信号 X001 接通时，内部辅助继电器 M100 接通并自锁，同时接通定时器 T200。T200 的当前值计数器开始对 10ms 的时钟脉冲进行累积计数。当该计数器累积到设定值 500 时（从 X001 接通到此刻延时 5s），定时器 T200 的常开触点闭合，输出继电器 Y001 接通。当输入信号 X002 接通时，内部继电器 M100 断电，其常开触点断开，定时器 T200 复位，定时器 T200 的常开触点断开，输出继电器 Y001 断电。

2）通电延时断开控制。在如图 2-4-7 所示电路中，当输入信号 X001 接通时，内部辅助

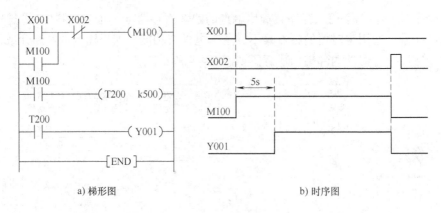

a) 梯形图　　　　　　　　　　　　　　　b) 时序图

图 2-4-6　通电延时接通控制程序

继电器 M100 和输出继电器 Y001 同时接通并均实现自锁，内部辅助继电器 M100 的常开触点接通定时器 T0，T0 的当前值计数器开始对 100ms 的时钟脉冲进行累积计数。当该计数器累积到设定值 200 时（从 X001 接通到此刻延时 20s），定时器 T0 的常闭触点断开，输出继电器 Y001 断电。输入信号 X002 可以在任意时刻接通，内部辅助继电器 M100 断电，其常开触点断开，定时器 T0 被复位。

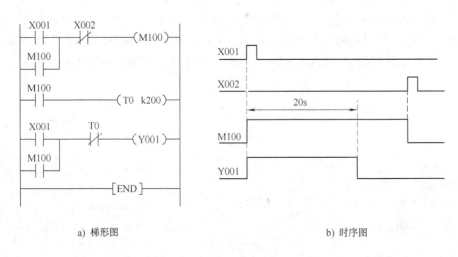

a) 梯形图　　　　　　　　　　　　　　　b) 时序图

图 2-4-7　通电延时断开控制程序

二、脉冲输出指令（PLS、PLF）

编程时，有时需要在置位 SET 或复位 RST 之前使用脉冲输出指令。

1. 指令的助记符和功能

脉冲输出指令的助记符和功能见表 2-4-2。

表 2-4-2　脉冲输出指令的助记符及功能

指令助记符、名称	功能	可作用的软元件	程序步
PLS（上升沿脉冲）	上升沿微分输出	Y，M（特殊 M 除外）	2
PLF（下降沿脉冲）	下降沿微分输出	Y，M（特殊 M 除外）	2

2. 编程实例

PLS 指令的编程实例如图 2-4-8 所示。图中 X001 接通（由 OFF→ON）时，M0 接通（ON）一个扫描周期，同时使得输出线圈 Y001 接通（ON）并保持；当 X002 接通（由 OFF→ON）时，使得输出线圈 Y001 断开（OFF）即复位。

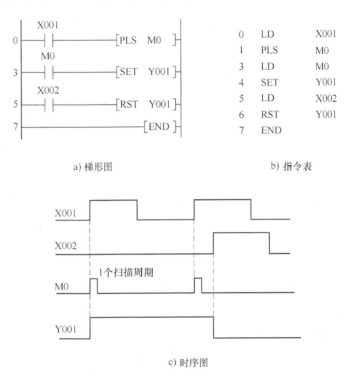

a) 梯形图   b) 指令表

c) 时序图

图 2-4-8 PLS 指令的编程实例

PLF 指令的编程实例如图 2-4-9 所示。图中 X001 接通（由 OFF→ON）时，M0 接通（ON）一个扫描周期，同时使得输出线圈 Y001 接通（ON）并保持；当 X002 断开（由 ON→OFF）时，M1 接通 ON）一个扫描周期，同时使得输出线圈 Y001 断开（OFF）即复位。

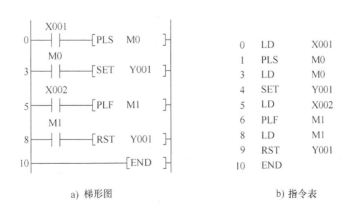

a) 梯形图   b) 指令表

图 2-4-9 PLF 指令的编程实例

> **想一想**：请画出如图 2-4-9 所示程序的时序图。

3. 关于指令功能的说明

1）使用 PLS 指令时，仅在驱动输入 ON 后一个扫描周期内，软元件 Y、M 动作。

2）使用 PLF 指令时，仅在驱动输入 OFF 后一个扫描周期内，软元件 Y、M 动作。

任务准备

实施本任务教学所使用的实训设备及工具材料可参考表 2-4-3。

表 2-4-3　实训设备及工具材料

序号	分类	名称	型号规格	数量	单位	备注
1	工具	电工常用工具		1	套	
2	仪表	万用表	MF47 型	1	块	
3	设备器材	编程计算机		1	台	
4		接口单元		1	套	
5		通信电缆		1	条	
6		可编程序控制器	FX2N-48MR	1	台	
7		安装配电盘	600mm×900mm	1	块	
8		导轨	C45	0.3	m	
9		空气断路器	Multi9 C65N D20	1	只	
10		熔断器	RT28-32	2	只	
11		按钮	LA19	4	只	
12		转换开关		1	只	
13		接线端子	D-20	20	只	
14		指示灯	24V	5	只	
15	消耗材料	铜塑线	BV1/1.37mm²	10	m	主电路
16		铜塑线	BV1/1.13mm²	15	m	控制电路
17		软线	BVR7/0.75mm²	10	m	
18		紧固件	M4×20mm 螺杆	若干	只	
19			M4×12mm 螺杆	若干	只	
20			φ4mm 平垫圈	若干	只	
21			φ4mm 弹簧垫圈及 M4mm 螺母	若干	只	
22		号码管		若干	m	
23		号码笔		1	支	

一、通过对本任务控制要求分析，分配输入点和输出点，写出 I/O 通道地址分配表

根据任务控制要求，可确定 PLC 需要 6 个输入点，5 个输出点，其 I/O 通道分配表见表 2-4-4。

表 2-4-4　I/O 通道地址分配表

输入			输出		
元件代号	作用	输入继电器	元件代号	作用	输出继电器
SA	总电源开关	X000	HL4	电源指示灯	Y000
SB1	第 1 分台按钮	X001	HL1	第 1 分台台灯	Y001
SB2	第 2 分台按钮	X002	HL2	第 2 分台台灯	Y002
SB3	第 3 分台按钮	X003	HL3	第 3 分台台灯	Y003
SB4	抢答开始/复位按钮	X004	HL5	撤消抢答指示灯	Y004

二、画出 PLC 接线图（I/O 接线图）

PLC 接线图如图 2-4-10 所示。

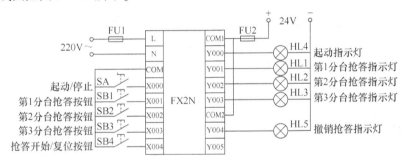

图 2-4-10　三路抢答器 I/O 接线图

三、程序设计

1. 编程思路

（1）先设计抢答开始/复位支路的梯形图时，可以用微分指令中的 PLS（上升沿脉冲微分输出指令）和复位/置位指令进行编程，如图 2-4-11 所示。

从图 2-4-11 可以看出，当首次按下抢答器"抢答开始/复位"按钮 SB4，即上升沿脉冲微分输出指令 X004 接通（由 OFF→ON）时，M1 接通（ON）一个扫描周期，当松开 SB4，即 X004 断开（由 ON→OFF）时，通过置位指令 SET 使得辅助继电器线圈 M1 保持接通（ON），M1 的常开触点闭合；当再次按下按钮 SB4，X004 接通（由 OFF→ON）

在设计抢答器"抢答开始/复位"的梯形图

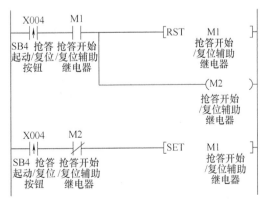

图 2-4-11　抢答器"抢答开始/复位"的梯形图

时，M2 接通（ON）一个扫描周期，辅助继电器 M2 线圈接通，其常闭触点断开，切断 M1 的置位支路，同时通过复位指令 RST 使 M1 复位；当松开 SB4，即 X004 断开（由 ON→ OFF）时，M1 通过复位指令 RST 使得辅助继电器线圈 M1 保持断开状态，M1 的常开触点断开，为下一次抢答开始再次按下 SB4 做准备。

（2）设计各分台台灯梯形图　各分台台灯起动条件中串入 M1 的常开触点体现了抢答器的一个基本原则：只有在主持人按下"抢答开始/复位"按钮并宣布开始时，各分台的抢答按钮才有效。另外，在各分台台灯支路中串入相邻分台台灯输出继电器的常闭触点，起到抢答时封锁的作用，即在已有人抢答之后其他人再按抢答按钮无效。如图 2-4-12 所示为各分台台灯梯形图。

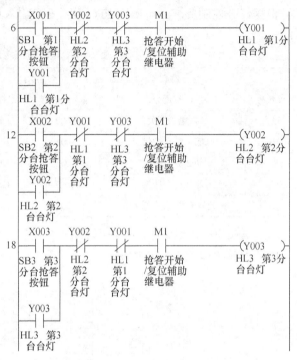

图 2-4-12　各分台台灯梯形图

（3）设计抢答时限控制和撤消抢答指示灯控制梯形图　如图 2-4-13 所示为抢答时限控制和撤消抢答指示灯控制梯形图。图中通过定时器 T1 实现抢答器的抢答时限控制；当主持人按下抢答开始按钮后，辅助继电器 M1 得电，M1 常开触点闭合，在无人抢答的情况下，定时器 T1 线圈获电，延时

10s 后，T1 常开触点闭合，接通撤消抢答指示灯输出继电器 Y4，撤消抢答指示灯亮；当按下复位按钮时，M2 接通一个扫描周期，M2 常闭触点断开，输出继电器 Y4 线圈断电，撤消抢答指示灯熄灭。若在抢答时限内有人抢答，则与定时器 T1 线圈串联的各分台台灯输出继电器的常闭触点 Y001、Y002 和 Y003 中的任何一个触点都会断开，定时器 T1 线圈将断开，

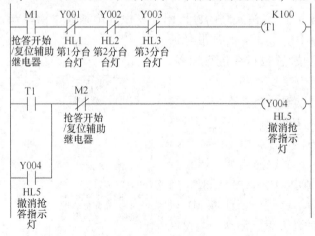

图 2-4-13　抢答时限控制和撤消抢答指示灯控制梯形图

限时自动失效。

（4）设计总电源控制和电源指示灯控制梯形图　由于抢答器的控制系统必须在主持人合上总电源开关 SA 后，系统才能开始工作，在此可运用前面任务中所学的 MC、MCR 指令进行编程设计。如图 2-4-14 所示为总电源控制和电源指示灯控制梯形图。

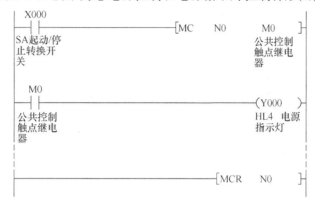

图 2-4-14　总电源控制和电源指示灯控制梯形图

2. 完整梯形图

通过上述编程思路可设计出本任务控制的完整梯形图，如图 2-4-15 所示。

3. 任务控制的指令

任务控制的指令见表 2-4-5。

表 2-4-5　抢答器指令

步序	指令	元素	步序	指令	元素
0	LD	X000	20	AND	M1
1	MC	N0　M0	21	OUT	Y003
2	LD	M0	22	LDP	X004
3	OUT	Y000	23	AND	M1
4	LD	X001	24	RST	M1
5	OR	Y001	25	OUT	M2
6	ANI	Y002	26	LDP	X004
7	ANI	Y003	27	ANI	M2
8	AND	M1	28	SET	M1
9	OUT	Y001	29	LD	M1
10	LD	X002	30	ANI	Y001
11	OR	Y002	31	ANI	Y002
12	ANI	Y001	32	ANI	Y003
13	ANI	Y003	33	OUT	T1　K100
14	AND	M1	34	LD	T1
15	OUT	Y002	35	OR	Y004
16	LD	X003	36	ANI	M2
17	OR	Y003	37	OUT	Y004
18	ANI	Y002	39	MCR	N0
19	ANI	Y001	40	END	

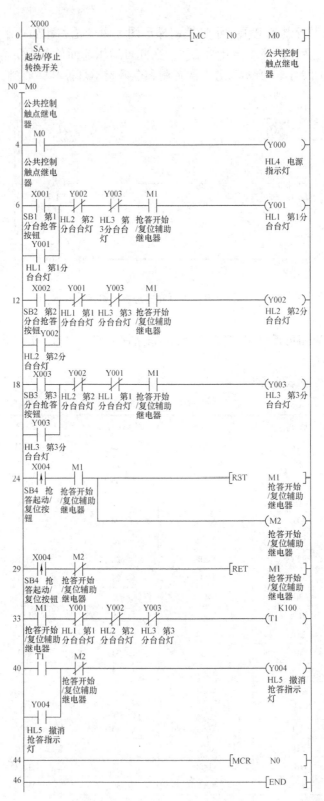

图 2-4-15　抢答器控制梯形图

四、程序输入及仿真运行

1. 程序输入

（1）工程名的建立　起动 MELSOFT 系列 GX Developer 编程软件，首先选择 PLC 的类型为"FX2N"，在程序类型框内选择"梯形图逻辑"，创建新文件名，并命名为"三路抢答器控制"，进入的三路抢答器程序输入画面。

（2）总电源控制——主控指令的输入　首先运用任务 3 介绍的基本指令的输入方法，将总电源起动/停止开关 X000 输入完毕，然后单击下拉菜单中的"⌊⚄⌋"图标或按下键盘上的快捷键"F8"，在"梯形图输入"对话框中，输入"MC—空格键—N0—空格键—M0"，如图 2-4-16 所示；最后单击"确定"按钮，进入如图 2-4-17 所示画面。

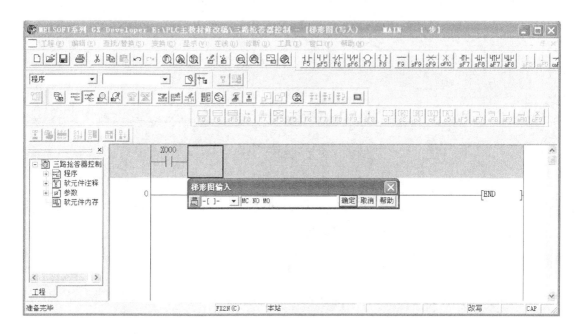

图 2-4-16　主控指令输入画面（一）

（3）总台电源指示灯和各分台台灯的程序输入　运用基本指令的输入方法，输入总台电源指示灯和各分台台灯的梯形图。

（4）抢答开始/复位支路的梯形图的输入　输入抢答开始/复位支路的梯形图时，首先输入上升沿脉冲微分指令 X004，输入方法是：单击下拉菜单"⌊⚄⌋"图标，然后在"梯形图输入"对话框中，输入元件编号 X004 即可，如图 2-4-18 所示。

单击"确定"按钮进入如图 2-4-19 所示画面。然后运用基本指令的输入方法将复位/置位指令输入，如图 2-4-20 所示。

（5）抢答时限控制和撤消抢答指示灯控制梯形图的输入　运用基本指令的输入方法输入抢答时限控制和撤消抢答指示灯控制梯形图。需要注意的是，在输入定时器 T1 时，首先单击下拉菜单"⌊⚄⌋"图标或按下键盘上的快捷键"F7"，然后在"梯形图输入"对话框中，输入元件编号 T1 后按空格键再输入 K100 即可，如图 2-4-21 所示。

（6）输入主控复位指令　最后输入主控复位指令，输入过程不再赘述。

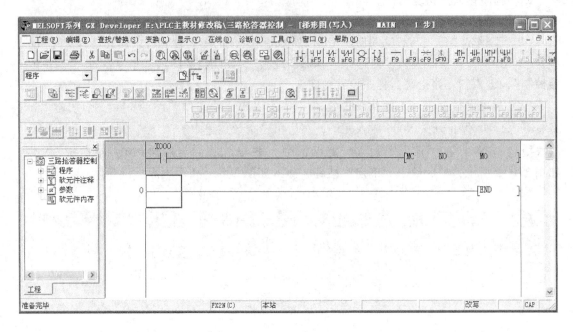

图 2-4-17　主控指令输入画面（二）

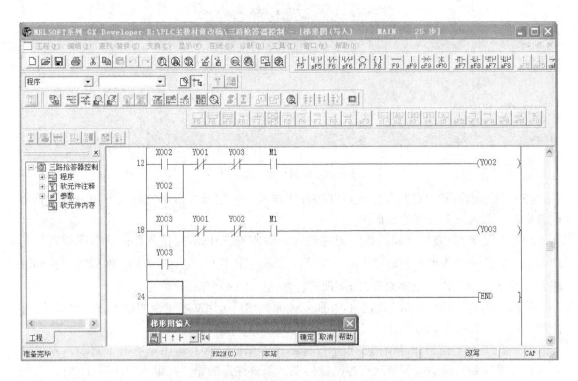

图 2-4-18　上升沿脉冲微分指令的输入画面（一）

2. 仿真运行

运用任务 3 介绍的仿真方法进行机上模拟仿真，在此不再赘述，读者可自行进行。

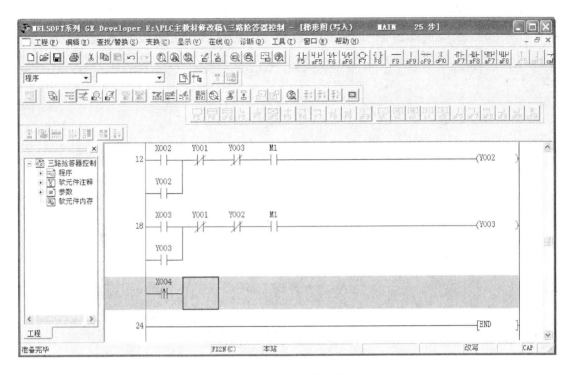

图 2-4-19　上升沿脉冲微分指令的输入画面（二）

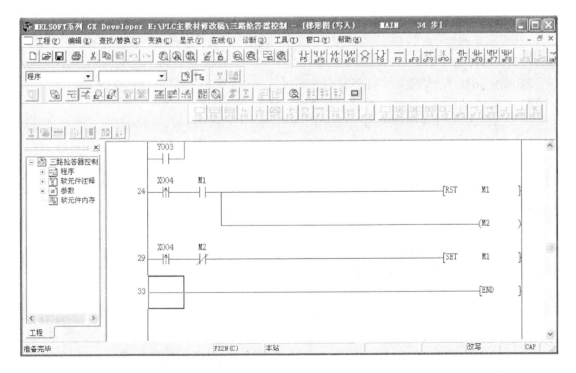

图 2-4-20　抢答开始/复位支路的梯形图的输入后画面

五、电路安装与调试

（1）安装电路　根据 I/O 接线图，在模拟实物控制配线板上进行元器件及电路安装。

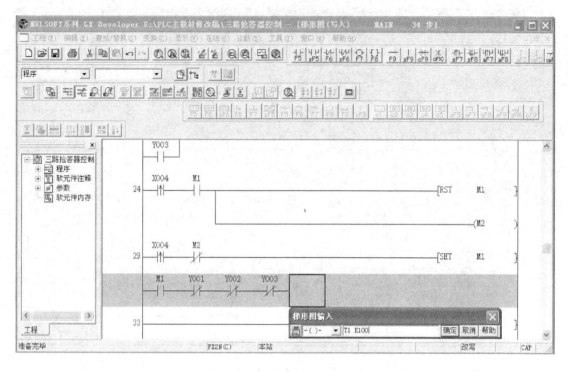

图 2-4-21　定时器的输入画面

（2）检查电路

1）检查元器件。根据表 2-4-3 配齐元器件，检查元器件的规格是否符合要求，并用万用表检测元器件是否完好。

2）固定元器件。固定好本任务所需元器件。

3）配线安装。根据配线原则和工艺要求，进行配线安装。

4）自检。对照接线图检查接线是否无误，再使用万用表检测电路的阻值是否与设计相符。

（3）程序下载

1）PLC 与计算机连接。使用专用通信电缆 RS-232/RS—422 转换器将 PLC 的编程接口与计算机的 COM1 串口连接。

2）程序写入。首先接通系统电源，将 PLC 的 RUN/STOP 开关拨到"STOP"的位置，然后通过 MELSOFT 系列 GX Developer 软件中的"PLC"菜单的"在线"栏的"PLC 写入"，就可以把仿真成功的程序写入的 PLC 中。

（4）通电调试

1）经自检无误后，在指导教师的指导下，方可通电调试。

2）首先接通系统电源，将 PLC 的 RUN/STOP 开关拨到"RUN"的位置，然后通过计算机上的 MELSOFT 系列 GX Developer 软件中的"监控/测试"监视程序的运行情况，再按照表 2-4-6 进行操作，观察系统运行情况并做好记录。如出现故障，应立即切断电源，分析原因、检查电路或梯形图，排除故障后，方可进行重新调试，直到系统功能调试成功为止。

表2-4-6　程序调试步骤及运行情况记录

操作步骤	操作内容	观察内容	观察结果	思考内容
第一步	将SA拨到起动位置	指示灯HL1、HL2、HL3、HL4和HL5		理解PLC的工作过程
第二步	按下SB4			
第三步	按下SB1			
第四步	按下SB2			
第五步	按下SB3			
第六步	再次按下SB4			
第七步	第三次按下SB4			
第八步	5s后再次按下SB4			

检查评议

对任务实施的完成情况进行检查，并将结果填入任务测评（见表2-1-6）。

问题及防治

在进行抢答器控制系统的梯形图程序设计、上机编程、模拟仿真及电路安装与调试的过程中，时常会遇到如下情况：

问题1：在进行PLC外部输出指示灯的接线时错将电源接到AC220V上。

【预防措施】　在进行PLC外部输出指示灯的接线时错将电源接到AC220V上，会烧毁指示灯，严重时会损坏PLC。

【预防措施】　应根据I/O接线图，将PLC外部输出指示灯接到DC24V的电源上。

问题2：在进行微分指令PLS的元件编号的输入时，误将"￼"输成"￼"。

【预防措施】　由于"￼"的元件编号代表的是上升沿微分输出指令，它仅在驱动输入ON后一个扫描周期内，软元件Y或M动作。若误输入"￼"将不能得到脉宽为一个扫描周期的单脉冲。

【预防措施】　在进行微分指令PLS的元件编号的输入时，应选择"￼"的元件编号，而不能选择"￼"的元件编号。

知识拓展

一、脉冲检测指令（LDP、LDF、ANDP、ANDF、ORP、ORF）

1. 指令的助记符和功能

脉冲检测指令的助记符和功能见表2-4-7。

表 2-4-7 脉冲检测指令的助记符及功能

指令助记符、名称	功能	可作用的软元件	程序步
LDP（取脉冲）	上升沿检测运算开始	X，Y，M，S，T，C	1
LDF（取脉冲）	下降沿检测运算开始	X，Y，M，S，T，C	1
ANDP（与脉冲）	上升沿检测串联连接	X，Y，M，S，T，C	1
ANDF（与脉冲）	下降沿检测串联连接	X，Y，M，S，T，C	1
ORP（或脉冲）	上升沿检测并联连接	X，Y，M，S，T，C	1
ORF（或脉冲）	下降沿检测并联连接	X，Y，M，S，T，C	1

2. 关于脉冲检测指令功能说明

1）表 2-4-7 中的脉冲检测指令只适用于 FX1S、FS1N、FX2N 和 FX2NC 机型。LDP、ANDP、ORP 使指定的位软元件上升沿时接通一个扫描周期，而 LDF、ANDF、ORF 使指定的位软元件下降沿时接通一个扫描周期。

2）上升沿和下降沿脉冲检测指令分别与 PLS、PLF 具有同样的功能。如图 2-4-22 所示。其中图 2-4-22a 为使用脉冲检测指令的情况，它的动作原理对应于图 2-4-22b 使用 PLS、PLF 的情况。

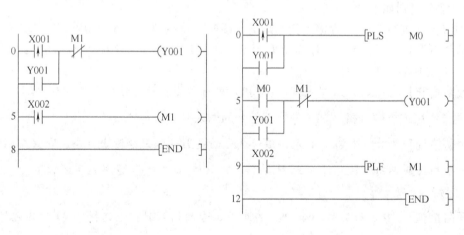

a) 使用脉冲检测指令时的情况   b) 使用 PLS、PLF 时的情况

图 2-4-22 脉冲检测指令的编程实例

3）当脉冲检测指令作用于 M2800 ~ M3071 时，其驱动情况有些特别。如图 2-4-23 所示，当 X001 接通时，M2800 得电，则只有在离 M2800 线圈之后编程最近的上升沿（或下降沿）的检测指令接通。即当 X001 闭合时，第 7 步被执行，而第 0 步、第 11 步不被执行。当 X001 再闭合一次，第 11 步被执行，而第 0 步、第 7 步不被执行。这个特点常被用作同一条件信号进行状态转移的编程。

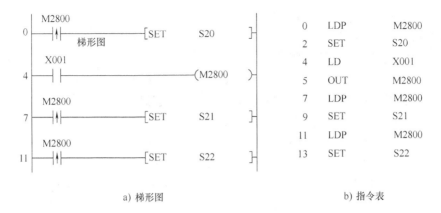

a) 梯形图　　　　　　　　　　　　　b) 指令表

图 2-4-23　脉冲检测指令作用于 M2800 的编程实例

考证要点

根据国家职业资格考试（高级工）相关要求，该任务内容的考证要点见表 2-4-8。

表 2-4-8　考证要点

行为领域	鉴定范围	鉴定点	重要程度
理论知识	可编程序控制系统读图分析与程序编制及调试	1. 基本指令表编程元器件（定时器、辅助继电器 2. 可编程序控制器编程技巧 3. 用编程软件对程序进行监控与调试的方法 4. 程序错误的纠正步骤与方法	★★
操作技能	可编程序控制系统读图分析与程序编制及调试	1. 能使用基本指令进行简单程序设计 2. 能使用编程软件来模拟现场信号进行基本指令为主的程序调试	★★★

考证测试题

一、填空题（请将正确的答案填在横线空白处）

1. 说明下列指令的含义

PLS ＿＿＿＿＿＿　　　　　PLF ＿＿＿＿＿＿　　　　　LDP ＿＿＿＿＿＿

LDF ＿＿＿＿＿＿　　　　　ORP ＿＿＿＿＿＿　　　　　ORF ＿＿＿＿＿＿

ANDP ＿＿＿＿＿＿　　　　ANDF ＿＿＿＿＿＿

2. 脉冲微分指令主要用于检测输入脉冲的＿＿＿＿＿＿沿或＿＿＿＿＿＿沿，当条件满足时，产生一个很窄的＿＿＿＿＿＿输出。其 PLC 指令的操作元件都为＿＿＿＿＿＿和＿＿＿＿＿＿，不含＿＿＿＿＿＿。

二、选择题（将正确答案的序号填入括号内）

1. 以下指令中（　　）是上升沿指令。

A. PLS　　　　　　　B. PLF　　　　　　　C. CJP　　　　　　　D. EJP

2. 以下指令中（　　）是下降沿指令。

A. PLS　　　　　　　B. PLF　　　　　　　C. CJP　　　　　　　D. EJP

三、判断题（在下列括号内，正确的打"√"，错误的打"×"）

1. （　　）PLS 指令的功能是：当检测到输入脉冲信号的下降沿时，PLS 的操作元件的线圈得电一个扫描周期，产生一个脉冲宽度为一个扫描周期的脉冲信号输出。

2. （　　）PLF 指令的功能是：当检测到输入脉冲信号的上升沿时，PLF 的操作元件的线圈得电一个扫描周期，产生一个脉冲宽度为一个扫描周期的脉冲信号输出。

四、分析题

1. 已知指令（见表 2-4-9），画出对应的梯形图。

表 2-4-9　指令

步序	指令	元素	梯形图
0	LD	X000	
1	PLF	M0	
2	LD	M0	
3	ANI	Y001	
4	LD	Y001	
5	ANI	M0	
6	ORB		
7	OUT	Y001	
8	LD	X000	
9	OUT	Y000	
10	END		

五、技能题

1. 题目：通过 PLC 控制系统，实现对五路竞赛抢答器系统的控制。其控制要求如下：

（1）抢答器设有 1 个主持人总台和 5 个参赛队分台，总台设置有总台电源指示灯、撤消抢答信号指示灯亮、总台电源转换开关、抢答开始/复位按钮。分台设有一个抢答按钮和一个分台抢答指示灯。

（2）竞赛开始前，竞赛主持人首先接通"起动/停止"转换开关，电源指示灯亮。

（3）各队抢答必须在主持人给出题目，说了"开始"并按下开始抢答按钮后的 15s 内进行，如果在 15s 内有人抢答，则最先按下的抢答按钮信号有效，相应分台上的抢答指示灯亮，其他组再按抢答按钮无效。

（4）当主持人按下开始抢答按钮后，如果在 15s 内无人抢答，则撤消抢答信号指示灯亮，表示抢答器自动撤消此次抢答信号。

（5）主持人没有按下开始抢答按钮，各分台按下抢答按钮均无反应。

（6）在一个题目回答结束或 15s 后无人抢答，只要主持人再次按下抢答开始/复位按钮后，所有分台抢答指示灯和撤消抢答信号指示灯熄灭，同时抢答器恢复原始状态，为第二轮抢答做好准备。

2. 考核要求：

（1）根据控制功能用 PLC 进行控制电路的设计，并且进行安装与调试。

（2）电路设计：根据任务，列出 PLC 控制 I/O 口（输入/输出）元器件地址分配表，并设计梯形图及 PLC 控制 I/O 口（输入/输出）接线图，并能仿真运行。

（3）安装与接线：

1）将熔断器、指示灯、PLC 安装在一块配线板上，而将转换开关、按钮等安装在另一块配线板上。

2）按 PLC 控制 I/O 口（输入/输出）接线图在模拟配线板上正确安装，元件在配线板上布置要合理，安装要准确、紧固，配线导线要紧固、美观，导线要进入线槽，导线要有端子标号。

（4）PLC 键盘操作：熟练操作键盘，能正确地将所编程序输入 PLC；按照被控设备的动作要求进行模拟调试，达到设计要求。

（5）通电试验：正确使用电工工具及万用表，进行仔细检查，通电试验，并注意人身和设备安全。

（6）考核时间分配

1）设计梯形图及 PLC 控制 I/O 口（输入/输出）接线图及上机编程时间为 120min。

2）安装接线时间为 60min。

3）试机时间为 5min。

3. 评分标准（见表 2-1-6）。

任务 5　花式喷泉控制系统设计与装调

 学习目标

知识目标：1. 掌握计数器的功能及应用。

　　　　　2. 掌握三菱 PLC 时钟脉冲指令与计数器的长延时控制在 PLC 的软件系统及梯形图编程设计中的综合应用。

能力目标：1. 会根据控制要求灵活地运用经验法，通过时钟脉冲指令和计数器的综合运用，实现花式喷泉控制系统的梯形图程序设计。

　　　　　2. 掌握花式喷泉 PLC 控制系统的电路安装与调试。

 工作任务

花式喷泉常用于休闲广场、景区或游乐场所。传统的喷泉控制一旦设计好控制电路，就不能随意改变喷水花样及喷水时间。若采用 PLC 控制，利用 PLC 体积小、功能强、可靠性高，且具有较大的灵活性和可扩展性的特点，通过改变喷泉的控制程序或改变方式选择开关，就可以改变花式喷泉的喷水规律，从而变换出各式花样，以适应不同季节、不同场合的喷水要求。如图 2-5-1 所示是一休闲广场的花式喷泉控制效果画面。

［本次任务的主要内容］是通过 PLC 控制系统，实现对花式喷泉系统的控制。［其控制

图 2-5-1　花式喷泉

要求]：

1）有一花式喷泉分别由 A、B、C 三组喷头组成，其示意图如图 2-5-2a 所示。

2）当按下起动按钮后，A、B、C 三组喷头按图 2-5-2b 所示的时序图循环工作。

3）花式喷泉的工作时间是在晚上 11 点按下起动按钮，花式喷泉延时 9h（即第二天早上 8 点）自动开始工作，工作 15h（即再到晚上 11 点）后自动停止，并每天按上述时间不断循环工作。

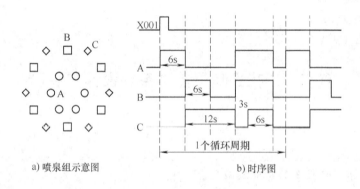

a) 喷泉组示意图　　　　　　b) 时序图

图 2-5-2　喷泉组示意图和时序图

任务分析

从上述控制要求分析可知，本任务是一个长时限（工作时间为从早 8 点至晚 11 点）的带延时的顺序控制（三组喷头按一定的顺序延时工作）。

在前面任务中介绍了 100ms 和 10ms 两种通用定时器的应用，可知 FX2N 系列 PLC 的最长定时时间为 3276.7s，它们对长时限的控制具有局限性，不能有效地实现对本任务的控制。如果需要更长的定时时间，可以采用计数器、多个定时器的组合或者定时器与计数器的组合来获得较长的延时时间。本任务主要是通过计数器来获得较长的延时时间实现长时限的控制。

值得一提的是，本任务主要是针对没有内部时钟控制的 PLC 和在没有介绍比较指令前，采用基本指令和计数器配合使用的长延时控制。

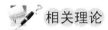相关理论

一、编程元件

1. 计数器（C）

（1）计数器的分类 FX2N 系列 PLC 提供了两类计数器。一类为内部计数器，它是 PLC 在执行扫描操作时间对内部信号等进行计数的计数器，要求输入信号的接通或断开时间应大于 PLC 的扫描周期；另一类是高速计数器，其响应速度快，因此对于频率较高的计数就必须采用高速计数器。内部计数器分为 16 位加计数器和 32 位加/减计数器两类，计数器采用 C 和十进制数共同组成编号。在此仅介绍 16 位加计数器。

C0 ~ C199 共 200 点是 16 位加计数器，其中 C0 ~ C99 共 100 点为通用型，C100 ~ C199 共 100 点为断电保持型（断电保持型即断电后能保持当前值通电后继续计数）。这类计数为递加计数，应用前先对其设置某一设定值，当输入信号（上升沿）个数累加到设定值时，计数器动作，其常开触点闭合、常闭触点断开。16 位加计数器的设定值为 1 ~ 32767，设定值可以用常数 K 或者通过数据寄存器 D 来设定。

（2）计数器的工作原理 16 位加计数器的工作原理如图 2-5-3 所示。图中计数输入 X000 是计数器的工作条件，X000 每次驱动计数器 C0 的线圈时，计数器的当前值加 1。"K5" 为计数器的设定值。当第 5 次执行线圈指令时，计数器的当前值和设定值相等，输出触点动作。Y000 为计数器 C0 的工作对象，在 C0 的常开触点接通时置 1。而后即使计数器输入 X000 再动作，计数器当前值保持不变。由于计数器的工作条件 X000 本身就是断续工作的。外电源正常时，其当前值寄存器具有记忆功能，因而即使是非失电保持型的计数器也需复位指令才能复位。图 2-5-3 中，X001 为复位条件。当复位输入 X001 在上升沿接通时，执行 RST 指令，计数器的当前值复位为 0，输出触点也复位。

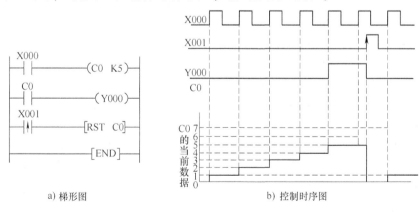

a) 梯形图　　　　　　　　b) 控制时序图

图 2-5-3　计数器的工作过程

（3）编程实例 如图 2-5-4 所示是一个报警器控制程序，当行程开关条件 X001 = ON 满足时蜂鸣器鸣叫，同时报警灯以每次亮 2s，熄灭 3s 的周期连续闪烁 10 次后，自动停止声光报警。

2. 特殊辅助继电器

在前面任务 4 中已介绍了通用型和失电保持型两种辅助继电器，现着重介绍与本次任务有关的一些特殊辅助继电器。

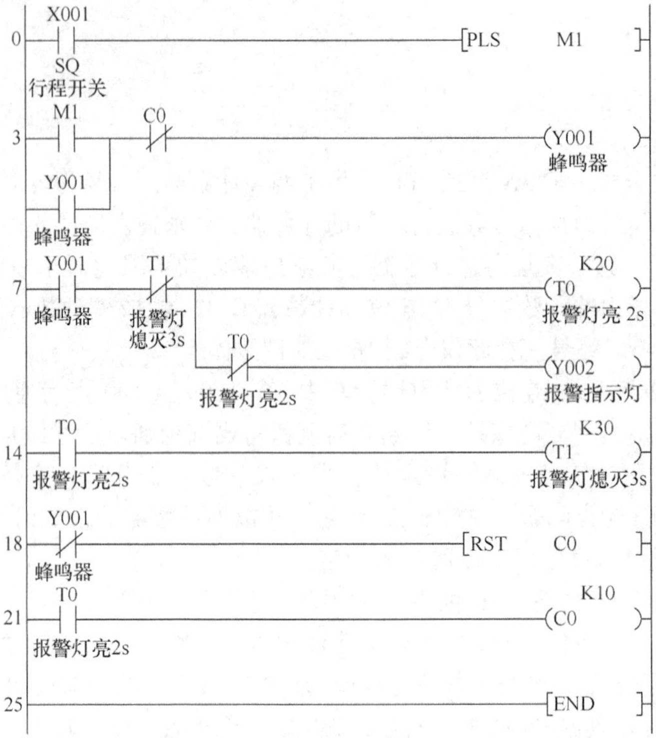

图 2-5-4　计数器的编程实例

PLC 的特殊辅助继电器很多，都具有不同的功能。其中有些特殊辅助继电器在 PLC 运行时，能自动驱动其线圈，用户仅可利用其触点功能。下面是一些常用的特殊辅助继电器的元器件编号和功能介绍：

1）M8000——作运行监视用（在运行中常接通）。

2）M8002——初始脉冲（仅在运行开始瞬间接通一脉冲周期）。

3）M8011——产生 10ms 连续脉冲。

4）M8012——产生 100ms 连续脉冲。

5）M8013——产生 1s 连续脉冲。

6）M8014——产生 1min 连续脉冲。

另外，一些特殊辅助继电器仅使用其线圈。当线圈被驱动时，完成一定的功能。例如：M8034——禁止所有输出，但 PLC 内部仍可运行；M8028——FX1S、FX0N 的 100ms/10ms 定时器切换。

二、典型的计数器长延时控制电路

1. 单独计数器实现的长延时

单独计数器实现的长延时控制程序如图 2-5-5 所示，程序中以特殊辅助继电器 M8014（1min 时钟）作为计数器 C1 的输入脉冲信号，这样延时时间就是若干分钟（图中为 1440 个脉冲，即 1440min）。如果一个计数器不能满足要求，可以将多个计数器串联使用，即用前一个计数器的输出作为后一个计数器的输入脉冲。

编程实例：

（1）用计数器实现 1h 定时控制程序　用计数器实现 1h 定时控制程序梯形图，如图

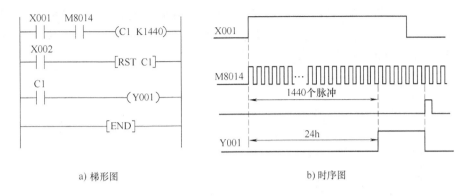

a) 梯形图　　　　　　　　　　　　b) 时序图

图 2-5-5　计数器长时间延时控制程序

2-5-6 所示，其中 X001 为起动按钮，X003 为停止按钮。

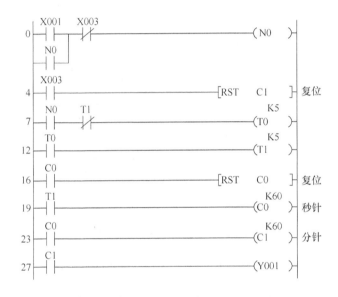

图 2-5-6　用计数器实现 1h 定时控制程序

（2）用 M8014 和计数器配合实现 1h 定时程序　以 M8014 作为分时钟脉冲的 1h 定时程序如图 2-5-7 所示。

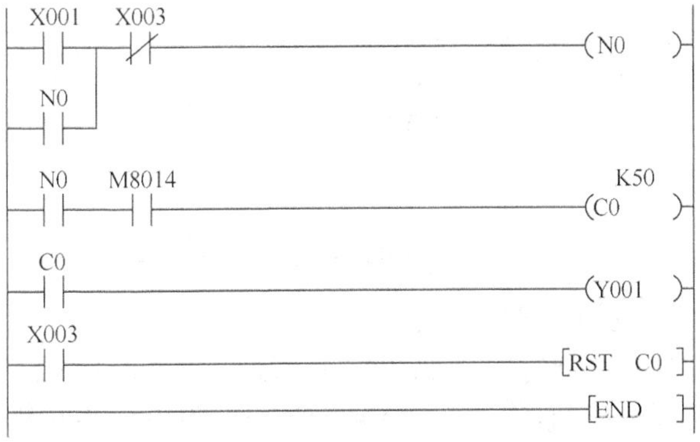

图 2-5-7　用 M8014 和计数器配合实现 1h 定时控制程序

（3）用计数器实现 24h 时钟程序　用计数器实现 24h 时钟程序如图 2-5-8 所示。其中图 2-5-8a 为错误程序，C1、C2 不计数，其原因是计数器的复位程序应该放在计数程序的上面，正确的程序如图 2-5-8b 所示。

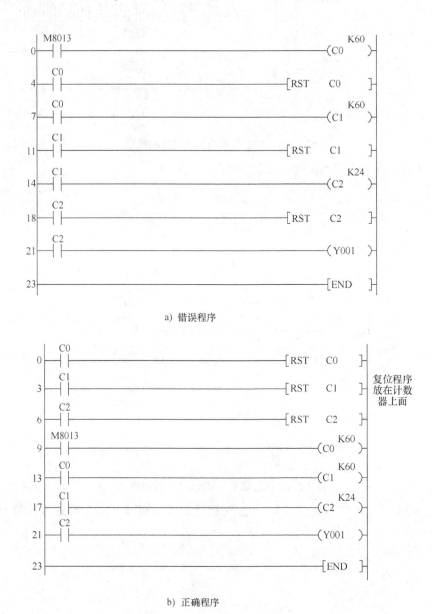

a) 错误程序

b) 正确程序

图 2-5-8　用计数器实现 24h 时钟控制程序

2. 多个定时器串级实现的长延时控制

多个定时器串级实现的长延时控制如图 2-5-9 所示。当 X001 接通，T1 线圈得电并开始延时（2400s），延时到 T1 常开触点闭合，又使 T2 线圈得电，并开始延时（2400s）；当定时器 T2 延时到，其常开触点闭合，再使 T3 线圈得电，并开始延时（2400s）；当定时器 T3

延时到，其常开触点闭合，才使 Y001 接通。

因此，从 X001 接通到 Y001 接通共延时 2h。

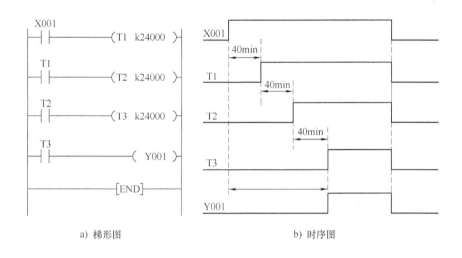

　　　a) 梯形图　　　　　　　　　　　　b) 时序图

图 2-5-9　多个定时器组合长时间延时控制程序

3. 定时器与计数器的组合实现的长延时控制

定时器与计数器的组合实现的长延时控制如图 2-5-10 所示，当 X000 的常闭触点闭合时，T0 和 C0 复位不工作。当 X000 的常开触点闭合时，T0 开始定时，3000s 后 T0 定时时间到，其常闭触点断开，使它自己复位，复位后 T0 的当前值变为 0，同时它的常闭触点接通，使它自己的线圈重新通电，又开始定时。T0 将这样周而复始地工作，直至 X000 变为 OFF。从分析中可看出，图 2-5-10 中最上面一行电路是一个脉冲信号发生器，脉冲周期等于 T0 的设定值。产生的脉冲列送给 C0 计数，计满 30000 个数（即 25000h）后，C0 的当前值等于设定值，它的常开触点闭合，Y000 开始输出。

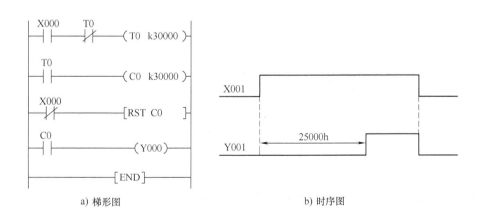

　　　a) 梯形图　　　　　　　　　　　　b) 时序图

图 2-5-10　定时器与计数器的组合延时控制程序

任务准备

实施本任务教学所使用的实训设备及工具材料可参考表 2-5-1 所示。

表 2-5-1　实训设备及工具材料

序号	分类	名称	型号规格	数量	单位	备注
1	工具	电工常用工具		1	套	
2	仪表	万用表	MF47 型	1	块	
3	设备器材	编程计算机		1	台	
4		接口单元		1	套	
5		通信电缆		1	条	
6		可编程序控制器	FX2N-48MR	1	台	
7		安装配电盘	600mm×900mm	1	块	
8		导轨	C45	0.3	m	
9		空气断路器	Multi9 C65N D20	2	只	
10		熔断器	RT28-32	2	只	
11		按钮	LA10-2H	1	只	
12		稳压电源	DC24V	1	只	
13		接线端子	D-20	20	只	
14		电磁阀	24V	3	只	
15	消耗材料	铜塑线	BV1/1.37mm²	10	m	主电路
16		铜塑线	BV1/1.13mm²	15	m	控制电路
17		软线	BVR7/0.75mm²	10	m	
18		紧固件	M4×20mm 螺杆	若干	只	
19			M4×12mm 螺杆	若干	只	
20			φ4mm 平垫圈	若干	只	
21			φ4mm 弹簧垫圈及 M4mm 螺母	若干	只	
22		号码管		若干	m	
23		号码笔		1	支	

任务实施

一、通过对本任务控制要求分析，分配输入点和输出点，写出 I/O 通道地址分配表

根据任务控制要求，可确定 PLC 需要 2 个输入点，3 个输出点，其 I/O 通道分配表见表 2-5-2。

表 2-5-2　I/O 通道地址分配表

输入			输出		
元件代号	作用	输入继电器	元件代号	作用	输出继电器
SB1	起动按钮	X000	YV1	A 组喷头电磁阀	Y001
SB2	停止按钮	X001	YV2	B 组喷头电磁阀	Y002
			YV3	C 组喷头电磁阀	Y003

二、画出 PLC 接线图（I/O 接线图）

PLC 接线图如图 2-5-11 所示。

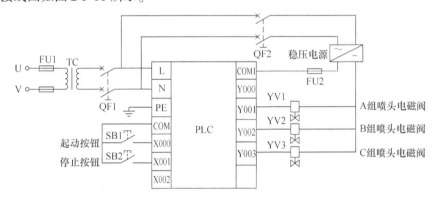

图 2-5-11　花式喷泉控制的 I/O 接线图

三、程序设计

1. 编程思路

通过对本任务的控制分析可知，该系统的程序控制是一个长时限的带延时的顺序控制（三组喷头按一定的顺序延时工作）。在进行编程设计时可按下列思路进行编程设计。

（1）首先设计一个 24h 的长时间自动控制程序　我们可以用秒时钟脉冲 M8013 和计数器配合实现 24h 定时控制程序如图 2-5-12 所示。

（2）设计花式喷泉中 A、B、C 三组喷头的顺序控制　通过对花式喷泉控制要求的分析，花式喷泉中 A、B、C 三组喷头的顺序控制应从以下两个方面进行设计。

1）当按下起动按钮 SB1 后，花式喷泉中 A、B、C 三组喷头按照如图 2-5-2b 所示的时序图循环工作。

从控制要求分析可知，花式喷泉中 A、B、C 三组喷头电磁阀都必须在系统起动后才开始工作。因此，可用前面任务中介绍的主控指令 MC 和主控复位指令 MCR 进行编程设计，如图 2-5-13 所示是按下按钮 SB1 后，花式喷泉中 A、B、C 三组喷头按照如图 2-5-2b 所示的时序图循环工作的控制程序。

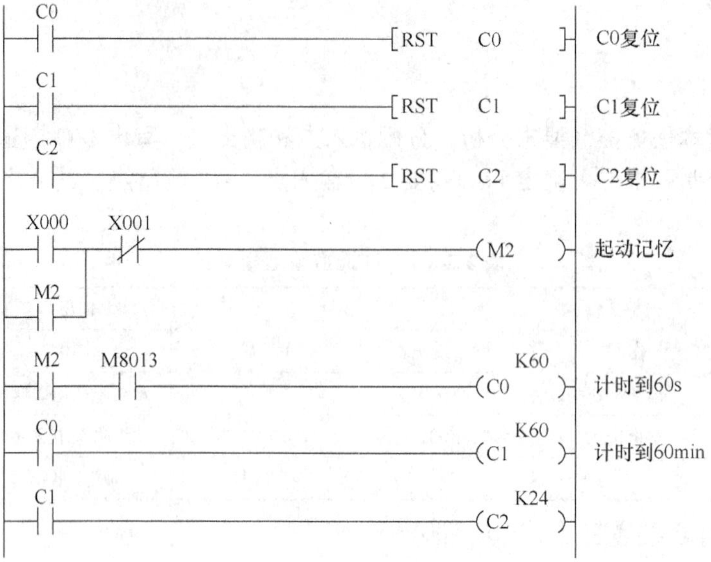

图 2-5-12　用秒时钟脉冲 M8013 和计数器配合实现 24h 定时控制程序

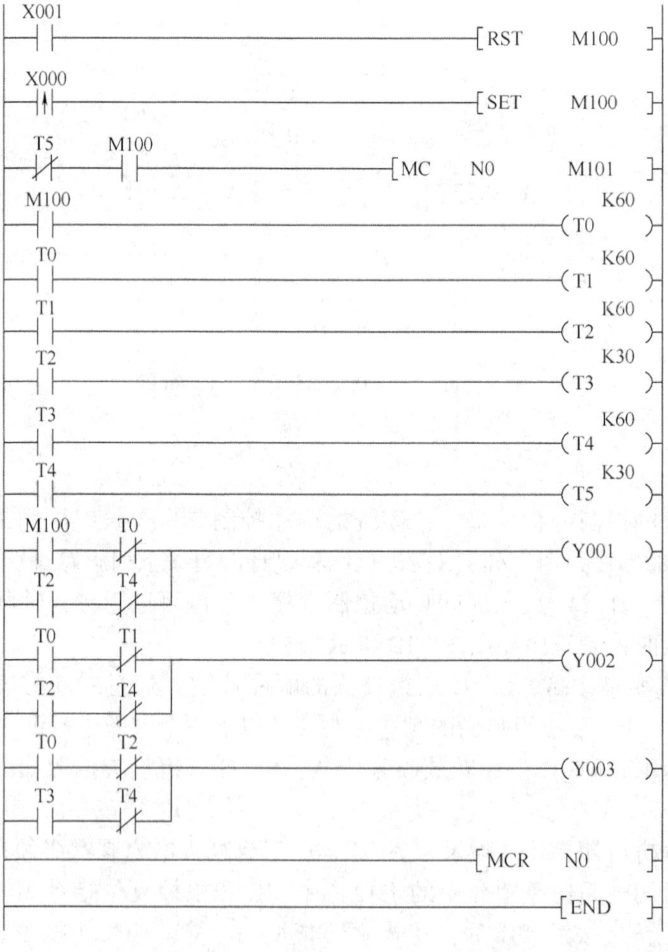

图 2-5-13　花式喷泉手动起停控制程序

2）花式喷泉中 A、B、C 三组喷头每经过一次 24h 后的自动控制，如图 2-5-14 所示。

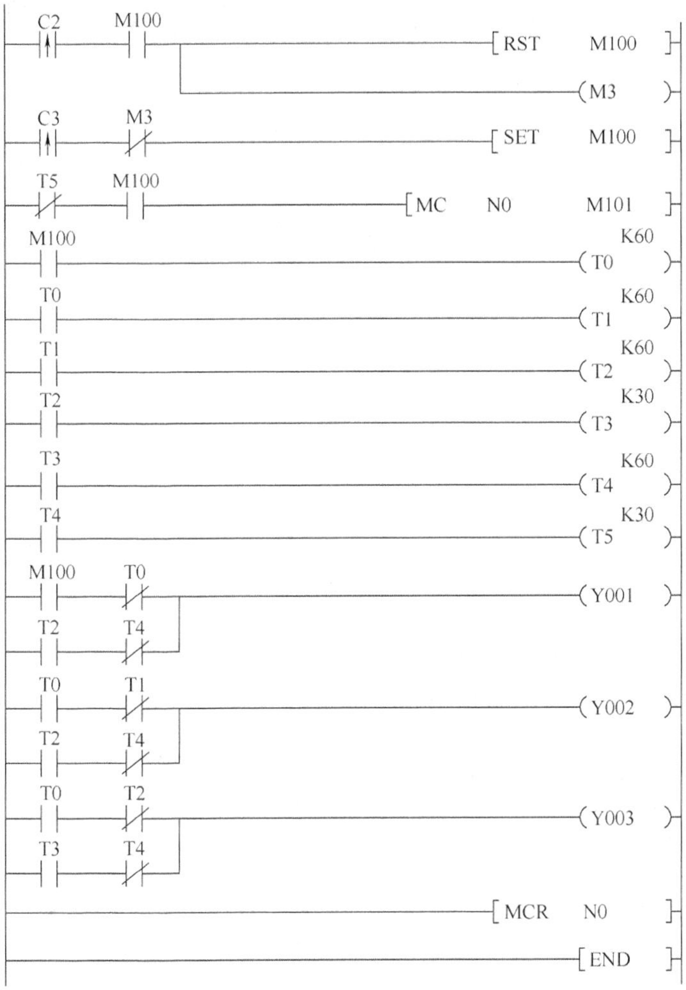

图 2-5-14　花式喷泉 24h 长延时自动起停控制程序

综合图 2-5-13 和图 2-5-14 所示的控制程序，最后可得到花式喷泉中 A、B、C 三组喷头的自动顺序控制程序，如图 2-5-15 所示。

2. 完整梯形图

通过上述编程思路可设计出本任务控制的完整梯形图程序，如图 2-5-16 所示。

四、程序输入及仿真运行

1. 程序输入

起动 MELSOFT 系列 GX Developer 编程软件，首先选择 PLC 的类型为"FX2N"，在程序类型框内选择"梯形图逻辑"，创建新文件名，并命名为"花式喷泉控制"；然后运用基本指令输入法将表 2-5-3 中的指令输入或采用梯形图输入法将图 2-5-16 所示的梯形图输入，程序输入过程不再赘述。值得注意的是，计数器的输入与定时器的输入一样，只是在选择梯形图编程元件输入时，输入的是位元件"C"而不是"T"。

2. 仿真运行

运用前面任务所介绍的仿真方法进行机上模拟仿真，在此不再赘述，读者可自行进行。

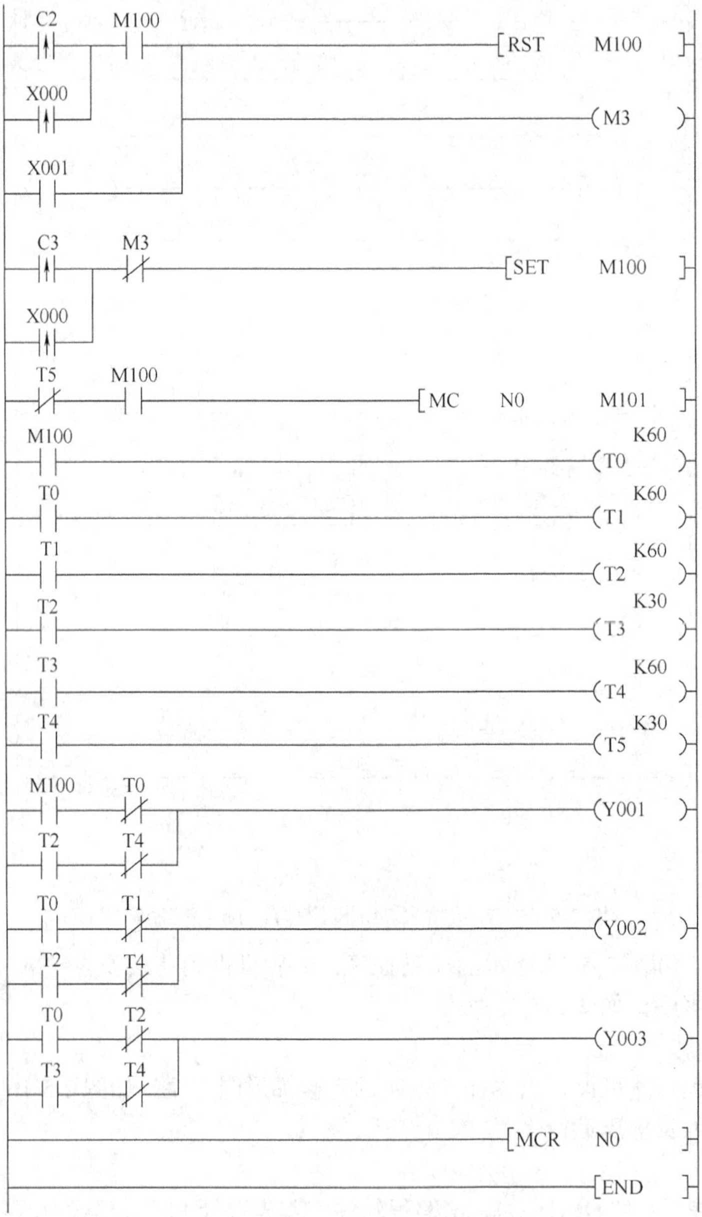

图 2-5-15　花式喷泉中 A、B、C 三组喷头的自动顺序控制程序

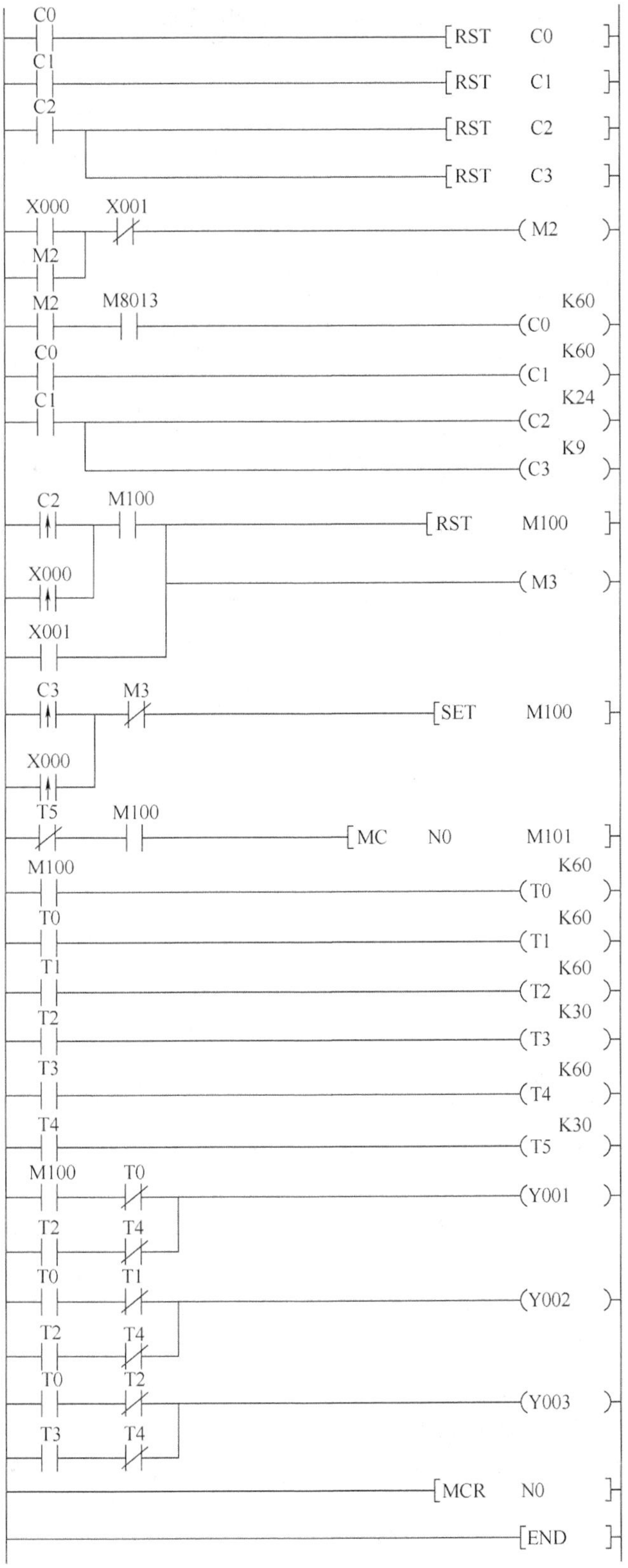

图 2-5-16　花式喷泉控制梯形图

表 2-5-3　花式喷泉控制指令表

步序	指令语句	元素	步序	指令语句	元素	步序	指令语句	元素
0	LD	C0	23	LDP	C2	46	LD	T4
1	RST	C0	24	ORP	X000	47	OUT	T5 K30
2	LD	C1	25	AND	M100	48	LD	M100
3	RST	C1	26	OR	X001	49	ANI	T0
4	LD	C2	27	RST	M100	50	LD	T2
5	RST	C2	28	OUT	M3	51	ANI	T4
6	LD	C3	29	LDP	C2	52	ORB	
7	RST	C3	30	ORP	X000	53	OUT	Y001
8	LD	C4	31	ANI	M3	54	LD	T0
9	RST	C4	32	SET	M100	55	ANI	T1
10	LD	X000	33	LDI	T5	56	LD	T2
11	OR	M2	34	AND	M100	57	ANI	T4
12	ANI	X001	35	MC	N0 M101	58	ORB	
13	OUT	M2	36	LD	M100	59	OUT	Y002
14	LD	M2	37	OUT	T0 K60	60	LD	T0
15	AND	M8013	38	LD	T0	61	ANI	T2
16	OUT	C0 K60	39	OUT	T1 K60	62	LD	T3
17	LD	C0	40	LD	T1	63	ANI	T4
18	OUT	C1 K60	41	OUT	T2 K60	64	ORB	
19	LD	C1	42	LD	T2	65	OUT	Y003
20	OUT	C2 K24	43	OUT	T3 K30	66	MCR	N0
21	OUT	C3 K9	44	LD	T3	67	END	
22	OUT	C4 K17	45	OUT	T4 K60			

五、电路安装与调试

（1）安装电路　根据 I/O 接线图，在模拟实物控制配线板上进行元器件及电路安装。

（2）检查电路

1）检查元器件。根据表 2-5-1 配齐元器件，检查元器件的规格是否符合要求，并用万用表检测元器件是否完好。

2）固定元器件。固定好本任务所需元器件。

3）配线安装。根据配线原则和工艺要求，进行配线安装。

4）自检。对照接线图检查接线是否无误，再使用万用表检测电路的阻值是否与设计相符。

（3）程序下载

1）PLC 与计算机连接。使用专用通信电缆 RS-232/RS—422 转换器将 PLC 的编程接口与计算机的 COM1 串口连接。

2）程序写入。首先接通系统电源，将 PLC 的 RUN/STOP 开关拨到"STOP"的位置，然后通过 MELSOFT 系列 GX Developer 软件中的"PLC"菜单的"在线"栏的"PLC 写入"，就可以把仿真成功的程序写入的 PLC 中。

（4）通电调试

1）经自检无误后，在指导教师的指导下，方可通电调试。

2）首先接通系统电源，将 PLC 的 RUN/STOP 开关拨到"RUN"的位置，然后通过计算机上的 MELSOFT 系列 GX Developer 软件中的"监控/测试"监视程序的运行情况，再按照表 2-5-4 进行操作，观察系统运行情况并做好记录。如出现故障，应立即切断电源，分析原因、检查电路或梯形图，排除故障后，方可进行重新调试，直到系统功能调试成功为止。

表 2-5-4　程序调试步骤及运行情况记录

操作步骤	操作内容	观察内容	观察结果	思考内容
第一步	按下 SB1	喷头电磁阀 YV1、YV2 和 YV3		
第二步	按下 SB2			
第三步	再按下 SB1			
第四步	经过长时限延时后			
说明	本任务的延时控制是由早上 8 点至晚上 11 点，喷头处于工作状态；从晚上 11 点至早上 8 点，喷头处于停止状态；由于延时时间太长，模拟运行时可将时钟的秒时钟 C0 和分时钟 C1 的 K 值相应地减少，如将 C1 和 C2 的 K 值设置"K = 5"进行仿真，大大地缩短了仿真的延时时间，可更方便有效地监控仿真运行 另外，也可不改设定值，可在程序运行时在线修改计数器的当前值而进行调速			理解 PLC 的工作过程

✒ 检查评议

对任务实施的完成情况进行检查，并将结果填入任务测评表（见表 2-1-6）。

✒ 问题及防治

在进行花式喷泉控制系统的梯形图程序设计、上机编程、模拟仿真及电路安装与调试的过程中，时常会遇到如下情况：

问题： 在采用计数器与秒脉冲指令 M8013 配合进行本次任务的 24h 长延时控制程序的设计时，错将计数器的复位程序放在计数器程序的下面，如图 2-5-17 所示。

【后果及原因】 若将计数器的复位程序应该放在计数程序的下面，会造成计数器 C1、C2 不计数，不能实现 24h 长延时控制。

【预防措施】 根据梯形图的设计原则，应将计数器的复位程序应该放在计数程序的上面，以保证当计数器 C1、C2 计数完毕后，才实现计数器的复位，从而实现 24h 长延时控制，正确的程序如图 2-5-18 所示。

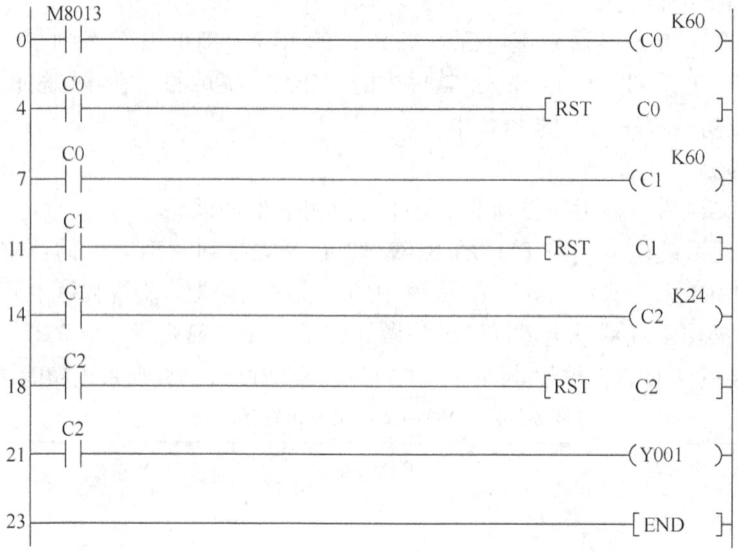

图 2-5-17　错误的 24h 长延时控制程序

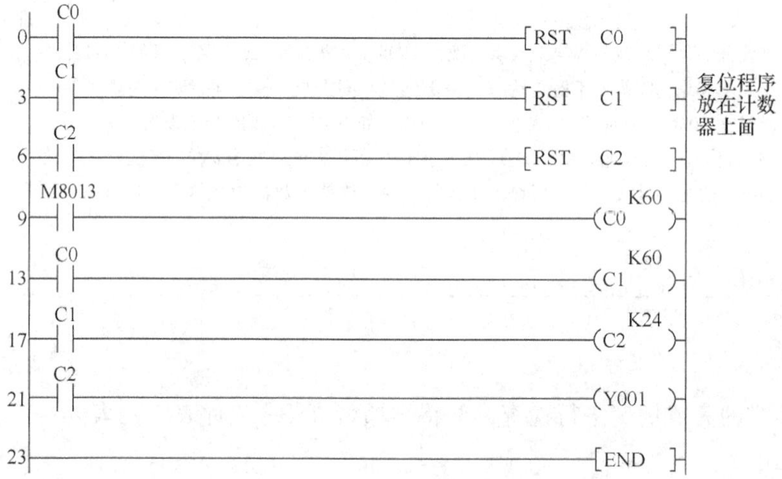

图 2-5-18　正确的 24h 长延时控制程序

知识拓展

有关 PLC 简单的基础设计，对于初学者来说，一般都采用经验法来设计，而在经验设计法中用得最多的方法是"功能添加法"。何谓"功能添加法"，该方法有何特点，如何应用功能添加法进行 PLC 的程序设计等有关方面的内容，将通过下面的实例进行介绍。如图 2-5-19 所示是一小车两点自动往返循环控制的工作示意图。

控制要求：

1）有一送料小车需要从原料库将原料运送到加工车间进行加工，需要自动送料时，只

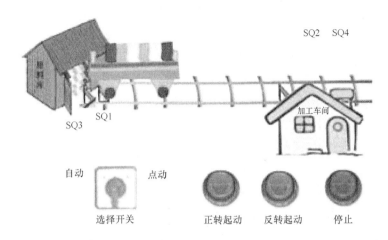

图 2-5-19　小车两点自动往返循环控制的工作示意图

要将转换开关 SA 拨到"自动"的位置，然后按下正转起动按钮 SB2 后，小车从原料库出发，当到达加工车间碰到行程开关 SQ2 后，停下自动卸料，然后自动返回，当到达原料库碰到行程开关 SQ1 时会自动停机继续装料；然后继续送料……循环往复。

2) 需要进行小车位置的调整时，可通过转换开关 SA 和正转起动按钮 SB2（或反转起动按钮 SB3）来实现，即只要将转换开关 SA 拨到"点动"位置，然后按下正转起动按钮 SB2（或反转起动按钮 SB3）即可控制小车的点动运行。

3) 设计中有必要的保护措施。

1. 功能添加法

所谓"功能添加法"就是首先设计一个基本控制环节程序，然后每增加一种功能都必须建立在原控制程序的性能保持不变的基础上，这种设计方法称为"功能添加法"。该方法不仅适用于 PLC 控制系统的程序设计，而且还是继电-接触器控制设计的一种有效而重要的设计手段。例如，本实例中的小车自动往返循环控制，其基本控制环节就是建立在三相异步电动机正、反转控制的基础上的，在运用功能添加法进行设计时，无论怎样添加功能，都必须保持电动机正反转的控制性能不变。现就本实例的程序设计介绍功能添加法。

2. 功能添加法的应用

现以本实例程序设计介绍功能添加法控制程序设计的步骤。

（1）根据控制对象，设计基本控制环节的程序　通过对本实例控制分析发现，小车自动往返的基本控制环节程序，是建立在三相异步电动机正、反转控制的基础上的，在进行功能添加法设计时，无论怎样添加功能，都必须保持电动机正、反转的控制性能不变。因此，电动机正、反转的控制程序就是本实例控制程序设计的基本控制环节的程序。该程序实际上就是任务 2 所述的三相异步电动机正、反转控制程序，由此设计出本实例的基本程序。如图 2-5-20 所示是小车两点自动往返循环控制的工作示意图和基本控制环节梯形图。

（2）根据控制要求采用功能添加法进行设计，逐一在基本控制环节程序中添加功能完善控制程序　在图 2-5-20 所示的基本控制环节程序中，可以通过人工分别按下正转按钮 SB2（X002）和反转按钮 SB3（X003）来控制着小车作来回往返运动，但这样会相当繁琐，同时，除了增加了劳动强度，还影响小车往返运行的准确性。如果生产工艺要求小车自动来回往复运动，那么如何实现呢？只要在 A、B 两点分别加两个位置检测装置，问题就解决了，

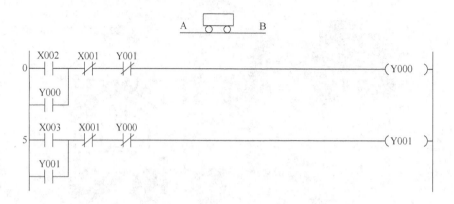

图 2-5-20　小车工作示意图和基本控制环节梯形图

如图 2-5-21 所示。假设在 A、B 两点分别装的位置检测装置是行程开关，而每个行程开关至少有一对常开触点和常闭触点，把这些触点添加到控制程序中，就得到了能控制小车自动往复运动的控制程序（见图 2-5-21），SQ1（X004）和 SQ2（X005）表示 A、B 两点行程开关。

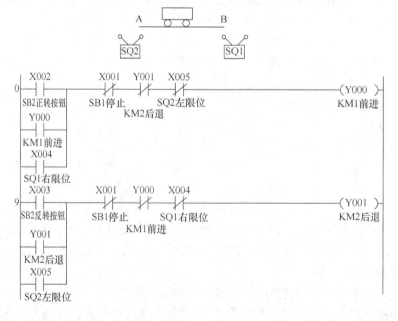

图 2-5-21　小车工作示意图和自动往返控制梯形图

从上述程序可知，虽然在程序中添加了行程开关，但电动机始终保持正、反转运行的不变状态，满足"功能添加法"设计的原则。

当要实现点动控制功能时，同样采用"功能添加法"在图 2-5-21 程序中的正反转自锁回路里添加串入实现自锁和点动的切换开关 SA（X000）即可。如图 2-5-22 所示就是带有自动和点动控制的小车自动往返循环控制的梯形图。

图 2-5-22 所示的电路原理虽然正确，但还不能投入实际运行，其原因是任何一个物体都有惯性，当小车从 A 点运行到 B 点时，小车压动行程开关 SQ2（X005），KM1（Y000）会立即失电而 KM2（Y001）会立即得电，如果行程开关 SQ2（X005）失灵，加上小车的惯性作用不可能立即停止，电动机依靠惯性的作用还在正转，小车继续前进，会造成事故。为

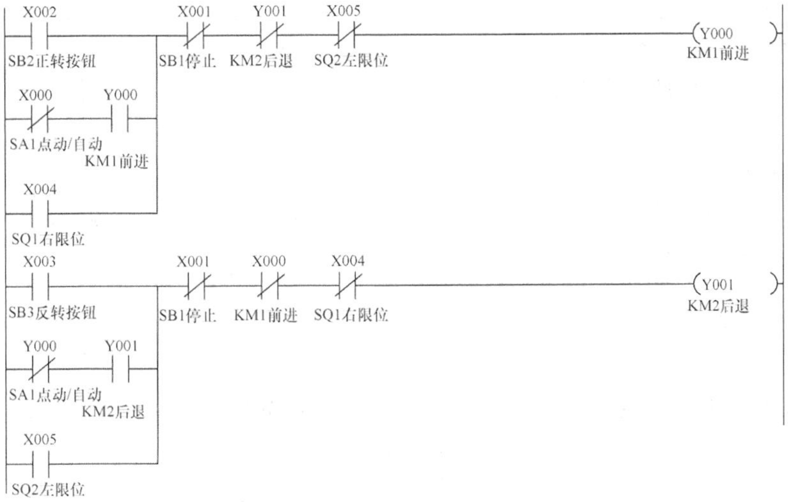

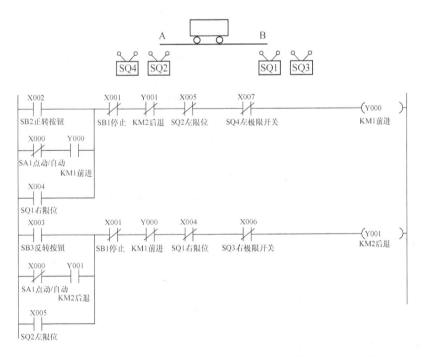

图 2-5-22 带有自动和点动控制的小车自动往返循环控制的梯形图

了避免这种事故的发生，往往会增加终端保护功能，即在小车前进电路中添加串入极限开关 SQ4（X007），同理，在后退电路中添加极限开关 SQ3（X006），其示意图和控制程序如图 2-5-23 所示。

图 2-5-23 带有终端保护的小车自动往返循环控制的示意图和梯形图

从上述的设计过程可以观察到，采用功能添加法进行设计时，关键是找到设计的基本控制环节程序，然后在基本控制环节程序中不断地添加所需的功能，但前提条件是必须保证添加功能后程序的基本控制环节程序功能保持不变。如实例中无论怎样添加功能，始终保证电动机正反转的控制功能不变。

> **想一想**
>
> 1. 如果实例中的小车在原料库装料和在加工车间卸料都必须停机 1min，就必须添加停机延时 1min 的控制功能，请采用功能添加法设计停车延时 1min 控制的小车自动往返循环控制程序。
>
> 2. 如果实例中的小车自动往返循环控制 10 次后会自动停止在原料库的位置，又如何采用功能添加法进行程序设计。

考证要点

根据国家职业资格考试（高级工）相关要求，该任务内容的考证要点见表 2-5-5。

表 2-5-5 考证要点

行为领域	鉴定范围	鉴定点	重要程度
理论知识	可编程序控制系统读图分析与程序编制及调试	1. 基本指令表和编程元件（计数器） 2. 可编程序控制器编程技巧 3. 用编程软件对程序进行监控与调试的方法 4. 程序错误的纠正步骤与方法	★★
操作技能	可编程序控制系统读图分析与程序编制及调试	1. 能使用基本指令进行简单的程序设计 2. 能使用编程软件来模拟现场信号进行基本指令为主的程序调试	★★★

考证测试题

一、填空题（请将正确的答案填在横线空白处）

1. 定时器和计数器除了当前值以外，还有一位状态位，状态位在当前值_____预置值时为 ON。

2. C0 ~ C199 共 200 点是_____位加计数器，其中 C0 ~ C99 共 100 点为_____型，C100 ~ C199 共 100 点为_____型（断电保持型即断电后能保持当前值通电后继续计数）。这类计数器为_____计数，应用前先对其设置某一设定值，当输入信号（上升沿）个数累加到设定值时，计数器动作，其常开触点_____、常闭触点_____。16 位加计数器的设定值为 1 ~_____，设定值可以用常数 K 或者通过_____来设定。

3. FX2N 系列 PLC 提供了两类计数器，一类为_____计数器，它是 PLC 在执行扫描操作时间对内部信号等进行计数的计数器，要求输入信号的接通或断开时间应大于 PLC 的扫描周期；另一类是_____计数器，其响应速度快，因此对于频率较高的计数就必须采用高速计数器。内部计数器分为_____位加计数器和位加/减计数器两类，计数器采用 C 和十进制数共同组成编号。

二、选择题（将正确答案的序号填入括号内）

1. 下列特殊辅助继电器中，属于时钟脉冲特殊辅助继电器的是（   ）。

A. M8011   B. M8028   C. M8033   D. M8034

2. 下列特殊辅助继电器中，属于1s时钟脉冲特殊辅助继电器的是（   ）。

A. M8011   B. M8012   C. M8013   D. M8014

3. 下列特殊辅助继电器中，属于10ms时钟脉冲特殊辅助继电器的是（   ）。

A. M8011   B. M8012   C. M8013   D. M8014

4. 下列特殊辅助继电器中，属于100ms时钟脉冲特殊辅助继电器的是（   ）。

A. M8011   B. M8012   C. M8013   D. M8014

5. 下列特殊辅助继电器中，属于1min时钟脉冲特殊辅助继电器的是（   ）。

A. M8011   B. M8012   C. M8013   D. M8014

三、分析题

根据图2-5-24所示梯形图及X0和X1输入状态时序图，试画出计数器C0的当前值和Y0的输出状态。

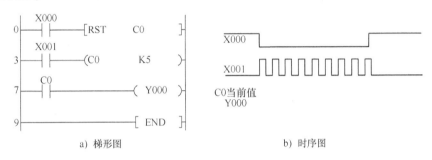

a) 梯形图　　　　　　　　　　　　b) 时序图

图2-5-24　梯形图及时序图

四、技能题

1. 题目：用PLC进行控制电路的设计，并进行安装与调试。

2. 考核要求：

（1）按图2-5-25所示的继电控制电路的控制功能用PLC对控制电路进行设计，并且进行安装与调试。

（2）电路设计：根据任务，设计主电路电路图，列出PLC控制I/O口（输入/输出）元件地址分配，根据加工工艺，设计梯形图及PLC控制I/O口（输入/输出）接线图，并能仿真运行。

（3）安装与接线：

1）将熔断器、接触器、继电器、PLC安装在一块配线板上，而将转换开关、按钮等安装在另一块配线板上。

2）按PLC控制I/O口（输入/输出）接线图在模拟配线板上正确安装，元器件在配线板上布置要合理，安装要准确、紧固，配线导线要紧固、美观，导线要进入线槽，导线要有端子标号。

（4）PLC键盘操作：熟练操作键盘，能正确地将所编程序输入PLC；按照被控设备的动作要求进行模拟调试，达到设计要求。

（5）通电试验：正确使用电工工具及万用表，进行仔细检查，通电试验，并注意人身和设备安全。

(6) 考核时间分配

1) 设计梯形图及 PLC 控制 I/O 口（输入/输出）接线图及上机编程时间为 120min。

2) 安装接线时间为 60min。

3) 试机时间为 5min。

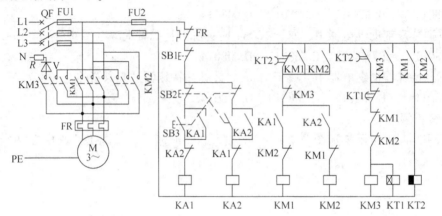

图 2-5-25　正、反转能耗控制电路

3. 评分标准（参见表 2-1-6）。

单元 3　顺序控制系统设计与装调

3

任务 1　送料小车三地自动往返循环控制设计与装调

 学习目标

> 知识目标：掌握步进逻辑公式的含义，同时会利用步进逻辑公式法进行步进顺序控制的设计。
>
> 能力目标：1. 会根据控制要求画出程序分步图，并能灵活地运用步进逻辑公式法，实现小车三地自动往返循环控制的梯形图程序设计。
> 2. 会安装与调试送料小车三地自动往返循环控制 PLC 控制系统的电路。

 工作任务

在实际生产中往往会遇到设备工作台或送料小车的多地自动往返循环控制的情况，如图 3-1-1 所示就是一送料小车三地自动往返循环控制的工作画面，其工作示意图如图 3-1-2 所示。

[本次任务的主要内容]：通过利用步进逻辑公式设计法，采用 PLC 控制系统实现对送

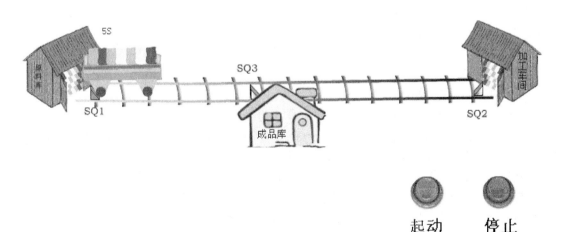

图 3-1-1　送料小车三地自动往返循环控制工作画面

料小车的三地自动往返循环控制。［其控制要
求］：

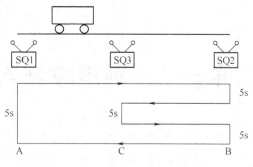

1）小车在初始位置时停止在原料库，当
按下起动按钮 SB2 时，5s 后送料小车载着加工
原料前往加工车间，途中经过成品库撞压行程
开关 SQ3，但送料小车没有停止，直到加工车
间撞压行程开关 SQ2 后，送料小车停止自动卸
料并装上成品，5s 后送料小车返回。

图 3-1-2　送料小车三地自动往返循环
控制工作示意图

2）当送料小车返回到成品库时，撞压到
行程开关 SQ3，小车停止 5s 后，将产品卸下，
然后空车返回加工车间，到达加工车间撞压行程开关 SQ2 后，送料小车停止将废品装车，5s
后装上废品的送料小车返回原料库；在返回途中经过成品库时，撞压行程开关 SQ3，但送料
小车没有停止，直到到达原料库撞压行程开关 SQ1 后，送料小车停止自动卸下废品并装上
原料，5s 后送料小车继续下一个循环进行送料……如此自动循环下去。

3）如需小车停止，只要按下停止按钮 SB1 即可实现。

任务分析

从上述控制要求分析可知，本任务是典型的小车三地自动往返循环控制，如果采用功能
添加法或经验法来设计小车三地或多地自动往返循环控制，设计过程将相当繁琐。对于像这
种较复杂的小车（或工作台）的三地或多地自动往返循环的步进顺序控制，一般多采用本
任务介绍的步进逻辑公式设计法进行设计，当然也有采用单序列结构的顺序功能图（SFC）
进行设计（该内容将在单元 3 任务 2 中进行介绍）。步进逻辑公式设计法的关键是步的划分
和编写出正确的逻辑代数方程式，然后利用"起-保-停"电路由逻辑代数方程式画出梯形
图。因此，在学习本任务内容时，应首先懂得什么是步进顺序控制，步进顺序控制的步是如
何划分的，什么是步进逻辑公式设计法，如何编写逻辑代数方程式，如何将逻辑代数方程式
转化为梯形图，最后掌握运用步进逻辑公式设计法完成对小车三地或多地自动往返循环控
制。

相关理论

编程的基本知识

1. 步进顺序控制设计法

在前面各任务中梯形图的设计方法一般称之为经验设计法，所谓经验设计法实际上是用
输入信号 X 直接控制输出信号 Y，如果无法直接控制或为了解决联锁和互锁功能，只好再增
加一些辅助元件和辅助触点。由于各系统输出量 Y 与输入量 X 之间的关系和对联锁、互锁
的要求千变万化，所以有时候设计起来难以得心应手。对于本任务的控制，它的工作过程其
实是按一定的顺序在进行的。对于这些按流程作业的控制系统而言，一般都包含若干个状态
（这个状态叫做工序），当条件满足时，系统能够从一种状态转移到另一种状态，这种控制
叫做步进顺序控制。对应的系统则称为步进顺序控制系统。步进顺序控制系统就是按照生产
工艺预先规定的顺序，在各个输入信号的作用下，根据内部状态和时间的顺序，使生产过程

中各个执行机构自动而有序地进行工作。从图 3-1-2 可以看出，小车的工作过程分解成若干个状态，各状态的任务明确而具体，各状态间的联系清楚，能清晰地反映整个控制过程，对于这种工作任务符合一定顺序的项目，有一种更简单通用的设计方法——步进顺序控制设计法。

总之，步进顺序控制设计法实际上是用输入信号 X 控制代表各步的编程元器件（例如辅助继电器 M 和状态继电器 S），再用它们控制输出信号 Y。步是根据输出信号 Y 的状态来划分的。步进顺序控制设计法又称为步进控制设计法，它是一种先进的设计方法，很容易被初学者接受，程序的调试、修改和阅读也很容易，并且大大缩短了设计周期，提供了设计效率。

步进控制设计法主要分为步进逻辑公式设计法、顺序功能图设计法两大类，其中顺序功能图设计法又有三种不同的基本结构形式的编程设计方法即单序列结构编程设计法、选择序列结构编程设计法和并行序列结构编程设计法。本任务主要介绍步进逻辑公式设计法，而顺序功能图设计法将在后续任务中再做介绍。

2. 步进逻辑公式设计法

步进逻辑公式设计法就是通过步进逻辑公式，列出每个程序步的逻辑代数式后，再利用"起-保-停"电路，通过 PLC 的基本指令，画出每个程序步的梯形图的方法。

（1）程序步　全部有关输出状态保持不变的一段时间区域称为一个程序步，只要有一个输出状态发生变化就转入下一步。在本任务中的送料小车自动往复运行的循环控制电路中，控制系统的输出信号为 KM1 和 KM2，输入信号由两个起动按钮和一个停止按钮发出，反馈信号由行程开关控制发出。

从图 3-1-2 所示的小车工作示意图可以看出，如果小车向右运行，那么 KM1 得电而 KM2 失电。在小车向右运行期间，输出状态保持 KM1 得电、KM2 失电的状态，由定义可得这是一个程序步。当小车向左运行时又变成 KM1 失电、KM2 得电，系统又转入另一个程序步。

对于比较复杂的生产工艺要求，每个程序步之间都存在着如下关系：每个程序步都是前一步压动行程开关或按下按钮（转换条件）产生的，而每一步的消失又都是因后一步的出现而消失的。

（2）步进逻辑公式

$$M_i = (X_i M_{i-1} + M_i) \overline{M_{i+1}}$$

公式说明：

1）假设 i 表示第 i 程序步（本步），i-1 表示第 i-1 程序步（前一步），i+1 表示第 i+1 程序步（后一步），M 表示辅助继电器的线圈或触点，X 表示按钮或行程开关。用逻辑代数书写时，M_i 在等号的左端出现表示辅助继电器线圈的符号，M_i 在等号的右端出现表示辅助继电器触点符号。

2）第 i 程序步用逻辑代数书写的过程为：每一步 M_i 的产生都是由前一步压动行程开关或按下按钮（转换条件）X_i 产生的，则 $M_i = X_i M_{i-1}$；产生后应该有一段时间区域保持不变，故应该有自保（自锁），则 $M_i = X_i M_{i-1} + M_i$；每一步的消失都是在后一步的出现时而消失，则 $M_i = (X_i M_{i-1} + M_i) \overline{M_{i+1}}$。

（3）逻辑代数方程式转换成梯形图　将逻辑代数方程式转换成梯形图的方法是根据逻

辑代数方程式，利用"起-保-停"电路，通过 PLC 的基本指令，画出对应的梯形图。例如，上述的步进逻辑公式与其对应的梯形图见表 3-1-1。

表 3-1-1 逻辑代数方程式与其对应的梯形图

逻辑代数方程式	对应的梯形图
$M_i = (X_i M_{i-1} + M_i) \overline{M}_{i+1}$	 X_i M_{i-1} $\overline{M}_{i+1}$ ─┤├─┤├─────┤/├──(M_i) M_i ─┤├─

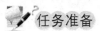

任务准备

实施本任务教学所使用的实训设备及工具材料见表 3-1-2。

表 3-1-2 实训设备及工具材料

序号	分类	名称	型号规格	数量	单位	备注
1	工具	电工常用工具		1	套	
2	仪表	万用表	MF47 型	1	块	
3	设备器材	编程计算机		1	台	
4		接口单元		1	套	
5		通信电缆		1	条	
6		可编程序控制器	FX2N-48MR	1	台	
7		安装配电盘	600mm×900mm	1	块	
8		导轨	C45	0.3	m	
9		空气断路器	Multi9 C65N D20	1	只	
10		熔断器	RT28-32	6	只	
11		按钮	LA10-3H	1	只	
12		接触器	CJ10-10 或 CJT1-10	2	只	
13		行程开关	LX19-121	3	只	
14		三相异步电动机	自定	1	台	
15		端子	D-20	20	只	
16	消耗材料	铜塑线	BV1/1.37mm²	10	m	主电路
17		铜塑线	BV1/1.13mm²	15	m	控制电路
18		软线	BVR7/0.75mm²	10	m	
19		紧固件	M4×20mm 螺杆	若干	只	
20			M4×12mm 螺杆	若干	只	
21			φ4mm 平垫圈	若干	只	
22			φ4mm 弹簧垫圈及 M4mm 螺母	若干	只	
23		号码管		若干	m	
24		号码笔		1	支	

任务实施

一、通过对本任务控制要求分析，分配输入点和输出点，写出 I/O 通道地址分配表

根据任务控制要求，可确定 PLC 需要 6 输入点，2 输出点，其 I/O 通道分配表见表 3-1-3。

表 3-1-3 I/O 通道地址分配表

输入			输出		
元件代号	作用	输入继电器	元件代号	作用	输出继电器
SB1	停止按钮	X000	KM1	正转向右控制	Y000
SB2	正转按钮	X001	KM2	反转向左控制	Y001
SB3	反转按钮	X002			
SQ1	A 点（原料库）限位	X003			
SQ2	B 点（加工车间）限位	X004			
SQ3	C 点（成品库）限位	X005			

二、画出 PLC 接线图（I/O 接线图）

PLC 接线图如图 3-1-3 所示。

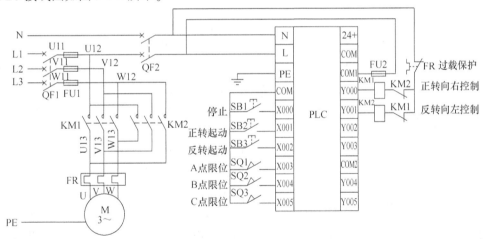

图 3-1-3 送料小车三地自动往返循环控制 PLC 接线图

三、程序设计

步进逻辑公式设计法特别适用于这种通过行程开关控制的小车（或工作台）的多点自动循环步进顺序控制的设计。其设计的方法及步骤如下。

1. 程序步的划分

应用步进逻辑公式法进行设计，程序步的划分是关键和首要条件。何谓程序步？全部有关输出状态保持不变的一段时间区域称为一个程序步。只要有一个输出状态发生变化就转入下一步。在本任务的小车三地自动往复运行的循环控制电路中，此控制系统的输出信号为 KM1 和 KM2，输入信号由 1 个正转起动按钮、1 个反转起动按钮和 1 个停止按钮发出，反馈信号由 3 个行程开关（SQ1、SQ2 和 SQ3）发出。如图 3-1-4 所示就是送料小车运行的程序分步图。

根据程序步的定义可知小车运行轨迹可分为 M1、M2、M3、M4 四步，每步的转步信号分别设为 SQ1、SQ2、SQ3，如图 3-1-4 所示。

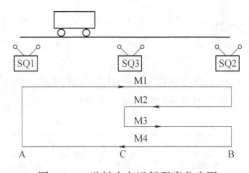

2. 列出本任务控制的逻辑代数方程式

根据步进逻辑公式可列出如下方程组：

$$M1 = (SQ1\ M4 + M1)\ \overline{M2} \qquad (3\text{-}1\text{-}1)$$
$$M2 = (SQ2\ M1 + M2)\ \overline{M3} \qquad (3\text{-}1\text{-}2)$$
$$M3 = (SQ3\ M2 + M3)\ \overline{M4} \qquad (3\text{-}1\text{-}3)$$
$$M4 = (SQ2\ M3 + M4)\ \overline{M1} \qquad (3\text{-}1\text{-}4)$$

图 3-1-4　送料小车运行程序分步图

由于行程开关 SQ1、SQ2、SQ3 是小车的反馈输入信号，若分别用 X003、X004 和 X005 所代替，则上述方程组可转换成下列方程组：

$$M1 = (X003\ M4 + M1)\ \overline{M2} \qquad (3\text{-}1\text{-}5)$$
$$M2 = (X004\ M1 + M2)\ \overline{M3} \qquad (3\text{-}1\text{-}6)$$
$$M3 = (X005\ M2 + M3)\ \overline{M4} \qquad (3\text{-}1\text{-}7)$$
$$M4 = (X004\ M3 + M4)\ \overline{M1} \qquad (3\text{-}1\text{-}8)$$

如何起动这组循环控制呢？必须增加正转起动按钮 SB2（X001）来发起这组循环，因此式（3-1-5）可改为：

$$M1 = (X003\ M4 + X001 + M1)\ \overline{M2} \qquad (3\text{-}1\text{-}9)$$

如果当小车停在某一位置时，需要反转起动返回时，可增加反转起动按钮 SB3（X002）来完成这组循环，因此式（3-1-6）可改为：

$$M2 = (X004\ M1 + X002 + M2)\ \overline{M3} \qquad (3\text{-}1\text{-}10)$$

但是如何"结束"这组循环呢？必须增加停止按钮 SB1（X000）来使系统停止工作。逻辑代数方程组再次修改为：

$$M1 = (X003\ M4 + X001 + M1)\ \overline{M2}\ \overline{X000} \qquad (3\text{-}1\text{-}11)$$
$$M2 = (X004\ M1 + X002 + M2)\ \overline{M3}\ \overline{X000} \qquad (3\text{-}1\text{-}12)$$
$$M3 = (X005\ M2 + M3)\ \overline{M4}\ \overline{X000} \qquad (3\text{-}1\text{-}13)$$
$$M4 = (X004\ M3 + M4)\ \overline{M1}\ \overline{X000} \qquad (3\text{-}1\text{-}14)$$

由于 KM1 得电，送料小车向右运行，而 KM2 得电，送料小车向左运行，所以程序步与 KM1 和 KM2 之间的函数为：

$$KM1 = (M1 + M3)\ \overline{KM2}\ \overline{SB1} \qquad (3\text{-}1\text{-}15)$$
$$KM2 = (M2 + M4)\ \overline{KM1}\ \overline{SB1} \qquad (3\text{-}1\text{-}16)$$

考虑到送料小车正、反转的切换都是通过延时 5s 后开始的，假设正转延时定时器为 T1，反转延时定时器为 T2，那么程序步与定时器 T1 和 T2 之间的函数关系为：

$$T1 = (M1 + M3) \qquad (3\text{-}1\text{-}17)$$
$$T2 = (M2 + M4) \qquad (3\text{-}1\text{-}18)$$

考虑编程，可分别将输出继电器 Y000（KM1）、Y001（KM2）和停止按钮 SB1（X000）及定时器 T1、T2 代入 KM1 和 KM2 的函数表达式，可得送料小车向左和向右运行的逻辑代数方程组：

$$Y000 = T1\ \overline{Y001}\ \overline{X000} \qquad (3\text{-}1\text{-}19)$$

$$Y001 = T2 \ \overline{Y000} \ \overline{X000} \tag{3-1-20}$$

3. 将逻辑代数方程式转换成梯形图程序

根据所列出的逻辑代数方程式，利用"起-保-停"电路，通过 PLC 的基本指令，画出对应的梯形图，见表 3-1-4。

表 3-1-4　逻辑代数方程式与其对应的梯形图

逻辑代数方程式	对应的梯形图
$M1 = (X003 \ M4 + X001 + M1) \ \overline{M2} \ \overline{X000}$	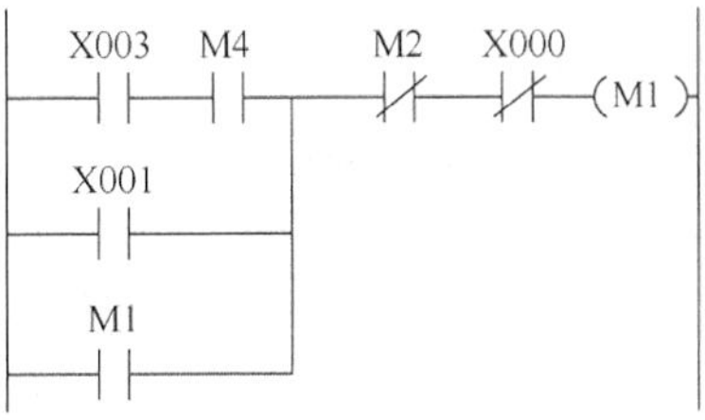 X003 M4 — M2 X000 —(M1); X001; M1
$M2 = (X004 \ M1 + X002 + M2) \ \overline{M3} \ \overline{X000}$	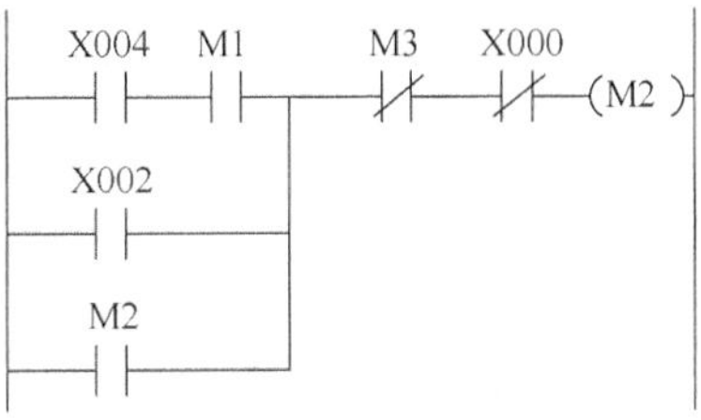 X004 M1 — M3 X000 —(M2); X002; M2
$M3 = (X005 \ M2 + M3) \ \overline{M4} \ \overline{X000}$	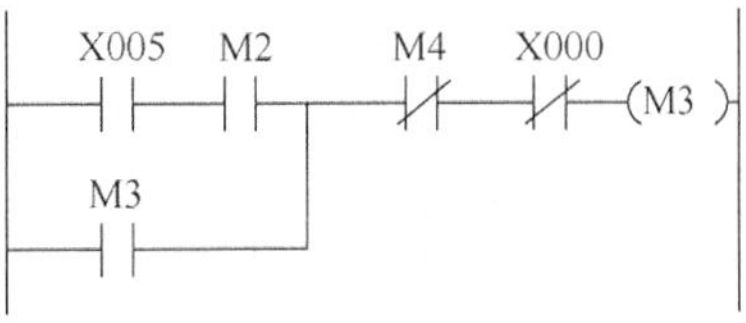 X005 M2 — M4 X000 —(M3); M3
$M4 = (X004 \ M3 + M4) \ \overline{M1} \ \overline{X000}$	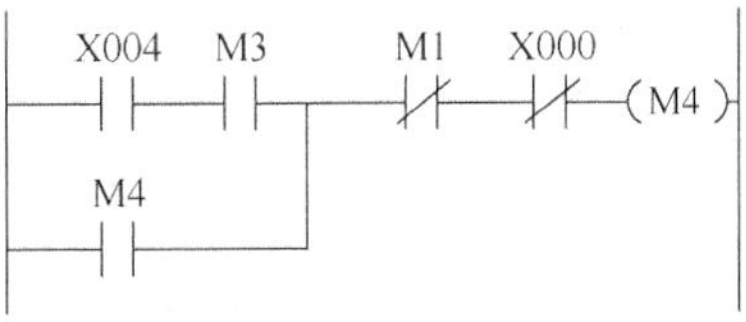 X004 M3 — M1 X000 —(M4); M4
$T1 = (M1 + M3)$	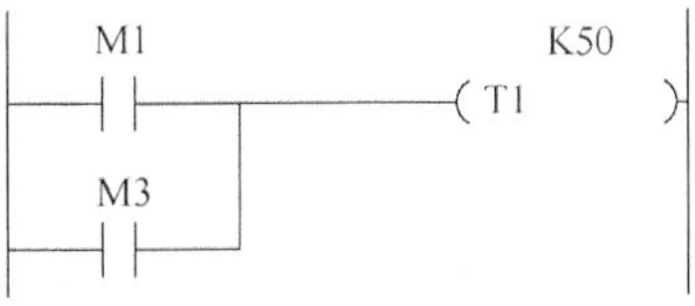 M1 — K50 (T1); M3
$T2 = (M2 + M4)$	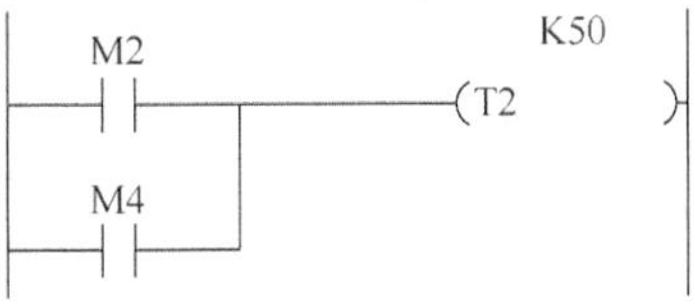 M2 — K50 (T2); M4
$Y000 = T1 \ \overline{Y001} \ \overline{X000}$	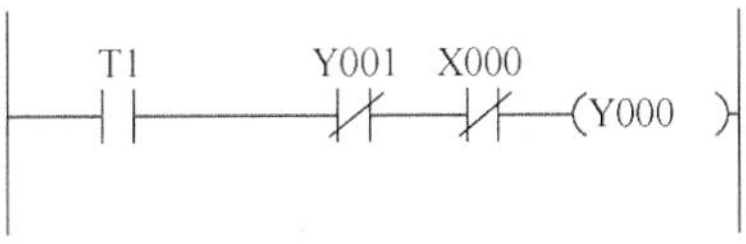 T1 — Y001 X000 —(Y000)

（续）

逻辑代数方程式	对应的梯形图
$Y000 = T2 \cdot \overline{Y000} \cdot \overline{X000}$	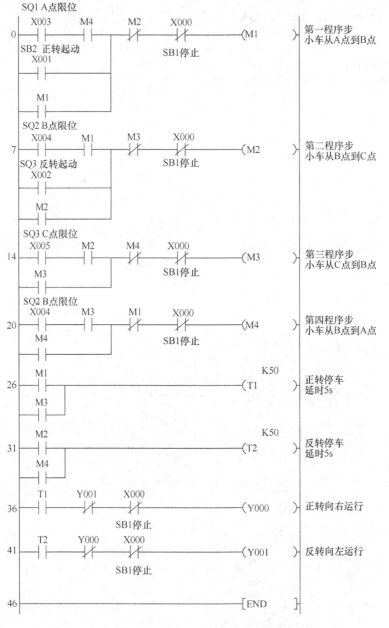

图 3-1-5 送料小车三地自动往返循环控制的梯形图

综上所述，最后根据步进逻辑代数表达式画出的送料小车三地自动往返循环控制的梯形图如图 3-1-5 所示。

> **提示**　通过逻辑代数方程表达式进行步进顺序控制设计的步进逻辑公式设计法，不仅适用于 PLC 控制系统的程序设计，而且还是继电-接触器控制的步进顺序控制设计的一种有效而重要的设计手段。

四、程序输入及仿真运行

1. 程序输入

起动 MELSOFT 系列 GX Developer 编程软件，首先创建新文件名，并命名为"送料小车三地自动往返循环控制"，选择 PLC 的类型为"FX2N"，运用前面任务所学的梯形图输入法，输入如图 3-1-5 所示的梯形图，梯形图程序输入过程在此不再赘述。

2. 仿真运行

应用前面任务所述的位元件逻辑测试方式进行仿真运行比较直观，仿真过程在此不再赘述。

3. 程序下载

（1）PLC 与计算机连接　使用专用通信电缆 RS-232/RS—422 转换器将 PLC 的编程接口与计算机的 COM1 串口连接。

（2）程序写入　首先接通系统电源，将 PLC 的 RUN/STOP 开关拨到"STOP"的位置，然后通过 MELSOFT 系列 GX Developer 软件中的"PLC"菜单的"在线"栏的"PLC 写入"，就可以把仿真成功的程序写入的 PLC 中。

五、电路安装与调试

（1）安装电路　根据如图 3-1-3 所示的 PLC 接线图（I/O 接线图），按照以下安装电路的要求在送料小车三地自动往返循环控制的模拟实物控制配线板上进行元器件及电路安装。

（2）检查电路

1）检查元器件。根据表 3-1-2 配齐元器件，检查元器件的规格是否符合要求，并用万用表检测元器件是否完好。

2）固定元器件。固定好本任务所需元器件。

3）配线安装。根据配线原则和工艺要求，进行配线安装。

4）自检。对照接线图检查接线是否无误，再使用万用表检测电路的阻值是否与设计相符。

（3）通电调试

1）经自检无误后，在指导教师的指导下，方可通电调试。

2）首先接通系统电源开关 QF2，将 PLC 的 RUN/STOP 开关拨到"RUN"的位置，然后通过计算机上的 MELSOFT 系列 GX Developer 软件中的"监控/测试"监视程序的运行情况，再按照表 3-1-5 所示进行操作，观察系统运行情况并做好记录。如出现故障，应立即切断电源，分析原因，检查电路或梯形图，排除故障后，方可进行重新调试，直到系统功能调试成功为止。

表 3-1-5　程序调试步骤及运行情况记录

操作步骤	操作内容	观察内容	观察结果	思考内容
第一步	原位压下 SQ1，然后按下 SB2			
第二步	5s 后，松开 SQ1 后，经过一段时间，再按下 SQ3			
第三步	松开 SQ3 后，经过一段时间，再按下 SQ2			
第四步	5s 后松开 SQ2，经过一段时间，再按下 SQ3	KM1 和 KM2 的动作		理解 PLC 的工作过程
第五步	5s 后松开 SQ3，经过一段时间，再按下 SQ2			
第六步	5s 后松开 SQ2，再按下 SQ3			
第七步	经过一段时间，按下 SQ1			
第八步	5s 后松开 SQ1，再按下 SB1			
第九步	按下 SB3			

检查评议

对任务实施的完成情况进行检查，并将结果填入表 3-1-6 评分表内。

表 3-1-6　任务测评表

序号	主要内容	考核要求	评分标准	配分	扣分	得分
1	电路设计	根据任务，列出逻辑代数方程式，列出 PLC 控制 I/O 口（输入/输出）元件地址分配表，根据加工工艺，设计梯形图及 PLC 控制 I/O 口（输入/输出）接线图	1. 逻辑代数方程式设计功能不全，每缺一项功能扣 5 分 2. 梯形图程序设计错，扣 20 分 3. 输入输出地址遗漏或搞错，每处扣 5 分 4. 梯形图表达不正确或画法不规范，每处扣 1 分 5. 接线图表达不正确或画法不规范，每处扣 2 分	70		
2	程序输入及仿真调试	熟练正确地将所编程序输入 PLC；按照被控设备的动作要求进行模拟调试，达到设计要求	1. 不会熟练操作 PLC 键盘输入指令，扣 2 分 2. 不会用删除、插入、修改、存盘等命令，每项扣 2 分 3. 仿真试车不成功，扣 50 分			

（续）

序号	主要内容	考核要求	评分标准	配分	扣分	得分
3	安装与接线	按 PLC 控制 I/O 口（输入/输出）接线图在模拟配线板正确安装，元器件在配线板上布置要合理，安装要准确紧固，配线导线要紧固、美观，导线要进入线槽，导线要有端子标号	1. 试机运行不正常，扣 20 分 2. 损坏元器件，扣 5 分 3. 试机运行正常，但不按电气原理图接线，扣 5 分 4. 布线不进入线槽，不美观，主电路、控制电路的导线每根扣 1 分 5. 接点松动、露铜过长、反圈、压绝缘层，标记线号不清楚、遗漏或误标，引出端无别径压端子，每处扣 1 分 6. 损伤导线绝缘或线芯，每根扣 1 分 7. 不按 PLC 控制 I/O（输入/输出）接线图接线，每处扣 5 分	20		
4	安全文明生产	劳动保护用品穿戴整齐；电工工具佩带齐全；遵守操作规程；尊重考评员，讲文明礼貌；考试结束要清理现场	1. 考试中，违犯安全文明生产考核要求的任何一项扣 2 分，扣完为止 2. 当考评员发现考生有重大事故隐患时，要立即予以制止，并每次扣安全文明生产总分 5 分	10		
合　计						
开始时间：			结束时间：			

问题及防治

在进行送料小车三地自动往返循环控制的梯形图程序设计、上机编程、模拟仿真及电路安装与调试的过程中，时常会遇到如下情况：

问题 1：在进行送料小车正、反转停车延时 5s 控制程序的设计时只用到一个定时器。

【后果及原因】　在进行送料小车正、反转停车延时 5s 控制程序的设计时，虽然延时时间都是 5s，但必须分别用两个定时器 T1（正转停车延时控制）和 T2（反转停车延时控制）来实现延时控制。因为第一程序步和第三程序步是用来控制正转的，而第二程序步和第四程序步是用来控制反转的，它们之间存在互锁的关系，不能同时动作，如果只用到一个定时器，将无法同时完成正、反转停车的延时控制。

【预防措施】　在进行送料小车正、反转停车延时 5s 控制程序的设计时，应分别用两个定时器 T1（正转停车延时控制）和 T2（反转停车延时控制）来实现延时控制。

问题 2：在模拟仿真试车调试过程中，忽视行程开关 SQ1、SQ2 和 SQ3 在小车运行中的各个状态。

【后果及原因】　在模拟仿真试车调试过程中，如果忽视行程开关 SQ1、SQ2 和 SQ3 在小车运行中的各个状态，会影响试车的准确性。

【预防措施】 在模拟仿真试车调试过程中，应明确行程开关 SQ1、SQ2 和 SQ3 在小车运行中的各个状态，如小车等待起动时，SQ1 处于原位压下状态，而 SQ2 和 SQ3 处于断开状态；当小车在运行过程中，行程开关 SQ1、SQ2 和 SQ3 都处于断开状态，当小车到达 B 点时，SQ2 处于闭合状态，而 SQ1 和 SQ3 处于断开状态；当小车到达 C 点时，SQ3 处于闭合状态，而 SQ1 和 SQ2 处于断开状态。

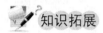 知识拓展

一、理论知识拓展

1. 传感器的定义

传感器是一种检测装置，通常由敏感元器件和转换元器件组成，它酷似人类的"五官"（视觉、嗅觉、味觉、听觉和触觉），能感受到被测量的信息，并能将检测感受到的信号，按一定规律变换成为电信号或其他所需形式的信息输出，满足信息的传输、处理、存储、显示、记录和控制等要求。

2. 常用传感器

本任务中所用的行程开关 SQ1、SQ2 和 SQ3 采用的是型号为 LX19-121（单轮，滚轮装在传动杆外侧，能自动复位）的行程开关。由于小车运行过程中的频繁机械碰撞，影响了小车停车位置的准确性，同时也缩短了行程开关的使用寿命，逐渐被接近传感器（接近开关）所替代。常用的接近开关一般有以下几种。

（1）光电式接近开关 光电式接近开关的实物图，如图 3-1-6 所示。

图 3-1-6 光电式接近开关的实物图

（2）电感式接近开关 电感式接近开关的实物图，如图 3-1-7 所示。

（3）电容式接近开关　电容式接近开关的实物图，如图 3-1-8 所示。

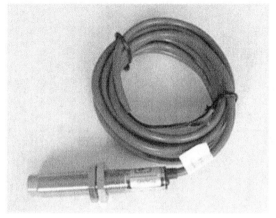

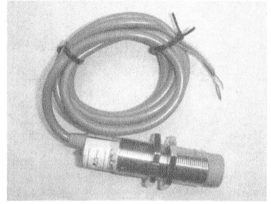

图 3-1-7　电感式接近开关的实物图　　　图 3-1-8　电容式接近开关的实物图

下面是其他几种常见的传感器，如图 3-1-9 所示。

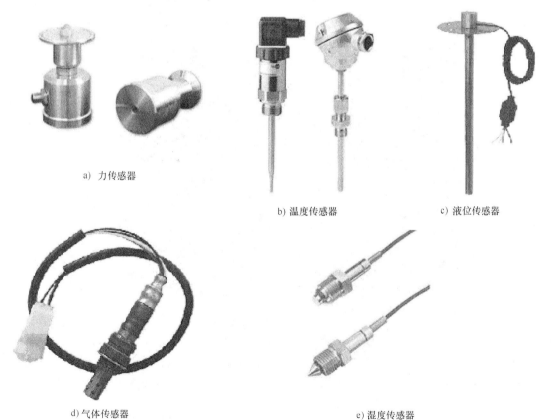

a）力传感器

b）温度传感器　　　c）液位传感器

d）气体传感器　　　e）湿度传感器

图 3-1-9　几种常见传感器的实物图

3. 传感器的符号

传感器的文字符号是 SQ，图形符号如图 3-1-10 所示。

图 3-1-10　传感器的图形符号

4. 传感器的接线

双出线传感器的接线见表 3-1-7。

表 3-1-7　双出线传感器的接线

接线方法	接线示意图（BN：棕色，BU：蓝色）	接线情况说明
双出线	BN　　　+ 　　　电源 负载 BU	负载与传感器串联在电源两端，负载接在蓝色线上。当没有感应信号时传感器的触点不动作，负载两端无信号。当有感应信号时传感器的触点动作，负载两端得到信号

如图 3-1-11 所示，当接通电源，传感器前无感应物体时，指示灯不亮；把感应物体慢慢靠近传感器，当感应物体与传感器感应面的距离为 5mm 左右时，传感器动作使指示灯亮。

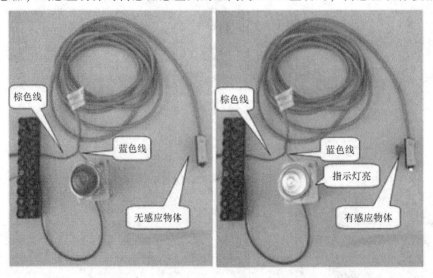

图 3-1-11　双出线传感器的接线

> **提示**　在进行双出线传感器的接线时，应首先看清传感器两根引出线的颜色，然后根据双出线传感器的接线图，将 24V 直流电源、24V 直流指示灯、传感器等用导线连接。

二、技能拓展

如图 3-1-12 所示是由电动机控制的动力滑台示意图，其控制要求如下：

1）按下起动按钮后，动力头 1 从 SQ1 前进至 SQ2 处。

2）动力头 1 停止在 SQ2 处后，动力头 2 从 SQ3 处前进至 SQ4 处。

3）动力头 2 停止在 SQ4 处后，动力头 1 后退至 SQ1 处停止。

4）动力头 1 停止后，动力头 2 后退至 SQ3 处停止，一个循环完成。

试根据工作示意图画出顺序功能图，列出其步进逻辑公式，并转换成梯形图。

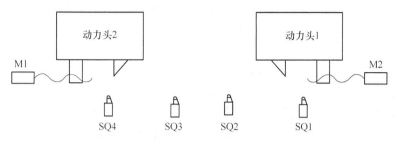

图 3-1-12 电动机控制的动力滑台示意图

考证要点

根据国家职业资格考试（高级工）相关要求，该任务内容的考证要点见表 3-1-8。

表 1-3-8 考证要点

行为领域	鉴定范围	鉴定点	重要程度
理论知识	可编程序控制系统读图分析与程序编制及调试	1. 基本指令表 2. 可编程序控制器的逻辑公式法编程技巧 3. 用编程软件对程序进行监控与调试的方法 4. 程序错误的纠正步骤与方法	★★
操作技能	可编程序控制系统读图分析与程序编制及调试	1. 能使用步进逻辑公式法，采用基本指令编写程序 2. 能使用编程软件来模拟现场信号进行基本指令为主的程序调试	★★★

考证测试题

一、填空题（请将正确的答案填在横线空白处）

1. 在步进逻辑公式 $M_i = (X_i M_{i-1} + M_i) \overline{M_{i+1}}$ 中，M_i 在等号的左端出现表示_____符号，M_i 在等号的右端出现表示_____符号。

2. 经验设计法实际上是用____信号直接控制____信号，如果无法直接控制或为了解决联锁和互锁功能，只好被动地增加一些辅助元件和辅助触点。

3. 全部有关_____状态保持不变的一段时间区域称为一个程序步。只要有一个_____状态发生变化就转入下一步。

4. 对于按流程作业的控制系统而言，一般都包含若干个状态（这个状态叫做工序），当____满足时，系统能够从一种状态____到另一种状态，这种控制叫做步进顺序控制。

5. 步进控制设计法主要分为_____设计法和顺序功能图设计法两大类，其中顺序功能图设计法又有三种不同的基本结构形式的编程设计方法即____序列结构编程设计法、_____序列结构编程设计法和_____序列结构编程设计法。

二、分析题

1. 根据步进逻辑代数方程式画出对应的梯形图，见表 3-1-9。

表 3-1-9　逻辑代数方程式与其对应的梯形图

逻辑代数方程式	对应的梯形图
$M1 = （X003\ M4 + X001 + M1）\overline{M2}\ \overline{X000}$	
$M2 = （X004\ M1 + X002 + M2）\overline{M3}\ \overline{X000}$	

2. 根据梯形图写出对应的步进逻辑代数方程式，见表 3-1-10。

表 3-1-10　逻辑代数方程式与其对应的梯形图

逻辑代数方程式	对应的梯形图

三、技能题

1. 题目：利用 PLC 控制电路进行设计，并进行安装与调试。

2. 考核要求

（1）按照如图 3-1-13 所示的小车四地自动往返控制工作示意图的控制功能，常用步进逻辑公式设计法进行 PLC 控制系统的程序设计，并且进行安装与调试。

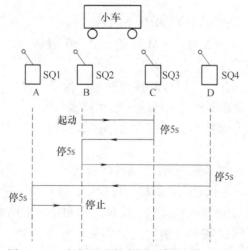

图 3-1-13　小车四地自动往返控制工作示意图

（2）电路设计：根据任务，设计主电路电路图，列出 PLC 控制 I/O 口（输入/输出）元器件地址分配；根据加工工艺，列出步进控制的逻辑代数方程，并设计出梯形图及 PLC 控制 I/O 口（输入/输出）接线图，然后仿真运行。

（3）安装与接线：

1）将熔断器、接触器、继电器、PLC 安装在一块配线板上，将行程开关、按钮等安装在另一块配线板上。

2）按 PLC 控制 I/O 口（输入/输出）接线图在模拟配线板上正确安装，元器件在配线板上布置要合理，安装要准确、紧固，配线导线要紧固、美观，导线要进入线槽，导线要有端子标号。

（4）PLC 键盘操作：熟练操作键盘，能正确地将所编程序输入 PLC；按照被控设备的动作要求进行模拟调试，达到设计要求。

（5）通电试验：正确使用电工工具及万用表，进行仔细检查，通电试验，并注意人身和设备安全。

（6）考核时间分配：

1）设计梯形图及 PLC 控制 I/O 口（输入/输出）接线图及上机编程时间为 90min。

2）安装接线时间为 60min。

3）试机时间为 5min。

3. 评分标准（见表 3-1-6）

任务 2　简易汽车清洗装置控制系统设计与装调

 学习目标

知识目标：1. 掌握状态继电器的功能及步进顺控指令的功能及应用。
2. 掌握单序列结构状态转移图（SFC）的画法，并会通过状态转移图对步进顺序控制进行设计。
能力目标：1. 会根据控制要求画出状态转移图，并能灵活地运用以转换为中心的状态流程图转换成梯形图，实现简易汽车清洗装置控制系统的程序设计。
2. 能通过三菱 GX-Developer 编程软件，采用状态转移图输入法进行编程，通过仿真软件采用软元件测试的方法进行仿真，并进行安装调试。

 工作任务

工业自动清洗机是工业现场一种重要的工业设备，以前，该种系统基本是通过继电器等元器件组成的，现在改进为由 PLC 控制的系统，系统的性能更先进，稳定性更好，系统的进一步改造也更加的方便。工业自动清洗机已经得到了较大的普及，但是它的自动化程度仍然不高，在特殊情况下，仍然需要对其进行进一步的升级与改造，由此，PLC 控制的工业自动清洗机便非常的符合要求，并且对以后更高级的改造也比较方便。如图 3-2-1 所示为一简易的汽车自动清洗装置场景图。该装置的工作流程图如图 3-2-2 所示。

图 3-2-1　汽车自动清洗装置场景图

本任务的主要内容是：以图 3-2-1 所示的汽车自动清洗机为例，运用 PLC 的顺序控制设计中的步进顺控指令编程法，完成对汽车自动清洗机的电气控制。

任务控制要求如下：

1. 初始状态

汽车清洗装置投入运行前，喷淋、清洗机和旋转刷都处于关闭状态，如图 3-2-3 所示。

2. 运行操作

1）当汽车进入清洗机轨道时，按下起动按钮 SB1，喷淋阀门打开，同时清洗机开始移动，如图 3-2-4 所示。

2）当清洗机载着汽车移动，经过喷淋，到达清洗检测位置时，气动阀旋转刷开始转动，如图 3-2-5 所示。

3）转动的气动阀旋转刷清洗小车画面，如图 3-2-6 所示。

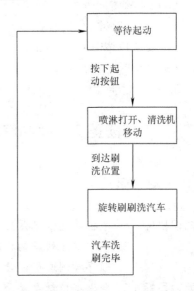

图 3-2-2　汽车自动清洗装置的工作流程图

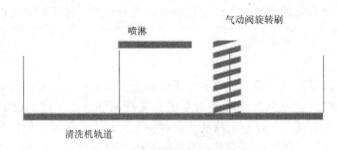

图 3-2-3　简易汽车自动清洗装置等待起动状态示意图

4）当检测到汽车离开清洗机时，清洗机停止移动，刷子停止旋转，喷淋阀门关闭，回

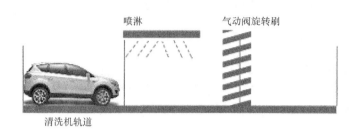

图 3-2-4 简易汽车自动清洗装置起动后的示意图

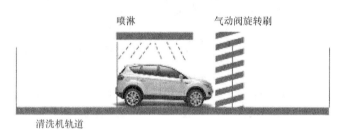

图 3-2-5 小车到达清洗检测位置时，气动阀旋转刷开始转动示意图

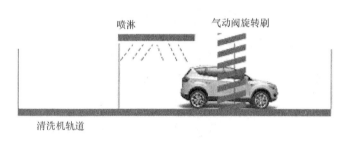

图 3-2-6 转动的气动阀旋转刷清洗小车示意图

到如图 3-2-3 所示等待起动状态。

3. 停止操作

如果在清洗过程中，需要停止，只要按下停止按钮 SB2，汽车清洗机就会停止工作。

任务分析

通过对上述控制要求分析可知，本任务控制是典型的步进顺序控制。在本单元任务 1 中曾介绍了用步进逻辑公式法进行步进顺序控制程序的设计，该方法的特点是通过对控制要求的分析，列出各程序步的逻辑代数方程式，然后采用"起-保-停"电路，通过基本指令对梯形图进行编程设计。该方法适用于各种型号的 PLC，但对于复杂的步进顺序控制系统而言，采用步进逻辑公式法进行设计将较为困难，为了提高设计的有效性和缩短设计的时间周期，一般都使用专门的步进控制指令进行设计。任何一种型号的 PLC 都有自己本身的步进控制指令，而这些指令是专门用于步进控制的。三菱 FX 系列的 PLC 也不例外，它也有两条步进指令（STL、RET）将在本任务中进行介绍。另外，值得一提的是三菱 FX 系列的 PLC 具有通过状态转移图（SFC）的编程方法实现对步进顺序的控制，这是其他型号的 PLC 所无法比拟的。本次任务的目的就是通过学习，掌握将单序列结构状态转移图的编程方法转化成梯形图控制程序，完成汽车清洗装置控制系统的编程设计。

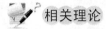 相关理论

一、编程元件——状态继电器（S）

状态继电器 S 是用来记录系统运行的状态，是编制顺序控制程序的重要编程元件。状态继电器应与步进顺控指令 STL 配合使用，其编号为十进制数。FX2N 系列 PLC 内部的状态继电器共有 1000 个，见表 3-2-1。

表 3-2-1　FX2N 系列 PLC 的编程元件

类别	元件编号	点数	用途及特点
初始状态继电器	S0 ～S9	10	用于状态转移图（SFC）的初始状态
回零状态继电器	S10 ～S19	10	多运行模式控制当中，用作返回原点的状态
通用状态继电器	S20 ～S499	480	用作状态转移图（SFC）的中间状态
断电保持状态继电器	S500 ～S899	400	具有断电保持功能，断电再起动后，可继续执行
报警用状态继电器	S900 ～S999	100	用于故障诊断和报警

在使用状态继电器时，需要注意以下几个方面：

1）状态继电器的编号必须在指定的类别范围内使用。

2）状态继电器与辅助继电器一样有无数的常开触点和常闭触点，在 PLC 内部可自由使用。

3）不使用步进顺控指令时，状态继电器可与辅助继电器一样使用。

4）供报警用的状态继电器可用于外部故障诊断的输出。

5）通用状态继电器和断电保持状态继电器的地址编号分配可通过改变参数来设置。

> **提示**　　对断电保持型的状态继电器在重复使用时要用 RST 指令复位。对报警用的状态继电器 S900 ～S999，要联合使用特殊辅助继电器 M8048、M8049 及应用指令 ANS 及 ANR。

二、步进顺控指令（STL、RET）

步进顺控指令只有两条，即步进阶梯（步进开始）指令（STL）和步进返回指令（RET）。

1. 指令的助记符及功能

步进顺控指令的助记符及功能见表 3-2-2。

表 3-2-2　步进顺控指令的助记符及功能

指令助记符名称	功能	梯形图符号	程序步
STL（步进开始指令）	与母线直接连接，表示步进顺控开始	⊢⊓⊢ 或 ⊢ S0/STL ⊢	1 步
RET（步进返回指令）	步进顺控结束，用于状态流程图结束返回主程序	─[RET]─	1 步

2. 关于指令功能说明

1）STL 是利用软元件对步进顺控问题进行工序步进式控制的指令。RET 是指状态（S 元件）流程结束，返回主程序。

2）STL 触点通过置位指令（SET）激活。当 STL 触点激活，则与其相连的电路接通；如果 STL 触点未激活，则与其相连的电路断开。

3）STL 触点与其他元件触点意义不尽相同。STL 无常闭触点，而且与其他触点无 AND、OR 的关系。

三、编程的基本知识

1. 顺序功能图（状态转移图）的组成要素

使用顺序控制设计法时首先根据系统的工艺过程，画出顺序功能图，然后根据顺序功能图画出梯形图。所谓顺序功能图，就是描述顺序控制的框图，如图 3-2-7 所示。顺序功能图主要由步、有向连线、转换、转换条件和动作（或命令）五大要素组成。

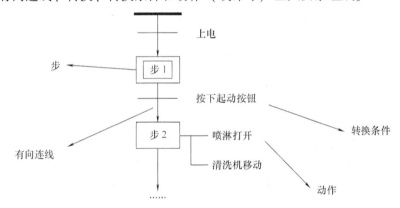

图 3-2-7   顺序功能图（状态转移图）的组成要素

（1）步及其划分   顺序控制设计法的最基本思想是分析被控对象的工作过程及控制要求，根据控制系统输出状态的变化将系统的一个工作周期划分为若干个顺序相连的阶段，这些阶段就称为步，可以用编程元器件（例如辅助继电器 M 和状态继电器 S）来代表各步。步是根据 PLC 输出量的状态变化来划分的，在每一步内，各输出量的 ON/OFF 状态均保持不变。只要系统的输出量状态发生变化，系统就从原来的步进入新的步。

总之，步的划分应以 PLC 输出量状态的变化来划分。如果 PLC 输出状态没有变化，就不存在程序的变化，步的这种划分方法使代表各步的编程元器件的状态与各输出量的状态之间有着极为简单的逻辑关系。

1）初始步。与系统的初始状态相对应的步称为初始步，初始状态一般是系统等待启动命令的相对静止的状态。初始步用双线框表示，如图 3-2-7 中的"步 1"所示；每一个顺序功能图至少应该有一个初始步。

2）活动步。当系统处于某一步所在的阶段时，该步处于活动状态，称该步为活动步，如图 3-2-7 中的"步 2"所示。步处于活动状态时，相应的动作被执行，如图 3-2-7 中"步 2"所示的喷淋打开、清洗机移动。

（2）与步对应的动作（或命令）   在某一步中要完成某些"动作"，"动作"是指某步活动时，PLC 向被控系统发出的命令，或被控系统应执行的动作。动作用矩形框中的文字或符号表示，该矩形框应与相应步的矩形框相连接。如果某一步有几个动作，可以用图 3-2-8 中的两种画法来表示，但是并不隐含这些动作之间的任何顺序。

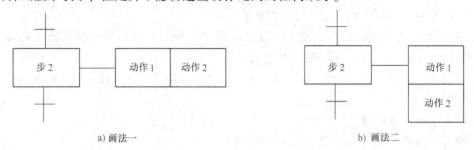

a) 画法一　　　　　　　　　　　　　　　　b) 画法二

图 3-2-8　多个动作的表示方法

（3）有向连线、转换和转换条件　步与步之间用有向连线连接，并且用转换将步分隔开。步的活动状态进展是按有向连线规定的路线进行。有向连线上无箭头标注时，其进展方向是从上而下、从左到右。如果不是上述方向，应在有向连线上用箭头注明方向。

在顺序功能图中，步的活动状态的进展是由转换来实现的。转换的实现必须同时满足两个条件：

1）该转换所有的前级步都是活动步。

2）相应的转换条件得到满足。

转换是用与有向连线垂直的短划线来表示，步与步之间不允许直接相连，必须有转换隔开，而转换与转换之间也同样不能直接相连，必须有步隔开。

转换条件是与转换相关的逻辑命题。转换条件可以用文字语言、布尔代数式或图形符号标在表示转换的短划线旁边，本任务中采用图 3-2-9a 所示的条件。

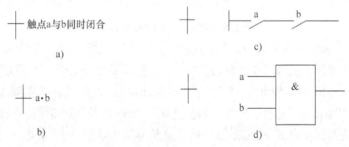

图 3-2-9　转换与转换条件

2. 单序列结构形式的顺序功能图

根据步与步之间转换的不同情况，顺序功能图有三种不同的基本结构形式，即单序列结构、选择序列结构和并行序列结构。本次任务所应用的顺序功能图为单序列结构形式。顺序功能图的单序列结构形式没有分支，它由一系列按顺序排列、相继激活的步组成。每一步的后面只有一个转换，每一个转换后面只有一步，如图 3-2-10 所示。

3. 步进顺控指令的单序列结构的编程方法

使用 STL 指令的状态继电器的常开触点称为 STL 触点。从图 3-2-11 可以看出顺序功能图、步进梯形图和指令表的对应关系。

原理分析：该系统一个周期由 3 步组成，可分别对应 S0、S20 和 S21，步 S0 代表初始步。

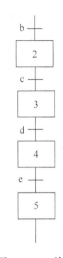

当 PLC 通电进入 RUN 状态时，初始化脉冲 M8002 的常开触点闭合一个扫描周期，梯形图的第一行的 SET 指令将初始步 S0 置为活动步。除初始状态外，其余的状态必须用 STL 指令来引导。

在梯形图中，每一个状态的转换条件由指令 LD 或 LDI 引入，当转换条件有效时，该状态由置位指令 SET 激活，并由步进指令进入该状态。接着列出该状态下的所有基本顺控指令及转换条件。

在梯形图的第二行，S0 的 STL 触点与转换条件 X000 的常开触点组成的串联电路代表转换实现的两个条件。当初始步 S0 为活动步，X000 的常开触点闭合，转换实现的两个条件同时满足，置位指令 SET S20 被执行，后续步 S20 变为活动步，同时，S0 自动复位为不活动步。

S20 的 STL 触点闭合后，该步的负载被驱动，Y000 线圈通电。转换条件 X001 的常开触点闭合时，转换条件得到满足，下一步的状态继电器 S21 被置位，同时状态继电器 S20 被自动复位。S21 的 STL 触点闭合后，该步的负载被驱动，Y001 线圈通电。当转换条件 X002 的常开触点闭合时，用 OUT S0 指令使 S0 变为 ON 并保持，系统返回到初始步。

图 3-2-10　单序列结构

注意：在上述程序中的一系列 STL 指令之后要有 RET 指令，是指返回母线上。

提示　步进顺控指令在顺序功能图中的使用说明：

1）每一个状态继电器具有三种功能，即对负载的驱动处理、指定转换条件和指定转换目标，如图 3-2-11a 所示。

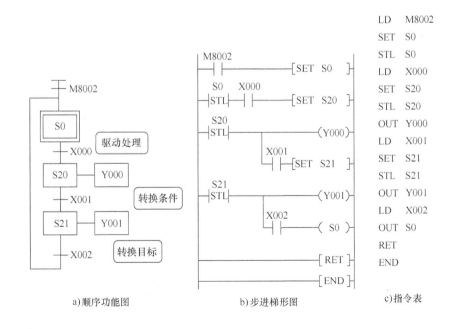

a）顺序功能图　　　　b）步进梯形图　　　　c）指令表

图 3-2-11　顺序功能图、步进梯形图和指令表

2）STL 触点与左母线连接，与 STL 相连的起始触点要使用 LD 或 LDI 指令。使用 STL 指令后，相当于母线右移至 STL 触点的右侧，形成子母线，一直到出现下一条 STL 指令或者出现 RET 指令为止。RET 指令使右移后的子母线返回原来的母线，表示顺控结束。使用 STL 指令使新的状态置位，前一状态自动复位。步进触点指令只有常开触点。

每一状态的转换条件由指令 LD 或 LDI 指令引入，当转换条件有效时，该状态由置位指令激活，并由步进指令进入该状态，接着列出该状态下的所有基本顺控指令及转换条件下，在 STL 指令后出现 RET 指令表明步进顺控过程结束。

3）STL 触点可以直接驱动或通过别的触点驱动 Y、M、S、T 等元件的线圈和应用指令。

4）由于 CPU 只执行活动步对应的电路块，所以使用 STL 指令时允许双线圈输出，即不同的 STL 触点可以分别驱动同一编程元件的一个线圈。但是，同一元件的线圈不能在同时为活动步的 STL 区内出现，在有并行序列的顺序功能图中，应特别注意这一问题。

5）在步进顺控程序中使用定时器时，不同状态内可以重复使用同一编号的定时器，但相邻状态不可以使用。

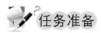 **任务准备**

实施本任务教学所使用的实训设备及工具材料可参考表 3-2-3。

表 3-2-3　实训设备及工具材料

序号	分类	名称	型号规格	数量	单位	备注
1	工具	电工常用工具		1	套	
2	仪表	万用表	MF47 型	1	块	
3		编程计算机		1	台	
4		接口单元		1	套	
5		通信电缆		1	条	
6		可编程序控制器	FX2N-48MR	1	台	
7		安装配电盘	600mm×900mm	1	块	
8		导轨	C45	0.3	m	
9	设备器材	空气断路器	Multi9 C65N D20	1	只	
10		熔断器	RT28-32	6	只	
11		按钮	LA10-2H	1	只	
12		接触器	CJ10-10 或 CJT1-10	2	只	
13		位置传感器	自定	1	只	
14		电磁阀	自定	1	只	
15		热继电器	JR20-10	2	只	
16		三相异步电动机	自定	2	台	
17		端子	D-20	20	只	
18		铜塑线	BV1/1.37mm²	10	m	主电路
19		铜塑线	BV1/1.13mm²	15	m	控制电路
20		软线	BVR7/0.75mm²	10	m	
21	消耗材料		M4×20mm 螺杆	若干	只	
22		紧固件	M4×12mm 螺杆	若干	只	
23			φ4mm 平垫圈	若干	只	
24			φ4mm 弹簧垫圈及 M4mm 螺母	若干	只	
25		号码管		若干	m	
26		号码笔		1	支	

任务实施

一、通过对本任务控制要求分析，分配输入点和输出点，写出 I/O 通道地址分配表

根据任务控制要求，可确定 PLC 需要 3 输入点，3 输出点，其 I/O 通道分配表见表 3-2-4。

表 3-2-4　I/O 通道地址分配表

输入			输出		
元件代号	作用	输入继电器	元件代号	作用	输出继电器
SB1	起动按钮	X000	YV	喷淋阀门	Y000
SQ	位置检测开关	X001	KM1	清洗机移动	Y001
SB2	停止按钮	X002	KM2	清洗机刷洗	Y002

二、画出 PLC 接线图（I/O 接线图）

PLC 接线图如图 3-2-12 所示。

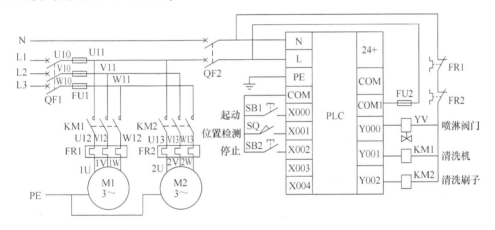

图 3-2-12　汽车清洗装置控制系统 PLC 接线图

三、程序设计

用步进顺控指令的单序列结构的编程方法对本任务进行设计，设计的方法及步骤如下：

1. 顺序功能图（状态流程图 SFC）的建立

顺序功能图（Sequential Function Chart）也称为状态转移图（简称 SFC）。在本任务内容中的顺序功能图中的步使用的是状态继电器（S）。

通过对本任务内容控制要求的分析，汽车清洗装置控制系统的工作过程可划分为原位、喷淋打开和清洗机移动、喷淋打开和清洗机移动及旋转刷刷洗三步。其工作顺序功能图如图 3-2-13 所示。

（1）状态转移图中步的绘制　根据上述的步序确定进行步的绘制，如图 3-2-14 所示。

（2）转换条件和动作的绘制　根据控制要求分析，将各步的转换条件和输出继电器的动作在状态流程图中进行绘制，如图 3-2-15 所示。

（3）初始条件的确定　当 PLC 刚进入程序运行状态时，由于 S0 的前步 S21 还未曾得电，虽然 SQ 已满足，故 S0 无法得电，其所有的后续步均无法工作。因此，刚开始时应该给初始步一个激活信号，初始激活信号可以用 M8002，或其他满足要求的脉冲信号，如图 3-2-16 所示。

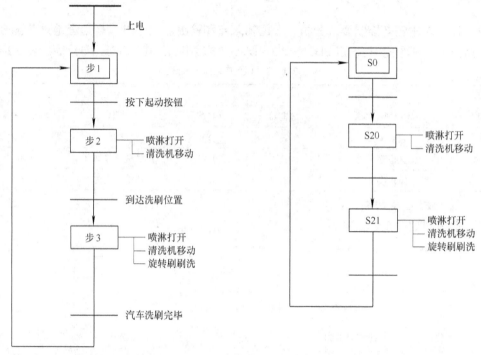

图 3-2-13　汽车清洗装置工作顺序功能图

图 3-2-14　步的绘制

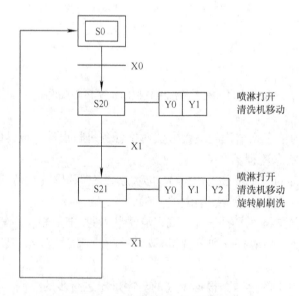

图 3-2-15　转换条件和动作的绘制

2. 基本逻辑指令步进顺序控制程序的编写

利用 PLC 基本逻辑指令按状态转移编写程序，具体的步进顺控程序的编写过程详见下述程序的输入的内容。

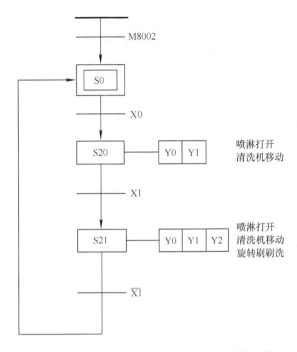

图 3-2-16　汽车清洗装置控制系统的状态流程图

四、程序输入及仿真运行

本任务的程序输入有别于前面所有任务所介绍的程序输入方法，它所采用的编程输入是状态转移图输入法，即 SFC 块输入法。下面通过对本任务的编程来说明 SFC 块输入法的应用。

1. 程序输入

（1）工程名的建立　启动 MELSOFT 系列 GX Developer 编程软件，如图 3-2-17 所示，首先选择 PLC 的类型为"FX2N"，在程序类型框内选择"SFC"，创建新文件名，并命名为"汽车清洗装置控制系统"；然后单击"确定"按钮，进入如图 3-2-18 所示的画面。

（2）程序初始化的建立　双击图 3-2-18 中的块标题里的黑色框，会出现如图 3-2-19 所示的画面；并在画面中的块信息设置对话框中的块标题里，输入"程序初始化"的名称，并在"块类型"中选择"梯形图块"，然后单击"确定"按钮，会进入如图 3-2-20 所示的画面。

1）初始化梯形图的输入。在图 3-2-20 所示右边的梯形图编程画面中，输入初始化脉冲指令 M8002 及置位指令 SET S0，如图 3-2-21 所示。

2）启动和停止控制的梯形图输入。利用"起—保—停"编程方法，输入本任务控制系统的起动和停止控制的梯形图，如图 3-2-22 所示。

（3）状态转移图（SFC 块）的输入

1）状态转移图（SFC 块）的命名。双击如图 3-2-22 所示的画面中的"管理窗口"栏的"程序"下的"MAIN"会出现如图 3-2-23 所示的画面。然后双击"块标题"栏中的"No. 1"的黑色框，会出现"No. 1"的"块信息设置"对话框，在"块标题"内输入"汽车清洗装置控制"名称，然后单击"执行"按钮，会进入如图 3-2-24 所示的画面。

2）状态转移图（SFC 块）的步（STEP）符号的输入。将光标移至如图 3-2-24 所示画

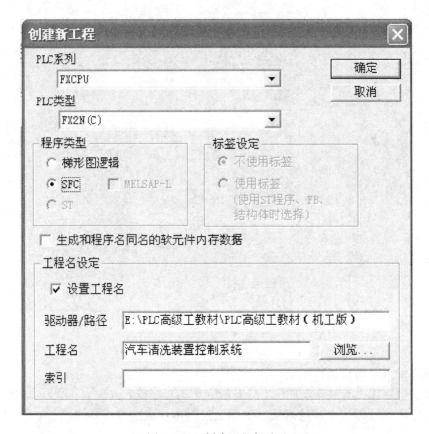

图 3-2-17　创建工程名画面

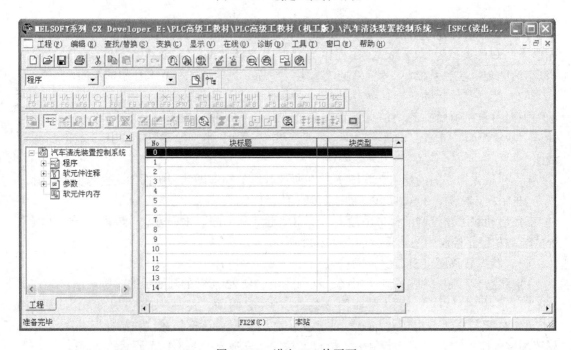

图 3-2-18　进入 SFC 块画面

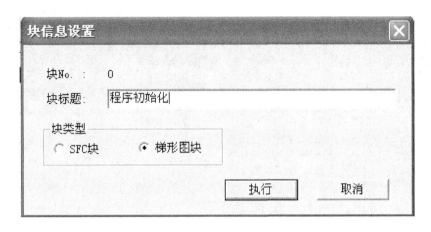

图 3-2-19　"块信息设置"对话框

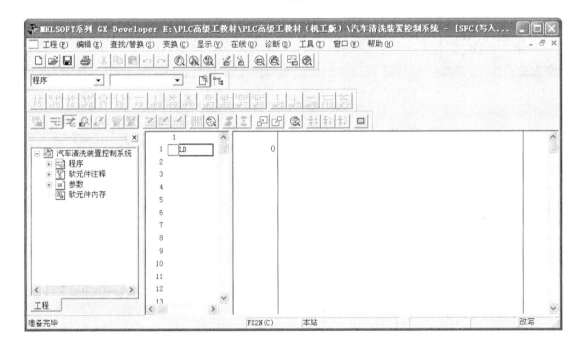

图 3-2-20　程序初始化梯形图编程界面

面中的状态流程图（SFC 块）的第 4 行，然后双击，或者单击快捷工具栏中的""，或者按下键盘上的快捷键"F5"，会出现如图 3-2-25 所示的画面，然后在"SFC 符号输入"对话框中单击"确定"按钮。

3）状态转移图（SFC 块）的转移（TR）符号的输入。将光标移至如图 3-2-25 所示画面中的状态转移图（SFC 块）的第 5 行蓝色线条框内，然后双击，或者单击快捷工具栏中的""，或者按下键盘上的快捷键"F5"，会出现如图 3-2-26 所示的画面，然后在"SFC 符号输入"对话框中单击"确定"按钮。

4）运用上述输入法将本任务所需的各步和转移符号输入完毕，如图 3-2-27 所示。

5）状态转移图（SFC 块）的跳（JUMP）符号的输入。在如图 3-2-27 所示画面中，将

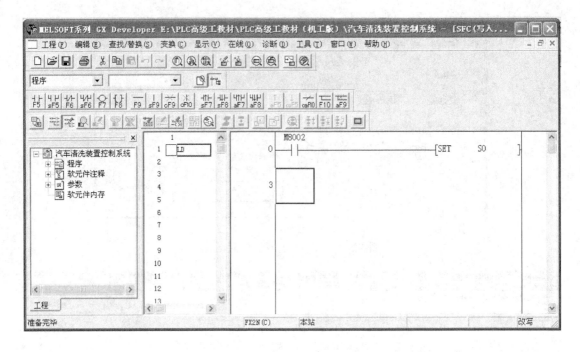

图 3-2-21　程序初始化梯形图画面

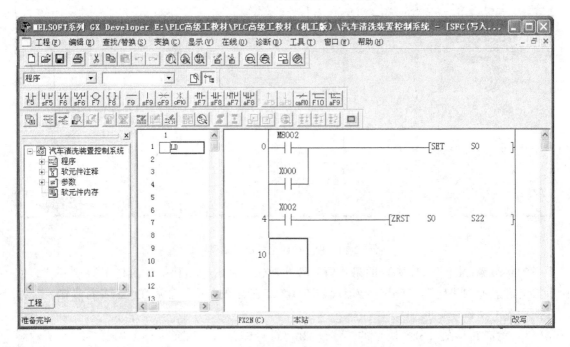

图 3-2-22　起动和停止控制的梯形图画面

光标移至快捷工具栏中的"⬚"，然后单击或者按下键盘上的快捷键"F8"，会出现如图 3-2-28 所示的画面，然后在"SFC 符号输入"对话框中的"跳（JUMP）"对应的"步属性"框内，输入"0"，最后单击"确定"按钮，会出现完整的状态转移图（SFC 块）画面，如图 3-2-29 所示。

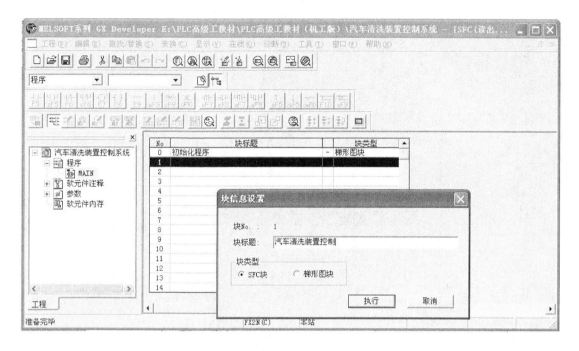

图 3-2-23　状态转移图（SFC 块）的命名画面

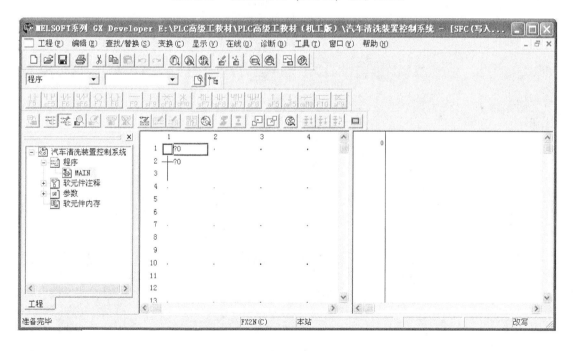

图 3-2-24　状态转移图（SFC 块）的编程界面

（4）启动转移条件梯形图的输入　首先将光标移至如图 3-2-29 画面中的第 2 行的"2 ┼?0"转移位置，然后再将光标移至画面右边对应的梯形图编程栏中，接着双击蓝线框，出现"梯形图输入"对话框后，按照前面任务中所述的梯形图基本指令的编程方法，输入起动按钮 X000 常开触点，如图 3-2-30 所示。

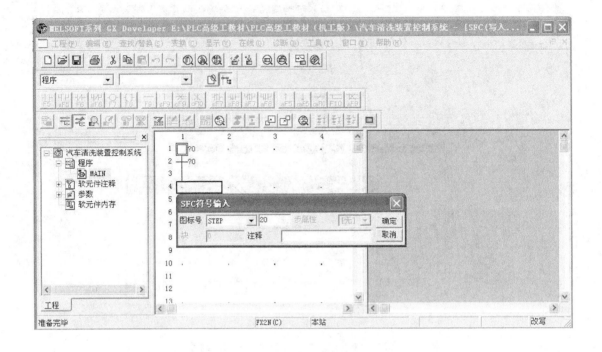

图 3-2-25　状态转移 SFC 块的步符号输入画面

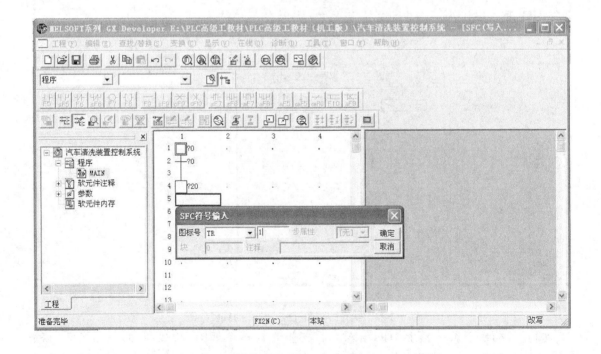

图 3-2-26　状态转移图 SFC 块的转移符号输入画面

单击如图 3-2-30 所示"梯形图输入"对话框里的"确定"按钮，然后再将光标移至画

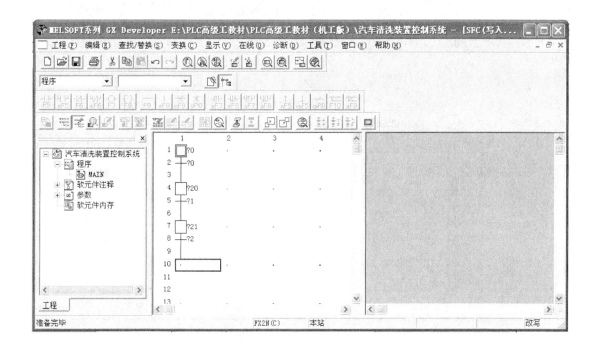

图 3-2-27　输入步和转移符号后的状态流程图（SFC）画面

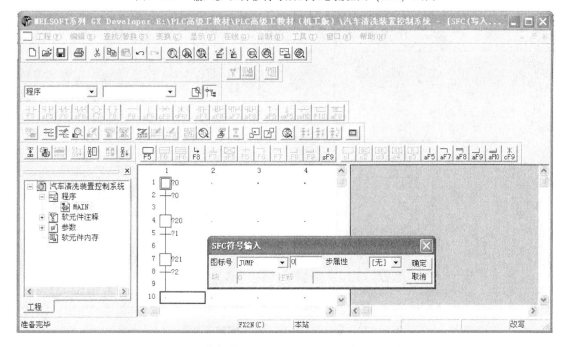

图 3-2-28　状态转移图 SFC 块的跳（JUMP）符号的输入画面

面中快捷工具栏中的应用指令图标" 🔧 "，或者按下键盘上的快捷键"F8"，会出现如图 3-2-31 所示的画面。

再单击如图 3-2-31 所示"梯形图输入"对话框里的"确定"按钮，或按下键盘上的回

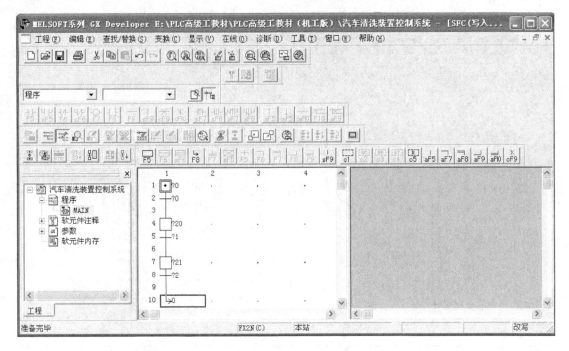

图 3-2-29　完整的状态转移图（SFC 块）的输入画面

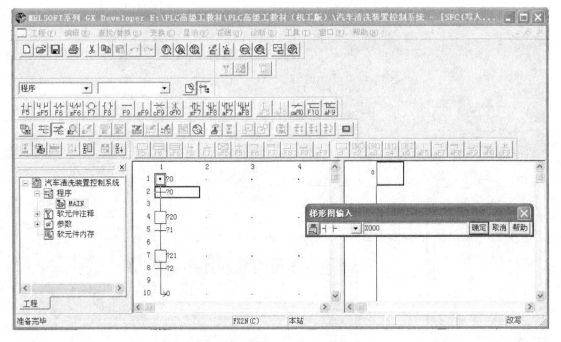

图 3-2-30　起动转移条件梯形图的输入画面一

车键（Enter）。然后将光标移至画面下拉菜单中的"变换"图标，选择子菜单中的"变化（C）"，单击或者按下键盘上的快捷键"F4"，会出现如图 3-2-32 所示的画面。至此，本任务起动转移条件的梯形图输入完毕。

（5）状态转移图（SFC 块）各步及转移条件对应的梯形图的输入　根据图 3-2-16 所示

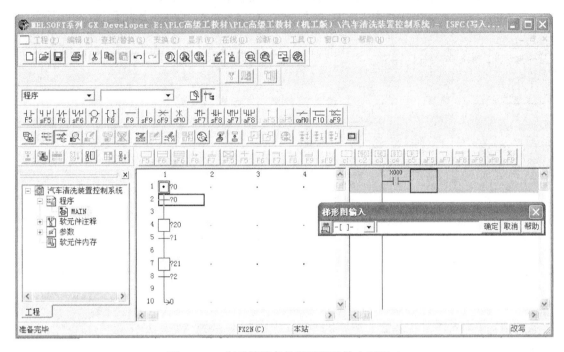

图 3-2-31　起动转移条件梯形图的输入画面二

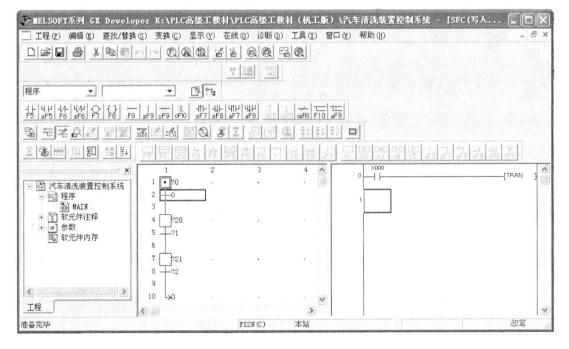

图 3-2-32　起动转移条件梯形图的输入画面三

的状态流程图，将汽车清洗装置控制系统各状态步和转移条件流程图和所对应的梯形图归纳见表 3-2-5。并通过上述的梯形图的输入方法，对应输入各状态步和转移条件的梯形图，梯形图输入完毕后再进行状态转移图（SFC 块）向梯形图的转换。

表 3-2-5　汽车清洗装置控制系统各状态步和转移条件流程图及其对应的梯形图

功能	流程图	梯形图
喷淋打开，清洗机移动	4 ?20 5 ?1	0 ──────────（Y000） ──────────（Y001）
到达洗刷位置	4 20 5 ?1	0 X001 ──────[TRAN] 1
旋转刷清洗小车	7 ?21 8 ?2	0 ──────────（Y000） ──────────（Y001） ──────────（Y002）
小车清洗完毕	7 21 8 ?2	0 X001 ──────[TRAN] 1

（6）状态转移图（SFC 块）向梯形图的转换

1）当状态转移图（SFC 块）对应的梯形图输入完毕后，将光标移至如图 3-2-33 所示的快捷工具栏中的"程序批量变换/编译"图标"　"，并单击。

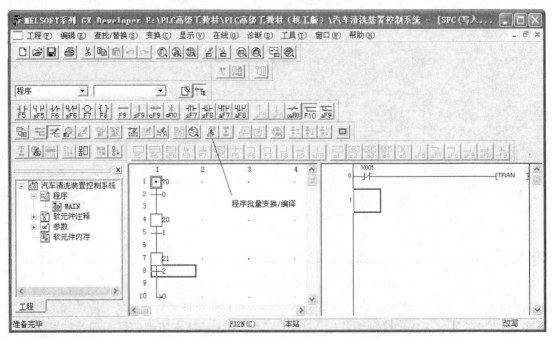

图 3-2-33　状态转移图（SFC 块）向梯形图的转换操作画面（一）

2）将光标移至如图 3-2-33 所示的管理窗口中的"程序"下的"MAIN"，然后右键单击，则出现选择菜单，如图 3-2-34 所示。

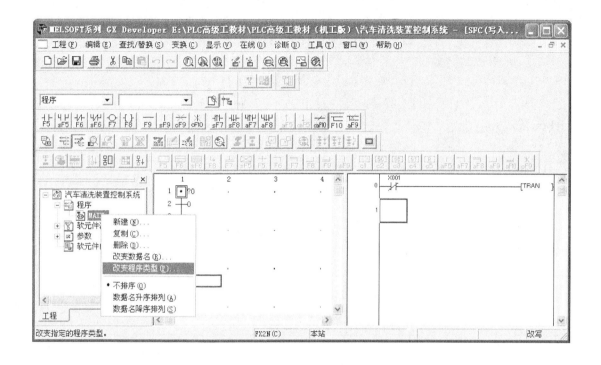

图 3-2-34 状态转移图（SFC 块）向梯形图的转换操作画面（二）

3）将光标移至如图 3-2-34 所示菜单中"改变程序类型（P）"子菜单，然后单击会出现如图 3-2-35 所示的画面。

图 3-2-35 状态转移图（SFC 块）向梯形图的转换操作画面（三）

4）单击如图 3-2-35 所示中"改变程序类型"对话框里的"确定"按钮，会出现利用状态转移图（SFC 块）编程方法转换成的梯形图画面，如图 3-2-36 所示。

通过由状态转移图（SFC 块）向梯形图的转换，可以得到本任务 PLC 系统控制的完整的梯形图，如图 3-2-37 所示。

（7）由梯形图向指令表的转换　将光标移至图 3-2-37 中的下拉菜单里"梯形图/列表切换"的图标"🖳"，单击就会出现由梯形图向指令表转换的画面，如图 3-2-38 所示。

通过由梯形图向指令表的转换，可以得到本任务 PLC 系统控制的完整步进顺控指令表，见表 3-2-6。

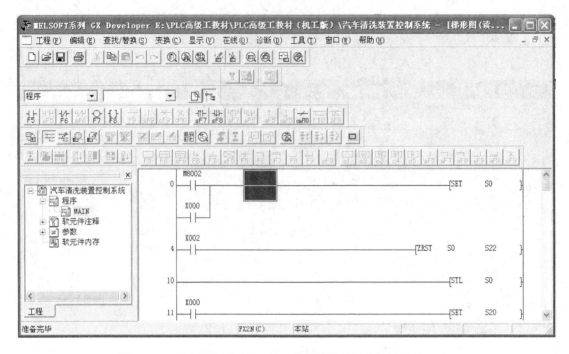

图 3-2-36　状态转移图（SFC 块）向梯形图的转换操作画面（四）

表 3-2-6　汽车清洗装置控制系统步进顺控指令表

步序	指令	元素	步序	指令	元素
0	LD	M8002	11	LD	X001
1	OR	X000	12	SET	S21
2	SET	S0	13	STL	S21
3	LD	X002	14	OUT	Y000
4	ZRST	S0 S20	15	OUT	Y001
5	STL	S0	16	OUT	Y002
6	LD	X000	17	LDI	X001
7	SET	S20	18	OUT	S0
8	STL	S20	19	RET	S0
9	OUT	Y000	20	END	
10	OUT	Y001			

2. 仿真运行

（1）启动仿真软件，进入初始状态（S0）　将编程画面切换到如图 3-2-33 所示的画面，然后单击画面下拉菜单里的"梯形图逻辑测试起动/结束"的图标"▣"，启动仿真软件；然后在对话框里的"菜单起动"的子菜单中选择"软元件起动"。当出现软元件测试对话框后，在快捷工具栏中，单击"软元件"图标，接着分别在子菜单中，选择位元件 X、位元件 Y 和位元件 S。再单击快捷工具栏中的窗口图标，在子菜单中选择"并联窗口"的方式，此时会出现系统控制的初始状态画面，如图 3-2-39 所示。画面中的状态转移图（SFC 块）的初始状态 S0，因特殊继电器 M8002 的常开触点闭合，扫描一个周期，使状态继电器 S0 置

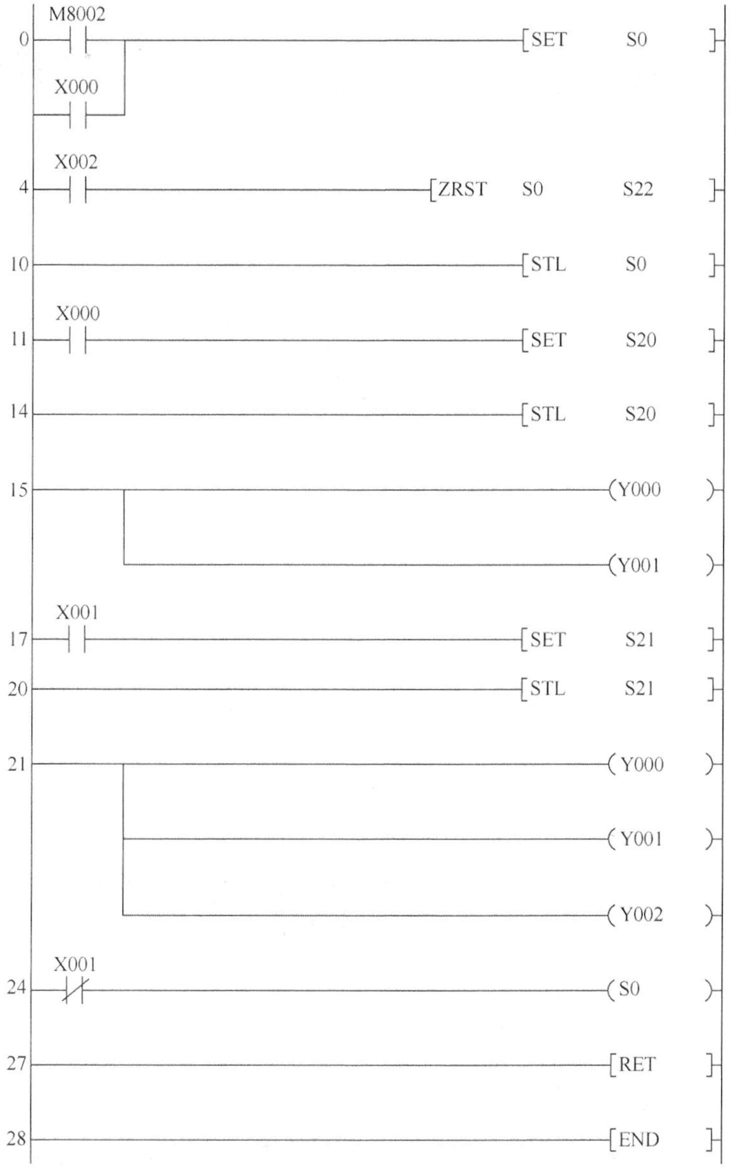

图 3-2-37　汽车清洗装置控制系统梯形图

位接通，状态流程图（SFC 块）的 S0 变成蓝色框；同时在"S 位元件窗口"中位元件 S0 的黄色指示灯亮。

（2）按下启动按钮 SB1，喷淋阀门打开打开，清洗机移动的仿真　在图 3-2-35 所示的画面中，双击 X000（按下起动按钮 SB1），接通输入继电器 X000 线圈，X000 灯亮，此时状态转移图（SFC 块）中的初始状态 S0 的蓝色框会自动跳到 S20 状态；同时，位元件窗口的 S0 灯熄灭，S20 灯亮，输出继电器 Y0（喷淋阀门电磁阀 YV）线圈得电，阀门打开灯亮，输出继电器 Y1（清洗机移动控制 KM1）线圈得电，清洗机移动灯亮。再双击 X000（松开起动按钮 SB1），断开输入继电器 X000 线圈，X000 灯熄灭，而 S20 和 Y0 处于自保状态，灯继续保持亮的状态。仿真画面如图 3-2-40 所示。

（3）当检测到小车时，驱动旋转刷旋转清洗小车的仿真　在如图 3-2-40 所示的画面中，

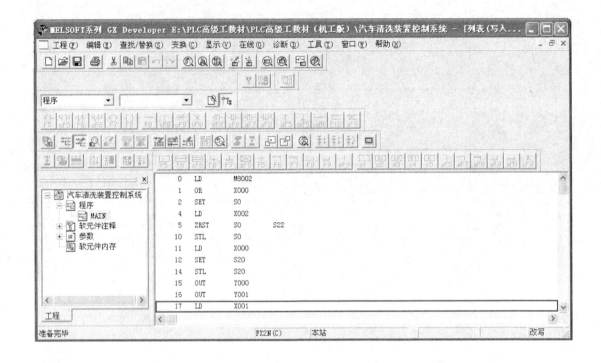

图 3-2-38　由梯形图转换成指令表的画面

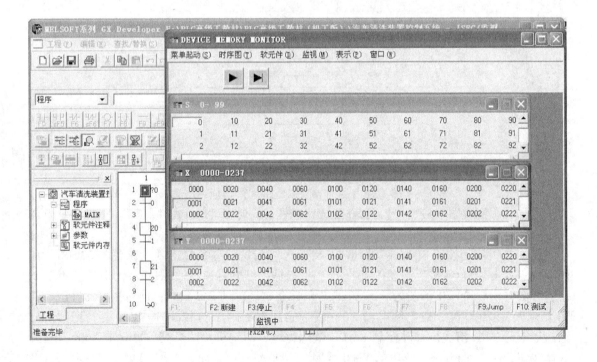

图 3-2-39　初始状态（S0）仿真画面

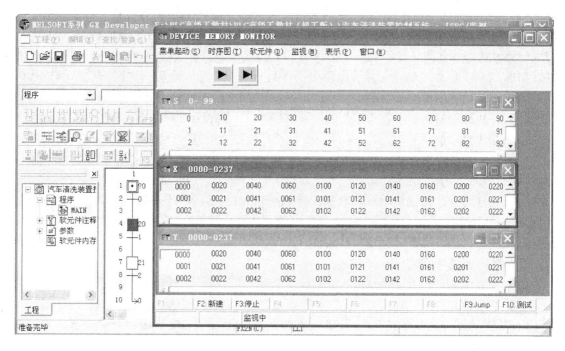

图 3-2-40　按下起动按钮 SB1，喷淋阀门打开，清洗机移动的仿真

双击 X001（接通位置检测开关 SQ），接通输入继电器 X001 线圈，X001 灯亮，此时状态转移图（SFC 块）中的状态 S20 的蓝色框会自动跳到 S21 状态；同时，位元件窗口的 S20 灯熄灭，S21 灯亮，输出继电器 Y0、Y1 线圈保持得电，同时输出继电器 Y2（旋转刷清洗控制 KM2）线圈得电，清洗灯亮。仿真画面如图 3-2-41 所示。

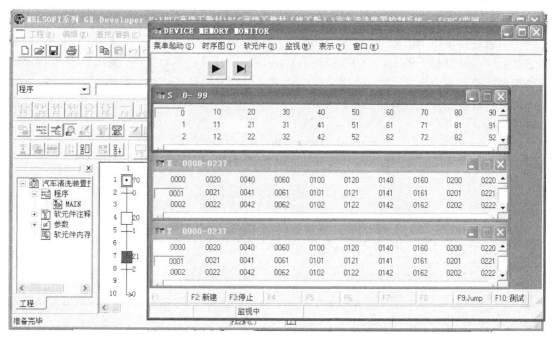

图 3-2-41　当检测到小车时，驱动旋转刷旋转清洗小车的仿真

（4）当小车清洗完毕时，喷淋自动关闭、清洗机和旋转刷停止的仿真　在如图 3-2-41 所示的画面中，双击 X001（断开位置检测开关 SQ），断开输入继电器 X001 线圈，X001 灯熄灭，此时状态转移图（SFC 块）中的状态 S21 的蓝色框会自动跳到 S0 状态；同时，位元件窗口的 S21 灯熄灭，S0 灯亮，输出继电器 Y0、Y1、Y2 线圈断电，返回初始状态，其仿真画面如图 3-2-39 所示。

（5）停止控制的仿真　停止控制的仿真过程在此不再赘述，读者可自行完成。

3．程序下载

（1）PLC 与计算机连接　使用专用通信电缆 RS-232/RS—422 转换器将 PLC 的编程接口与计算机的 COM1 串口连接。

（2）程序写入　首先接通系统电源，将 PLC 的 RUN/STOP 开关拨到"STOP"的位置，然后通过 MELSOFT 系列 GX Developer 软件中的"PLC"菜单的"在线"栏的"PLC 写入"，就可以把仿真成功的程序写入的 PLC 中。

五、电路安装与调试

（1）安装电路根据 I/O 接线图，在模拟实物控制配线板上进行元件及电路安装。

（2）检查电路

1）检查元器件。根据表 3-2-3 配齐元器件，检查元器件的规格是否符合要求，并用万用表检测元器件是否完好。

2）固定元器件。固定好本任务所需元器件。

3）配线安装。根据配线原则和工艺要求，进行配线安装。

4）自检。对照接线图检查接线是否无误，再使用万用表检测电路的阻值是否与设计相符。

5）通电调试。

①　经自检无误后，在指导教师的指导下，方可通电调试。

②　首先接通系统电源开关 QF1 和 QF2，将 PLC 的 RUN/STOP 开关拨到"RUN"的位置，然后通过计算机上的 MELSOFT 系列 GX Developer 软件中的"监控/测试"监视程序的运行情况，再按照表 3-2-7 进行操作，观察系统运行情况并做好记录。如出现故障，应立即切断电源，分析原因、检查电路或梯形图，排除故障后，方可进行重新调试，直到系统功能调试成功为止。

表 3-2-7　程序调试步骤及运行情况记录

操作步骤	操作内容	观察内容	观察结果	思考内容
第一步	按下 SB1			
第二步	压下 SQ			
第三步	松开 SQ	电磁阀 YV 和接触器 KM1、KM2		理解 PLC 的工作过程
第四步	按下 SB1			
第五步	压下 SQ			
第六步	按下 SB2			

检查评议

对任务实施的完成情况进行检查，并将结果填入表 3-2-8 中。

表 3-2-8　任务测评表

序号	主要内容	考核要求	评分标准	配分	扣分	得分
1	电路设计	根据任务，设计电路电气原理图，列出 PLC 控制 I/O 口（输入/输出）元件地址分配表，根据加工工艺，设计梯形图及 PLC 控制 I/O 口（输入/输出）接线图	1. 电气控制原理设计功能不全，每缺一项功能扣 5 分 2. 电气控制原理设计错，扣 20 分 3. 输入输出地址遗漏或搞错，每处扣 5 分 4. 梯形图表达不正确或画法不规范，每处扣 1 分 5. 接线图表达不正确或画法不规范，每处扣 2 分	70		
2	程序输入及仿真调试	熟练正确地将所编程序输入 PLC；按照被控设备的动作要求进行模拟调试，达到设计要求	1. 不会熟练操作 PLC 键盘输入指令扣 2 分 2. 不会用删除、插入、修改、存盘等命令，每项扣 2 分 3. 仿真试车不成功扣 50 分			
3	安装与接线	按 PLC 控制 I/O 口（输入/输出）接线图在模拟配线板正确安装，元器件在配线板上布置要合理，安装要准确紧固，配线导线要紧固、美观，导线要进入线槽，导线要有端子标号	1. 试机运行不正常，扣 20 分 2. 损坏元器件，扣 5 分 3. 试机运行正常，但不按电气原理图接线，扣 5 分 4. 布线不进入线槽，不美观，主电路、控制电路的导线，每根扣 1 分 5. 接点松动、露铜过长、反圈、压绝缘层，标记线号不清楚、遗漏或误标，引出端别径压端子，每处扣 1 分 6. 损伤导线绝缘或线芯，每根扣 1 分 7. 不按 PLC 控制 I/O（输入/输出）接线图接线，每处扣 5 分	20		
4	安全文明生产	劳动保护用品穿戴整齐；电工工具佩带齐全；遵守操作规程；尊重考评员，讲文明礼貌；考试结束要清理现场	1. 考试中，违犯安全文明生产考核要求的任何一项扣 2 分，扣完为止 2. 当考评员发现考生有重大事故隐患时，要立即予以制止，并每次扣安全文明生产总分 5 分	10		
合　计						
开始时间：			结束时间：			

问题及防治

在进行汽车清洗装置控制系统的梯形图程序设计、上机编程、模拟仿真及电路安装与调试的过程中，时常会遇到如下情况：

问题：在进行采用状态转移图（SFC）转换成梯形图设计时，对于初学者来说，普遍最容易犯的错误是将初始化脉冲指令 M8002 的编程在 "SFC 块" 下进行。

【后果及原因】 在进行采用状态转移图（SFC）转换成梯形图设计时，如果将初始化脉冲指令 M8002 的编程在"SFC 块"下进行，会造成指令输入形式有误，出现动作输出不能使用的指令，如图 3-2-42 所示。

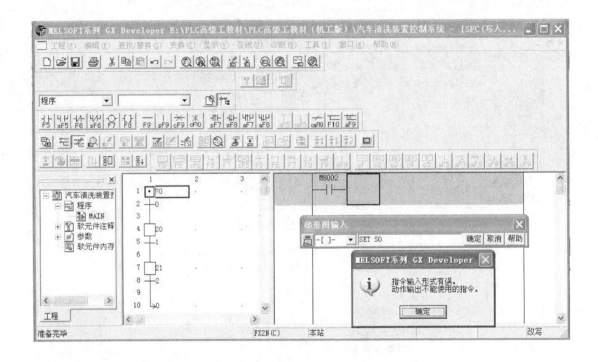

图 3-2-42　初始状态错误编程方法

【预防措施】 在采用状态转移图（SFC）转换成梯形图的编程设计时，应将初始化脉冲指令 M8002 的输入在"梯形图逻辑"下进行，如图 3-2-43 所示。

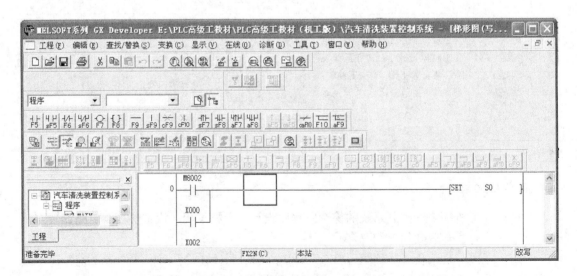

图 3-2-43　初始状态正确的编程方法

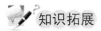

知识拓展

一、理论知识拓展

1. 栈操作指令在 STL 图中的使用

在 STL 触点后不可以直接使用 MPS 栈操作指令，只有在 LD 或 LDI 指令后才可以使用，如图 3-2-44 所示。

2. OUT 指令在 STL 图中的使用

OUT 指令和 SET 指令对 STL 指令后的状态继电器具有相同的功能，都会将原来的活动步对应的状态继电器自动复位。但在 STL 中分离状态（非相连状态）的转移必须使用 OUT 指令，如图 3-2-45 所示。

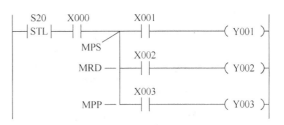

图 3-2-44　栈操作指令在 STL 图中的使用

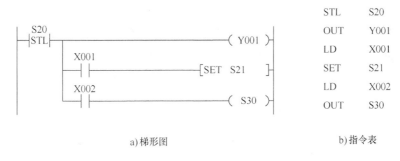

a) 梯形图　　　　　　　　　　　b) 指令表

图 3-2-45　状态的转移

在 STL 区内的 OUT 指令还用于顺序功能图中闭环和跳步，如果想跳回已经处理过的步，或向前跳过若干步，可对状态继电器使用 OUT 指令，如图 3-2-46 所示。OUT 指令还可以用于远程跳步，即从顺序功能图中的一个序列跳到另外一个序列。以上情况虽然可以使用 SET 指令，但最好使用 OUT 指令。

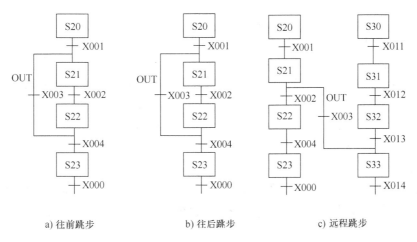

a) 往前跳步　　　　　　b) 往后跳步　　　　　　c) 远程跳步

图 3-2-46　STL 区内的闭环和跳步使用 OUT 指令

3. 用于状态转移图中的特殊辅助继电器

在状态转移图中，经常会使用一些特殊辅助继电器，见表 3-2-9。

表 3-2-9　用于顺序功能图的特殊辅助继电器

元件编号	名称	功能和用途
M8000	RUN 运行	PLC 在运行中始终接通的继电器，可作为驱动程序的输入条件或作为 PLC 运行状态的显示来使用
M8002	初始脉冲	在 PLC 接通（由 OFF→ON）时，仅在瞬间（1 个扫描周期）接通的继电器，用于程序的初始设定或初始状态的置位/复位
M8040	禁止转移	该继电器接通后接通后，则禁止在所有状态之间转移。在禁止转移状态下，各状态内的程序继续运行，输出不会断开
M8046	STL 动作	任一状态继电器接通时，M8046 自动接通。用于避免与其他流程同时起动或者用于工序的动作标志
M8047	STL 监视有效	该继电器接通，编程功能可自动读出正在工作中的元件状态并加以显示

4. 单操作标志及应用

M2800 ~ M3071 是单操作标志，当图 3-2-47a 所示的 M2800 的线圈通电时，只有它后面第一个 M2800 的边沿检测点（2 号触点）能工作，而 M2800 的 1 号和 3 号脉冲触点不会动作。M2800 的 4 号触点是使用 LD 指令的普通触点。M2800 的线圈通电时，该触点闭合。

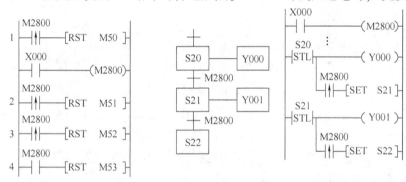

a) 单操作标志　　　　　　b) 单操作标志的应用

图 3-2-47　单操作标志及应用

借助单操作标志可以用一个转换条件实现多次转换。如图 3-2-47b 所示，当 S20 为活动步，X000 的常开触点闭合时，M2800 的第一个上升沿检测触点闭合一个扫描周期，实现了步 S20 到步 S21 的转换。X000 的常开触点下一次由断开变为接通时，因为 S20 是不活动步，所以没有执行图中的第一条 LDP M2800 指令。而 S21 的 STL 触点之后的触点是 M2800 的线圈之后遇到的它的第一个上升沿检测触点，所以该触点闭合一个扫描周期，系统由步 S21 转换到步 S22。

二、技能拓展

有一台车自动往返控制系统的工作示意图，如图 3-2-48 所示。控制要求如下：

1）按下起动按钮 SB0，电动机 M 正转，台车前进；碰到限位开关 SQ1 后，电动机 M 反转，台车后退。

2）台车后退碰到限位开关 SQ2 后，电动机 M 停转，台车停车 5 s 后，第二次前进，碰到限位开关 SQ3，再次后退。

3）当后退再次碰到限位开关 SQ2 时，台车停止。

对上述台车自动往返控制系统的控制要求进行分析，可以知道其一个工作周期有 5 个工序，每个工序状态继电器的分配、功能与作用以及转换条件如表 3-2-10。

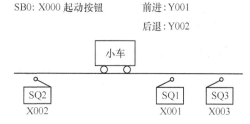

图 3-2-48　台车自动往返控制系统的工作示意图

表 3-2-10　每个工序状态继电器的分配、功能与作用以及转换条件

工序	分配的状态继电器	功能与作用	转换条件
0 初始状态	S0	PLC 上电做好准备	M8002
1 第一次前进	S20	驱动输出线圈 Y001，M 正转	X000（SB0）
2 第一次后退	S21	驱动输出线圈 Y002，M 反转	X001（SQ1）
3 暂停 5s	S22	驱动定时器 T0 延时 5s	X002（SQ2）
4 第二次前进	S23	驱动输出线圈 Y001，M 正转	T0
5 第二次后退	S24	驱动输出线圈 Y002，M 反转	X003（SQ3）

根据表 3-2-10 可设计其状态转移图，如图 3-2-49 所示。

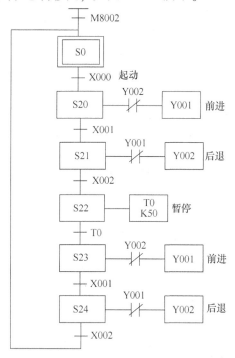

图 3-2-49　台车自动往返控制系统状态转移图

试将如图 3-2-49 的状态转移图转换成梯形图，并写出指令表。

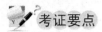
考证要点

根据国家职业资格考试（高级工）相关要求，该任务内容的考证要点见表 3-2-11。

表 3-2-11 考证要点

行为领域	鉴定范围	鉴定点	重要程度
理论知识	可编程控制系统读图分析与程序编制及调试	1. 步进顺控指令表 2. 可编程序控制器编程技巧 3. 用编程软件对程序进行监控与调试的方法 4. 程序错误的纠正步骤与方法	★★
操作技能	可编程控制系统读图分析与程序编制及调试	1. 能使用步进顺控指令编写程序 2. 能用状态转移图进行步进顺序控制程序的设计，并会将状态转移图转化成梯形图 3. 能使用编程软件来模拟现场信号进行基本指令为主的程序调试	★★★

考证测试题

一、填空题（请将正确的答案填在横线空白处）

1. _____是初始化脉冲，仅在_____时接通一个扫描周期。

2. _____是构成状态转移图的重要软元件，它要与_____指令配合使用。

3. 与 STL 步进触点相连的触点应使用_____或_____指令。

4. 跳转分为_____、_____、_____及_____，凡是跳转都用_____指令而不用_____指令。

5. 状态转移图的编程原则为先进行_____，然后进行_____。

6. 状态转移图中，在运行开始时，必须作好预驱动，一般可用_____或_____进行驱动。

7. FX 系列 PLC 的状态继电器中，初始状态继电器为_____，通用状态继电器为_____。

二、分析题

根据图 3-2-50 所示的状态转移图画出对应的梯形图，并写出指令表。

三、技能题

1. 题目：如图 3-2-51 所示为液体自动混合装置的示意图。其控制要求如下：

（1）初始状态 液体自动混合装置投入运行时，液体 A、B 阀门关闭，容器为放空关闭状态。

（2）周期操作 按下起动按钮 SB1，液体自动混合装置开始按如下顺序工作：

1）液体 A 阀门打开，液体 A 流入容器，液位上升。

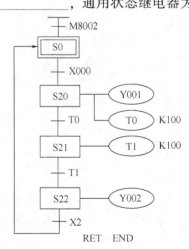

图 3-2-50 状态转移图

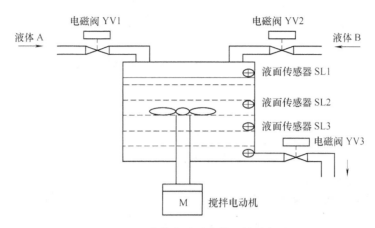

图 3-2-51　液体自动混合装置的示意图

2）当液位上升到 SL2 时，SL2 导通，关闭液体 A 阀门，同时打开液体 B 阀门，液体 B 开始流入容器。

3）当液位上升到 SL1 时，关闭液体 B 阀门，搅拌电机开始搅拌。

4）搅拌电机工作 20s 后停止搅拌，混合液阀门打开，放出混合液体。

5）当液位下降到 SL3 时，开始计时，且装置继续放液，将容器放空，计时满 20s 后，混合液阀门关闭，自动开始下一个周期。

（3）停止操作　当按下停止按钮 SB2，液体混合装置在完成当前的工作循环后才停止操作。

2. 考核要求：

（1）按照如图 3-2-51 所示的液体混合装置工作示意图的控制功能，请用单序列状态转移图的编程设计法进行 PLC 控制系统的程序设计，并且进行安装与调试。

（2）电路设计：根据任务，设计主电路电路图，列出 PLC 控制 I/O 口（输入/输出）元器件地址分配表，根据加工工艺，列出步进控制的状态转移图，并设计出梯形图及 PLC 控制 I/O 口（输入/输出）接线图，然后仿真运行。

（3）安装与接线：

1）将熔断器、接触器、继电器、PLC 安装在一块配线板上，而将行程开关、按钮等安装在另一块配线板上。

2）按 PLC 控制 I/O 口（输入/输出）接线图在模拟配线板上正确安装，元件在配线板上布置要合理，安装要准确、紧固，配线导线要紧固、美观，导线要进入线槽，导线要有端子标号。

（4）PLC 键盘操作：熟练操作键盘，能正确地将所编程序输入 PLC；按照被控设备的动作要求进行模拟调试，达到设计要求。

（5）通电试验：正确使用电工工具及万用表，进行仔细检查，通电试验，并注意人身和设备安全。

（6）考核时间分配：

1）设计梯形图及 PLC 控制 I/O 口（输入/输出）接线图及上机编程时间为 120min。

2）安装接线时间为 60min。

3）试机时间为 5min。

3. 评分标准（见表 3-2-8）。

任务 3　自动门控制系统设计与装调

 学习目标

知识目标：掌握选择序列结构状态转移图（SFC）的画法，并会通过状态转移图进行步进顺序控制的设计。 **能力目标：**会根据控制要求画出状态转移图，并能灵活地运用以转换为中心的状态流程图转换成梯形图，实现自动门控制系统的程序设计。

工作任务

　　目前许多公共场所都采用了自动门，如图 3-3-1 所示就是一种玻璃自动平移门的画面。以前的自动门是采用继电器控制系统，易受环境的影响，故障频繁，加之元器件较多，电路复杂，不易维修。随着 PLC 的广泛应用，利用继电器控制系统控制的自动门装置，逐渐被 PLC 控制系统所取代。

图 3-3-1　玻璃自动平移门

　　本任务的主要内容是以图 3-3-1 的玻璃自动平移门为例，运用 PLC 的顺序控制设计法中的选择序列结构的状态流程图编程法，完成对玻璃自动平移门的电气控制。

　　如图 3-3-2 所示是玻璃自动平移门的示意图。对其有以下控制要求：

　　1）自动平移门投入运行时，平移门处于关闭状态，如图 3-3-3 所示。

　　2）当有人靠近自动平移门时，红外传感器 SQ1（X000）接收到信号为 ON，Y000 驱动电动机高速开门，如图 3-3-4 所示。

　　3）高速开门过程中，当碰到开门减速开关 SQ2（X001）时，Y001 驱动电动机转为低速开门，如图 3-3-5 所示。

　　4）当再次碰到开门极限开关 SQ3（X002）时，驱动电动机停止转动，完成开门控制，

如图 3-3-6 所示。

5）在自动门打开后，若在 0.5s 内红外传感器 SQ1（X000）检测到无人，Y002 驱动电动机高速关门，如图 3-3-7 所示。注意，此时的关门速度与开门速度刚好相反。

6）在平移门高速关门过程中，当碰到关门减速开关 SQ4（X003）时，Y003 驱动电动机低速关门，如图 3-3-8 所示。注意，此时的关门速度与开门速度刚好相反。

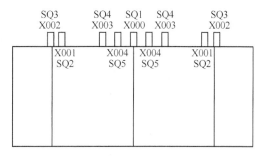

图 3-3-2　玻璃自动平移门示意图

7）当再次碰到开门极限开关 SQ5（X004）时，驱动电动机停止转动，完成关门控制，回到初始状态，如图 3-3-3 所示。

8）在关门期间，若红外传感器 SQ1（X000）检测到有人，玻璃自动平移门会自动停止关门，并且会在 0.5s 后自动转换成高速开门，进入下一次工作过程。

图 3-3-3　自动平移门初始状态的模拟画面

图 3-3-4　自动平移门高速开门过程的模拟画面

图 3-3-5　平移门低速开门的模拟画面

图 3-3-6　平移门开完门后的画面

图 3-3-7　平移门高速关门的模拟画面

图 3-3-8　平移门低速关门的模拟画面

任务分析

通过对上述控制要求分析可知，本任务控制也是典型的步进顺序控制。在本单元任务 2 中曾介绍了用单序列结构状态转移图编程法进行步进顺序控制程序的设计。该方法的特点是单序列结构形式没有分支，由一系列按顺序排列、相继激活的步组成。每一步的后面只有一个转换，每一个转换后面只有一步。但在很多步进生产控制中，往往有两列或多列的步进顺控过程。在状态转移图中便有两个或两个以上的状态转移支路。按照驱动条件的不同，多分支流程的步进顺控可分为选择性分支和并行性分支。本次任务的目的就是通过学习，掌握通过选择序列结构状态转移图的编程方法转化成梯形图控制程序，完成自动门控制系统的编程设计。

相关理论

一、用步进指令实现的选择序列结构的编程方法

用步进指令实现的选择序列结构的编程方法主要有选择序列分支的编程方法和选择序列合并的编程方法两种。

1. 选择序列分支的编程方法

如图 3-3-9a 所示，步 S20 之后有一个选择序列分支。当步 S20 为活动步时，如果转换条件 X002 满足，将转换到步 S21；如果转换条件 X003 满足，将转换到步 S22；如果转换条件 X004 满足，将转换到步 S23。

如果某一步的后面有 N 条选择序列的分支，则该步的 STL 触点开始的电路中应有 N 条分别指明各转换条件和转换目标的并联电路。对于图 3-3-9b 中步 S20 之后的这三条支路有三个转换条件 X002、X003 和 X004，可能进入步 S21、步 S22 和步 S23，所以在步 S20 的 STL 触点开始的电路块中，有三条由 X002、X003 和 X004 作为置位条件的串联电路。STL 触点具有与主控指令（MC）相同的特点，即 LD 点移到了 STL 触点的右端，对于选择序列分支对应的电路设计，是很方便的。用 STL 指令设计复杂系统梯形图时更能体现其优越性。

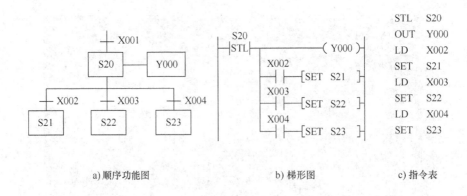

图 3-3-9　选择序列分支的编程法示例

2. 选择序列合并的编程方法

如图 3-3-10a 所示，步 S24 之前有一个由三条支路组成的选择序列的合并。当步 S21 为活动步，转换条件 X001 得到满足；或者步 S22 为活动步，转换条件 X002 得到满足；或者步 S23 为活动步，转换条件 X003 得到满足时，都将使步 S24 变为活动步，同时将步 S21、步 S22 和步 S23 变为不活动步。

在图 3-3-10b 中，由 S21、S22 和 S23 的 STL 触点驱动的电路块中均有转换目标 S24，对它们的后续步 S24 的置位是用 SET 指令来实现的，对相应的前级步的复位是由系统程序自

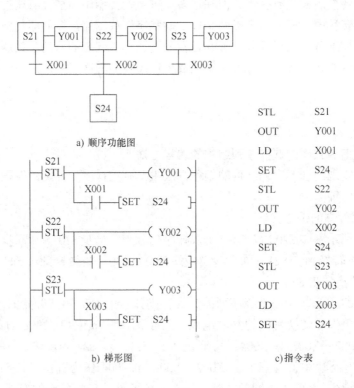

图 3-3-10　选择序列合并的编程方法示例

动完成的。其实在设计梯形图时，没有必要特别留意选择序列的合并如何处理，只要正确确定每一步的转换条件和转换目标，就能自然地实现选择序列的合并。

> **提示**　值得注意的是：在分支、合并的处理程序中，不能用 MPS、MRD、MPP、ANB、ORB 指令。

二、选择性序列结构状态流程图的特点

从上述的选择序列分支和选择序列合并的编程方法可得出选择性序列结构状态流程图的特点，其特点如下：

1）选择性分支流程的的各分支状态的转移由各自条件选择执行，不能进行两个或两个以上的分支状态同时转移。

2）选择性分支流程在分支时是先分支后条件。

3）选择性分支流程在汇合时是先条件后汇合。

4）FX 系列的分支电路，可允许最多 8 列，每列允许最多 250 个状态。

任务准备

实施本任务教学所使用的实训设备及工具材料可参考表 3-3-1。

表 3-3-1　实训设备及工具材料

序号	分类	名称	型号规格	数量	单位	备注
1	工具	电工常用工具		1	套	
2	仪表	万用表	MF47 型	1	块	
3		编程计算机		1	台	
4		接口单元		1	套	
5		通信电缆		1	条	
6		可编程序控制器	FX2N-48MR	1	台	
7		安装配电盘	600mm×900mm	1	块	
8		导轨	C45	0.3	m	
9	设备器材	空气断路器	Multi9 C65N D20	1	只	
10		熔断器	RT28-32	6	只	
11		红外传感器	自定	1	只	
12		接触器	CJ10-10 或 CJT1-10	4	只	
13		接线端子	D-20	20	只	
14		位置传感器	自定	4	只	
15		三相异步电动机	自定（高速用）	1	台	
16		三相异步电动机	自定（低速用）	1	台	
17		铜塑线	BV1/1.37mm²	10	m	主电路
18		铜塑线	BV1/1.13mm²	15	m	控制电路
19		软线	BVR7/0.75mm²	10	m	
20	消耗材料	紧固件	M4×20mm 螺杆	若干	只	
21			M4×12mm 螺杆	若干	只	
22			φ4mm 平垫圈	若干	只	
23			φ4mm 弹簧垫圈及 M4mm 螺母	若干	只	
24		号码管		若干	m	
25		号码笔		1	支	

任务实施

一、通过对本任务控制要求分析，分配输入点和输出点，写出 I/O 通道地址分配表

根据任务控制要求，可确定 PLC 需要 6 个输入点，4 个输出点，其 I/O 通道分配表见表 3-3-2。

二、画出 PLC 接线图（I/O 接线图）

PLC 接线图（I/O 接线图），如图 3-3-11 所示。

表 3-3-2　I/O 通道地址分配表

输入			输出		
元器件代号	作用	输入继电器	元器件代号	作用	输出继电器
SQ1	红外感应器	X000	KM1	高速开门控制	Y000
SQ2	开门减速开关	X001	KM2	低速开门控制	Y001
SQ3	开门极限开关	X002	KM3	高速关门控制	Y002
SQ4	关门减速开关	X003	KM4	低速关门控制	Y003
SQ5	关门极限开关	X004			

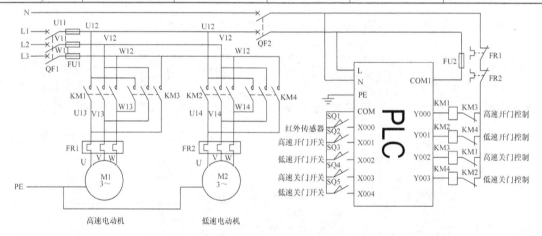

图 3-3-11　自动门的 I/O 接线图

三、程序设计

通过对玻璃自动平移门的控制要求分析，可得出图 3-3-12 所示的时序图。由时序图可知，自动门在关门时有两种选择。关门期间无人要求进出时，自动门会继续完成关门动作；如果关门期间有人要求进出，自动门则会暂停关门动作，继续开门让人进出后再关门。

1. 根据控制要求画出玻璃自动平移门控制的状态流程图

根据图 3-3-12 所示的时序图可设计出玻璃自动平移门控制的状态流程图，如图 3-3-13 所示。

从图 3-3-13 所示的玻璃自动平移门控制的状态流程图分析可知，其结构具有以下特点：

1）状态 S20 之前有一个选择序列合并，当 S0 为活动步并且转换条件 X000 满足，或者 S25 为活动步并且转换条件 T1 满足时，状态 S20 都应变为活动步。

2）状态 S23 后有一个选择序列分支，当它的后续步 S24、S25 变为活动步时，它应变为不活动步。同样 S24 之后也有一个选择序列的分支，当它的后续步 S20、S25 变为活动步时，它应变为不活动步。

2. 通过状态流程图（SFC）以转换为中心的编程方法，将状态流程图转换成梯形图

关于程序的设计，在前面单元和任务中，介绍的都是先画出梯形图，然后通过梯形图写出对应的指令表，最后通过梯形图输入法或指令表输入法进行编程。采用此种方法进行编程设计，要求对梯形图的设计水平相当高，也有一定的难度。

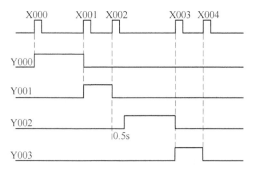

a）关门期间无人进出时序图

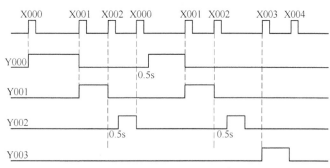

b）关门期间有人进出时序图

图 3-3-12　玻璃自动平移门控制时序图

在进行步进顺序控制编程设计时，一般都是采用状态流程图输入法的较多，即通过编程软件采用状态流程图输入法，将所设计出的状态流程图输入，然后转换成梯形图，从而得出控制程序，并由此转换成指令表。其过程可概括为"状态流程图→梯形图→指令表"。

采用状态流程图输入法，可以将复杂的程序化整为零，即将复杂的梯形图程序化简为每个状态里的简单的动作程序，当所有状态的动作程序都输入完毕后，再通过编程软件的转换功能，将其转换成用步进指令（STL）设计的完整梯形图程序，然后再由梯形图程序转换成指令表。这种通过状态流程图采用 STL 指令设计复杂系统梯形图时，具有其他编程方法无法可比的优越性。现以本任务为例，通过状态流程图（SFC）以转换为中心的编程方法，将状态流程图转换成梯形图的方法及步骤。

（1）工程名的建立　启动 MELSOFT 系列 GX Developer 编程软件，创建新文件名，并命名为"自动门控制系统"，选择 PLC 的类型为"FX2N"，在程序类型框内选择"SFC"，然后进入"自动门控制系统"的 SFC 块画面，如图 3-3-14 所示。

（2）初始化状态的建立　采用本单元任务 2 中的方法完成初始化状态的建立，如图 3-3-15 所示。

（3）状态流程图（SFC 块）的输入

1）状态流程图（SFC 块）的命名。将状态转移图命名为"自动门控制系统"，具体方法参见本单元任务 2。

2）状态流程图（SFC 块）的输入。

① 高、低速关门期间无人进出的完整状态流程图的输入。运用本单元任务 2 中介绍的状态流程图（SFC 块）的输入方法，先将如图 3-3-16 所示高、低速关门期间无人进出自动门时的状态流程图进行输入，输入后的画面如图 3-3-17 所示。

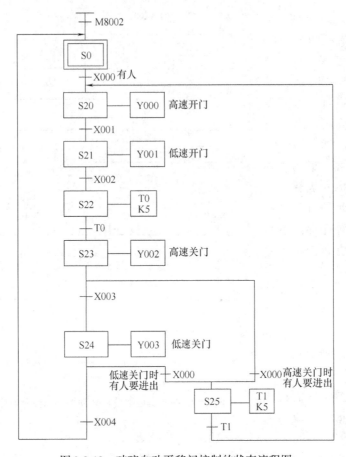

图 3-3-13　玻璃自动平移门控制的状态流程图

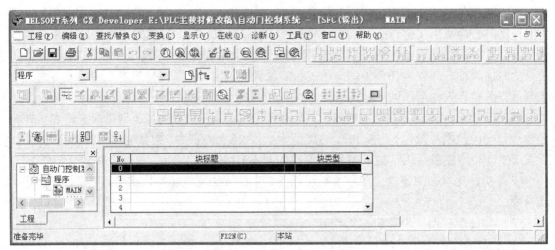

图 3-3-14　SFC 块选择画面

②　高速关门期间有人进出的状态流程图的输入。因为在高速关门时，检测到有人进出时，自动门会立即停止关门，并会延时 0.5s，然后重新高速开门。所以，此时运用选择性分支编程，即在高速关门状态 S23 后进行选择转移条件（有人 X000）的分支输入，当转移条件得到满足，就进入状态 S25 活动步。其输入方法及步骤如下：

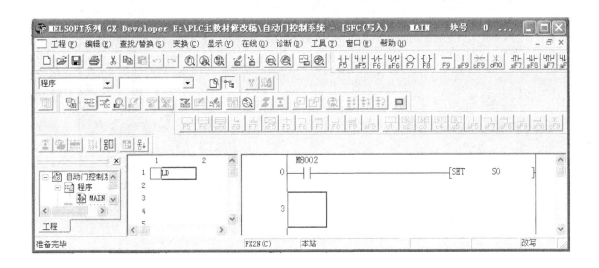

图 3-3-15　初始化梯形图输入画面

在图 3-3-17 画面中，将光标移至第 14 行转移条件"4"的位置；然后单击工具栏中的"F6"图标，会出现如图 3-3-18 所示的画面。

单击如图 3-3-18 所示画面中的"SFC 符号输入"对话框里的"确定"按钮，然后再根据前面所介绍的状态流程图的编程方法，输入延时控制的状态 S25，如图 3-3-19 所示。

③　低速关门期间有人进出的状态流程图的输入。因为在低速关门时，检测到有人进出时，自动门会立即停止关门并会延时 0.5s，然后重新高速开门。所以，此时也是运用选择性分支编程，即在低速关门状态 S24 后进行选择转移条件（有人 X000）的分支输入，当转移条件得到满足，就进入状态 S25 活动步。其输入方法与上述方法类似，不同的是：在输入转移条件时，光标移至第 17 行转移条件"5"的位置进行设置，如图 3-3-20 所示。

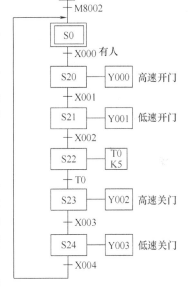

图 3-3-16　高、低速关门期间无人进出的完整状态流程图

值得一提的是，当转移条件低速关门时有人要进出（X000）得到满足，此时会由低速关门状态 S24 进入延时 0.5s 的 S25 状态；在进行状态流程图编程时，由于在高速关门时有人出入，已设置了一个 S25 状态，此时不能重复使用该状态的编号，所以在这里采用"跳（JUMP）"的编程方法，使其转移到 S25 状态。运用前面任务学过的方法进行编程，编程后的画面与对应的状态流程图如图 3-3-21 所示。

④　关门期间（无论是低速关门，还是高速关门）检测到有人进出时，都会停止关门并延时 0.5s。进入重新高速开门状态流程图的输入方法是：将光标移动到图 3-3-22 画面中的第 3 列、第 17 行，输入转移条件"8"；然后跳到高速开门的状态 S20，就可得到完整的玻璃自动平移门的选择序列结构的状态流程图（SFC），如图 3-3-22 所示。

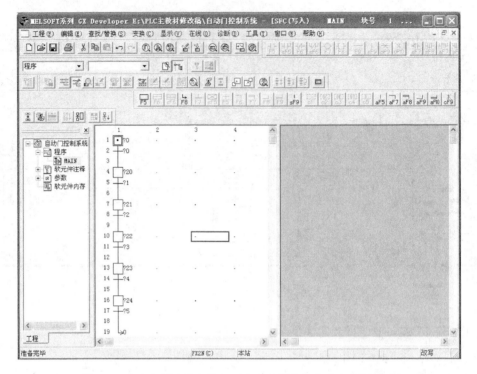

图 3-3-17　高、低速关门期间无人进出的完整状态流程图画面

图 3-3-18　选择性分支流程图转移条件与其对应编程的输入画面

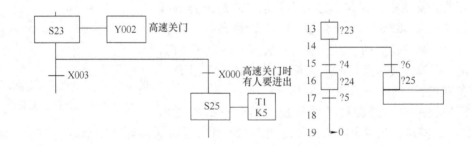

图 3-3-19　高速关门期间有人进出的状态流程图输入后的对应画面

　　（4）状态流程图（SFC 块）各步及转移条件对应的梯形图的输入　　根据图 3-3-13 所示的状态流程图，将自动门控制系统各状态步和转移条件流程图及所对应的梯形图归纳见表 3-3-3，并通过本单元任务 2 中所学的梯形图的输入方法，对应输入各状态步和转移条件的梯形图，梯形图输入完毕后再进行状态流程图（SFC 块）向梯形图的转换。

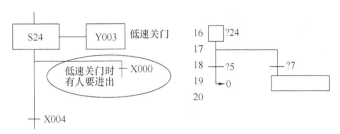

图 3-3-20 低速关门时，检测到有人进出时转移条件输入后的对应画面

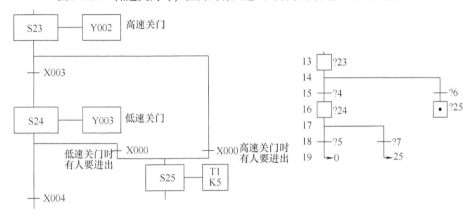

图 3-3-21 高、低速关门期间有人进出的状态流程图和对应的画面

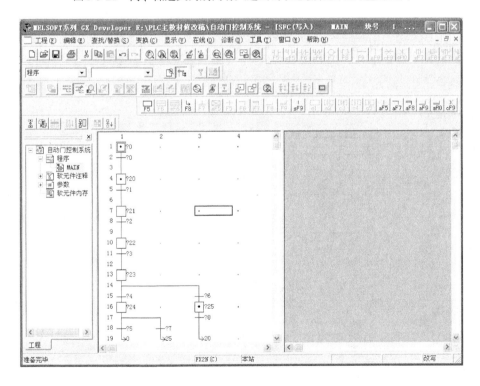

图 3-3-22 完整的玻璃自动平移门的选择序列结构的状态流程图（SFC）

表 3-3-3　状态流程图（SFC 块）各步及转移条件对应的梯形图

功能	流程图	梯形图
自动门红外感应器 SQ1（X000）检测到有人	1 ▪?0 2 ─0 3	0 ┤X000├ ──── [TRAN] 1
自动门高速开门（Y000 置 ON）	4 ▪20 5 ─?1	0 ──── (Y000) 1
自动门碰到减速开关 SQ2（X001）	4 ▪20 5 ─1 6	0 ┤X001├ ──── [TRAN] 1
减速开门	7 21 8 ─?2	0 ──── (Y001) 1
输入碰到极限开关 SQ3（X002），自动门停下，并进入延时控制状态	7 21 8 ─2 9	0 ┤X002├ ──── [TRAN] 1
延时控制	10 22 11 ─?3	0 ──── (T0) K5 3
延时 0.5s	10 22 11 ─3 12	0 ┤T0├ ──── [TRAN] 1

（续）

功能	流程图	梯形图
高速关门	13 ┌─ 23 ─┐	0 ──────────────(Y002) 1
高速关门时无人进出时，碰到减速关门开关 SQ4（X003）	14 15 ┤─ 4 16 ┤ ?24	X003 0 ─┤├───────────[TRAN] 1
减速关门	16 ┌─ 24 ─┐ 17	0 ──────────────(Y003) 1
减速关门碰到极限开关 SQ5（X004）	17 18 ┤─ 5　　?7 19 ┤─ 0　　25	X004 0 ─┤├───────────[TRAN] 1
高速关门时如检测到有人进出时，输入检测有人	14 15 ┤─ 4　　┌─ 6 16 ┤ 24　　• ?25	X000 0 ─┤├───────────[TRAN] 1
低速关门时检测到有人进出	17 18 ┤─ 5　　┤─ 7	X000 0 ─┤├───────────[TRAN] 1
无论是高速关门还是低速关门时检测到有人进出，都会停止关门，并延时 0.5s 控制	14 15 ┤─ 4　　┤─ 6 16 ┤ 24　　• 25 17 ┤　　　?8	K5 0 ──────────────(T1) 3
延时 0.5s 后，转入高速开门	┤─ 6 • 25 ┤─ 8 └─ 20	T1 0 ─┤├───────────[TRAN] 1

（5）状态流程图（SFC 块）向梯形图的转换　采用本单元任务 2 中介绍的方法，利用状态转移图转换成梯形图，转换出的完整梯形图如图 3-3-23 所示。

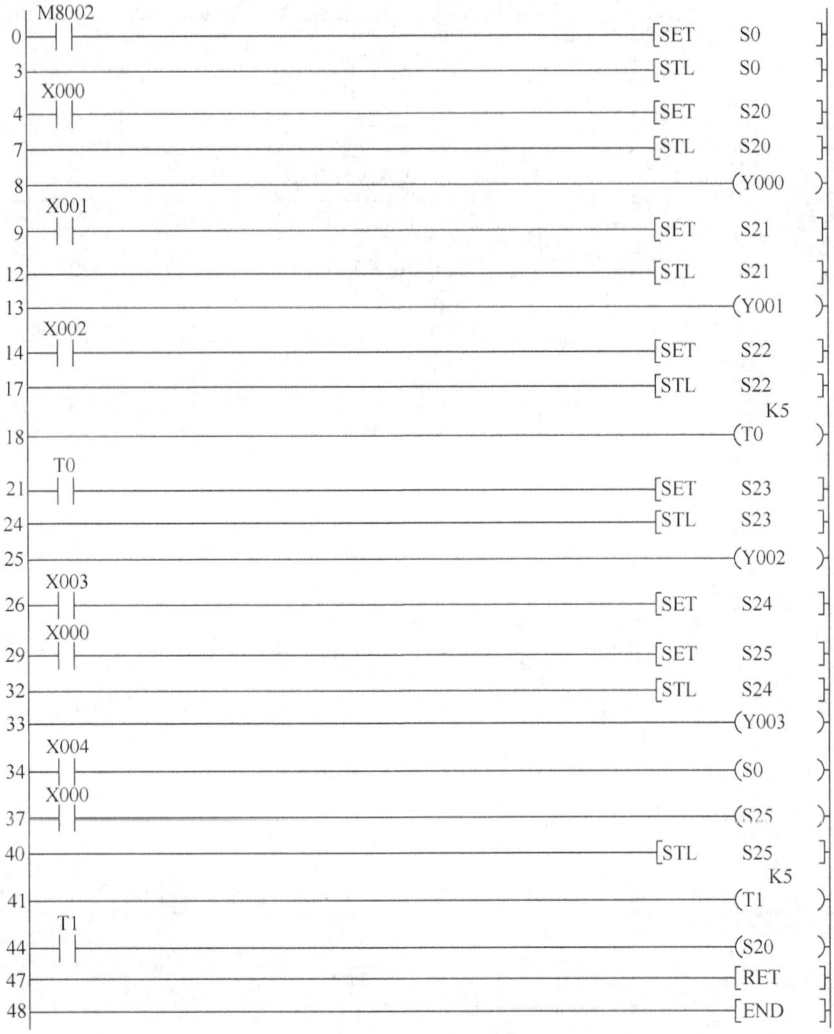

```
M8002
0  ┤├─────────────────────────────────[SET    S0   ]
3  ──────────────────────────────────[STL    S0   ]
   X000
4  ┤├─────────────────────────────────[SET    S20  ]
7  ──────────────────────────────────[STL    S20  ]
8  ────────────────────────────────────────(Y000  )
   X001
9  ┤├─────────────────────────────────[SET    S21  ]
12 ──────────────────────────────────[STL    S21  ]
13 ────────────────────────────────────────(Y001  )
   X002
14 ┤├─────────────────────────────────[SET    S22  ]
17 ──────────────────────────────────[STL    S22  ]
                                                K5
18 ────────────────────────────────────────(T0    )
   T0
21 ┤├─────────────────────────────────[SET    S23  ]
24 ──────────────────────────────────[STL    S23  ]
25 ────────────────────────────────────────(Y002  )
   X003
26 ┤├─────────────────────────────────[SET    S24  ]
   X000
29 ┤├─────────────────────────────────[SET    S25  ]
32 ──────────────────────────────────[STL    S24  ]
33 ────────────────────────────────────────(Y003  )
   X004
34 ┤├────────────────────────────────────────(S0    )
   X000
37 ┤├────────────────────────────────────────(S25   )
40 ──────────────────────────────────[STL    S25  ]
                                                K5
41 ────────────────────────────────────────(T1    )
   T1
44 ┤├────────────────────────────────────────(S20   )
47 ──────────────────────────────────────────[RET   ]
48 ──────────────────────────────────────────[END   ]
```

图 3-3-23　自动门控制系统梯形图

（6）由梯形图向指令表的转换　单击快捷工具栏中"梯形图/列表切换"的图标
" "，即可将梯形图转换为指令表，如图 3-3-24 所示。

通过由梯形图向指令表的转换，可以得到本任务 PLC 系统控制的完整的步进顺控指令，见表 3-3-4。

四、仿真运行

仿真运行时可参照前面任务所述的方法，读者自行进行仿真，在此不再赘述。

五、程序下载

（1）PLC 与计算机连接　用专用通信电缆 RS-232/RS—422 转换器将 PLC 的编程接口与计算机的 COM1 串口连接。

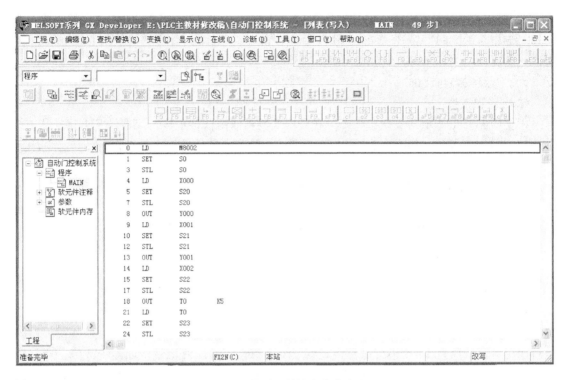

图 3-3-24　由梯形图转换成指令表的画面

表 3-3-4　自动门控制系统步进顺控指令

步序	指令	元素	步序	指令	元素
0	LD	M8002	18	OUT	Y002
1	SET	S0	19	LD	X003
2	STL	S0	20	SET	S24
3	LD	X000	21	LD	X000
4	SET	S20	22	SET	S25
5	STL	S20	23	STL	S24
6	OUT	Y000	24	OUT	Y003
7	LD	X001	25	LD	X004
8	SET	S21	26	OUT	S0
9	STL	S21	27	LD	X000
10	OUT	Y001	28	OUT	S25
11	LD	X002	29	STL	S25
12	SET	S22	30	OUT	T1 K5
13	STL	S22	31	LD	T1
14	OUT	T0 K5	32	OUT	S20
15	LD	T0	33	RET	
16	SET	S23	34	END	
17	STL	S23			

（2）程序写入　先接通系统电源，将 PLC 的 RUN/STOP 开关拨到"STOP"的位置，然后通过 MELSOFT 系列 GX Developer 软件中的"PLC"菜单的"在线"栏"PLC 写入"，就可以把仿真成功的程序写入的 PLC 中。

六、电路安装与调试

1. 安装和接线

根据图 3-3-11 所示的 I/O 接线图，在模拟实物控制配线板上进行元器件及电路安装。

（1）检查元器件　根据表 3-3-1 配齐元器件，检查元器件的规格是否符合要求，并用万用表检测元器件是否完好。

（2）固定元器件　固定好本任务所需元器件。

（3）配线安装　根据配线原则和工艺要求，进行配线安装。

（4）自检　按照接线图检查接线是否无误，再使用万用表检测电路的阻值是否与设计相符。

2. 通电调试

1）经自检无误后，在指导教师的指导下，方可通电调试。

2）首先接通系统电源开关 QF1 和 QF2，将 PLC 的 RUN/STOP 开关拨到"RUN"的位置，然后通过计算机上的 MELSOFT 系列 GX Developer 软件中的"监控/测试"监视程序的运行情况，再按照表 3-3-5 进行操作，观察系统运行情况并做好记录。如出现故障，应立即切断电源，分析原因、检查电路或梯形图，排除故障后，方可进行重新调试，直到系统功能调试成功为止。

表 3-3-5　程序调试步骤及运行情况记录

操作步骤	操作内容	观察内容	观察结果	思考内容
第一步	SQ1 检测有人			
第二步	按下 SQ2			
第三步	按下 SQ3			
第四步	按下 SQ4	接触器 KM1、KM2、KM3、KM4		理解 PLC 的工作过程
第五步	按下 SQ5			
第六步	当高速关门时按下 SQ1			
第七步	当低速关门时按下 SQ1			

检查评议

对任务实施的完成情况进行检查，并将结果填入任务测评表，见表 3-2-8。

问题及防治

在进行自动门控制系统的梯形图程序设计、上机编程、模拟仿真及电路安装与调试的过程中，时常会遇到如下情况：

问题：在采用选择序列结构状态流程图（SFC）转换成梯形图进行设计时，对于初学者来说，普遍最容易犯的错误是将选择分支线画成双实线，如图 3-3-25 所示。

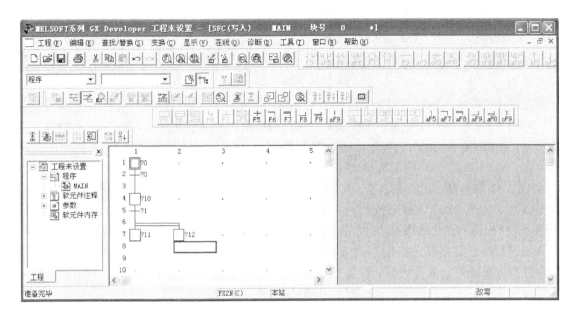

图 3-3-25 选择性分支的错误画法

【后果及原因】 在采用选择序列结构状态流程图（SFC）转换成梯形图进行设计时，如果将选择分支线画成双实线，将变成并行性序列结构状态转移图，达不到选择性控制的目的。

【预防措施】 在采用选择序列结构状态转移图（SFC）转换成梯形图进行设计时，应将选择分支线画成单实线，如图 3-3-26 所示。

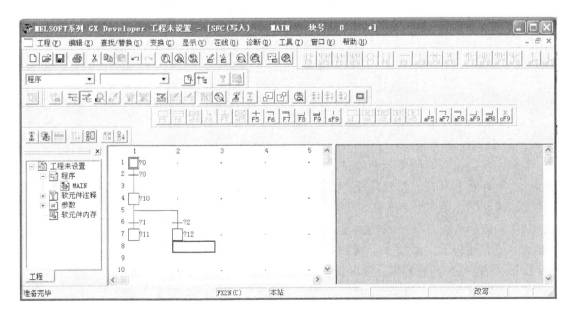

图 3-3-26 选择性序列分支的正确画法

知识拓展

在步进顺控应用中，停止的处理比较复杂，可分为普通停止和紧急停止两种。

1. 普通停止

普通停止是指在执行完当前运行周期后停止。

如图 3-3-27a 所示是两盏灯交替点亮控制的 SFC 图。控制系统使用一个开关（X000）控制启停，当 X000 为 ON 时，系统运行，若 X000 为 OFF 时，系统则在执行完当前周期后停止输出，X000 在这里实现了普通停止。若系统使用一个启动按钮（X000）和停止按钮（X001），对应的 SFC 图如图 3-3-27b 所示。在如图 3-3-27b 中，PLC 通电时，初始状态 S0 处于激活状态；启动时，按下按钮，M100 为 ON，状态 S20 激活。当 T0 延时时间到时，S21 激活，S20 变为非激活状态；当 T1 延时时间到时，T1 常开触点 ON，S0 激活，S21 变为非激活状态。由于没有按下停止按钮，X001 为 OFF，故 M100 为 ON，其常开触点闭合，转换正常进行，系统处于运行状态。若某个时刻 X001 变为 ON，故 M100 为 OFF，则转换条件不能成立，系统不能正常转换，在执行完当前周期后停止，为普通停止。

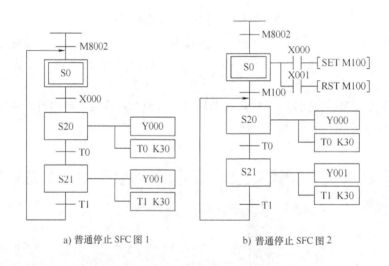

a) 普通停止 SFC 图 1　　　　　　b) 普通停止 SFC 图 2

图 3-3-27　普通停止的处理

2. 紧急停止

紧急停止是指立即结束当前系统的运行，所有状态复位。紧急停止一般使用保持型输入器件，如开关、带保持功能的按钮等，并且一般使用常闭触点。在上述例子中添加一个紧急停止按钮（带保持），接在输入 X002 上，使用常闭触点，其 SFC 图如图 3-3-28 所示。当 X002 为 OFF 时，除初始状态 S0 外，其他状态都复位，实现了紧急停止。

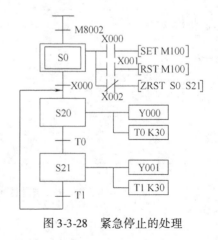

图 3-3-28　紧急停止的处理

考证要点

根据国家职业资格考试（高级工）相关要求，该任务内容的考证要点见表 3-3-6。

表 3-3-6　考证要点

行为领域	鉴定范围	鉴定点	重要程度
理论知识	可编程控制系统读图分析与程序编制及调试	1. 步进顺控指令表 2. 可编程序控制器编程技巧 3. 用编程软件对程序进行监控与调试的方法 4. 程序错误的纠正步骤与方法	★★
操作技能	可编程控制系统读图分析与程序编制及调试	1. 能使用步进顺控指令编写程序 2. 能用状态转移图进行步进顺序控制程序的设计，并会将状态转移图转化成梯形图 3. 能使用编程软件来模拟现场信号进行基本指令为主的程序调试	★★★

考证测试题

一、填空题（请将正确的答案填在横线空白处）

1. 有一些分支、汇合组合的状态转移图，连续地直接从汇合线移到下一个分支线，而没有中间状态，不能直接编程，处理时可插入＿＿＿＿＿＿，之后的状态转移图就可以进行编程了。

2. 在分支、合并的处理程序中，不能用＿＿＿＿、＿＿＿＿、＿＿＿＿、＿＿＿＿、＿＿＿＿指令。

3. 在采用选择序列合并编程时，同一状态继电器的 STL 触点只能在梯形图中使用＿＿次。串联的 STL 触点的个数不能超过＿＿次，也就是说，一个并行序列中的序列数不能超过＿＿个。

二、分析题

化简图 3-3-29 所示的 SFC，并将其转换成步进梯形图和指令表。

三、技能题

1. 题目：用选择性序列结构编程方法设计带式运输机的控制，并进行安装与调试。

有一带式运输机装置主要由三台带式运输机 1、2 和 3 组成，每台带式运输机分别由各自的电动机所拖动，各台运输机之间有着密切的关系，其控制要求如下：

（1）带式运输机装置起动运行时，按下起动按钮后，首先起动运行带式运输机 3；经过 5s 的延时，带式运输机 2 自动起动运行；再经 5s 的延时，带式运输机 1 自动起动运行；

（2）带式运输机装置停止的过程与起动相反。按下停止按钮后，先停止带式运输机 1，延时 5s 后带式运输机 2 自动停止，再过 5s 后带式运输机 3 自动停止。

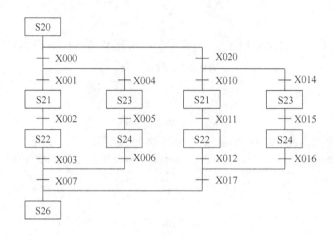

图 3-3-29　选择序列 SFC

（3）当带式运输机装置中的任意一台带式运输机发生故障时，该台带式运输机前面的带式运输机会立即停止工作，而该台带式运输机后面的带式运输机必须依次延时 5s 停止运行。例如，M2 发生故障，则 M1、M2 立即停止，而 M3 在 M2 停止运行 5s 后停止运行。

2. 设计要求

（1）写出输入输出元器件与 PLC 地址对照表。

（2）画出 PLC 接线图。

（3）画出带式运输机的状态流程图（SFC）。

（4）设计出完整的梯形图。

（5）写出指令表。

（6）将程序输入 PLC 机。

（7）模拟调试。

3. 考核内容

（1）PLC 接线图设计。

1）PLC 输入/输出接线图正确。

2）PLC 电源接线图、负载电源接线图完整。

（2）程序设计。

1）输入输出元器件与 PLC 地址对照表符合被控设备实际情况及 PLC 数据范围。

2）状态流程图、梯形图及指令表正确。

（3）程序输入及模拟调试。

1）能正确地将所编程序输入 PLC。

2）按照被控设备的动作要求进行模拟调试，达到设计要求。

工时定额：120min。

4. 评分标准（见表 3-2-8）。

任务 4　十字路口交通灯控制系统设计与装调

 学习目标

> **知识目标：** 掌握并行序列结构状态转移图（SFC）的画法，并会通过状态转移图进行步进顺序控制的设计。
>
> **能力目标：** 会根据控制要求画出状态转移图，并能灵活地运用以转换为中心的状态流程图转换成梯形图，实现十字路口交通灯控制系统的程序设计。

工作任务

图 3-4-1 是一十字路口交通灯示意图。[本任务的主要内容]：用 PLC 顺序控制设计法中的并行序列结构编程方法对十字路口交通信号灯控制系统进行设计。

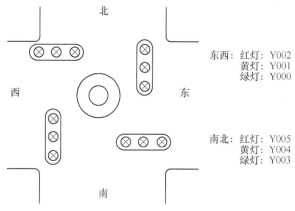

东西：红灯：Y002
　　　黄灯：Y001
　　　绿灯：Y000

南北：红灯：Y005
　　　黄灯：Y004
　　　绿灯：Y003

图 3-4-1　十字路口交通灯示意图

[任务控制要求]：

当 PLC 运行后，东西、南北方向的交通信号灯按照如图 3-4-2 所示的时序图运行，东西方向：绿灯亮 8s，闪动 4s 后熄灭，接着黄灯亮 4s 后熄灭，红灯亮 16s 后熄灭；与此同时，南北方向：红灯亮 16s 后熄灭，绿灯亮 4s，闪动 4s，接着黄灯亮 4s 后熄灭……如此循环。

任务分析

通过对上述控制要求分析可知，本任务的十字路口交通灯的控制是一个典型的由时间控制的顺序运行的循环过程，可以使用多种方法实现控制要求。本次任务的目的是通

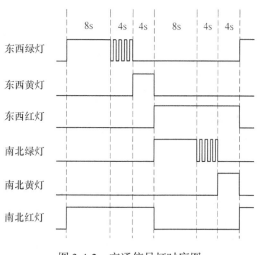

图 3-4-2　交通信号灯时序图

过学习，掌握通过并行序列结构状态转移图的编程方法完成十字路口交通灯控制系统的编程设计。

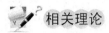 相关理论

一、并行序列结构形式的顺序功能图

顺序过程进行到某步，若该步后面有多个分支，而当该步结束后，若转移条件满足，则同时开始所有分支的顺序动作；若全部分支的顺序动作同时结束后，汇合到同一状态，这种顺序控制过程的结构就是并行序列结构。

并行序列也有开始和结束之分。并行序列的开始称为分支，并行序列的结束称为合并。如图 3-4-3a 所示为并行序列的分支，它是指当转换实现后将同时使多个后续步激活，每个序列中活动步的进展将是独立的。为了区别于任务 3 中选择序列顺序功能图，强调转换的同步实现，水平线用双线表示，转换条件放在水平线双线之上。如果步 3 为活动步，且转换条件 c 成立，则 4、6、8 三步同时变成活动步，而步 3 变为不活动步。而步 4、6、8 被同时激活后，每一序列接下来的转换将是独立的。

图 3-4-3b 为并行序列的合并。用双线表示并行序列的合并，转换条件放在双线之下。当直接连在双线上的所有前级步 5、7、9 都为活动步，步 5、7、9 的顺序动作全部执行完成后，且转换条件下 d 成立，才能使转换实现。即步 10 变为活动步，而步 5、7、9 同时变为不活动步。

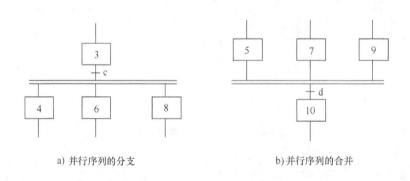

a) 并行序列的分支　　　　　　　　　　　　b) 并行序列的合并

图 3-4-3　并行序列结构

二、用"起—保—停"电路实现的并行序列的编程方法

1. 并行序列分支的编程方法

并行序列中各单序列的第一步应同时变为活动步。对控制这些步的"起—保—停"电路使用同样的起动电路，就可以实现这一要求。如图 3-4-4a 所示，步 M1 之后有一个并行序列的分支，当步 M1 为活动步并且转换条件满足时，步 M2 和步 M3 同时变为活动步，即 M2 和 M3 应同时名为 ON，如图 3-4-4b 所示，步 M2 和步 M3 的起动电路相同，都为逻辑关系式 M1 × X001。

2. 并行序列合并的编程方法

如图 3-4-4a 所示，步 M6 之前有一个并行序列的合并，该转换实现的条件是所有的前级步（即步 M4 和步 M5）都是活动步和转换条件 X004 满足。由此可知，应将 M4、M5 和 X004 的常开触点串联，作为控制 M6 的"起—保—停"电路的起动电路，如图 3-4-4c

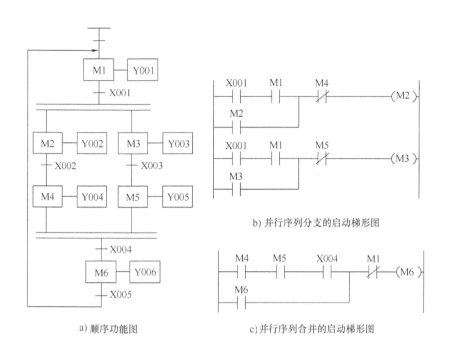

a) 顺序功能图　　　　　　　　　　c)并行序列合并的启动梯形图

图 3-4-4　并行序列的编程方法实例（一）

所示。

三、以转换为中心的电路编程方法

1. 并行序列分支的编程方法

并行序列中各单序列的第一步应同时变为活动步。控制这些步，采用置位指令 SET 和步进开始指令 STL 及状态继电器 S，就可以实现这一要求。如图 3-4-5a 所示，步 S21 之后有一个并行序列的分支，当步 S21 为活动步并且转换条件满足时，步 S22 和步 S23 同时变为活动步，即 S22 和 S23 应同时名为 ON，如图 3-4-5b 所示，步 S22 和步 S23 的起动电路相同。

2. 并行序列合并的编程方法

如图 3-4-5a 所示，步 S26 之前有一个并行序列的合并，该转换实现的条件是所有的前级步（即步 S24 和步 S25）都是活动步和转换条件 X004 满足。由此可知，应将 S24、S25 作为控制 S26 的步进开始，当转换条件 X004 得到满足就使得 S26 变为活动步，如图 3-4-5c 所示。

四、并行序列编程法的基本编程原则

从上述的并行序列分支的编程方法和并行序列合并的编程方法可知，在并行序列中，编程的原则与前面任务介绍的选择序列编程的原则基本一样，也是先进行状态转换处理，然后处理动作。在状态转换处理中，先集中处理分支，然后处理分支内部状态转换，最后集中处理合并。

任务准备

实施本任务教学所使用的实训设备及工具材料可参考表 3-4-1。

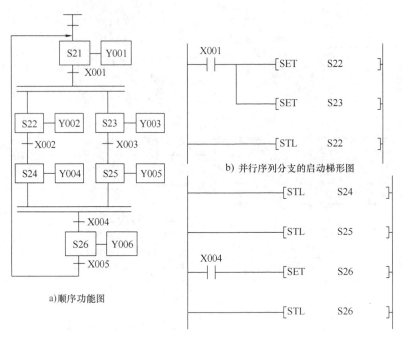

a)顺序功能图

b) 并行序列分支的启动梯形图

c)并行序列合并的启动梯形图

图 3-4-5　并行序列的编程方法实例（二）

表 3-4-1　实训设备及工具材料

序号	分类	名称	型号规格	数量	单位	备注
1	工具	电工常用工具		1	套	
2	仪表	万用表	MF47 型	1	块	
3	设备器材	编程计算机		1	台	
4		接口单元		1	套	
5		通信电缆		1	条	
6		可编程序控制器	FX2N-48MR	1	台	
7		安装配电盘	600mm×900mm	1	块	
8		导轨	C45	0.3	m	
9		空气断路器	Multi9 C65N D20	1	只	
10		熔断器	RT28-32	6	只	
11		指示灯	24V（红色）	2	只	
12		指示灯	24V（黄色）	2	只	
13		指示灯	24V（绿色）	2	只	
14		接线端子	D-20	20	只	
15	消耗材料	铜塑线	BV1/1.37mm²	10	m	主电路
16		铜塑线	BV1/1.13mm²	15	m	控制电路
17		软线	BVR7/0.75mm²	10	m	

（续）

序号	分类	名称	型号规格	数量	单位	备注
18	消耗材料	紧固件	M4×20mm 螺杆	若干	只	
19			M4×12mm 螺杆	若干	只	
20			φ4mm 平垫圈	若干	只	
21			φ4mm 弹簧垫圈及 M4mm 螺母	若干	只	
22		号码管		若干	m	
23		号码笔		1	支	

任务实施

一、通过对本任务控制要求分析，分配输入点和输出点，写出 I/O 通道地址分配表

根据上述控制要求，可确定 PLC 不需要输入点，有 6 个输出点，其 I/O 通道分配表见表 3-4-2。

表 3-4-2　I/O 通道地址分配表

输入			输出		
元件代号	作用	输入继电器	元件代号	作用	输出继电器
			HL1	东西绿灯	Y000
			HL2	东西黄灯	Y001
			HL3	东西红灯	Y002
			HL4	南北绿灯	Y003
			HL5	南北黄灯	Y004
			HL6	南北红灯	Y005

二、画出 PLC 接线图（I/O 接线图）

PLC 接线图如图 3-4-6 所示。

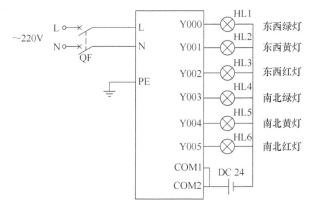

图 3-4-6　十字路口交通灯的 I/O 接线图

三、程序设计

根据 I/O 通道地址分配表及任务控制要求分析，画出本任务控制的状态转移图，写出指令表，并转换成对应的梯形图。

1. 状态转移图的编制

（1）列出十字路口交通灯东西方向和南北方向控制状态表　根据本任务的控制要求和图 3-4-2 所示的时序图，列出表 3-4-3 和表 3-4-4 所示的交通灯运行状态表。

表 3-4-3　交通灯东西方向控制状态表

东西方向	状态 1	状态 2	状态 3	状态 4
交通灯状态	绿灯亮	绿灯闪	黄灯亮	红灯亮
编程元件	M1	M2	M3	M4
编程元件	S21	S22	S23	S24

表 3-4-4　交通灯南北方向控制状态表

南北方向	状态 1	状态 2	状态 3	状态 4
交通灯状态	红灯亮	绿灯亮	绿灯闪	黄灯亮
编程元件	M5	M6	M7	M8
编程元件	S25	S26	S27	S28

（2）编制状态转移图　由表 3-4-3 和表 3-4-4 可知，东西和南北两个方向交通灯是在满足配合关系的前提下独立并行工作的。其中，东西方向交通灯的状态转换规律为绿灯亮→绿灯闪→黄灯亮→红灯亮，然后循环；与此同时，南北方向交通灯的状态转换规律为红灯亮→绿灯亮→绿灯闪→黄灯亮，然后循环。

两个方向的交通灯是并行工作的，可以分别作为一个分支，根据表 3-4-3 和表 3-4-4，可以采用单序列结构和并行序列分支的编程方法，绘制出系统的基于 M 的顺序功能图和基于 S 的顺序功能图，如图 3-4-7 所示。

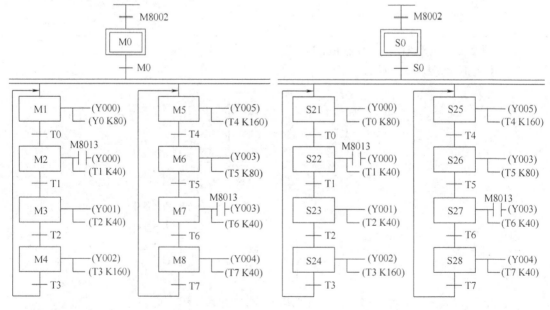

a) 基于 M 的并行 SFC 图　　　　　　　　　　b) 基于 S 的并行 SFC 图

图 3-4-7　交通灯控制的 SFC 图

提示　需要说明的是，上述的 SFC 中只有并行分支，没有合并，这在实践中是可以的。如果严格按照并行序列 SFC 的结构进行设计，可以在两个序列之后添加一个空状态用来作为合并的目标状态，合并后的转换条件可以使用该状态元件的普通常开触点或者使用 "=1" 无条件转换。

2. 指令表

根据图 3-4-7 所示的状态流程图，运用并行序列的指令编写方法，读者自行编写指令，不再赘述。

3. 梯形图

根据图 3-4-7 所示的顺序功能图，将其转换为梯形图，读者自行转换，不再赘述。

四、程序输入及仿真运行

1. 程序输入

本任务的程序输入有三种方法，即梯形图输入法、指令表输入法和状态转移图输入法。读者可根据自己的习惯采用不同的输入法。在进行步进顺序控制编程设计时，一般都是采用状态转移图输入法的较多，因为用 STL 指令设计复杂系统梯形图时更能体现其优越性。

（1）工程名的建立　启动 MELSOFT 系列 GX Developer 编程软件，创建新文件名，并命名为 "十字路口交通灯的并行序列结构控制"，选择 PLC 的类型为 "FX2N"，在程序类型框内选择 "SFC"。

（2）程序输入　输入方法可参照本单元任务 3 所述的方法，在此不再赘述。需要说明的是，任务 3 采用的是选择序列结构编程方法，而本任务采用的是并行序列编程方法，因此，在程序输入时采用并行分支双实线画法，如图 3-4-8 所示。

图 3-4-8　并行序列分支编程方面

本任务的 SFC 程序输入完毕后的画面如图 3-4-9 所示。

2. 仿真运行

仿真运行可参照前面任务所述的方法，读者自行进行仿真，在此不再赘述。

五、程序下载

（1）PLC 与计算机连接　使用专用通信电缆 RS—232/RS—422 转换器将 PLC 的编程接口与计算机的 COM1 串口连接。

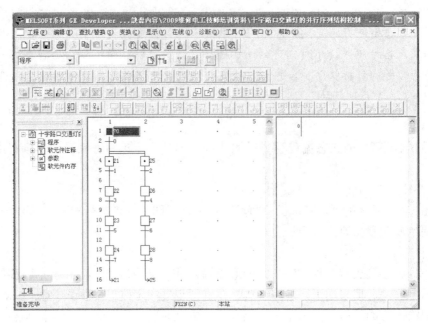

图 3-4-9　本任务完整的 SFC 画面

（2）程序写入　首先接通系统电源，将 PLC 的 RUN/STOP 开关拨到"STOP"的位置，然后通过 MELSOFT 系列 GX Developer 软件中的"PLC"菜单"在线"栏的"PLC 写入"，就可以把仿真成功的程序写入到 PLC 中。

六、电路安装与调试

1. 安装和接线

根据图 3-4-6 所示的 I/O 接线图，在如图 3-4-10 所示模拟实物控制配线板上进行元器件及电路安装。

（1）检查元器件　根据表 3-4-1 配齐元器件，检查元器件的规格是否符合要求，并用万用表检测元器件是否完好。

（2）固定元器件　固定好本任务所需元器件。

（3）配线安装　根据配线原则和工艺要求，进行配线安装。

（4）自检　按照接线图检查接线是否无误，再使用万用表检测电路的阻值是否与设计相符。

2. 通电调试

1）经自检无误后，在指导教师的指导下，方可通电调试。

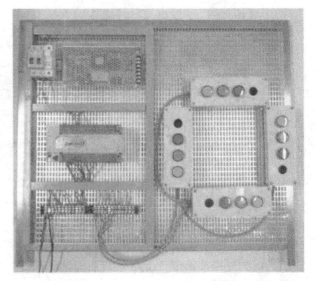

图 3-4-10　十字路口交通灯模拟实物控制配线板

2）首先接通系统电源开关 QF，将 PLC 的 RUN/STOP 开关拨到"RUN"的位置，然后通过计算机上的 MELSOFT 系列 GX

Developer 软件中的"监控/测试"监视程序的运行情况，同时观察指示灯 HL1、HL2、HL3、HL4、HL5 和 HL6 的亮灯情况并做好记录。如出现故障，应立即切断电源，分析原因、检查电路或梯形图，排除故障后，方可进行重新调试，直到系统功能调试成功为止。

检查评议

对任务实施的完成情况进行检查，并将结果填入任务测评表，见表 3-2-8。

问题及防治

在进行十字路口交通灯控制系统的梯形图程序设计、上机编程、模拟仿真及电路安装与调试的过程中，时常会遇到如下情况：

问题： 在进行采用并行序列结构状态流程图（SFC）转换成梯形图设计时，对于初学者来说，普遍最容易犯的错误是将并行分支线画成单实线，如图 3-4-11 所示。

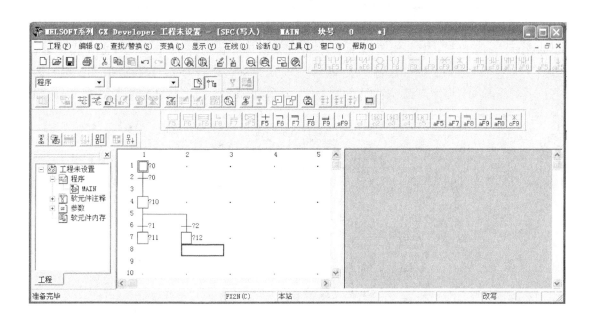

图 3-4-11　并行性分支的错误画法

【后果及原因】　在采用并行序列结构状态流程图（SFC）转换成梯形图进行设计时，如果将并行分支线画成单实线，将变成选择性序列结构状态转移图，达不到并行性控制的目的。

【预防措施】　在采用并行序列结构状态转移图（SFC）转换成梯形图进行设计时，应将并行分支线画成双实线，如图 3-4-12 所示。

知识拓展

在道路交通管理上有许多按钮式人行道交通灯，如图 3-4-13 所示，在正常情况下，汽车通行，即 Y003 绿灯亮，Y005 红灯亮；当行人要过马路时，就按按钮。当按下按钮 X000

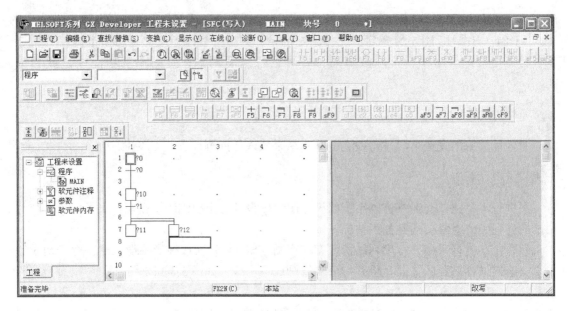

图 3-4-12 并行性分支的正确画法

（或 X001）之后，主干道交通灯状态转换规律为绿（5s）→绿闪（3s）→黄（3s）→红（20s）。当主干道红灯亮时，人行道从红灯亮转为绿灯亮，15s 以后，人行道绿灯开始闪烁，闪烁 5s 后转入主干道绿灯亮，人行道红灯亮。要求利用 PLC 控制按钮式人行道交通灯，并用并行序列的顺序功能图编程。

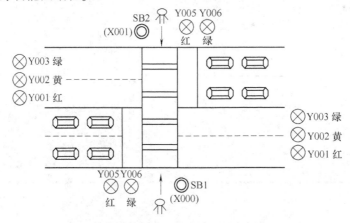

图 3-4-13 按钮式人行道交通灯示意图

1. 通过对控制要求分析，分配输入点和输出点，写出 I/O 通道地址分配表

根据控制要求，可确定 PLC 需要 2 个输入点，5 个输出点，其 I/O 通道分配表见表 3-4-5。

表 3-4-5 I/O 通道地址分配表

输入			输出		
元件代号	作用	输入继电器	元件代号	作用	输出继电器
SB1	起动按钮	X000	HL1	主干道红灯	Y001
SB2	起动按钮	X001	HL2	主干道黄灯	Y002

（续）

输入			输出		
元件代号	作用	输入继电器	元件代号	作用	输出继电器
			HL3	主干道绿灯	Y003
			HL4	人行道红灯	Y004
			HL5	人行道绿灯	Y005

2. 画出 PLC 接线图（I/O 接线图）

PLC 接线图如图 3-4-14 所示。

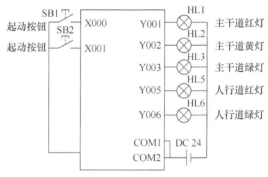

图 3-4-14　PLC 的 I/O 接线图

3. 根据控制要求画出并行性序列结构状态流程图

如图 3-4-15 所示。

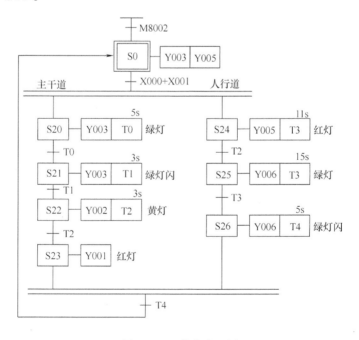

图 3-4-15　状态流程图

4. 梯形图

根据状态流程图可画出其梯形图，如图 3-4-16 所示。

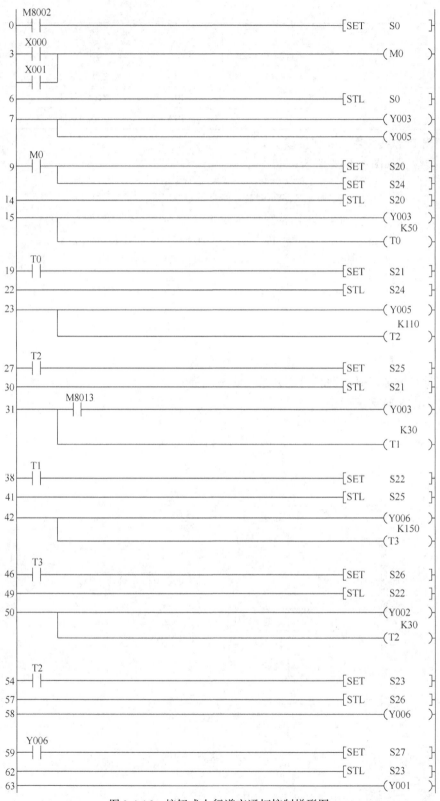

图 3-4-16　按钮式人行道交通灯控制梯形图

图 3-4-16　（续）

考证要点

根据国家职业资格考试（高级工）相关要求，该任务内容的考证要点见表 3-4-6。

表 3-4-6　考证要点

行为领域	鉴定范围	鉴定点	重要程度
理论知识	可编程控制系统读图分析与程序编制及调试	1. 步进顺控指令表 2. 可编程序控制器编程技巧 3. 用编程软件对程序进行监控与调试的方法 4. 程序错误的纠正步骤与方法	★★
操作技能	可编程控制系统读图分析与程序编制及调试	1. 能使用步进顺控指令编写程序 2. 能用状态转移图进行步进顺序控制程序的设计，并会将状态转移图转化成梯形图 3. 能使用编程软件来模拟现场信号进行基本指令为主的程序调试	★★★

考证测试题

一、填空题（请将正确的答案填在横线空白处）

1. 顺序过程进行到某步，若该步后面有多个分支，而当该步结束后，若＿＿满足，则同时开始＿＿＿分支的顺序动作，若全部分支的顺序动作同时结束后，汇合到＿＿状态，这种顺序控制过程的结构就是并行序列结构。

2. 并行序列也有开始和结束之分。并行序列的开始称为＿＿，并行序列的结束称为＿＿＿＿＿＿。

3. JMP 跳转指令＿＿＿＿＿（能，不能）在主程序、子程序和中断程序之间相互跳转。

4. 在并行序列中，编程的原则与选择序列编程的原则基本一样，也是先进行处理，然后处理动作。在状态转换处理中，先集中处理＿＿＿＿，然后处理分支内部状态转换，最后集中处理＿＿＿＿。

二、简答题

1. 步进指令编程中，最常见的结构类型有哪几种？

2. FX2N 系列 PLC 中，用于步进控制的状态寄存器有哪几种分类?

三、分析题

指出图 3-4-17 所示的 SFC 是否正确。对有错误的流程请将其改正。

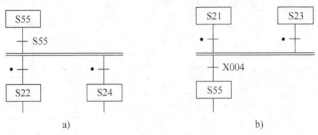

a)   b)

图 3-4-17   SFC 图

四、技能题

1. 题目：用并行性序列结构编程方法进行钻孔专用机床的程序设计，并进行安装与调试。

2. 控制要求：

钻孔专用机床结构及工作循环示意图如图 3-4-18 所示。图中左、右动力头主轴电动机均为 Y90S-4，进给运动由液压驱动，液压泵电动机为 3kW，电磁阀通断情况见表 3-4-7。

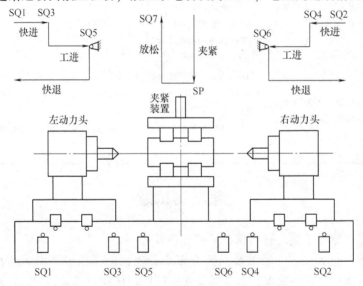

图 3-4-18   钻孔专用机床结构及工作循环示意图

表 3-4-7   电磁阀通断情况

	左动力头			右动力头			夹紧装置
	YV1	YV2	YV3	YV4	YV5	YV6	YV7
上、下料	—	—	—	—	—	—	—
快进	+	—	—	+	—	—	+
工进	+	+	—	+	+	—	+
停留	—	—	—	—	—	—	+
快退	—	—	+	—	—	+	+

机床的工作循环为：首先起动液压泵，按起动按钮后夹紧工件→左、右动力头同时快进并起动主轴→转入工件加工→死挡铁停留→分别快退→松开工件停主轴，如此实现半自动循环。任选一种可编程序控制器（PLC）对该机床进行控制。

3. 设计要求

1）写出输入输出元器件与 PLC 地址对照表。

2）画出 PLC 接线图。

3）画出钻孔专用机床的状态流程图（SFC）。

4）设计出完整的梯形图。

5）写出指令表。

6）将程序输入 PLC。

7）模拟调试。

4. 考核内容

（1）PLC 接线图设计。

1）PLC 输入输出接线图正确。

2）PLC 电源接线图、负载电源接线图完整。

（2）程序设计。

1）输入输出元件与 PLC 地址对照表符合被控设备实际情况及 PLC 数据范围。

2）状态流程图、梯形图及指令表正确。

（3）程序输入及模拟调试。

1）能正确地将所编程序输入 PLC。

2）按照被控设备的动作要求进行模拟调试，达到设计要求。

工时定额：120min。

5. 评分标准（见表 3-2-8）。

单元4 复杂功能控制系统设计与装调 **4**

任务1 霓虹灯控制系统设计与装调

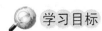 学习目标

知识目标：1. 掌握数据寄存器的分类、功能。
　　　　　2. 掌握数据传送指令、循环及移位等功能指令的功能及使用原则。
能力目标：1. 能根据控制要求灵活地应用数据传送、循环及移位等功能指令，完成霓虹灯控制系统的程序设计。
　　　　　2. 会对霓虹灯广告牌PLC控制系统的电路进行安装与调试。

工作任务

　　生活中常见的各种装饰彩灯、广告彩灯，常以日光灯、白炽灯作为光源，在控制设备的控制下能变幻出各种效果。其中，中小型彩灯的控制设备多为数字电路。而大型楼宇的轮廓装饰或大型晚会的灯光布景等，由于其变化多、功率大，数字电路难以胜任，更多应用PLC进行控制。如图4-1-1所示为几款常见的霓虹灯画面，这些霓虹灯的亮灭、闪烁时间及流动方向的控制均是通过PLC来完成的。

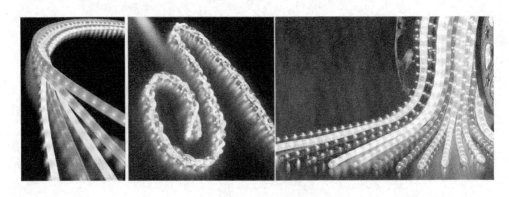

图4-1-1　常见的几款彩灯画面

　　在实际生活中，应用霓虹灯进行装饰时，有些场合要求霓虹灯有多种运行方式可供选

择。由于在 PLC 指令系统中设置了一些功能指令，所以用 PLC 进行霓虹灯控制显得尤为方便。本次任务的主要内容是：通过移位、数据传送等简单的功能指令实现流水灯的控制。

[任务内容及要求]：某大厦霓虹灯广告屏的 HL1 ~ HL8 共八个流水灯，要求按下起动按钮后，系统开始工作，工作示意图如图 4-1-2 所示，工作方式如下：

1）按下起动按钮后，流水灯 HL1 ~ HL8 以正序（从左到右）每隔 1s 依次点亮。
2）当第八盏霓虹灯 HL8 点亮后，再反向逆序（从右到左）每隔 1s 依次点亮。
3）当第一盏霓虹灯 HL1 再次点亮后，重复循环上述过程。
4）当按下停止按钮后，霓虹灯广告屏控制系统停止工作。

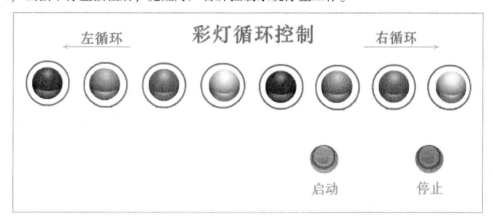

图 4-1-2 流水灯工作示意图

任务分析

通过对上述控制要求分析可知，八盏霓虹灯依次点亮的控制可用基本指令编写，但是由于程序步数较长，编写过于烦琐。本任务主要介绍一种通过移位及传送功能指令控制的步数简短的八盏霓虹灯控制系统。

相关理论

一、位元件、字元件和位组合元件

在前面任务中所介绍的输入继电器 X、输出继电器 Y、辅助继电器 M 以及状态继电器 S 等编程元器件在 PLC 内部反映的是"位"的变化，主要用于开关量信息的传递、变换及逻辑处理，称为"位元件"。而在 PLC 内部，由于功能指令的引入，需要进行大量的数据处理，因而需要设置大量的用于存储数值的软元件，这些元件大多以存储器字节或者字为存储单位，所以将这些能处理数值数据的元件统称为"字元件"。

位组合元件是一种字元件。在 PLC 中，人们常希望能直接使用十进制数据。因此，FX 系列 PLC 中使用 4 位 BCD 码表示一位十进制数据，由此产生了位组合元件，它将 4 位位元件成组使用。位组合元件在输入继电器、输出继电器及辅助继电器中都有使用。位组合元件的表达方式为 KnX、KnY、KnM、KnS 等形式，式中 Kn 指有 n 组这样的数据。如 KnX000 表示位组合元件是由从 X000 开始的 n 组位元件组合。若 n 为 1，则 K1X000 是指 X003、X002、X001、X000 四位输入继电器组合；若 n 为 2，则 K2X000 是指 X007 ~ X000 八位输入继电器

组合；若 n 为 4，则 K4X000 是指 X017～X010、X007～X000 十六位输入继电器组合。

二、数据寄存器（D）

数据寄存器（D）是用来存储数值数据的字元件，其数值可以通过功能指令、数据存取单元（显示器）及编程装置读出与写入。FX 系列 PLC 的数据寄存器容量为双字节（16 位），而且最高位为符号位，也可以把两个寄存器合并起来存放一个四字节（32 位）的数据，最高位仍为符号位。最高位为 0，表示正数；最高位为 1，表示负数。

FX 系列 PLC 的数据寄存器分为以下四类：

1. 通用型数据寄存器（D0～D199，共 200 点）

存放在该类数据寄存器中的数据，只要不写入其他数据，其内容保持不变。它具有易失性，当 PLC 由运行状态（RUN）转为停止状态（STOP），该类数据寄存器的数据均为 0。当特殊辅助继电器 M8033 置 1，PLC 由运行状态（RUN）转为停止状态（STOP）时，数据可以保持。

2. 断电保持型（掉电保持型）数据寄存器（D200～D511，共 312 点）

断电保持型数据寄存器与通用型数据寄存器一样，除非改写，否则原有数据不会变化。它与通用型数据寄存器不同的是，无论电源是否掉电，PLC 运行与否，其内容不会变化，除非向其中写入新的数据。需要注意的是当两台 PLC 做点对点的通信时，D490～D509 用作通信。

3. 特殊型数据寄存器（D8000～D8255，共 256 点）

这些数据寄存器供监控 PLC 中各种元件的运行方式之用。其内容在电源接通时，写入初始值（先全部清 0，然后由系统 ROM 安排写入初始值）。例如，D8000 所存警戒监视时钟的时间由系统 ROM 设定。若要改变时，用传送指令将目的时间送入 D8000。该值在 PLC 由运行状态（RUN）转为停止状态（STOP）时保持不变。没有定义的数据寄存器请用户不要使用。

4. 文件数据寄存器（D1000～D2999，共 2000 点）

文件数据寄存器实际上是一类专用数据寄存器，用于存储大量的数据，例如采集数据、统计计算数据、多组控制参数等。其数值由 CPU 的监视软件决定，但可通过扩充存储器的方法加以扩充。

文件数据寄存器占用用户程序存储器（EPROM、E^2PROM）的一个存储区，以 500 点为一个单位，最多可在参数设置时设置 2000 点，用编程器可进行写入操作。

三、功能指令简介

PLC 的功能指令（或称为应用指令）是指在完成基本逻辑控制、定时控制、顺序控制的基础上，PLC 制造商为满足用户不断提出的一些特殊控制要求而开发的指令，如程序控制类指令、数据处理类指令、特种功能类指令、外部设备类指令等。

1. 功能指令与基本指令的比较

与基本指令不同，功能指令不是表达梯形图符号间的相互关系，而是直接表达指令的功能。FX 系列 PLC 在梯形图中使用功能框（中括号）表示功能指令。如图 4-1-3a 所示是功能指令梯形图示例。图中 M8002 的常开触点是功能指令的执行条件（工作条件），其后的方框（中括号）即为功能框。功能框中分栏表示指令的名称、相关数据或数据的存储地址。这种表达方式的优点是直观、易懂。图 4-1-3a 中指令的功能是：当 M8002 接通时，十进制常数

10 被送到输出继电器 Y000 ~ Y003 中去（传送时 K10 自动作二进制变换），相当于如图 4-1-3b 所示的用基本指令实现的程序。可见，完成同样任务，用功能指令编写的程序要简练得多。

2. 功能指令的组成要素和格式

（1）编号　功能指令用编号 FNC00 ~ FNC294 表示，并给出对应的助记符。例如，FNC12 的助记符是 MOV（传送），FNC45 的助记符是 MEAN（求平均数）。使用简易编程器时应键入编号，如 FNC12、FNC45 等；使用编程软件时应键入助记符，如 MOV、MEAN 等。

（2）助记符　指令名称用助记符表示，功能指令的助记符为该指令的英文缩写词。如传送指令"MOVE"简写为 MOV，加法指令"ADDITION"简写为 ADD，采用这种方式便于用户了解指令功能。如图 4-1-4 所示梯形图中的助记符 MOV、DMOVP，其中 DMOVP 中的"D"表示数据长度，"P"表示执行形式。

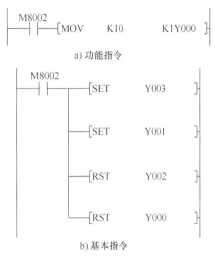

a) 功能指令

b) 基本指令

图 4-1-3　用功能指令与基本指令
实现同一任务的比较

（3）数据长度　功能指令按处理数据的长度分为 16 位指令和 32 位指令。其中，32 位指令在助记符前加"D"，若助记符前无"D"则为 16 位指令。例如，MOV 是 16 位指令，DMOV 是 32 位指令。

（4）执行形式　功能指令有脉冲执行型和连续执行型两种形式。在指令助记符后标有"P"的为脉冲执行型，无"P"的为连续执行型。例如：MOV 是连续执行型 16 位指令，MOVP 为脉冲执行型 16 位指令，而 DMOVP 为脉冲执行型 32 位指令。脉冲执行型指令在执行条件满足时仅执行一个扫描周期，这点对数据处理有很重要的意义。例如：一条加法指令在脉冲执行时，只将加数和被加数做一次加法运算。而连续执行型加法运算指令在执行条件

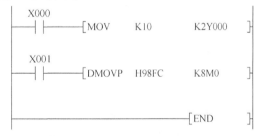

图 4-1-4　说明功能指令助记符的梯形图

满足时，每一个扫描周期都要相加一次。

（5）操作数　操作数是指功能指令涉及或产生的数据。有的功能指令没有操作数，大多数功能指令有 1 ~ 4 个操作数。操作数分为源操作数、目标操作数及其他操作数。

1）源操作数。源操作数是指令执行后不改变其内容的操作数，用〔S〕表示。

2）目标操作数。目标操作数是指令执行后改变其内容的操作数，用〔D〕表示。

3）其他操作数。m 与 n 表示其他操作数。其他操作数常用来表示常数或者对源操作数和目标操作数作出补充说明。表示常数时，K 为十进制常数，H 为十六进制常数。某种操作数为多个时，可用下标数码区别，如〔S1〕、〔S2〕。

操作数从根本上来说，是参加运算数据的地址。地址是依元件的类型分布在存储区中的。由于不同指令对参与操作的元件类型有一定限制，因此，操作数的取值就有一定的范

围。正确地选取操作数类型，对正确使用指令有很重要的意义。

功能指令的格式如图 4-1-5 所示。

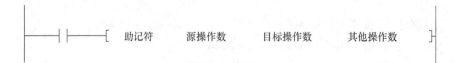

助记符　　　源操作数　　　目标操作数　　　其他操作数

图 4-1-5　功能指令的格式

四、传送指令（MOV）

1. 指令的助记符及功能

数据传送指令的助记符及功能见表 4-1-1。

表 4-1-1　数据传送指令的助记符及功能

助记符	功能	操作数		程序步数
		（S.）	（D.）	
MOV（FNC12）	将一个存储单元的数据存到另一个存储单元	K、H、KnX、KnY、KnM、KnS、T、C、D、V、Z	KnY、KnM、KnS、T、C、D、V、Z	MOV（P），5 步 DMOV（P），9 步

2. 指令的使用方法

传送指令的使用方法如图 4-1-6 所示。

指令使用说明：

1）在图 4-1-6 中，当 X000 闭合时，将源 K150 传送到目标 D0；当 X001 闭合时，将 T2 的当前值传送到 D10。传送时，K150 自动进行二进制变换。

2）当 32 位传送时，用 DMOV 指令，源为（D3）D2，目标为（D7）D6。D3、D7 自动被占用。

3. 编程实例

（1）编程实例一　如图 4-1-7 所示，当 X000 = OFF 时，MOV 指令不执行，D1 中的内容保持不变；当 X000 = ON 时，MOV 指令将 K50 传送到 D1 中去。

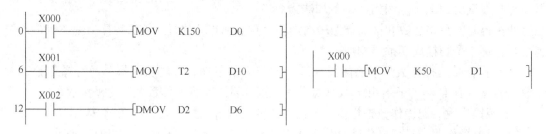

图 4-1-6　MOV 指令的用法　　　　图 4-1-7　MOV 指令编程实例一

（2）编程实例二　定时器、计数器设定值也可以由 MOV 间接指定，如图 4-1-8 所示，T0 的设定值为 50。

（3）编程实例三　如图 4-1-9 所示梯形图为读出定时器、计数器的当前值。当 X000 = ON 时，T0 的当前值被读出到 D1 中。

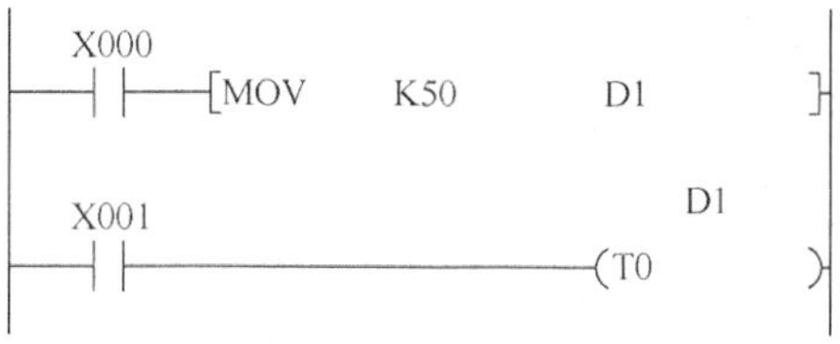

图 4-1-8　MOV 指令编程实例二

图 4-1-9　MOV 指令编程实例三

（4）编程实例四　如图 4-1-10a 所示的基本指令编程程序可用如图 4-1-10b 所示的 MOV 指令编程来完成。

（5）编程实例五　如图 4-1-11 所示为用 MOV 指令编写的三相异步电动机 Y-△降压起动控制的梯形图。图中的 X001 为起动按钮，X000 为停止按钮。当 X001 闭合时，将 K5 送到 K1Y000，则 Y000、Y002 得电，三相异步电动机为丫联结起动。延时 5s 后，将 Y002 复位，同时将 K3 送到 K1Y000，于是 Y000、Y001 得电，三相异步电动机为△联结运行。需要停止时，只要按下 X000，将 K0 送到 K1Y000，则 Y000、Y001 失电，三相异步电动机停止运行。

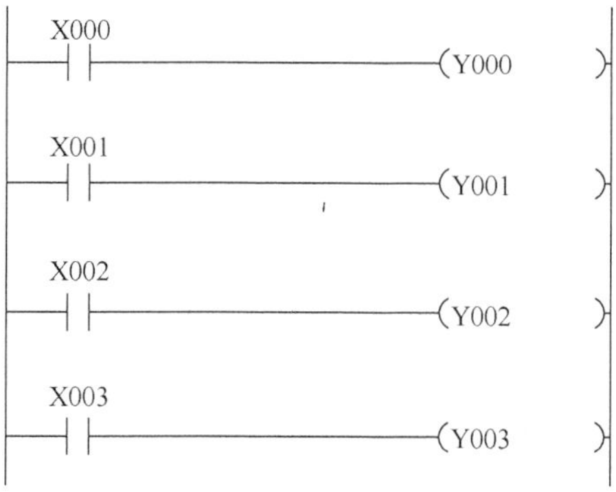

a）用基本指令实现编程

b）用 MOV 指令实现编程

图 4-1-10　MOV 指令编程实例四

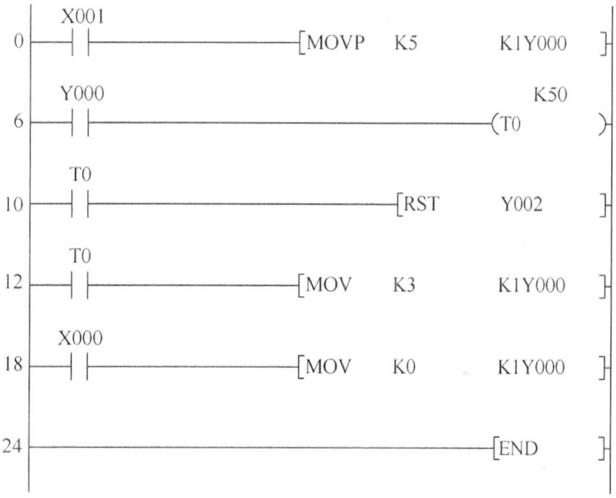

图 4-1-11　用 MOV 指令实现的
丫-△降压起动程序

> **提示**　采用功能指令编程要比采用基本指令编程优越得多，具体表现为：采用功能指令进行编程除了具有表达方式直观、易懂的优点外，完成同样的任务，且程序要简练得多。

五、循环及移位指令

循环及移位指令包括循环右移，循环左移，带进位右移、左移，位右移，位左移，字右移，字左移等指令。在此只介绍与本任务有关的循环右移（ROR）和循环左移（ROL）两种指令。

1. 指令的助记符及功能

循环右移和循环左移指令的助记符及功能见表 4-1-2。

表 4-1-2　循环移位指令的助记符及功能

助记符	功能	操作数		程序步数
		(D.)	n	
ROR （FNC30）	将目标元件的位循环右移 n 次	KnX、KnY、KnM、KnS、 T、C、D、V、Z	K、H　16 位 n≤16	ROR（P）：5 步 DROR（P）：9 步
ROL （FNC31）	将目标元件的位循环左移 n 次	KnX、KnY、KnM、KnS、 T、C、D、V、Z	32 位 n≤32	ROL（P）：5 步 DROL（P）：9 步

2. 指令的使用格式

循环右移和循环左移指令的使用格式分别如图 4-1-12 和图 4-1-13 所示。

图 4-1-12　ROR 指令使用格式　　　　　　　图 4-1-13　ROL 指令使用格式

3. 指令的使用方法

循环右移和循环左移指令的使用方法，如图 4-1-14 所示。

指令使用说明：

1）每执行一次 ROR 指令，目标元件中的位循环右移 n 位，最终从低位被移出的位同时存入到进位标志 M8022 中。

2）每执行一次 ROL 指令，目标元件中的位循环左移 n 位，最终从低位被移出的位同时存入到进位标志 M8022 中。

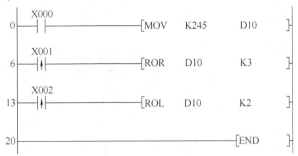

图 4-1-14　循环右移和循环左移指令的使用

3）执行图 4-1-14 时，若 X000 闭合，D10 的值为 245。如图 4-1-15 所示为执行情况，在图 4-1-15a 中，当 X001 闭合 1 次，执行 ROR 指令 1 次，D10 右移 3 位，此时 D10 = −24546,同时进位标志 M8022 为"1"。在图 4-1-15b 中，当 X002 闭合 1 次时，执行 ROL 指

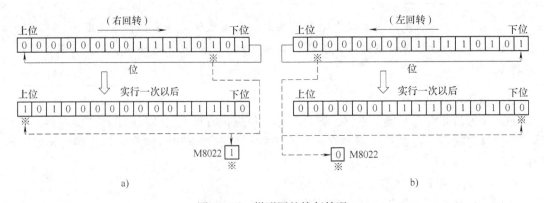

图 4-1-15　梯形图的执行情况

令 1 次，D10 的各位左移 2 位，此时 D10＝980，同时进位标志 M8022 为"0"。

4）在指定位软元件场合，只有 K4（16 位）或 K8（32 位）才有效，例如 K4Y10、K8M0 有效，而 K1Y0、K2M0 无效。

4. 编程实例

在如图 4-1-16 所示的梯形图中，当 X002 的状态由 OFF 向 ON 变化一次时，D1 中的 16 数据往右移 4 位，并将最后一位从最右位移出的状态送入进位标识位（M8022）中。若 D1

图 4-1-16　ROR 指令编程实例

＝1111 0000 1111 0000，则执行上述移位后，D1＝0000 1111 0000 1111，M8022＝0。循环左移的功能与循环右移类似，只是移位方向是向左移而已。

> **提示**　采用循环右移和循环左移指令应注意以下几个方面：

1）指令 ROR、ROL 用来对〔D〕的数据以 n 位为单位进行循环右移、左移。

2）目标操作数〔D〕可以是如下形式：KnY、KnM、KnS、T、C、D、V、Z，操作数 n 用来指定每次移位的"位"数。

3）目标操作数〔D〕可以是 16 位或者 32 位数据。若为 16 位操作，n＜16；若为 32 位操作，需在指令前加"D"，并且此时的 n＜32。

4）若〔D〕使用位组合元件，则只有 K4（16 位指令）或 K8（32 位指令）有效，即形式如 K4Y10、K8M0 等。

5）指令通常使用脉冲执行型操作，即在指令后加字母"P"；若连续执行，则循环移位操作每个周期都执行一次。

任务准备

实施本任务所需要的实训设备及工具材料见表 4-1-3。

表 4-1-3　实训设备及工具材料

序号	分类	名称	型号规格	数量	单位	备注
1	工具	电工常用工具		1	套	
2	仪表	万用表	MF47 型	1	块	
3	设备器材	编程计算机		1	台	
4		接口单元		1	套	
5		通信电缆		1	条	
6		可编程序控制器	FX2N-48MR	1	台	
7		安装配电盘	600mm×900mm	1	块	
8		导轨	C45	0.3	m	
9		空气断路器	Multi9 C65N D20	1	只	
10		熔断器	RT28-32	6	只	

（续）

序号	分类	名称	型号规格	数量	单位	备注
11	设备器材	按钮	LA10-2H	1	只	
12		指示灯		8	只	
13		端子	D-20	20	只	
14	消耗材料	铜塑线	BV1/1.37mm²	10	m	主电路
15		铜塑线	BV1/1.13mm²	15	m	控制电路
16		软线	BVR7/0.75mm²	10	m	
17		紧固件	M4×20mm 螺杆	若干	只	
18			M4×12mm 螺杆	若干	只	
19			φ4mm 平垫圈	若干	只	
20			φ4mm 弹簧垫圈及 M4mm 螺母	若干	只	
21		号码管		若干	m	
22		号码笔		1	支	

任务实施

一、分配输入点和输出点，写出 I/O 通道地址分配表

根据任务控制要求，可确定 PLC 需要 2 个输入点，8 个输出点，其 I/O 通道分配表见表 4-1-4。

二、画出 PLC 接线图（I/O 接线图）

PLC 接线图如图 4-1-17 所示。

三、程序设计

根据 I/O 通道地址分配表及任务控制要求分析可知，可采用数据传送指令、移位及循环指令进行梯形图的设计，编程思路如下：

1. 霓虹灯 HL1～HL8 以正序点亮控制的程序设计

当按下起动按钮 SB1 时，输入继电器 X000 接通，霓虹灯 HL1～HL8 以正序（从左到右）点亮，此时 Y007～Y000 的状态依次应该是 0000 0001、0000 0010、…、1000 0000、0000 0001，此操作可以使用循

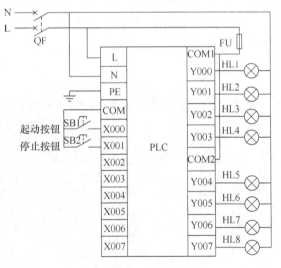

图 4-1-17　流水灯的 I/O 接线图

环左移指令实现，梯形图程序如图 4-1-18 所示。其控制原理是：当 X000 置 1 时，上升沿置初值，Y000 = 1；Y000 常开触点接通控制正序起动程序的辅助继电器 M0，M0 的常开触点与 1s 连续脉冲 M8013 串联，并通过左循环移位指令控制霓虹灯按正序每秒亮灯左移 1 位。当需要停止时，只要按下停止按钮 SB2，使 X001 置 1 时，上升沿置初值，通过传送指令使 K = Y000 置 0 关灯。

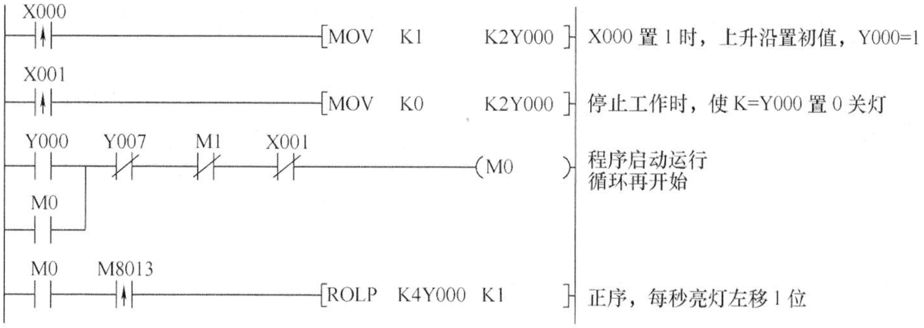

```
    X000
    ─┤├──────────────────────────[MOV    K1    K2Y000]    X000 置 1 时，上升沿初值，Y000=1

    X001
    ─┤├──────────────────────────[MOV    K0    K2Y000]    停止工作时，使 K=Y000 置 0 关灯

    Y000   Y007   M1    X001
    ─┤├────┤/├────┤/├───┤/├────────────────────(M0  )    程序启动运行
                                                          循环再开始
    M0
    ─┤├─

    M0    M8013
    ─┤├────┤↑├───────────────────[ROLP   K4Y000  K1]     正序，每秒亮灯左移 1 位
```

图 4-1-18　霓虹灯 HL1～HL8 以正序点亮控制的程序

表 4-1-4　I/O 通道地址分配表

输入			输出		
元器件代号	作用	输入继电器	元器件代号	作用	输出继电器
SB1	起动按钮	X000	HL1	第一盏霓虹灯	Y000
SB2	停止按钮	X001	HL2	第二盏霓虹灯	Y001
			HL3	第三盏霓虹灯	Y002
			HL4	第四盏霓虹灯	Y003
			HL5	第五盏霓虹灯	Y004
			HL6	第六盏霓虹灯	Y005
			HL7	第七盏霓虹灯	Y006
			HL8	第八盏霓虹灯	Y007

提示　在程序启动运行和循环再开始电路中串入 Y007 和 M1 的常闭触点的目的是：当霓虹灯依次点亮到第八盏灯时，Y007 置 1，其常闭触点断开程序启动运行和循环再开始电路，使 M0 置 0，断开正序控制电路。而 M1 的常闭触点起着正、反序控制的联锁作用。

2. 霓虹灯 HL1～HL8 以反序点亮控制的程序设计

同样，逆序点亮也可以使用循环右移指令来实现，其梯形图程序如图 4-1-19 所示。其控制原理是：当霓虹灯 HL1～HL8 以正序点亮至第八盏灯时，Y007 置 1，其常闭触点断开，正序停止循环；M1 置 1，其常开触点接通反序控制电路，霓虹灯 HL1～HL8 以反序每秒亮灯右移 1 位。当霓虹灯 HL1～HL8 以反序点亮至第一盏灯时，Y000 置 1，其常闭触点断开，

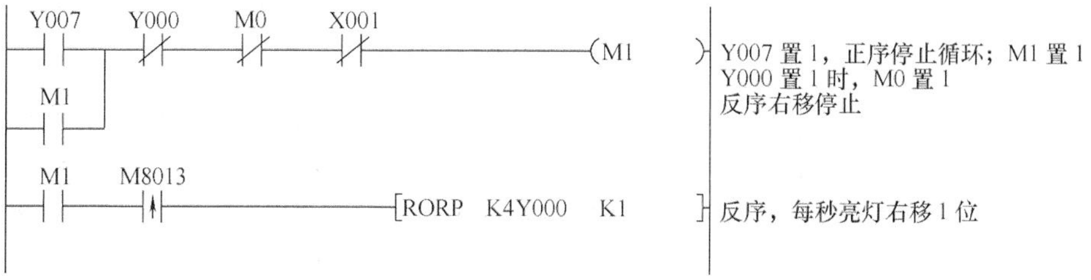

```
    Y007   Y000   M0    X001
    ─┤├────┤/├────┤/├───┤/├────────────────────(M1  )    Y007 置 1，正序停止循环；M1 置 1
                                                          Y000 置 1 时，M0 置 1
    M1                                                    反序右移停止
    ─┤├─

    M1    M8013
    ─┤├────┤↑├───────────────────[RORP   K4Y000  K1]     反序，每秒亮灯右移 1 位
```

图 4-1-19　霓虹灯 HL1～HL8 以反序点亮控制的程序

反序右移停止循环；M0 置 1，其常开触点接通正序控制回路，霓虹灯开始下一次点亮循环控制。

> **提示**　在霓虹灯反序循环控制过程中，若需停止，只要按下停止按钮 SB2，X001置 1，其常闭触点就会断开辅助继电器 M1，使反序控制电路断开，霓虹灯熄灭。

3. 完整的梯形图程序设计

综上所述，最后设计出来的梯形图程序如图 4-1-20 所示，其语句表见表 4-1-5。

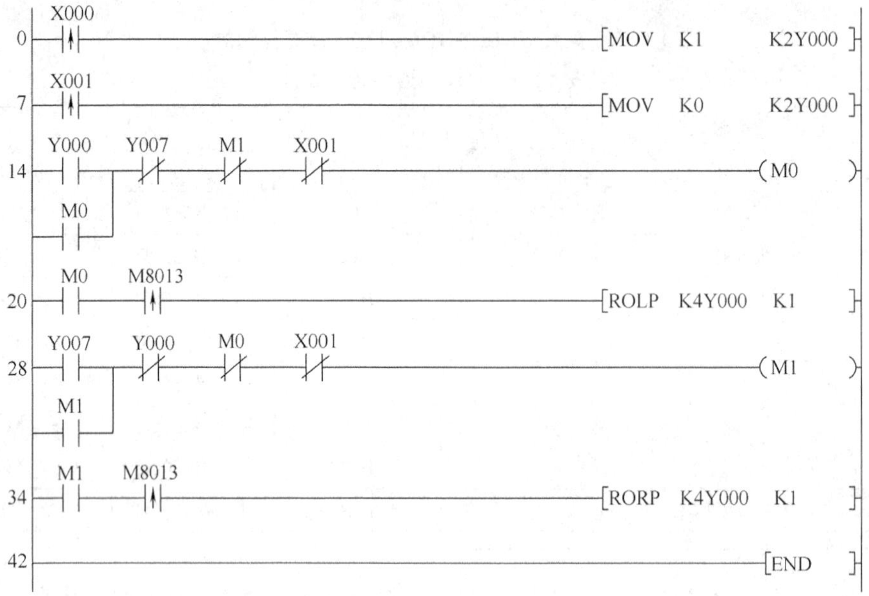

图 4-1-20　八盏霓虹灯追灯控制梯形图

表 4-1-5　八盏流水灯控制指令表

步序	指令	元素	步序	指令	元素
0	LDP	X000	12	ROLP	K4Y000　K1
1	MOV	K1　K2Y000	13	LD	Y007
2	LDP	X001	14	OR	M1
3	MOV	K0　K2Y000	15	ANI	Y000
4	LD	Y000	16	ANI	M0
5	OR	M0	17	ANI	X001
6	ANI	Y007	18	OUT	M1
7	ANI	M1	19	LD	M1
8	ANI	X001	20	ANDP	M8013
9	OUT	M0	21	RORP	K4Y000　K1
10	LD	M0	22	END	
11	ANDP	M8013			

想一想：若将本任务的流水灯改为 16 盏，其控制程序又该如何设计。

四、程序输入及仿真运行

1. 程序输入

起动 MELSOFT 系列 GX Developer 编程软件，首先创建新文件名，并命名为"流水灯控制"，选择 PLC 的类型为"FX2N"，应用前面任务所学的梯形图输入法，输入图 4-1-20 所示的梯形图。

2. 仿真运行

应用前面任务所述的位元件逻辑测试方式进行仿真运行比较直观，仿真过程在此不再赘述。

五、电路安装与调试

1. 安装和检查电路

根据图 4-1-17 所示 I/O 接线图，按照以下安装电路的要求在如图 4-1-21 所示的模拟实物控制配线板上进行元件及电路安装。

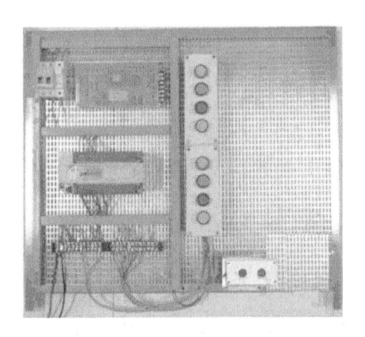

图 4-1-21　八盏流水灯控制系统模拟实物安装图

（1）检查元器件　根据表 4-1-3 配齐元器件，检查元器件的规格是否符合要求，并用万用表检测元器件是否完好。

（2）固定元器件　固定好本任务所需元器件。

（3）配线安装　根据配线原则和工艺要求，进行配线安装。

（4）自检　对照接线图检查接线是否无误，再使用万用表检测电路的阻值是否与设计相符。

2. 程序下载

（1）PLC 与计算机连接　使用专用通信电缆 RS—232/RS—422 转换器将 PLC 的编程接口与计算机的 COM1 串口连接。

（2）程序写入　首先接通系统电源，将 PLC 的 RUN/STOP 开关拨到"STOP"的位置，然后通过 MELSOFT 系列 GX Developer 软件中的"PLC"菜单"在线"栏的"PLC 写入"，就可以把仿真成功的程序写入 PLC 中。

3. 通电调试

1）经自检无误后，在指导教师的指导下，方可通电调试。

2）首先接通系统电源，将 PLC 的 RUN/STOP 开关拨到"RUN"的位置，然后通过计算机上的 MELSOFT 系列 GX Developer 软件中的"监控/测试"监视程序的运行情况，再按照表 4-1-6 进行操作，观察系统运行情况并做好记录。如出现故障，应立即切断电源，分析原因、检查电路或梯形图，排除故障后，方可进行重新调试，直到系统功能调试成功为止。

表 4-1-6　程序调试步骤及运行情况记录

操作步骤	操作内容	观察内容	观察结果	思考内容
第一步	按下 SB1	霓虹灯 HL1～HL8		理解 PLC 的工作过程
第二步	按下 SB2			

检查评议

对任务实施的完成情况进行检查，并将结果填入任务测评表，见表 2-1-6。

问题及防治

在进行流水灯控制系统的梯形图程序设计、上机编程、模拟仿真及电路安装与调试的过程中，时常会遇到如下情况：

问题：在采用循环移位指令进行本任务编程时，误将指令写成"ROLP K2Y000 K1"或"RORP K2Y000 K1"。

【后果及原因】　若误将指令写成"ROLP K2Y000 K1"或"RORP K2Y000 K1"，将造成位组合元件无效。这是因为在目标元件中指定位数，只能用 K4（16 位指令）和 K8（32位指令），例如：K4Y10、K8M0 等。

【预防措施】　要切记在采用循环移位指令进行编程时，若〔D〕使用位组合元件，则只有 K4（16 位指令）或 K8（32 位指令）有效。

知识拓展

一、理论知识拓展

1. 位左移、位右移指令（SFTL、SFTR）

（1）位左移、位右移指令的助记符及功能（见表 4-1-7）

表 4-1-7　位左移、位右移指令的助记符及功能

助记符	功能	操作数				程序步数
		(S.)	(D.)	n1	n2	
SFTR (FNC34)	将源元件状态存入堆栈中，堆栈右移	X, Y, M, S	Y, M, S	K, H n2≤n1≤1024		SFTR (P)：9 步
SFTL (FNC35)	将源元件状态存入堆栈中，堆栈左移	X, Y, M, S	Y, M, S	K, H n2≤n1≤1024		SFTR (P)：9 步

（2）指令的使用格式　位左移、位右移指令的使用格式分别如图 4-1-22 和图 4-1-23 所示。

图 4-1-22　SFTL 指令使用格式　　　　图 4-1-23　SFTR 指令使用格式

（3）编程实例　如图 4-1-24 所示为位右移的梯形图，当 X010 = ON 时，由 M10 开始的 K16 位数据（即 M25 ~ M10）向右移动 K4 位，移出的低 K4 位（M13 ~ M10）溢出，空出的高 K4 位（M25 ~ M22）分别由 X000 开始的 K4 位数据（X003 ~ X000）补充进去。若 M25 ~ M10 的状态为 1100 1010 1100 0011，X003 ~ X000 的状态为 0100，则 M25 ~ M10 执行移位后的状态为 0100 1100 1010 1100。

图 4-1-24　SFTR 指令编程实例

如图 4-1-25 所示梯形图与图 4-1-24 所示梯形图功能类似，只是移动方向为向左移动，不再赘述。

图 4-1-25　SFTR 指令编程实例

2. 位左移、位右移指令的使用说明

1）SFTL、SFTR 指令使位元件中的状态向左、向右移位。

2）源操作数〔S〕为数据位的起始位置，目标操作数〔D〕为移位数据位的起始位置，n1 指定位元件长度，n2 指定移位位数（n2 < n1 < 1024）。

3）源操作数〔S〕的形式可以为 X、Y、M、S；目标操作数〔D〕的形式可以为：Y、M、S；n1、n2 的形式可以为 K、H。

4）SFTL、SFTR 指令通常使用脉冲执行型，即使用时在指令后加 "P"；SFTL、SFTR 在执行条件的上升沿时执行；用连续指令时，当执行条件满足时，则每个扫描周期执行一次。

3. 利用 SFTR、SFTL 指令实现步进顺序控制

通过前面任务的学习可知，步进顺序控制时一般都是每次移动一个状态，在实际工作中，对于步进顺序控制除了常用步进顺控设计法外，也可以利用 SFTR、SFTL 指令，实现步进顺序控制中不同状态的切换。下面以图 4-1-26 所示的 SFC 来解释这种方法。

首先必须设置一个初始状态，可以用 SET 指令实现，如图 4-1-27 是通过 M8002 进行设置，另外在最后一个状态结束时也要对初始状态进行设置，图中是用 Y1 的下降沿。按照步进顺控设计法的转换规则，下一步若要激活，必须满足两个条件：前级步处于活动状态、相应转换条件满足，这两个条件也是移位的条件。所有的移位条件并联使用即可。上述是转换的处理，输出的处理与一般步进顺控设计法一样，本例最后的梯形图如图 4-1-27 所示。

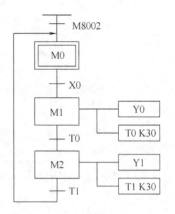

图 4-1-26　移位指令在步进顺控设计法中的应用

二、技能知识拓展

假设本任务中的霓虹灯 HL1 ~ HL8 以正序每隔 1s 轮流点亮，当第八盏 Y007 点亮后，要求停 2s，然后才以反序间隔 1s 轮流点亮，当第一盏 Y000 再点亮后，停 2s，重复上述过程。当 X001 为 ON 时，停止工作。试设计其控制程序。

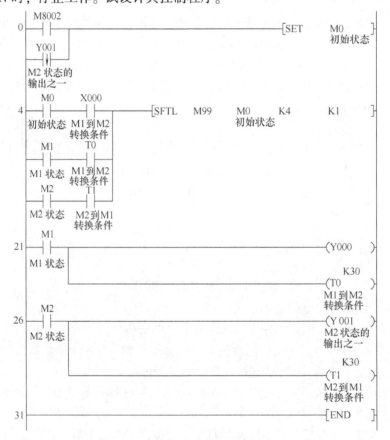

图 4-1-27　移位指令在步进顺控设计法中的应用

试用 SFTL 移位指令实现十字路口交通灯的 PLC 系统控制。

控制要求：当 PLC 运行后，东西、南北方向的交通信号灯按照如图 4-1-28 所示的时序运行。东西方向：绿灯亮 8s，闪动 4s 后熄灭，接着黄灯亮 4s 后熄灭，红灯亮 16s 后熄灭；与此同时，南北方向：红灯亮 16s 后熄灭，绿灯亮 4s，闪动 4s，接着黄灯亮 4s 后熄灭……

如此循环。

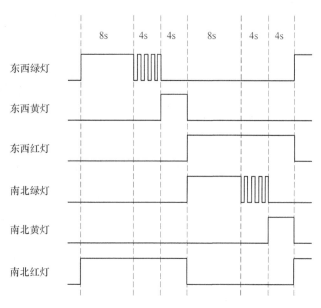

图 4-1-28　十字路口交通信号灯时序图

1. 根据控制要求，列出 I/O 通道分配表

根据上述控制要求，可确定 PLC 不需要输入点，有 6 个输出点，其 I/O 通道分配表见表 4-1-8 所示。

表 4-1-8　I/O 通道地址分配表

输入			输出		
元器件代号	作用	输入继电器	元器件代号	作用	输出继电器
			HL1	东西绿灯	Y000
			HL2	东西黄灯	Y001
			HL3	东西红灯	Y002
			HL4	南北绿灯	Y003
			HL5	南北黄灯	Y004
			HL6	南北红灯	Y005

2. 画出 PLC 接线图（I/O 接线图）

十字路口交通灯的 PLC 接线图，如图 4-1-29 所示。

3. 程序设计

把交通信号灯的运行分为四个阶段：东西绿灯闪亮、东西黄灯亮、南北绿灯闪亮和南北黄灯亮，分别用 M0 ～ M3 代表这些阶段。然后用移位指令实现各阶段的切换，具体的梯形图如图 4-1-30 所示。

4. 程序输入及仿真运行

将图 4-1-30 所示的梯形图通过 MEL-

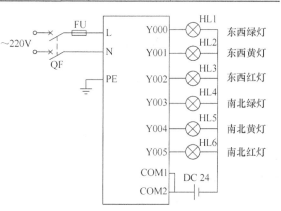

图 4-1-29　十字路口交通灯的 I/O 接线图

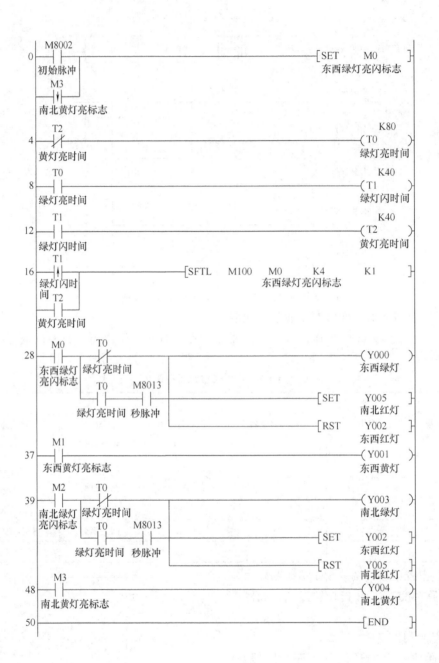

图 4-1-30　用 SFTL 移位指令实现交通灯控制的梯形图

SOFT 系列 GX Developer 软件输入程序，并仿真运行。

5. 电路安装与调试

按照如图 4-1-31 所示的模拟实物控制板，进行安装调试。

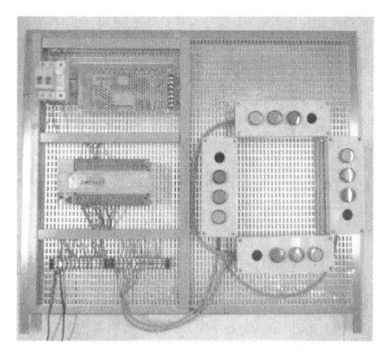

图 4-1-31　十字路口交通信号灯模拟实物控制

 考证要点

根据国家职业资格考试（高级工）相关要求，该任务内容的考证要点见表 4-1-9。

表 4-1-9　考证要点

行为领域	鉴定范围	鉴定点	重要程度
理论知识	可编程序控制系统读图分析与程序编制及调试	1. 功能指令表 2. 可编程序控制器编程技巧 3. 用编程软件对程序进行监控与调试的方法 4. 程序错误的纠正步骤与方法	★★
操作技能	可编程序控制系统读图分析与程序编制及调试	1. 能使用功能指令编写程序 2. 能使用编程软件来模拟现场信号进行基本指令为主的程序调试	★★★

考证测试题

一、填空题（请将正确的答案填在横线空白处）

1. M8000 是_____，在 PLC 运行时它都处于_____状态，而 M8002 是_____，仅在 PLC 运行开始瞬间接通一个_____。

2. MOV 指令_____（能或不能）向 T、C 的当前寄存器传送数据。

3. 指令 ROR、ROL 通常使用脉冲执行型操作，即在指令后加字母 "P"；若连续执行，则循环移位操作每个周期都执行_____次。

4. 凡是有前缀显示符号（D）的功能指令，就能处理_____位数据。

二、分析题

1. 指出图 4-1-32 所示功能指令中源、目操作数，并说明 32 位操作数的存放原则。

2. 指出图 4-1-33 所示功能指令中的字元件和位组件组合。指令执行后 D30 的高 4 位为多少？

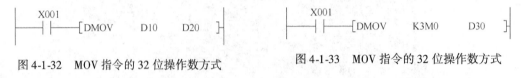

图 4-1-32　MOV 指令的 32 位操作数方式　　　图 4-1-33　MOV 指令的 32 位操作数方式

三、技能题

1. 题目：用循环移位指令进行流水灯 PLC 控制系统的设计，并进行安装与调试。

某灯光招牌有 HL1 ~ HL16 共 16 盏灯接于 K4Y000，要求当 X000 为 ON 时，流水灯先以正序每隔 1s 轮流点亮，当 Y017 点亮后，停 3s，然后以反序每隔 1s 轮流点亮，当 Y000 再次点亮后，停 3s，重复上述循环过程。当 X001 为 ON 时，流水灯即刻停止工作。

2. 考核要求

（1）按照控制要求用循环移位指令进行 PLC 控制程序的设计，并且进行安装与调试。

（2）电路设计：根据任务，列出 PLC 控制 I/O 口（输入/输出）元件地址分配表，根据控制要求，设计梯形图及 PLC 控制 I/O 口（输入/输出）接线图，并能仿真运行。

（3）安装与接线。

1）将熔断器、流水灯、PLC 安装在一块配线板上，而将转换开关、按钮等安装在另一块配线板上。

2）按 PLC 控制 I/O 口（输入/输出）接线图在模拟配线板上正确安装，元器件在配线板上布置要合理，安装要准确、紧固，配线导线要紧固、美观，导线要进入线槽，导线要有端子标号。

（4）PLC 键盘操作：熟练操作键盘，能正确地将所编程序输入 PLC；按照被控设备的动作要求进行模拟调试，达到设计要求。

（5）通电试验：正确使用电工工具及万用表，进行仔细检查，通电试验，并注意人身和设备安全。

（6）考核时间分配。

1）设计梯形图及 PLC 控制 I/O 口接线图及上机编程时间为 90min。

2）安装接线时间为 60min。

3）试机时间为 5min。

3. 评分标准（参见表 2-1-6）。

任务 2　自动售饮料机控制系统设计与装调

 学习目标

知识目标：1. 了解饮料机自动控制系统的工作原理。
　　　　　2. 掌握四则运算指令和比较运算指令等功能指令的功能及使用原则。

能力目标：1. 能根据控制要求灵活地应用四则运算指令、比较运算指令等功能指令，完
　　　　　成自动售饮料机控制系统的程序设计，并通过仿真软件采用软元件测试的
　　　　　方法，进行仿真。
　　　　　2. 会对自动售饮料机的 PLC 控制系统的电路进行安装与调试。

工作任务

如图 4-2-1 所示就是一款集投币（计币）、比较、选择、供应、退币和报警等功能于一体的自动售饮料机。

[本次任务的主要内容]：利用 PLC
控制系统设计一款集投币（计币）、比
较、选择、供应、退币和报警等功能于
一体的自动售饮料机。其各系统的［控
制要求]：

1. 计币系统

当有顾客买饮料时，投入的钱币经
过感应器，感应器记忆投币的个数且传
送到检测系统（即电子天平）和计币
系统。只有当电子天平测量的重量少于
误差值时，允许计币系统进行叠加钱
币，叠加的钱币数据存放在数据寄存器
D2 中。如果不正确时，认为是假币，
则退出投币，等待新顾客。

图 4-2-1　自动售饮料机示意图

2. 比较系统

投币完毕后，系统会把 D2 内钱币数据和可以购买的价格进行区间比较，当投入的钱币
小于 2 元时，指示灯 Y0 亮，显示投入钱币不足，此时可以再投币或选择退币；当投入的钱
币为 2~3 元时，汽水选择指示灯长亮；当大于 3 元时，汽水和咖啡的指示灯同时长亮，此
时可以选择饮料或选择退币。

3. 选择系统

比较电路完成后选择电路指示灯是长亮的，当按下汽水或咖啡按钮，相应的选择指示灯
由长亮转为以 1s 为周期的闪烁。当饮料供应完毕后，闪烁同时停止。

4. 饮料供应系统

当按下选择按钮时，相应的电磁阀（Y4 或 Y6）和电动机（Y3 或 Y5）同时起动。在饮料输出的同时，减去相应的购买钱币数。当饮料输出达到 8s 时，电磁阀首先关断，小电动机继续工作 0.5s 后停机。小电动机的作用是：在输出饮料时，加快输出；在电磁阀关断时，给电磁阀加压，加速电磁阀关断（注：由于售货机长期使用后，电磁阀使用过多时，返回弹力会减少，不能完全关断会出现漏饮料现象。此时，电动机 Y3 和 Y5 延长工作 0.5s，起到电磁阀加压的作用，使电磁阀可以完好的关断）。

5. 退币系统

顾客购完饮料后，多余的钱币只要按下退币按钮，可通过退币系统控制实现退币。

6. 报警系统

报警系统如果是非故障报警，只要通过网络通知送液车或者送币车即可。但是如果是故障报警则需要通知维修人员到现场进行维修，同时停止服务，避免造成顾客的损失。

任务分析

通过对上述控制要求的分析可知，本任务将用到数据比较指令和四则运算指令。因此，在进行本任务的编程设计前，必须首先掌握数据比较指令 CMP 和二进制四则运算指令等功能指令的功能及使用原则，然后才能实现对自动售饮料机控制程序的设计。

相关理论

一、数据比较指令

1. 数据比较指令的助记符及功能

数据比较指令的助记符及功能见表 4-2-1 所示。

表 4-2-1　数据比较指令的助记符及功能

助记符	功能	操作数			程序步数
		源（S1）	源（S2）	目标（D）	
CMP （FNC10）	比较两个数的大小	K、H、KnX、KnY、KnM、KnS、T、C、D、V、Z		Y、M、S 三个连续目标位元件	CMP（P），7 步 DCMP（P），13 步

2. 数据比较指令的使用格式

数据比较指令的使用格式如图 4-2-2 所示。

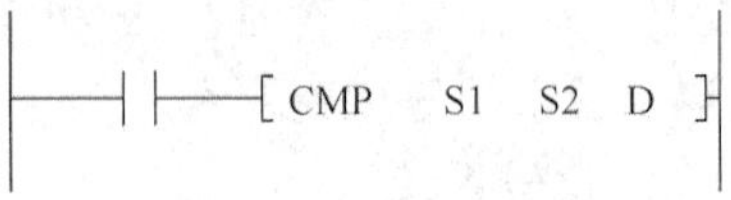

使用说明：

1）指令 CMP 比较两个源操作数〔S1〕和〔S2〕，并把比较结果送到目标操作数〔D〕～〔D+2〕中。

2）两个源操作数〔S1〕和〔S2〕的形式可以为 K、

图 4-2-2　CMP 指令使用格式

H、KnX、KnY、KnM、KnS、T、C、D、V、Z；目标操作数的形式可以为 Y，M，S。

3）两个源操作数〔S1〕和〔S2〕都被看作二进制数，其最高位为符号位，如果该位为"0"，则该数为正；如果该位为"1"，则该数为负。

4）目标操作数〔D〕由三个位软元件组成，指令中标明的是第一个软元件，另外两个位元件紧随其后。

5）当执行条件满足时，比较指令执行，每扫描一次该梯形图，就对两个源操作数〔S1〕和〔S2〕进行比较，结果如下：当〔S1〕>〔S2〕时，〔D〕= ON；当〔S1〕=

〔S2〕时，〔D+1〕＝ON；当〔S1〕＜〔S2〕时，〔D+2〕＝ON。

6）在指令前加"D"表示操作数为 32 位，在指令后加"P"表示指令为脉冲执行型。

3. 编程实例

（1）编程实例一　如图 4-2-3 所示的梯形图是 CMP 指令的用法，当指明 M0 为目标元件时，则 M0、M1、M2 被占用。图 4-2-3 的意义为：当 X000 接通，执行比较指令 CMP。当源 K120 ＞源 D10 当前值，M0 为 ON，驱动 Y000；当源 K120 ＝源 D10 当前值，M1 为 ON，驱动 Y001；当源 K120 ＜源 D10 当前值，M2 为 ON，驱动 Y002。当 X000 断开，不执行 CMP 比较指令，M0 开始的三位连续位元件（M0 ~ M2）保持其断电前的状态。

（2）编程实例二　如图 4-2-4 所示是 CMP 指令的应用实例。有三盏指示灯 Y000、Y001 和 Y002，按下 X000 及 X002，问当按下 X001 3 次、10 次、15 次时，指示灯 Y000、Y001 和 Y002 哪个亮？

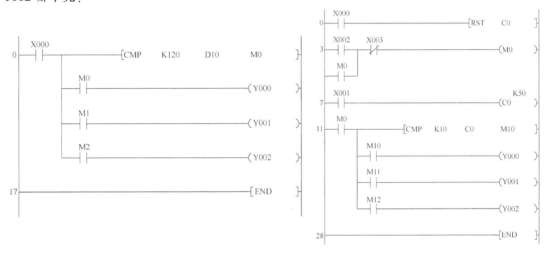

图 4-2-3　CMP 指令的用法　　　　　　图 4-2-4　CMP 指令应用实例

比较指令 CMP 工作时，其控制触点必须一直闭合。因此设置 X002，用 M0 自锁实现。当 X001 闭合 3 次，K10 ＞ C0 当前值，Y000 得电灯亮；当 X001 闭合 10 次，K10 ＝ C0 当前值，Y001 得电灯亮；当 X001 闭合 15 次，K10 ＜ C0 当前值，Y002 得电灯亮。

二、区间比较指令

1. 区间比较指令的助记符及功能

区间比较指令的助记符及功能见表 4-2-2。

表 4-2-2　区间比较指令的助记符及功能

助记符	功能	操作数				程序步数
		源（S1）	源（S2）	源（S）	目标（D）	
ZCP (FNC11)	将一个数与两个数比较	K、H、KnX、KnY、KnM、KnS、T、C、D、V、Z			Y、M、S 三个连续元件	ZCP（P），7 步 DZCP（P），17 步

2. 区间比较指令的使用格式

区间比较指令的使用格式如图 4-2-5 所示。

使用说明：

1) ZCP 指令将〔S1〕、〔S2〕的值与〔S〕的内容进行比较，然后用元件〔D〕~〔D+2〕来反映比较的结果。

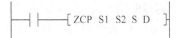

图 4-2-5　ZCP 指令使用格式

2) 源操作数〔S1〕、〔S2〕与〔S〕的形式可以为 K、H、KnX、KnY、KnM、KnS、T、C、D、V、Z；目标操作数〔D〕的形式可以为 Y、M、S。

3) 源操作数〔S1〕和〔S2〕确定区间比较范围。无论〔S1〕>〔S2〕还是〔S1〕<〔S2〕，执行 ZCP 指令时，总是将较大的那个数看作为〔S2〕。例如，〔S1〕= K200，〔S2〕= K100，执行 ZCP 指令时，将 K100 视为〔S1〕，K200 视为〔S2〕。尽管如此，为了程序清晰易懂，使用时还是尽量要使〔S1〕<〔S2〕。

4) 所有源操作数都被看作二进制数，其最高位为符号位，如果该位为"0"，则该数为正；如果该位为"1"，则该数为负。

5) 目标操作数〔D〕由三个位软元件组成，梯形图中表明的是首地址，另外两个位软元件紧随其后。如指令中指明目标操作数〔D〕为 M0，则实际目标操作数还包括紧随其后的 M1、M2。

6) 当 ZCP 指令执行时，每扫描一次该梯形图，就将〔S〕内的数与源操作数〔S1〕和〔S2〕进行比较，结果如下：当〔S1〕>〔S〕时，〔D〕= ON；当〔S1〕≤〔S〕≤〔S2〕时，〔D+1〕= ON；当〔S〕>〔S2〕时，〔D+2〕= ON。

7) 执行比较操作后，即使其执行条件被破坏，目标操作数的状态仍保持不变，除非用 RST 指令将其复位。

8) 在指令前加"D"表示其操作数为 32 位的二进制数，在指令后加"P"表示指令为脉冲执行型。

3. 编程实例

如图 4-2-6 所示是 ZCP 指令编程实例。

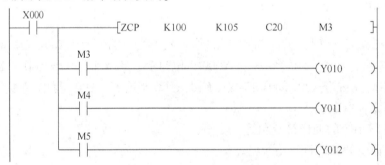

图 4-2-6　ZCP 指令编程实例

从图中可以看出，当指明目标为 M3 时，则 M3、M4、M5 自动被占用。其控制原理：当 X000 闭合，执行 ZCP 指令。当 C20 当前值 < K100 时，M3 为 ON；当 K100 ≤ C20 当前值 ≤ K105，M4 为 ON；当 C20 当前值 > K105 时，M5 为 ON。当 ZCP 的控制触点 X000 断开，不执行 ZCP 指令，M3、M4、M5 保持其断电前状态。

> **提示**　值得注意的是：如果要清除比较的结果，则要用复位指令。

三、数据处理指令

数据处理指令包括区间复位、解码编码、求平均值等指令。这里仅介绍与本次任务有关的区间复位指令。

1. 区间复位指令的助记符及功能（见表4-2-3）

表 4-2-3　区间复位指令的助记符及功能

助记符	功能	操作数		程序步数
		D1	D2	
ZRST （FNC40）	将指定范围内同一类型的元件复位	Y、M、S、T、C、D（目标 D1 < D2）		ZRST（P）：5 步

2. 区间复位指令的使用格式（见图4-2-7）

使用格式说明：

1）ZRST 指令可将〔D1〕～〔D2〕指定的元件号范围内的同类元件成批复位。

图 4-2-7　ZRST 指令使用格式

2）操作数〔D1〕、〔D2〕必须指定系统类型的元件。

3）〔D1〕的元件编号必须大于〔D2〕的元件编号。

4）此应用指令只有 16 位，但可以指定 32 位的计数器。

5）若要复位单个元件，可以使用 RST 指令。

6）在指令后加"P"表示指令为脉冲执行型。

3. 编程实例（见图4-2-8）

从如图4-2-8所示的编程实例中可以看出，当 X000 闭合，使从目标1（C0）到目标2（C3）成批复位为零；当 X001 闭合，使从目标1（M10）到目标2（M25）成批复位为零；当 X002 闭合，使从目标1（S0）到目标2（S20）成批复位为零。

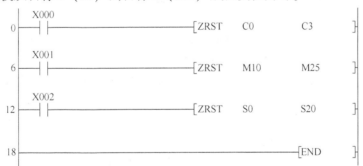

图 4-2-8　ZRST 指令编程实例

四、四则运算指令

1. 四则运算指令的助记符及功能

四则运算指令包括二进制的加、减、乘、除等内容。二进制的加、减、乘、除运算的助记符和功能见表4-2-4。

2. 四则运算指令的使用格式及编程实例

（1）加法指令（ADD）　加法指令是将指定源元件中的二进制数相加，结果送到指定的目标元件中。

表 4-2-4　四则运算指令的助记符及功能

助记符	功能	操作数			程序步数
		源（S1）	源（S2）	目标（D）	
ADD （FNC20）	将两数相加，结果存放到目标元件中	K、H、KnX、KnY、KnM、KnS、T、C、D、V、Z		KnY、KnM、KnS、T、C、D、V、Z	ADD（P），7 步 DADD（P），13 步
SUB （FNC21）	将两数相减，结果存放到目标元件中	K、H、KnX、KnY、KnM、KnS、T、C、D、V、Z		KnY、KnM、KnS、T、C、D、V、Z	SUB（P），7 步 DSUB（P），13 步
MUL （FNC22）	将两数相乘，结果存放到目标元件中	K、H、KnX、KnY、KnM、KnS、T、C、D、V、Z		KnY、KnM、KnS、T、C、D、V、Z	MUL（P），7 步 DMUL（P），13 步
DIV （FNC23）	将两数相除，结果存放到目标元件中	K、H、KnX、KnY、KnM、KnS、T、C、D、V、Z		KnY、KnM、KnS、T、C、D、V、Z	DIV（P），7 步 DDIV（P），13 步

1）指令功能。ADD 指令是加法指令，其使用格式如图 4-2-9 所示。

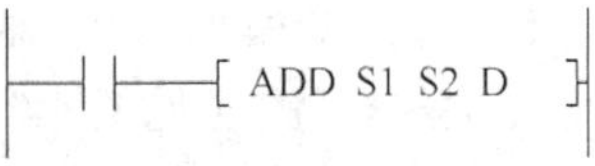

使用说明：

① ADD 指令将两个源操作数〔S1〕与〔S2〕的数据内容相加，然后存放于目标操作数〔D〕中。

② 源操作数〔S1〕与〔S2〕的形式可以为 K、H、Kn、KnX、KnY、KnM、KnS、T、C、D、V、Z；目标操作数的形式可以为 KnY、KnM、KnS、T、C、D、V、Z。

③ 指定源中的操作数必须是二进制，其最高位为符号位。如果该位为"0"，则表示该数为正；如果该位为"1"，则表示该数为负。

④ 操作数是 16 位的二进制数时，数据范围为 −32768 ~ +32767；操作数是 32 位的二进制数时，数据范围为 −2147483648 ~ +2147183647。

⑤ 运算结果为零时，零标志 M8020 = ON；运算结果为负时，借位标志 M8021 = ON；运算结果溢出时，进位标志 M8022 = ON。

⑥ 在指令前加"D"表示其操作数为 32 位的二进制数，在指令后加"P"表示指令为脉冲执行型。

2）编程实例。如图 4-2-10 所示，当 PLC 运行时，将 K123 与 K456 相加，结果存于 D2 中。

如图 4-2-11 所示，当 PLC 运行时，将 K1X000 与 K1X004 中的两值相加，结果存于 D2 寄存器中。

图 4-2-9　ADD 指令使用格式

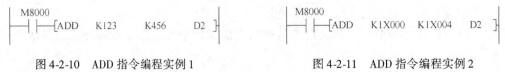

图 4-2-10　ADD 指令编程实例 1　　　　　图 4-2-11　ADD 指令编程实例 2

（2）减法指令（SUB）

1）指令功能。指令 SUB 是减法指令，其使用格式如图 4-2-12 所示。

使用说明：

① SUB 指令将两个源操作数〔S1〕与〔S2〕数据内容相减，然后存放于目标操作数〔D〕中。

图 4-2-12　SUB 指令使用格式

② 源操作数〔S1〕与〔S2〕的形式可以为 K、H、Kn、KnX、KnY、KnM、KnS、T、C、D、V、Z；目标操作数的形式可以为 KnY、KnM、KnS、T、C、D、V、Z。

③ 指定源中的操作数必须是二进制，其最高位为符号位。如果该位为"0"，则表示该数为正；如果该位为"1"，则表示该数为负。

④ 操作数是 16 位的二进制数时，数据范围为 $-32768 \sim +32767$；操作数是 32 位的二进制数时，数据范围为 $-2147483648 \sim +2147183647$。

⑤ 运算结果为零时，零标志 M8020 = ON；运算结果为负时，借位标志 M8021 = ON；运算结果溢出时，进位标志 M8022 = ON。

⑥ 在指令前加"D"表示其操作数为 32 位的二进制数，在指令后加"P"表示指令为脉冲执行型。

2）编程实例。如图 4-2-13 所示，当 X000 = ON 时，将 D0 的数值减去 D1 的数值，结果存放在 D2 中。

（3）乘法指令（MUL）

1）指令功能。指令 MUL 是乘法指令，其使用格式如图 4-2-14 所示。

图 4-2-13　SUB 指令编程实例　　　　　图 4-2-14　MUL 指令使用格式

使用说明：

① MUL 指令将两个源操作数〔S1〕与〔S2〕数据内容相乘，然后存放于目标操作数〔D+1〕 ～〔D〕中。

② 源操作数〔S1〕与〔S2〕的形式可以为 K、H、Kn、KnX、KnY、KnM、KnS、T、C、D、V、Z；目标操作数的形式可以为 KnY、KnM、KnS、T、C、D。

③ 若源操作数〔S1〕、〔S2〕为 32 位二进制数，则结果为 64 位，存放在〔D+3〕 ～〔D〕中。

④ 在指令前加"D"表示其操作数为 32 位的二进制数，在指令后加"P"表示指令为脉冲执行型。

2）编程实例。如图 4-2-15 所示为 16 位二进制乘法。当 X010 = ON 时，〔D1〕×〔D2〕=〔D3、D4〕。

如图 4-2-16 所示为 32 位二进制乘法。当 X010 = ON 时，〔D1、D0〕×〔D3、D2〕=〔D7、D6、D5、D4〕。

```
    X010
  ──┤├──[MUL    D1      D2      D3]
```

图 4-2-15　MUL 指令编程实例 1

（4）除法指令（DIV）

1）指令功能。DIV 是二进制除法指令，其使用格式如图 4-2-17 所示。

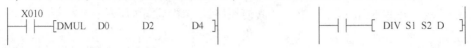

图 4-2-16   MUL 指令编程实例 2   图 4-2-17   DIV 指令使用格式

使用说明：

①   DIV 指令将两个源操作数〔S1〕与〔S2〕数据内容相除，然后存放于目标操作数〔D〕中将余数存放于〔D+1〕。

②   源操作数〔S1〕与〔S2〕的形式可以为 K、H、Kn、KnX、KnY、KnM、KnS、T、C、D、V、Z；目标操作数的形式可以为 KnY、KnM、KnS、T、C、D。

③   在指令前加"D"表示其操作数为 32 位的二进制数，在指令后加"P"表示指令为脉冲执行型。

2）编程实例

如图 4-2-18 所示为两个 16 位二进制数相除。当 X010 = ON 时，〔D1〕/〔D2〕=〔D3〕…〔D4〕。

如图 4-2-19 所示为两个 32 位二进制数相除。当 X010 = ON 时，〔D1、D0〕/〔D3、D2〕=〔D5、D4〕…〔D7、D6〕。

图 4-2-18   DIV 指令编程实例 1   图 4-2-19   DIV 指令编程实例 2

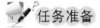 **任务准备**

实施本任务所需的实训设备及工具材料可参考表 4-2-5。

表 4-2-5   实训设备及工具材料

序号	分类	名称	型号规格	数量	单位	备注
1	工具	电工常用工具		1	套	
2	仪表	万用表	MF47 型	1	块	
3		编程计算机		1	台	
4		接口单元		1	套	
5		通信电缆		1	条	
6		可编程序控制器	FX2N-48MR	1	台	
7	设备器材	安装配电盘	600mm×900mm	1	块	
8		导轨	C45	0.3	m	
9		空气断路器	Multi9 C65N D20	1	只	
10		熔断器	RT28-32	6	只	
11		按钮	LA19	4	只	
12		感应器	型号自定	11	只	

（续）

序号	分类	名称	型号规格	数量	单位	备注
13	设备器材	指示灯	220V	6	只	
14		接触器	CJ12-10	5	只	
15		电磁阀	型号自定 220V	1	只	
16		电动机	型号自定	5	台	
17		端子	D-20	20	只	
18	消耗材料	铜塑线	BV1/1.37mm²	10	m	主电路
19		铜塑线	BV1/1.13mm²	15	m	控制电路
20		软线	BVR7/0.75mm²	10	m	
21		紧固件	M4×20mm 螺杆	若干	只	
22			M4×12mm 螺杆	若干	只	
23			φ4mm 平垫圈	若干	只	
24			φ4mm 弹簧垫圈及 M4mm 螺母	若干	只	
25		号码管		若干	m	
26		号码笔		1	支	

任务实施

一、分配输入点和输出点，写出 I/O 通道地址分配表

根据上述控制要求，可确定 PLC 需要 16 个输入点，13 个输出点，其分配表见表 4-2-6。

表 4-2-6　I/O 通道地址分配表

输入			输出		
元器件代号	作用	输入继电器	元器件代号	作用	输出继电器
SL1	1 角钱币入口	X000	HL1	钱币不足	Y000
SL2	5 角钱币入口	X001	HL2	汽水选择灯	Y001
SL3	1 元钱币入口	X002	HL3	咖啡选择灯	Y002
SB2	汽水选择按钮	X003	KM1	汽水电动机	Y003
SB3	咖啡选择按钮	X004	YV1	汽水电磁阀	Y004
SL4	1 元退币感应器	X005	KM2	咖啡电动机	Y005
SL5	5 角退币感应器	X006	YV2	咖啡电磁阀	Y006
SL6	1 角退币感应器	X007	HL4	无币报警	Y007
SB4	退币按钮	X010	HL5	没有汽水报警	Y011
SL7	汽水液量不足	X011	HL6	没有咖啡报警	Y012
SL8	咖啡液量不足	X012	KM3	1 元传动电动机	Y013
SL9	1 元钱不足	X013	KM4	5 角传动电动机	Y014
SL10	5 角钱不足	X014	KM5	1 角传动电动机	Y015
SL11	1 角钱不足	X015			
SB0	起动	X016			
SB1	停止	X017			

二、画出 PLC 接线图（I/O 接线图）

PLC 接线图（主电路略）如图 4-2-20 所示。

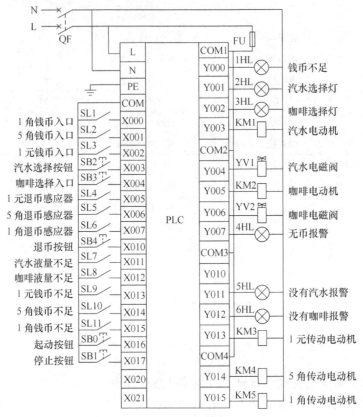

图 4-2-20　自动售饮料机 I/O 接线图

三、程序设计

根据 I/O 通道地址分配表及任务控制要求分析，画出程序设计流程图、梯形图，并写出指令表。

1. 程序设计流程图

根据任务控制要求分析，可画出本任务的程序设计流程图，如图 4-2-21 所示。

2. 梯形图的设计

（1）自动售饮料机起停电路设计　自动售饮料机的起停控制是通过起动按钮 SB0（X016）、停止按钮 SB1（X017）和辅助继电器 M50 进行控制，其控制梯形图如图 4-2-22 所示。

（2）计币系统程序设计　当有顾客购买饮料时，投入的钱币经过 1 角钱入口感应器（X000）、5 角钱入口感应器（X001）和 1 元钱入口感应器（X002）时，感应器记忆投币的个数并传送到检测系统（即电子天平）和计币系统。当电子天平测量的重量少于误差值时，允许进行叠加钱币，叠加的钱币数据存放在数据寄存器 D2 中。设计时可采用加法指令进行投币计数，其控制梯形图如图 4-2-23 所示。

（3）比较系统程序设计　当钱币投入完毕后，可采用区间比较指令 ZCP，把 D2 内的钱币数据和可以购买的价格进行区间比较，若投入的钱币小于 2 元，辅助继电器 M1 常开触点

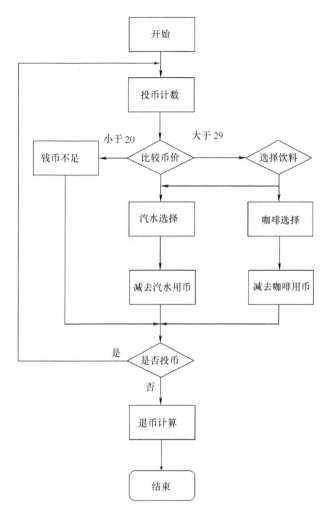

图 4-2-21　程序设计流程图

闭合，指示灯 Y0 亮，显示投入钱币不足。此时可以再投币或选择退币。当投入的钱币为 2～3 元时，辅助继电器 M2 常开触点闭合，接通辅助继电器 M4，M4 的常开触点闭合，接通 Y001，选择汽水指示灯长亮。当大于 3 元时，辅助继电器 M3 常开触点闭合，接通辅助继电器 M5，M5 的常开触点闭合，同时接通 Y001 和 Y002，选择汽水和选择咖啡的指示灯长亮。此时可以选择饮料或选择退币。比较币值的程序如图 4-2-24 所示。

图 4-2-22　自动售饮料机起停控制程序

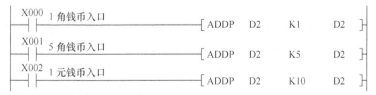

图 4-2-23　自动售饮料机投币计数控制程序

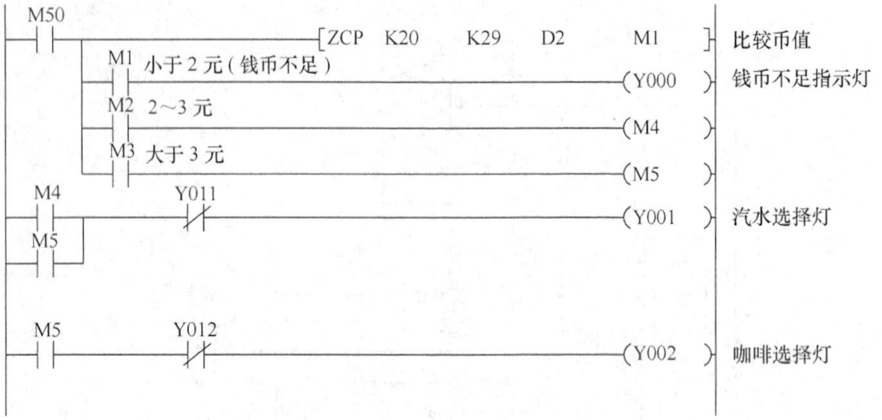

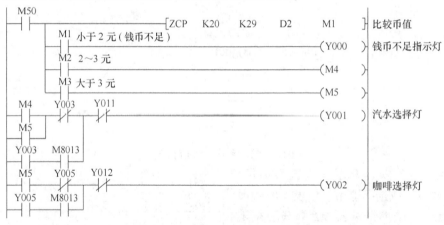

图 4-2-24　自动售饮料机比较钱币控制程序

图中的 Y011 和 Y012 常闭触点的作用是：当自动售饮料机出现没有汽水和没有咖啡报警时，会自动切断汽水选择和咖啡选择。

（4）选择系统程序设计　比较电路完成后选择电路指示灯是长亮的，如图 4-2-24 所示。当按下汽水或者咖啡的选择开关，相应的选择指示灯 Y001 或 Y002 由长亮转为以 1s 为周期的闪烁，在此可采用时钟脉冲指令 M8013 进行编程，其控制程序如图 4-2-25 所示。图中 Y003 和 Y005 的常闭触点是选择指示灯长亮和闪烁的联锁。

图 4-2-25　自动售饮料机选择控制程序

（5）饮料供应系统程序设计

1）饮料供应控制。当按下汽水选择按钮 SB2（X003）或咖啡选择按钮 SB3（X004）时，相应的电磁阀（Y004 或 Y006）和电动机（Y003 或 Y005）同时起动。当饮料输出达到 8s 时，电磁阀首先关断，小电动机继续工作 0.5s 后停机。其控制的梯形图如图 4-2-26 所示。

2）在饮料输出的同时，系统会减去相应的购买钱币数。设计时可采用 SUB 减法指令进行设计，其程序如图 4-2-27 所示。

（6）退币系统控制程序设计　当顾客购完饮料后，多余的钱币只要按下退币按钮 SB4（X010）。系统就会把数据寄存器 D2 内的钱币数首先除以 10 得到整数部分，是 1 元钱需要退回的数量，存放在 D10 里，余数存放在 D11 里。再用 D11 除以 5 得到的整数部分，是 5

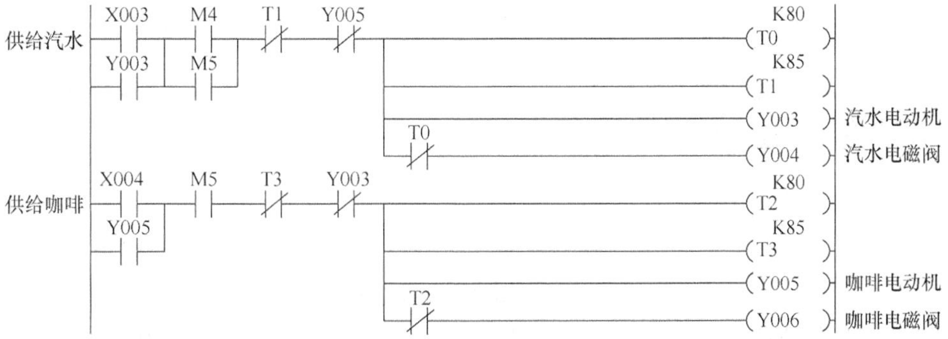

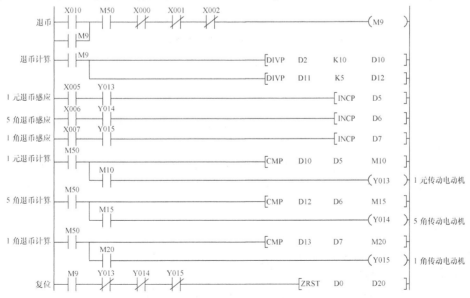

图 4-2-26 自动售饮料机供应饮料控制程序

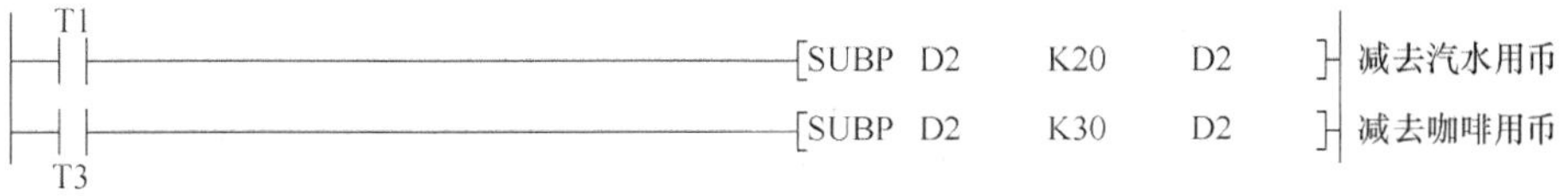

图 4-2-27 自动售饮料机供应饮料自动减币控制程序

角钱需要退回的数量，存放在 D12 里，余数存放在 D13 里。最后 D13 里面的数值，就是 1 角钱需要退回的数量。在选择退币的同时起动 3 个退币电机（Y013、Y014 和 Y015）。3 个感应器（X005、X006 和 X007）开始计数，当感应器记录的个数等于数据寄存器退回的钱币数时，退币电机（Y013、Y014 和 Y015）停止运转。设计时分别采用除法指令 DIV 和比较指令 CMP 进行编程。其控制程序如图 4-2-28 所示。

图 4-2-28 自动售饮料机退币系统控制程序

（7）报警系统控制程序设计 报警系统控制程序在设计时应考虑两方面，即无币报警和无饮料报警。其控制程序如图 4-2-29 所示。

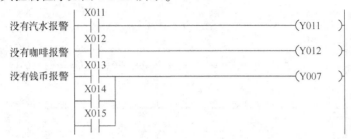

图 4-2-29　自动售饮料机报警系统控制程序

（8）自动售饮料机完整控制程序　如图 4-2-30 所示是本任务自动售饮料机的控制梯形图。

四、程序输入及仿真运行

1. 程序输入

（1）工程名的建立　起动 MELSOFT 系列 GX Developer 编程软件，首先选择 PLC 的类型为 "FX2N"，创建新文件名，并命名为 "自动售饮料机控制"。

（2）程序输入　应用前面任务所学的梯形图输入法，输入图 4-2-30 所示的梯形图。

2. 仿真运行

仿真运行可参照前面任务所述的方法。

五、电路安装与调试

1. 安装和检查电路

根据图 4-2-20 所示 I/O 接线图，按照以下安装电路的要求在模拟实物控制配线板上进行元器件及电路安装。

（1）检查元器件　根据表 4-2-5 配齐元器件，检查元器件的规格是否符合要求，并用万用表检测元器件是否完好。

（2）固定元器件　固定好本任务所需元器件。

（3）配线安装　根据配线原则和工艺要求，进行配线安装。

（4）自检　对照接线图检查接线是否无误，再使用万用表检测电路的阻值是否与设计相符。

2. 程序下载

（1）PLC 与计算机连接　使用专用通信电缆 RS—232/RS—422 转换器将 PLC 的编程接口与计算机的 COM1 串口连接。

（2）程序写入　首先接通系统电源，将 PLC 的 RUN/STOP 开关拨到 "STOP" 的位置，然后通过 MELSOFT 系列 GX Developer 软件中的 "PLC" 菜单 "在线" 栏的 "PLC 写入"，就可以把仿真成功的程序写入 PLC 中。

3. 通电调试

1）经自检无误后，在指导教师的指导下，方可通电调试。

2）首先接通系统电源开关 QF，将 PLC 的 RUN/STOP 开关拨到 "RUN" 的位置，然后通过计算机上的 MELSOFT 系列 GX Developer 软件中的 "监控/测试" 监视程序的运行情况，再按照表 4-2-7 进行操作，观察系统运行情况并做好记录。如出现故障，应立即切断电源，分析原因、检查电路或梯形图，排除故障后，方可进行重新调试，直到系统功能调试成功为止。

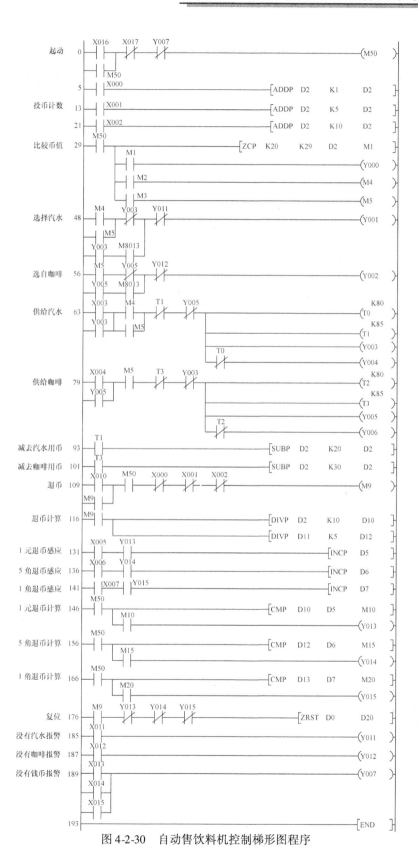

图 4-2-30　自动售饮料机控制梯形图程序

表 4-2-7 程序调试步骤及运行情况记录

操作步骤	操作内容	观察内容	观察结果	思考内容
第一步	按下起动按钮 SB0			
第二步	分别接通 SL1、SL2 和 SL3 传感器			
第三步	按下 SB2			
第四步	按下 SB3			
第五步	按下 SB4	指示灯 1HL、2HL、3HL、4HL、5HL、6HL 和 KM1、KM2、KM3、KM4、KM5 及 YV1、YV2		理解 PLC 的工作过程
第六步	分别接通 SL4、SL5 和 SL6 传感器			
第七步	分别接通 SL7、SL8			
第八步	分别接通 SL9、SL10 和 SL11 传感器			
第九步	按下 SB1			

检查评议

对任务实施的完成情况进行检查，并将结果填入任务测评表，见表 2-1-6。

问题及防治

在进行自动售饮料机控制系统的梯形图程序设计、上机编程、模拟仿真及电路安装与调试的过程中，时常会遇到如下情况：

问题：在设计计币系统程序设计时，采用加法指令 ADD 时，未在指令后加 "P"，如图 4-2-31 所示。

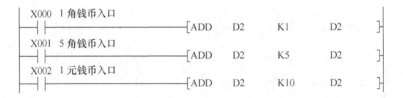

图 4-2-31 错误程序

【后果及原因】 在设计计币系统程序设计时，采用加法指令 ADD 时，未在指令后加 "P"，会造成当投币时间过长时，出现重复计币，致使计数错误。

【预防措施】 为避免计币系统在计币时出现重复计币的现象，应采用加法脉冲指令编程，即在加法指令后加 "P"，正确的梯形图 4-2-23 所示。

知识拓展

一、理论知识拓展

1. 四则运算指令应用实例

【编程实例】使用乘除运算实现灯移位点亮控制。

用乘除法指令实现灯组的移位点亮循环。有一组灯共 16 个,接于 Y000～Y017,要求:当 X000 为 ON 时,等正序每隔 1s 单个移位,并循环;当 X000 为 OFF 时,灯反序每隔 1s 单个移位,至 Y000 为 ON,停止。梯形图及说明如图 4-2-32 所示。

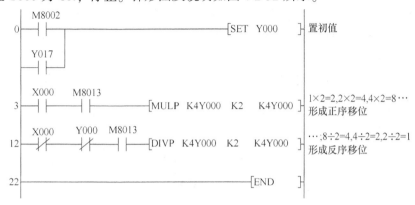

图 4-2-32 乘除运算实现灯移位点亮控制程序

2. 二进制加 1 和减 1 运算的助记符和功能

二进制加 1 和减 1 运算的助记符及功能见表 4-2-8。

表 4-2-8 二进制加 1 和减 1 运算的助记符和功能

助记符	功能	操作数 〔D〕	程序步数
INC	目标元件加 1	KnY、KnM、KnS、T、C、D、V、Z(V、Z 不能操作 32 位操作)	INC(P):3 步 DINC(P):5 步
DEC	目标元件减 1	KnY、KnM、KnS、T、C、D、V、Z(V、Z 不能操作 32 位操作)	DEC(P):3 步 DDEC(P):5 步

3. 使用格式

加 1 指令(INC)和减 1 指令(DEC)的使用格式如图 4-2-33 所示。

4. 指令说明

1) INC 指令的意义为目标元件当前值 $D1 + 1 \rightarrow D1$。在 16 位运算中,+32767 加 1 则为 -32767;在 32 位运算中,+2147483647 加 1 则为 -2147483647。

2) DEC 指令的意义为目标元件当前值 $D2 - 1 \rightarrow D2$。在 16 位运算中,+32767 减 1 则为 -32767;在 32 位运算中,+2147483647 减 1 则为 -2147483647。

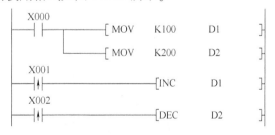

图 4-2-33 二进制数加 1 和减 1

3) 采用连续指令时,INC 和 DEC 指令都是在各扫描周期都做加 1 运算和减 1 运算。因此,在图 4-2-33 中,X001 和 X002 都使用上升沿检测指令。每次 X001 闭合,D1 当前值加 1;每次 X002 闭合,D2 当前值减 1。

二、技能知识拓展

运行如图 4-2-34 所示程序,试讨论 Y0～Y3 得电情况。

通过运行程序可知，按 X000 第 1 次闭合，Y000 得电；第 2 次，Y001 得电，第 3 次，Y001、Y000 得电；第 4 次；Y002 得电；第 5 次，Y002、Y000 得电，第 6 次，Y002、Y001 得电；第 7 次，Y002、Y001、Y000 得电，第 8 次，Y003 得电。如此下去，一直到第 15 次，

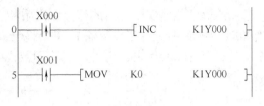

图 4-2-34　二进制数加 1 编程实例

Y003、Y002、Y001、Y000 得电，第 16 次，Y003、Y002、Y001、Y000 全失电。运行中间若按 X001，则 Y000 ~ Y004 失电。

考证要点

根据国家职业资格考试（高级工）相关要求，该任务内容的考证要点见表 4-2-9。

表 4-2-9　考证要点

行为领域	鉴定范围	鉴定点	重要程度
理论知识	可编程序控制系统读图分析与程序编制及调试	1. 功能指令表 2. 可编程序控制器编程技巧 3. 用编程软件对程序进行监控与调试的方法 4. 程序错误的纠正步骤与方法	★★
操作技能	可编程序控制系统读图分析与程序编制及调试	1. 能使用功能指令编写程序 2. 能使用编程软件来模拟现场信号进行基本指令为主的程序调试	★★★

考证测试题

一、填空题（请将正确的答案填在括号里）

1. 下列助记符表示加法指令的是（　　　）。

A. SUB　　　　B. ADD　　　　C. DIV　　　　D. MUL

2. 下列助记符表示减法指令的是（　　　）。

A. SUB　　　　B. ADD　　　　C. DIV　　　　D. MUL

3. 下列助记符表示乘法指令的是（　　　）。

A. SUB　　　　B. ADD　　　　C. DIV　　　　D. MUL

4. 下列助记符表示除法指令的是（　　　）。

A. SUB　　　　B. ADD　　　　C. DIV　　　　D. MUL

5. 下列助记符表示加 1 指令的是（　　　）。

A. SUB　　　　B. ADD　　　　C. INC　　　　D. DEC

6. 下列助记符表示减 1 指令的是（　　　）。

A. SUB　　　　B. ADD　　　　C. INC　　　　D. DEC

7. FX 系列数据寄存器可分为（　　　）类。

A. 2　　　　　B. 3　　　　　C. 4　　　　　D. 5

二、判断题（在下列括号内，正确的打"√"，错误的打"×"）

1. （　　）数据寄存器是存储数据的软元件，这些寄存器都是16位的，可存储16位二进制数，最高位为符号位（0为正数，1为负数）。

2. （　　）一个存储器能处理的数值为 −32767 ~ +32768。

3. （　　）32位寄存器可处理的数据为 −2147483648 ~ +2147183647。

4. （　　）将两个相邻的寄存器组合可存储48位二进制数。

5. （　　）只有在四则运算指令前加"D"就表示其操作数为32位的二进制数，在指令后加"P"表示指令为脉冲执行型。

6. （　　）MUL指令将两个源操作数〔S1〕与〔S2〕数据内容相乘，然后存放于目标操作数〔D+1〕~〔D〕中。

7. （　　）DIV指令将两个源操作数〔S1〕与〔S2〕数据内容相除，然后存放于目标操作数〔D〕中将余数存放于〔D+1〕。

8. （　　）SUB指令将两个源操作数〔S1〕与〔S2〕数据内容相减，然后存放于目标操作数〔D−1〕中。

9. （　　）ADD指令将两个源操作数〔S1〕与〔S2〕数据内容相加，然后存放于目标操作数〔D+1〕中。

三、分析题

1. 如图4-2-35所示，请将梯形图转换成指令表。

2. 如图4-2-36所示，请将梯形图转换成指令表。

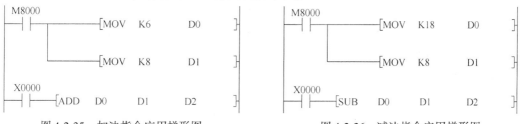

图4-2-35　加法指令应用梯形图　　　　　图4-2-36　减法指令应用梯形图

3. 如图4-2-37所示，请将梯形图转换成指令表。

4. 如图4-2-38所示，请将梯形图转换成指令表。

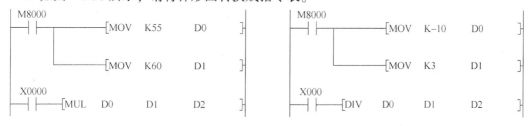

图4-2-37　乘法指令应用梯形图　　　　　图4-2-38　除法指令应用梯形图

四、技能题

题目：简易自动售货机控制设计。

1. 控制要求

（1）某自动售货机内有3种货物供选择，分别为汽水、花茶和香烟。设有1元、5元和

10 元 3 个投币孔。

(2) 如投币总额超过售货价格，将可由退币钮找回余额。

(3) 投币值大于或等于 12 元时，汽水指示灯亮，表示可选择汽水。

(4) 投币值大于或等于 15 元时，汽水和花茶指示灯亮，表示可选择汽水和花茶。

(5) 投币值大于或等于 20 元时，汽水、花茶和香烟指示灯亮，表示三种均可选。

(6) 按下欲饮用的饮料按钮，则相应的指示灯开始闪烁，3s 后自动停止，表示饮料已经掉出。

(7) 动作停止后按退币按钮，可以退回余额，退回余额如大于 10 元，则先退 10 元再退 1 元，如果小于 10 元则直接退 1 元。

2. 设计要求

(1) 输入输出元件与 PLC 地址对照表。

(2) 梯形图设计。

(3) 对应的指令表。

(4) 完整的 PLC 接线图。

(5) 将程序输入 PLC 机。

(6) 模拟调试。

3. 考核内容

(1) PLC 接线图设计

1) PLC 输入输出接线图正确。

2) PLC 电源接线图、负载电源接线图完整。

(2) 程序设计

1) 输入输出元件与 PLC 地址对照表符合被控设备实际情况及 PLC 数据范围。

2) 梯形图及指令表正确。

(3) 程序输入及模拟调试

1) 能正确地将所编程序输入 PLC。

2) 按照被控设备的动作要求进行模拟调试，达到设计要求。

工时定额：60min。

4. 评分标准（见表 2-1-6）。

任务 3　Y-△降压起动 PLC、触摸屏控制系统设计与装调

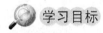学习目标

知识目标：1. 了解触摸屏的组成、分类及工作原理。
2. 掌握触摸屏硬件的操作方法。
3. 掌握 GT Designer2 触摸屏软件的安装方法。
能力目标：1. 能利用 GT Designer2 触摸屏软件制作工程画面。
2. 能根据控制要求，完成 Y-△降压起动的 PLC、触摸屏控制系统的工程设计和安装及调试。

工作任务

触摸屏全称为触摸式图形显示终端，是一种人机交互装置。它作为一种最新的计算机输入设备，是目前最简单、方便、自然的一种人机交互方式。触摸屏面积小、使用直观方便，而且具有坚固耐用、响应速度快、节省空间、易于交流等优点。利用这种技点，用户只要用手指轻轻地触摸显示屏上的图符或文字就能实现对主机的操作，从而使人机交互更为直截了当。如图 4-3-1 所示是 PLC/触摸屏控制丫-△降压起动模拟仿真画面。

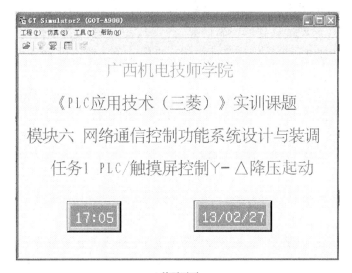

a) 首页画面

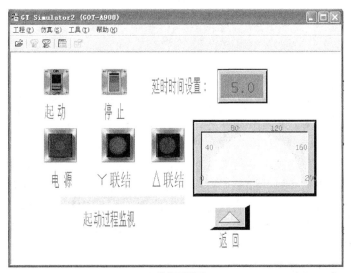

b) 操作页画面

图 4-3-1　PLC/触摸屏控制丫-△降压起动模拟仿真画面

本任务的主要内容是创建如图 4-3-1 所示的画面，并下载至触摸屏中，要求能实现如下操作：

1）在图 4-3-1a 所示的首页画面中能显示当天的日期和时间；单击首页画面的任意位置，画面会切换到图 4-3-1b 所示的操作页画面。

2）在操作页上分别设置有起动按钮、停止按钮、延时时间设置图标和电源指示控制、丫联结起动和△联结运行等监控指示灯；还设置有条形图和面板仪表作为降压起动的过程监视；另外，还有返回首页画面的图标按钮。

3）当单击操作页画面中的"起动"按钮时，电动机按照"延时时间设置"栏里显示的时间星形联结起动，此时画面中的电源指示灯和丫联结指示灯亮，同时条形图框内会出现由左往右移动的红色液位移动过程，面板仪表盘的红色指针也顺时针偏转作为起动过程的监视。

4）当电动机降压起动过程到所设置的延时时间后，丫联结指示灯熄灭，△联结指示灯点亮，同时条形图框被红色液体填满，面板仪表盘的红色指针停止偏转，此时电动机处于△联结运行状态。

5）单击"停止"按钮，电源指示灯和△联结指示灯熄灭，条形图框的红色液体褪去，面板仪表盘的红色指针返回"0"位，表明此时电动机处于停止状态。

6）单击操作页画面中的"延时时间设置"栏，可以随时进行延时起动时间的设置，单击画面中的"返回"按钮，能返回首页画面。

任务分析

本任务是 PLC/触摸屏控制系统的基本应用，在实施本任务前首先应了解三菱触摸屏硬件的操作方法和 GT Designer 2 中文编程软件及 GT Simulator 2 仿真软件的安装和使用，通过熟悉触摸屏硬件和编程软件及仿真软件的主要功能，掌握触摸屏画面制作的方法及 PLC/触摸屏控制系统的设计安装与调试，为后续的编程学习奠定基础。

相关理论

一、人机界面

人机界面（Human Machine Interface，HMI）又称为人机接口。从广义上说，HMI 泛指计算机（包括 PLC）与现场操作人员交换信息的设备。在控制领域，HMI 一般特指用于操作人员与控制系统之间进行对话和相互作用的专用设备。

人机界面 HMI 一般分为文本显示器、操作面板和触摸屏三大类。其中文本显示器是一种廉价的操作员面板，只能显示几行数字、字母、符号和文字。操作面板的直观性差、面积大，因而市场上应用不广。触摸屏是人机界面的发展方向，它一般通过串行接口与个人计算机、PLC 以及其他外部设备连接通信、传输数据信息，由专用软件完成画面制作和传输，实现其作为图形操作和显示终端的功能。在控制系统中，触摸屏常作为 PLC 输入和输出设备，通过使用相关软件设计适合用户要求的控制画面，实现对控制对象的操作和显示。

二、触摸屏的工作原理与种类

1. 触摸屏的工作原理

触摸屏的基本工作原理如下：用户用手指或其他物体触摸安装在显示器上的触摸屏时，被触摸位置的坐标被触摸屏控制器检测，并通过通信接口（例如 RS-232C 或 RS-485 串行口）将触摸信号传送到 PLC，从而得到输入的信息。

触摸屏系统一般包括两个部分，即触摸检测装置和触摸屏控制器。触摸检测装置安装在显示器的显示表面，用于检测用户的触摸位置，再将该处的信息传送给触摸屏控制器。触摸屏控制器的主要作用是接收来自触摸检测装置的触摸信息，并将它转换成触点坐标，判断出触摸的含义后送给 PLC。同时，它还能接收 PLC 发来的命令并加以执行，例如动态地显示开关量和模拟量。

2. 触摸屏的分类

按照触摸屏的工作原理和传输信息的介质，一般把触摸屏分为 4 种，分别为电阻式、表面声波式、红外线式及电容感应式触摸屏。每一类触摸屏都有其各自的优缺点。

（1）电阻式触摸屏　电阻式触摸屏的主要部分是一块与显示器表面配合得很好的 4 层透明复合薄膜，最下层是玻璃或有机玻璃构成的基层，最上面是外表面经过硬化处理、光滑防刮的塑料层。中间是两层透明的金属氧化物（氧化铟 ITO）导电层，它们之间有许多细小的透明绝缘的隔离点。当手指触摸屏幕时，在触摸点处接触触摸屏的两个金属导电层是工作面，在每个工作面的两端各涂有一条银胶，作为该工作面的一对电极。分别在两个工作面的竖直方向和水平方向上施加直流电压，在工作面上就会形成均匀连续平行分布的电场。

1）电阻式触摸屏的工作原理。当手指触摸屏幕时，本来相互绝缘的两层绝缘导电层在触摸点处接触，使得侦测层的电压由零变为非零，这种状态被控制器侦测到后，进行 A-D 转换，并将得到的电压值与 5V 相比，就能计算出触摸点的 Y 轴坐标，同理可以得出 X 轴坐标。电阻式触摸屏的工作原理如图 4-3-2 所示。

2）电阻式触摸屏的使用场合。电阻式触摸屏是一种对外界完全隔离的工作环境，不怕灰尘和水汽，它可以用任何物体来触摸，用来写字和画画，比较适合工业控制领域及办公室内有限人的使用。

3）电阻触摸屏的类型。电阻触摸屏根据引出线数的多少，可分为四线、五线、六线等电阻式触摸屏。

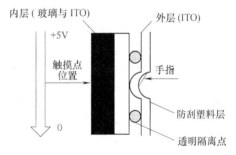

图 4-3-2　电阻式触摸屏的工作原理

（2）表面声波式触摸屏　表面声波是超声波的一种，是在介质（例如玻璃）表面进行浅层传播的机械能量波。表面声波性能稳定、易于分析，并且在横波传递过程中具有非常尖锐的频率特性。

表面声波式触摸屏的触摸屏部分可以是一块平面、球面或是柱面的玻璃平板，安装在 CRT（阴极射线管）、LED（发光二极管）、LCD（液晶显示屏）或是等离子显示器屏幕的前面。这块玻璃平板只是一块纯粹的强化玻璃，没有任何贴膜和覆盖层；玻璃屏的左上角和右下角各固定了竖直和水平方向的超声波发射换能器，右上角则固定了两个相应的超声波接收换能器，玻璃屏的四边刻有由疏到密间隔非常精密的 45°反射条纹，在没有触摸时，接收信号的波形与参照波形完全一样。当手指触摸屏幕时，手指吸收了一部分声波能量，控制器侦测到接收信号在某一时刻上的衰减，由此可以计算出触摸点的位置，如图 4-3-3 所示。

1）表面声波式触摸屏的工作原理。发射换能器把控制器通过触摸屏电缆送来的电信号转化为声波能力向左方表面传递，然后由玻璃板下边的一组精密反射条纹把声波能量反射成向上的均匀传递，声波能量经过屏体表面，再由上边的反射条纹聚成向右的线传播给 X 轴的接收换能器，接收换能器将返回的表面声波能量变成电信号。

2）表面声波式触摸屏的特点。

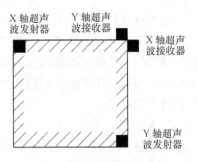

图 4-3-3　表面声波式触摸屏

①　除了一般触摸屏都能响应的 X、Y 坐标外，表面声波触摸屏的突出特点是它能感知第三轴（Z 轴）的坐标，用户触摸屏幕的力量越大，接收信号波形的衰减缺口也就越宽越深，可以由接收信号衰减处的误差量计算出用户触摸压力的大小。

②　表面声波式触摸屏非常稳定，不受温度、湿度等环境因素影响，使用寿命长（可触摸约 5000 万次），透光率和清晰度高，没有彩色失真和漂移，安装后无需再进行校准，有极好的防刮性，能承受各种粗暴的触摸，最适合公共场所使用。

③　表面声波式触摸屏直接采用直角坐标系，数据转换无失真，精度极高，可达 4096×4096 像素点。受其工作原理的限制，表面声波式触摸屏的表面必须保持清洁，使用时会受尘埃和油污的影响，需要定期进行清洁维护工作。

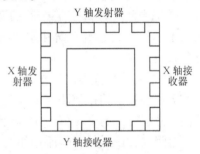

图 4-3-4　红外线式触摸屏示意图

（3）红外线式触摸屏　红外线式触摸屏在显示器的前面安装一个外框，藏在外框中的电路板在屏幕四边排布红外线发射管和红外线接收管，形成横竖交叉的红外线矩阵。用户在触摸屏幕时，手指会挡住经过该位置的横竖两条红外线，因而可以判断出触摸点在屏幕的位置，如图 4-3-4 所示。

红外线式触摸屏的特点是不受电流、电压和静电的影响，适宜在恶劣的环境条件下工作，但是分辨率较低，且易受外界光线变化的影响。

（4）电容感应式触摸屏　电容感应式触摸屏是一块 4 层复合玻璃屏，用真空金属镀膜技术在玻璃屏的内表面和夹层各镀有一层 ITO，玻璃四周再镀上银质电极，最外层是只有 0.0015mm 厚的玻璃保护层，夹层的 ITO 涂层作为工作面，4 个角引出 4 个电极，内层 ITO 为屏蔽层，以保证良好的工作环境。

1）电容式触摸屏的工作原理。在玻璃的四周加上电压，经过均匀分布的电极传播，使玻璃表面形成一个均匀电场，当用户触摸电容感应式触摸屏时，由于人是一个大的带电体，手指和工作面形成一个耦合电容，因为工作面上接有高频信号，手指只吸收很小的一部分电流。电流分别从触摸屏 4 个角的电极流出，流经这 4 个电极的电流与手指到 4 个角的距离成比例，控制器通过对这 4 个电流比例的精密计算得出触摸点的位置。如图 4-3-5 所示

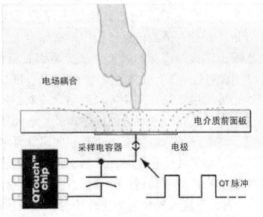

图 4-3-5　电容感应式触摸屏的工作原理示意图

是电容感应式触摸屏的工作原理示意图。

2）电容式触摸屏的特点。电容感应式触摸屏的透光率和清晰度优于四线电阻式触摸屏，但是比表面声波式触摸屏和五线电阻式触摸屏差。电容感应式触摸屏的四层复合触摸屏对各波长光的透光率不均匀，存在色彩失真的问题，由于光线在各层间的反射，使图像、字符模糊。

三、触摸屏硬件使用操作

目前市场触摸屏的种类较多，如三菱公司生产的 GOT 系列、松下公司生产的 GT 系列、OMRON 公司生产的 NT 系列等。它们的工作原理和使用方法大同小异，在此仅介绍三菱公司生产的 GOT 系列触摸屏。

1. 三菱触摸屏规格

现在市场上，三菱图示操作终端有很多种型号，如 GOT800、GOT900、GOT1000 等系列，还有显示模块，如 FX1N-5DM、FX-10DM-E 等。其中以 GOT1000 系列功能最强大。表 4-3-1 和表 4-3-2 分别列出了 GOT900 和 GOT1000 系列部分显示规格的主要特征。

表 4-3-1 三菱 GOT900 系列触摸屏显示部分规格

项目		规 格			
		F930GOT-BWD F943GOT-LWD	F940GOT-LWD F943GOT-LWD	F940GOT-SWD F943GOT-SWD	F940WGOT-TWD
显示元器件	LED 类型	STN 型全点阵 LCD			TFT 型全点阵 LCD
	点距（水平×垂直）	0.47mm×0.47mm	0.36mm×0.36mm		0.324mm×0.375mm
	显示颜色	单色（蓝/白）	单色（黑/白）	8 色	256 色
	屏幕	"240×80 像素点" 液晶有效显示尺寸：117mm×42mm（4in 型）	"320×240 像素点" 液晶有效显示尺寸：115mm×86mm（6in 型）		"480×234 像素点" 液晶有效显示尺寸：155.5mm×87.8mm（7in 型）
键	所有键数	每屏最大触摸键数目为 50			
	配置（水平×垂直）	15mm×4mm 矩阵配置	20mm×12mm 矩阵配置		30mm×12mm 矩阵配置（最后一列包括 14 点）
接口	RS-422	符合 RS-422 标准，单通道，用于 PLC 通信（F943GOT 型没有 RS-422 接口）			
	RS-232C	符合 RS-232C 标准，单通道，用于屏幕数据传送（F940GOT 符合 RS-232C 标准，双通道，用于屏幕数据传送和 PLC 通信）			符合 RS-232C 标准，双通道，用于屏幕数据传送和 PLC 通信
屏幕数量		用户创建屏幕：最多 500 个屏幕（屏幕编号：No. 0 ~ No. 499）系统屏幕：30 个屏幕（屏幕编号：No. 1001 ~ No. 1030）			
用户存储器容量		256KB	512KB		1MB
电源规格		DC 24V 410mA			

表 4-3-2　三菱 GOT1000 系列触摸屏显示部分规格

项　目		GT1155-QSBD-C	GT1155-QBBD	GT1175-VNBA	GT115-QSBD
显示部分	种类	STN 彩色 LCD	STN 单色 LCD	TFT 彩色 LCD	
	画面尺寸/in	5.7	8.4	10.4	5.7
	分辨率/像素点	320×240		640×480	
	显示尺寸（宽×高）	115mm×86mm		171mm×128mm	241mm×158mm
	显示字符数	16 点标准字体时：20 字×15 行（全角） 12 点标准字体时：26 字×20 行（全角）		16 点标准字体时：40 字×30 行（全角） 12 点标准字体时：53 字×40 行（全角）	
	显示颜色	256 色	单色（白/蓝）	256 色	256 色
	使用寿命/h	50000	41000	50000	
背景灯	使用寿命/h	75000	54000	40000	
触摸屏	触摸键数	360 个/1 画面	1200 个/1 画面	300 个/1 画面	

2. 画面功能操作

触摸屏与 FX 系列或 A 系列 PLC 的程序连接器连接，可以一边观看画面对 PLC 的各软元件的监视以及数据的变化，一边进行显示。显示画面分为用户制作画面和 GOT 预置画面。预置画面有多种功能，现对用户制作画面与 GOT 预置画面（系统画面）功能叙述如下：

（1）用户制作画面功能　用户制作画面具有以下几种功能，当使用画面保护功能时，可限制所显示的画面。

1）画面显示功能：最多可显示 500 个用户制作画面，可同时显示数个画面，也可以进行自由切换。除可显示英文、数字、日文片假名、汉字等文字外，还能显示直线、圆、四边形等简单的图形，F940GOT-SWD 可用 8 种颜色的彩色画面进行显示。

2）监视功能：可用数值或条形图监视显示 PLC 字元件的设定值或现在值。通过 PLC 位元件的 ON/OFF 更换指定范围的画面显示颜色。

3）数据变更功能：可变更正在监视的数值或条形图的数据。

4）开关功能：可通过 GOT 的操作键来 ON/OFF PLC 的位元件。可显示画面板设置为触摸键，行使开关功能。

（2）系统画面

1）监视功能：可监视清单程序（只有 FX 系列有），可在命令清单程序方式下进行程序的读出/写入/监视，设有缓冲存储器（只有 FX2N，FX2NC 系列有），可读出/写入/监视特殊块的缓冲存储器（BFM）的内容；也可进行软元件监视，可监视、变更 PLC 的各软元件的 ON/OFF 状态，定时器、计数器及数据寄存器的设定值或现在值。

2）数据采样功能：在特定周期或当触动条件成立时，采集指定的数据寄存器的现在值，用清单形式或图表形式显示采样数据，按清单形式用打印机打印出采样数据。

3）报警功能：可使最多 256 点的 PLC 的连续位元件与报警信息相对应。位元件 ON 后，在用户画面上，与对应的信息重合、显示。此外，位元件 ON 后，也可显示指定的用户操作画面。位元件 ON 后，用户制作画面上显示与软元件相对应的信息，还可以一览显示。可保存最多 1000 个报警次数，还可以通过画面制作软件打印。

4）其他功能：内存实际定时器，可设定、显示时间；可调节画面的对比度和蜂鸣器音量。

（3）状态功能　将前面说明的各种功能分为 6 个状态。操作者可通过选择状态来使用这些功能，见表 4-3-3。

表 4-3-3　状态功能表

状态	功能	功能概要
画面状态	显示用户制作的画面	文字显示：英文、数字、日文片假名、汉字、外文等文字；显示语言有：日语、英语、韩语、汉语（简化字）
		绘图：直线、圆、四边形等图形
		监视功能：用数值/条形图/折线图/仪表形式显示 PLC 的字元件（T、C、D、V、Z）的设定值或现在值
		可通过位元件（X、Y、M、S、T、C）的 ON/OFF 颠倒指定范围的画面显示色
		数据变更功能：可用数值/条形图/折线图/仪表形式显示 PLC 的字元件（T、C、D、V、Z）的设定值或现在值
		开关功能：用瞬间控制、间歇控制设置/复位形式控制位元件（X、Y、M、S、T、C）的 ON/OFF
		画面切换：显示画面切换，用 PLC 或触摸键指定切换
		接收功能：向 PLC 传送保存在 GOT 中的文件
		安全功能：只显示与密码一致的画面（系统画面也可）
HPP（手持式编程器）状态	程序（清单）	可用命令程序（清单）的形式读出/写入/监视程序（FX 系列有效）
	参数	可读出/写入程序、存储器锁定范围等参数（FX 系列有效）
	BFM 监视	可对 FX2N、FX2NC 系列特殊块的缓冲存储器（BFM）进行监视，也可变更其设定值（FX2N、FX2NC 系列有效）
	软元件监视	可用元素序号或注释来监视位元件的 ON/OFF 及字元件的现在值和设定值
	变更现在值/设定值	可用元素序号或注释来变更字元件的现在值及设定值
	强制 ON/OFF	可强制 ON/OFF 位元件（X、Y、M、S、T、C）
	状态监视	自动显示、监视处于 ON 动作状态（S）序号（与 MELSEC FX 系列连接时有效）
	PLC 诊断	读出并显示 PLC 的错误信息
采样状态	条件设定	设定所采样的软元件（最多 4 点）及采样的开始/终止时间等条件
	结果显示	用清单或图表形式显示采样结果
	数据清除	清除采样数据

（续）

状态	功能	功能概要
报警状态	状态显示	按顺序一览显示报警信息
	记录	按顺序将报警信息与时间存储到记录中
	总计	存储每个报警信息的发生次数
	记录清除	清除报警记录
检测状态	画面清单	按序号显示用户制作画面
	数据文件	变更接收功能中使用的数据
	调试动作	可确认是否正确完成了用户制作画面显示时的键操作和画面切换
其他状态	时间开关	使指定位元件在指定时间置 ON
	个人计算机传送	可在 GOT 与画面制作软件之间传送画面数据、采样结果和报警记录
	打印机输出	用打印机打印采样结果、报警记录
	关键字	可登录用于保护 PLC 程序的关键字 可进行系统语言、连接 PLC、连续传送、标题画面、菜单画面呼出、现在时间、背景灯熄灯时间设定、蜂鸣器音量调整、液晶对比度调整、画面数据清除等初期设定

3. GOT 操作键的基本操作

GOT 操作键的通用基本操作如图 4-3-6 所示。其操作键功能说明如下：

① 功能显示：显示所选择的状态与功能。

② 终止：终止正在显示的功能，返回到前一个画面。

③ CLR（清除）：清除输入的英文字母或数值。

④ ENT（执行）：执行英文字母或数值的输入设定。

⑤ ▼、▲：（增减）。

⑥ —（负号）。

⑦ "0～9" 键：进行数字输入。

⑧ "设定" 键：输入英文字母、数字时，若按设定键，则显示键盘，再按执行键或清除键，键盘便消失。

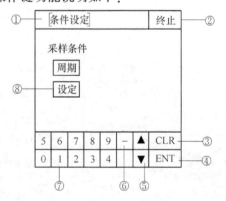

图 4-3-6 GOT 的操作键

（1）启动顺序 GOT 从接通电源到状态选择间的启动和使用 GOT 时的重要环境设定，如下所述。

1）进行 GOT 的电源部分的配线。

2）用选择产品中的连接电缆来连接 GOT 与 PLC。

3）接通 GOT 电源。按 GOT 画面左上角（触摸键）1s 以上，接通电源，便显示出工作环境设定画面。

4）在动作环境设定的"标题画面"中，显示所设定的时间、型号等标题画面。

5）在动作环境设定画面中，选择使用状态及连接的 PLC 型号等。也可在"其他状态下"进行工作环境的设定。

6）显示用户画面。这时若没有用户制作画面，则显示下一个状态选择画面。

7）显示模式选择画面。画面变为触摸键，按住各状态名，便可选择。

> **提示**　按住动作环境设定的"菜单画面呼出"所设定的画面四角，便可呼出这个模式选择的画面。若动作环境设定的"菜单画面呼出"中没有设定菜单呼出键，将转向画面状态（用户制作画面）。

GOT 从接通电源到状态选择间的启动流程及说明如图 4-3-7 所示。

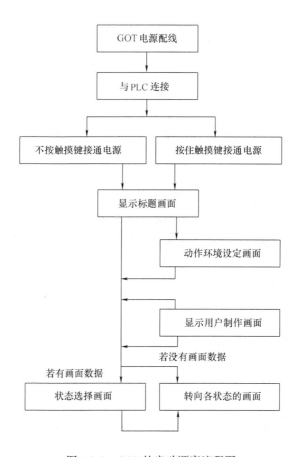

图 4-3-7　GOT 的启动顺序流程图

（2）动作环境的设定　动作环境的设定是为了启动 GOT 而进行重要的初期设定的功能。可按照前述的启动方法，按住左上角接通电源，或者从主菜单的"其他状态"中选择，从而显示动作环境设定画面。但是若用安全（画面保护）功能登录了关键字，若与密码不一致，就不能进行动作环境设定，设定步骤如图 4-3-8 所示。

各模式的选择操作：设定了"动作环境设定"的"菜单呼出画面"后，一按指定的触摸键，便会显示"模式选择菜单画面"。

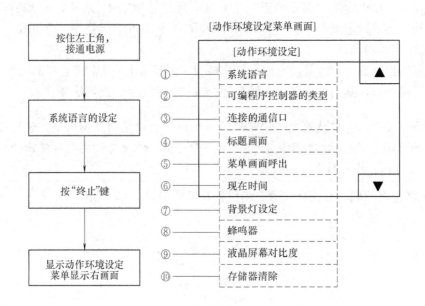

图 4-3-8　GOT 的动作设定

状态画面主菜单还有画面状态、HPP 状态、采样状态、报警状态、检测状态和其他状态。

注：各标号的解释如下。

① 系统语言：设定系统画面上显示的日语、英语等语言。

② 可编程序控制器的类型：设定所连接的 PLC 类型。

③ 连接的通信口（RS-232C）：设定是否将打印机连接在 GOT 上，还是与计算机主板进行通信。

④ 标题画面：设定接通电源后，标题画面内所显示的时间。

⑤ 菜单画面呼出：从设定的画面状态中呼出主菜单触摸键的位置。

⑥ 选择时间：设定时间开关及时间显示中使用的时间。

⑦ 背景灯设定：设定背景灯熄灭的时间。

⑧ 蜂鸣器：设定按键时蜂鸣器的声音。

⑨ 液晶屏幕对比度：设定液晶屏幕亮度。

⑩ 存储器清除：清除用户画面数据。

（3）安全功能（画面保护功能）　不允许一般操作者随意显示用户制作画面。只有知道密码的人才能使其显示。

1）安全功能概要。如果要使用安全功能，首先在各用户画面上登录密码，密码有 0（低）~15（高）级，若不登录，则视为 0，即可任意显示所有画面，密码的设定在画面制作软件中进行，密码可设定为任何一个不超过 8 位的数字。

2）密码的输入。输入密码时必须显示密码输入画面，若想显示这个密码输入画面，则有必要在画面上设置一个触摸键。若设定这个触摸键，向键码中输入"FF68"。按触摸键即显示密码输入画面。若显示级别较高的画面，错误音（单音三声）将鸣叫。设置上述触摸键，输入密码。

3）密码解除。若想解除密码（返回 0 级），则应在画面上设置"解除密码"触摸键，并向键码中输入"FF69"。

4. 状态模式操作

（1）画面状态　用来显示用户画面制作软件所制作的画面状态，也可以显示报警信息。1 个画面可对按文件、直线、四边形、圆等功能分类的内容进行组合后显示，当有数个画面时，可用 GOT 的操作键和 PLC 对画面进行切换后显示（画面切换条件及切换后显示哪个画面，可由用户自由设定）。一个画面可显示的内容如图 4-3-9 所示（显示例只使用了一部分功能）。

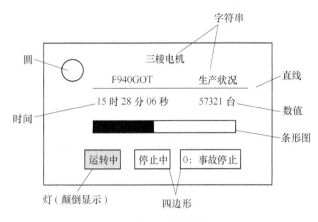

图 4-3-9　画面显示

画面功能大致可分为 4 类，各类功能作用如图 4-3-10 所示。一部分数据显示功能可以在画面上变更字元件（T、C、D、Z、V）的设定值或现在值。

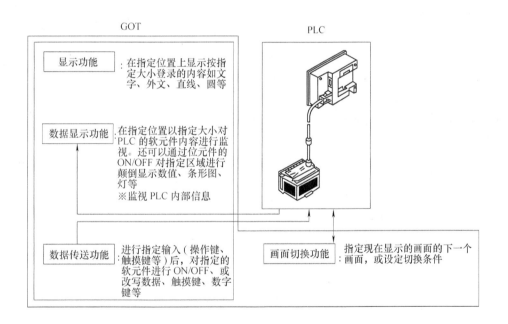

图 4-3-10　画面功能示例

（2）变更所显示的数据　在用户制作画面的显示内容中，字元件的设定值或现在值的数据可通过键盘操作来变更。数据变更须注意：触摸显示画面上的数值或文字码，通过（触摸键）操作便可进行；输入数字有显示键盘或呼出键盘两种方法，如图 4-3-11 所示。

（3）HPP 状态　可对连接 GOT 的 PLC 进行控制程序（清单形式）的编辑、软元件监视及设定值/现在值的变更。切换到 HPP 状态的操作功能如图 4-3-12 所示。

注：各标号的解释如下。下述功能（不包括③）只有在与 PLC 连接上才有效。

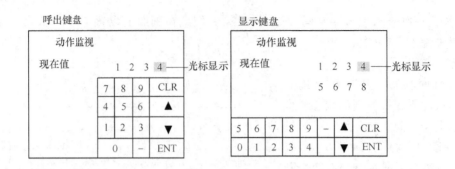

图 4-3-11　输入数字键盘的出现方式

① 程序清单：用命令清单形式编辑控制程序。

② 参数：编辑 PLC 内的参数。

③ 软元件监视：对 PLC 的任何一个软元件进行 ON/OFF 设定值/现在值的监视。也可强行 ON/OFF 或变更设定值/现在值。

④ 清单监视：显示控制程序，并显示各命令的 ON/OFF 状态（不能显示字元件的现在值）。

⑤ 动作状态监视：显示 FX PLC 的状态（S）中的 ON 状态序号。

⑥ 缓冲存储器监视：可显示或变更连接与 FX 或 FX PLC 的特殊模块的缓冲存储器（BMF）的内容。

⑦ PC 诊断：显示 FX PLC 的错误信息。

1）基本操作："主菜单画面显示"→"HPP 状态"（选择画面上的"HPP 状态"）→显示 HPP 状态画面。

2）程序清单：与 FX 系列 PLC 连接时，可通过命令程序（清单）形式进行读出、写入、插入、删除等编辑，与三菱 FX-10P 型手持编程器功能相同。

关于触摸屏上的操作，读者可以参考 F900GOT 系列操作手册，在此不再赘述。

四、触摸屏软件的使用

GT Designer2 软件是三菱电机有限公司所开发设计的，用于图形终端显示屏幕制作的 Windows 系统平台软件，支持三菱全系列图形终端。

该软件功能完善，图形、对象工具丰富，窗口界面直观形象，操作简单易用，可以方便地改变所接 PLC 的类型，实时读取、写入显示器屏幕，还可以设置保护密码。

1. GT Designer2 软件操作界面

如图 4-3-13 所示为 GT Designer2 软件操作界面，其主要由项目标题栏（状态栏）、下拉菜单（主菜单栏）、快捷工具栏、工程制作界面、工程管理列表等部分组成。

（1）标题栏　显示屏幕的标题。将光标移动到标题栏，可以将屏幕拖到希望的位置。

（2）菜单栏　显示在 GT Designer 上可使用的功能名称。单击菜单栏就会有下拉菜单出现，然后从下拉菜单中选取所要执行的功能。

（3）下拉菜单　显示在 GT Designer 上可使用的功能名称。如果在下拉菜单的右边显示"▶"，光标放在上面就会显示该功能的下拉菜单。如果在功能名称上显示"…"，将光标移

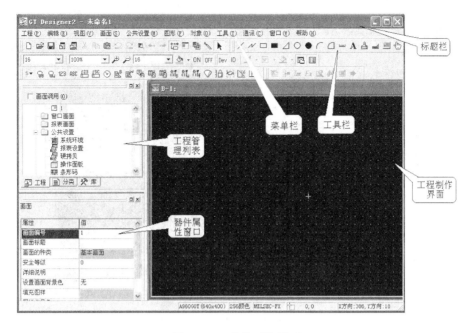

图 4-3-13　软件开发界面

到该功能，并单击，将出现对话框，如图 4-3-14 所示。

（4）工程管理列表　显示画面的各种信息，进行编辑画面切换，方便实现各种功能。

（5）工具栏　包括标准、显示、对象、通信等工具栏。各工具栏的启用可从菜单栏中的视图的下拉菜单中调用，也可从工具栏中直接单击。工具栏各按钮功能如图 4-3-15 所示。

2. GT Designer2 软件安装

a)

图 4-3-14　下拉菜单

b)

图 4-3-14 （续）

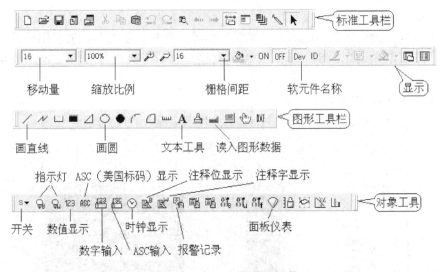

图 4-3-15 工具栏各按钮功能

1）打开"GT SORTWARE CHINESE"安装文件夹，找到并打开"Env MEL"文件夹，双击其中的"SETUP. exe"文件图标进行软件的使用环境的安装，若此前已安装过 GX-De-veloper2 编程软件，则可省略此步。

2）在安装文件夹中双击 图标，出现如图 4-3-16 所示的安装界面，单击光盘图标中的 图标，按照向导提示完成画面工程制作软件的安装。在安装过程中需要按提示输入产品序列号。

3）返回图 4-3-16 所示的安装界面，单击光盘图标中的 图标，按照向导提示完成画面工程仿真软件的安装。同样，在安装过程中需输入产品序列号。

图 4-3-16　进入安装环境界面

任务准备

实施本任务教学所使用的实训设备及工具材料可参考表4-3-4。

表4-3-4　实训设备及工具材料

序号	分类	名称	型号规格	数量	单位	备注
1	工具	电工常用工具		1	套	
2	仪表	万用表	MF47 型	1	块	
3		编程计算机		1	台	
4		接口单元		1	套	
5		通信电缆		1	条	
6		可编程序控制器	FX2N-48MR	1	台	
7		触摸屏	F940-SWD-35G 或自定	1	台	
8		编程软件包	GT Designer2	1	个	
9	设备器材	安装配电盘	600mm×900mm	1	块	
10		导轨	C45	0.3	m	
11		空气断路器	Multi9 C65N D20	1	只	
12		熔断器	RT28-32	6	只	
13		接触器	CJ10-10 或 CJT1-10	3	只	
14		接线端子	D-20	20	只	
15		三相异步电动机	自定	1	台	
16		铜塑线	BV1/1.37mm²	10	m	主电路
17	消耗材料	铜塑线	BV1/1.13mm²	15	m	控制电路
18		软线	BVR7/0.75mm²	10	m	

（续）

序号	分类	名称	型号规格	数量	单位	备注
19			M4×20mm 螺杆	若干	只	
20		紧固件	M4×12mm 螺杆	若干	只	
21	消耗材料		φ4mm 平垫圈	若干	只	
22			φ4mm 弹簧垫圈及 φ4mm 螺母	若干	只	
23		号码管		若干	m	
24		号码笔		1	支	

任务实施

一、分析本任务控制要求，列出 PLC 和触摸屏的 I/O、内部继电器（位元件和字元件）**与外部元件对应关系表**

根据任务控制要求，可确定 PLC 和触摸屏的 I/O、内部继电器（位元件和字元件）与外部元件对应关系表，见表 4-3-5。

表 4-3-5　I/O、内部继电器与外部元件对应关系（位元件和字元件）

继电器	元件代号	作用
输入	M0	触摸屏起动触摸键
	M1	触摸屏停止触摸键
输出继电器	Y000	电源控制接触器 KM1
	Y001	丫联结起动接触器 KM2
	Y002	△联结运行接触器 KM3
内部继电器	D200	触摸屏字串指示：延时时间设置
	T0	触摸屏起动过程指示

二、画出 PLC、触摸屏控制接线图

PLC、触摸屏控制接线图如图 4-3-17 所示。

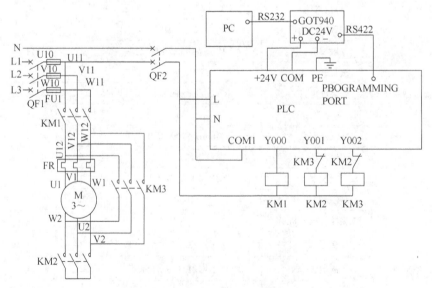

图 4-3-17　PLC、触摸屏控制 Y-△降压起动控制电路

三、程序设计

根据控制要求，首先设计出本任务丫-△降压起动控制的梯形图程序，如图 4-3-18 所示。

图 4-3-18 丫-△降压起动控制的梯形图程序

四、触摸屏画面的设计

1. 触摸屏工程的创建

1）单击桌面的"开始/程序"，选择"MELSOFT 应用程序→GT Designer2"选项，启动 GT Designer2 软件，如图 4-3-19 所示。然后用鼠标单击 GT Designer2 选项，就会出现如图 4-3-20 所示的"工程选择"对话框。

图 4-3-19 启动 GT Designer2 软件

2）单击"工程选择"对话框中的"新建"按钮，就会出现如图 4-3-21 所示的"新建工程向导"对话框，然后单击对话框中的"下一步"按钮，就会出现如图 4-3-22 所示的"GOT 的系统设置"向导，可进行触摸屏的系统设置，包括 GOT 类型和颜色的设置。

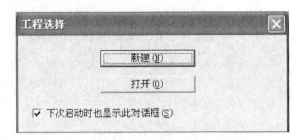

图 4-3-20　"工程选择"对话框

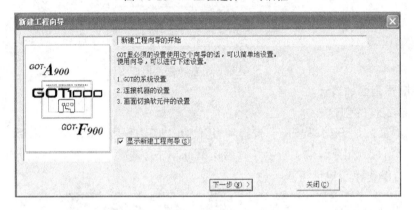

图 4-3-21　"新建工程向导"对话框

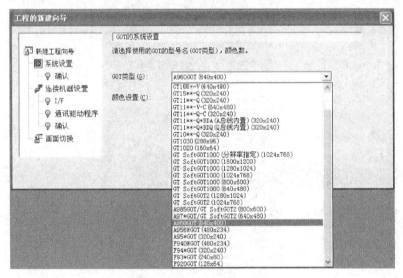

图 4-3-22　"GOT 的系统设置"向导

提示　GOT 类型选择的是"A960GOT（640×400）。在此不能选择 F940WGOT 等 F 系列类型，因为 GT Simulator 2 仿真软件不支持该类型的 GOT。

3）触摸屏的系统设置完成后，单击"下一步"按钮，出现如图 4-3-23 所示的"GOT 的系统设置确认"向导，并进行确认。

4）在触摸屏系统确认设置完成后，单击"下一步"按钮，将出现如图 4-3-24 所示的

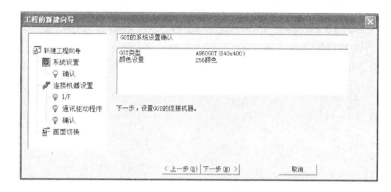

图 4-3-23　"GOT 的系统设置确认"向导

"连接机器设置"向导；然后选择与触摸屏所连接的设备，再单击"下一步"按钮，会出现如图 4-3-25 所示的"画面切换软元件设置"向导；再次单击"下一步"按钮，会出现如图 4-3-26 所示的"系统环境设置的确认"向导。

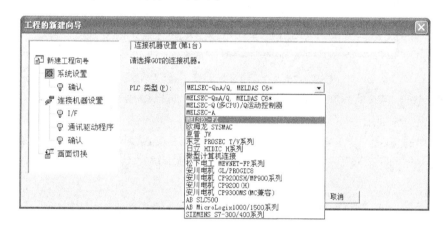

图 4-3-24　"连接机器设置"向导

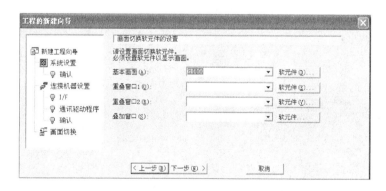

图 4-3-25　"画面切换软元件设置"向导

提示　在选择连接机器的 PLC 类型时一定要选择正确，否则在画面创作时，软元件就不可能识别，在这里应选择"MELSEC—FX"。

图 4-3-26   "系统环境的设置确认"向导

5）单击图 4-3-26 所示"系统环境设置的确认"向导中的"结束"按钮，会弹出如图 4-3-27 所示的"画面属性"对话框，在该对话框中的 标题⑩选项栏中输入"首页"画面名称，然后在 ☑ 指定背景色⑪中，分别对 填充图样⑫、图样前景色⑫和 图样背景色⑬进行选择，单击"确定"按钮，会出现如图 4-3-28 所示的软件开发界面。值得一提的是，如不对 ☑ 指定背景色⑪进行选

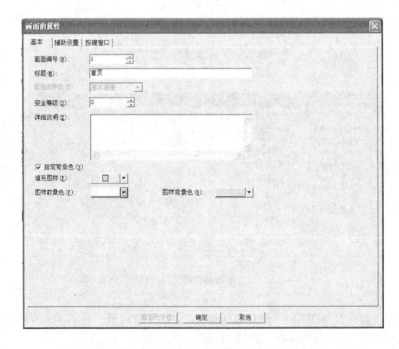

图 4-3-27   "画面属性"对话框

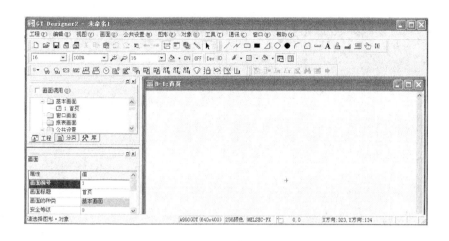

图 4-3-28　软件开发界面

择，则被默认为黑色。

2. 首页画面的制作

直接单击软件开发界面中工具栏上的"A"图标，弹出如图 4-3-29 所示的文本对话框，在"文本"框内输入文字"广西机电技师学院"，并对文本类型、文本颜色及文本尺寸进行设置。可单击"确定"按钮进行确认，在软件开发界面中会出现所输入的文字，如图 4-3-30 所示。

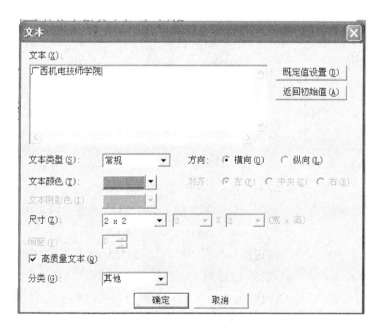

图 4-3-29　"文本"对话框输入画面

然后，根据任务的控制要求，采用上述操作方法将首页画面的课题名称的文字输入完毕，确认后的界面如图 4-3-31 所示。

3. 时钟时间的设定

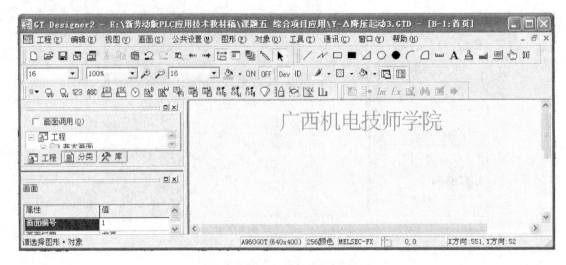

图 4-3-30 输入文字后的软件开发界面 1

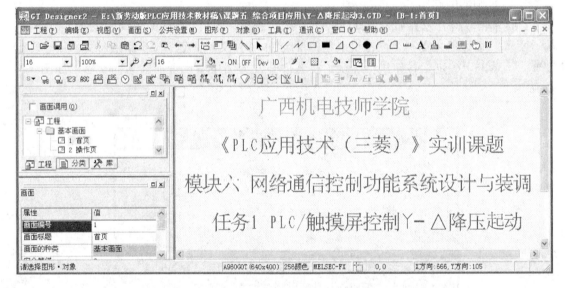

图 4-3-31 输入文字后的软件开发界面 2

1）单击时刻显示快捷键"⊙"，然后在画面中的空白处单击，即可出现如图 4-3-32 所示的画面。

2）单击画面中"图形对象的选择图标""↖"，然后将鼠标移至时刻显示画面处，双击会弹出如图 4-3-33 所示"时刻显示"对话框。

3）在对话框中选择尺寸的大小为"2×2"，将显示颜色选为蓝色，然后单击"其他(R)..."按钮，会弹出可选择图形的"图形一览表"，如图 4-3-34 所示。

4）在"图形一览表"中选择到所需的图形后，单击"确定"按钮；就会出现如图 4-3-35 所示的"时刻显示"对话框，选择图形的"底色（L）"为红色，单击"确定"按钮就会得到如图 4-3-36 所示设置完毕的"时刻显示"画面。

4. 日期的显示画面制作

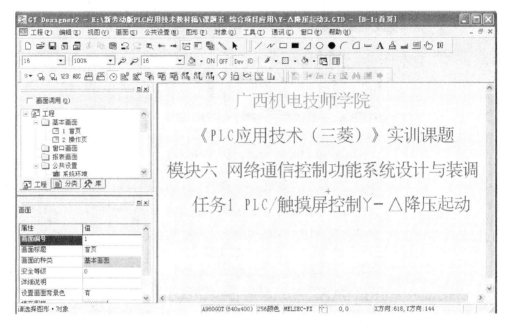

图 4-3-32　时钟时间设定操作界面 1

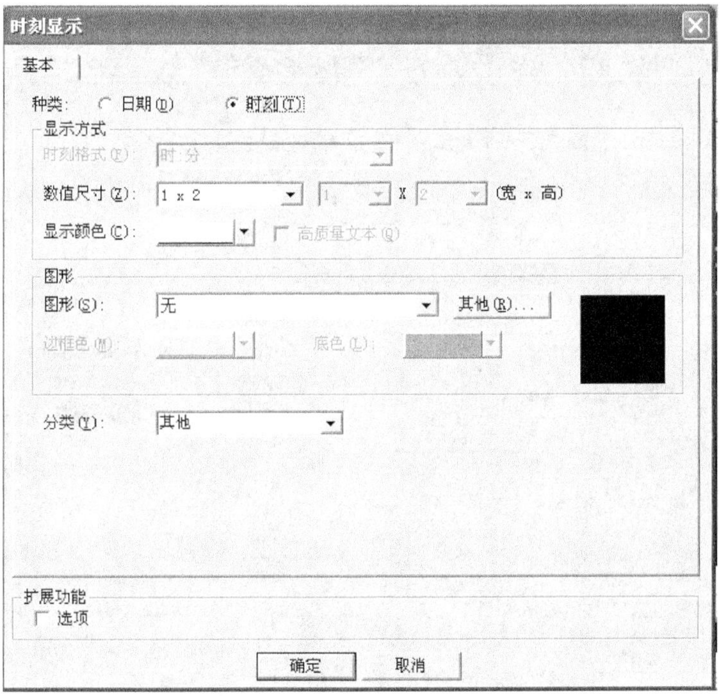

图 4-3-33　"时刻显示"对话框

采用上述同样的方法进行操作，可进行日期的显示画面制作。不同的是在"时刻显示"对话框中选择的种类应是"　⊙ 日期(D)"，选择相关参数的画面如图 4-3-37 所示，参数选择完后单击"确定"按钮即可得到如图 4-3-38 所示的画面。

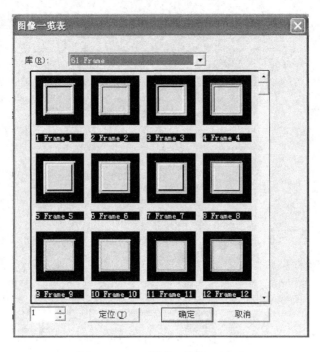

图 4-3-34　"图形一览表"界面

图 4-3-35　设置有图形"时刻显示"对话框

5. 设置翻页的透明按钮

1）单击 ⑤▾ 会出现如图 4-3-39 所示的开关选择画面，选择"画面切换开关 ⑧"并单击，

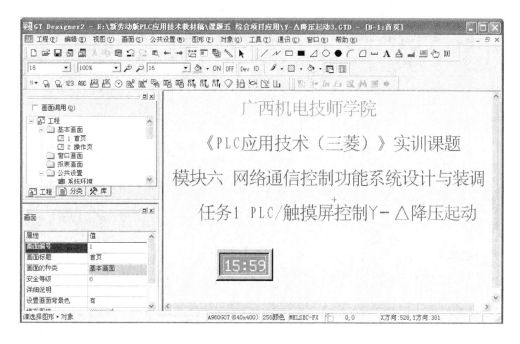

图 4-3-36 设置完毕的"时刻显示"画面

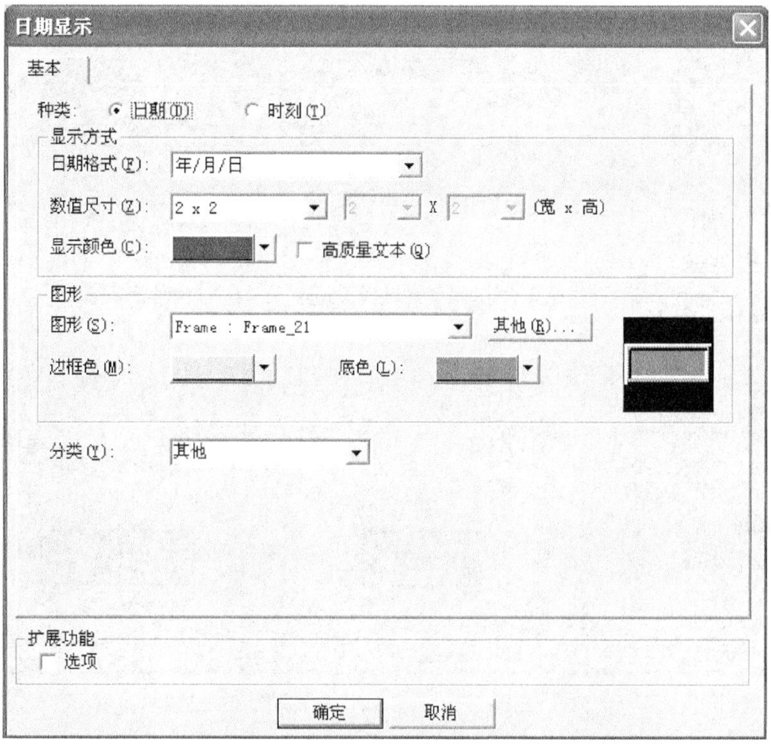

图 4-3-37 "日期显示"对话框

然后在画面中的空白处单击，会出现如图 4-3-40 所示的画面。

2）单击画面中"图形对象的选择图标"" "，然后将鼠标移至画面中的""处，

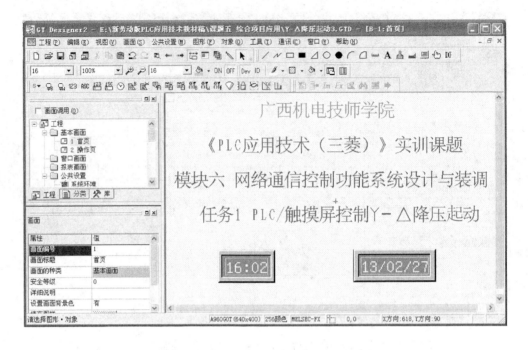

图 4-3-38　有"时刻显示"和"日期显示"的首页界面

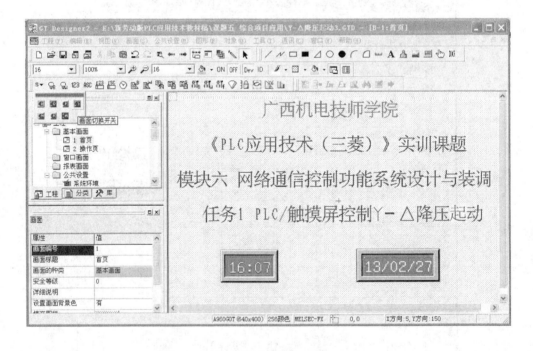

图 4-3-39　"画面切换开关"的选择画面

双击会弹出如图 4-3-41 所示"画面切换开关"对话框。

3）在"切换画面种类（C）"选项中选择"基本"种类，在"切换到"的选项中选择
固定画面（E）：2 。由于切换开关选择的是透明，所以在"显示/方式"的"图形（A）"选项

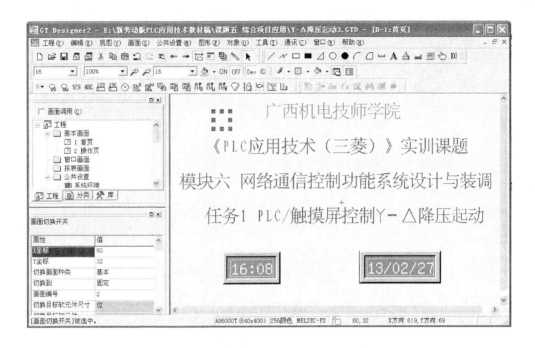

图 4-3-40 "画面切换开关"的制作画面 1

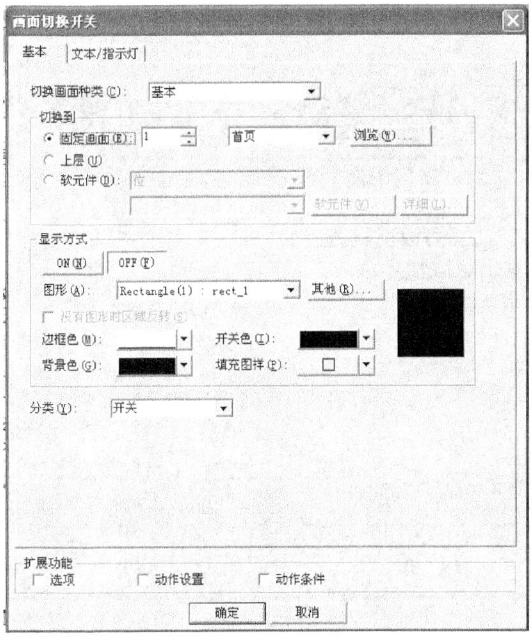

图 4-3-41 "画面切换开关"对话框

中应选择 图形(A): 无 ，至此切换开关制作完毕，单击确定。然后再将切换开关图形拉至全屏，即会出现如图 4-3-42 所示的画面。

6. 工程的保存

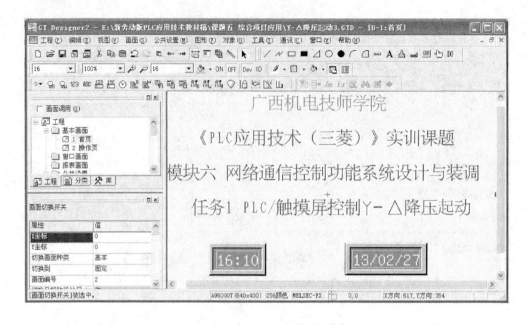

图 4-3-42　透明画面切换开关制作完毕的画面

当画面编辑制作完后，需要保存时，只要单击"🖫"图标，会出现如图 4-3-43 所示的画面；然后选择所需保存路径，并设置工程名为"丫-△降压起动控制 3"，单击"确定"按钮即可完成首页的制作和保存。

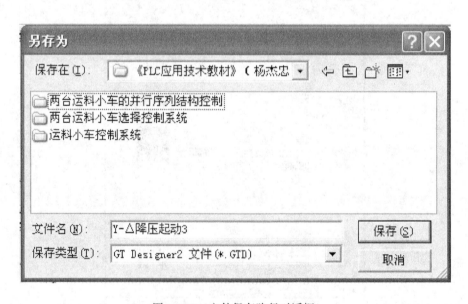

图 4-3-43　文件保存路径对话框

7. 操作画面的制作

将鼠标移至工程管理列表中的"🖬1"，按右键会出现如图 4-3-44 所示的菜单栏，然后选择"新建"并单击，会出现如图 4-3-45 所示的"画面属性"对话框，然后在"标题（M）"框中输入"操作页"的名称，在画面编号中输入"2"单击"确定"按钮，就会进

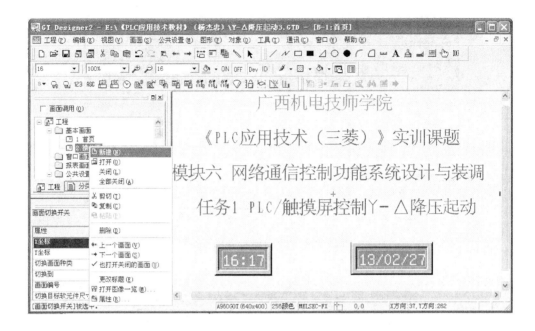

图 4-3-44　新建操作页的操作画面

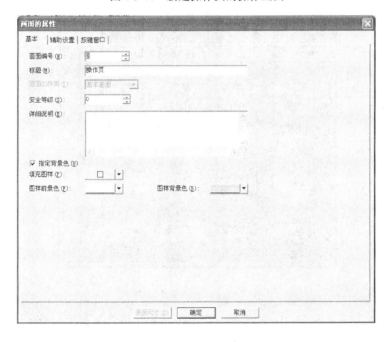

图 4-3-45　操作页设置"画面属性"对话框

入第 2 页"操作页"的编辑画面，如图 4-3-46 所示。

8. 起动按钮和停止按钮的制作

1）在制作按钮时可以有两种选择：一种是直接单击 s▾，进行位开关的选择；另一种是通过 ✕ 库 来选择。前者的开关选择比较单一，所以常在后者中进行选择。单击 ✕ 库，选择开关文件包 ⊞ ▢ Switch，就会弹出如图 4-3-47 所示的"库图像一览表"。

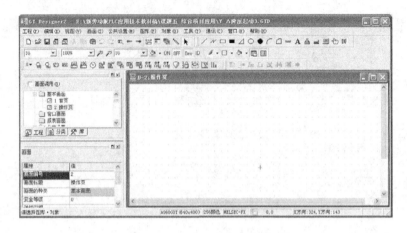

图 4-3-46　操作页软件开发界面

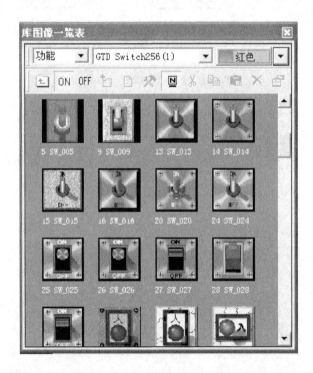

图 4-3-47　库图像一览表

2）单击在"库图像一览表"中选择的合适按钮后，将光标移至操作页开发界面中合适的位置并单击，会出现如图 4-3-48 所示的画面。

3）按钮的定义。单击工具栏上的" A "图标，弹出如图 4-3-49 所示的文本对话框，在"文本"框内输入"起动"，并对文本颜色及文本尺寸进行设置。设置完毕后，单击"确定"按钮进行确认，会出现如图 4-3-50 所示画面。

4）按钮的动作设置。双击画面中的按钮图标就会出现"多用动作开关"设置对话框，如图 4-3-51 所示，可以对开关进行位元件设置。

单击 位(B)... 按钮，就会出现"动作（位）"对话框，如图 4-3-52 所示。

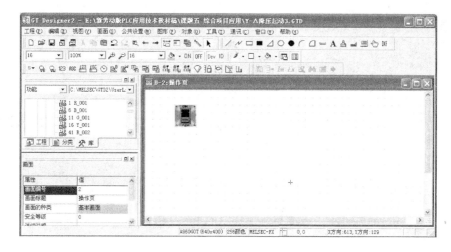

图 4-3-48　按钮制作画面

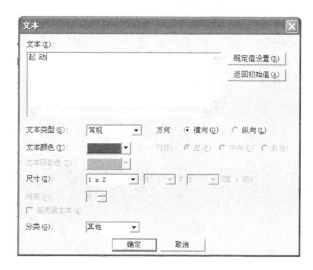

图 4-3-49　按钮定义"文本"对话框

图 4-3-50　按钮定义后的画面

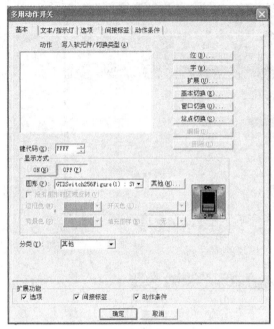

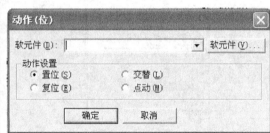

图 4-3-51 "多用动作开关"设置对话框   图 4-3-52 "动作（位）"对话框

单击图 4-3-52 中的 软元件(V)... ，会出现如图 4-3-53 所示的"软元件设置"对话框，由于在梯形图中起动按钮采用 M0 作为位元件，所以应将软元件选择为 M0，然后单击"确定"按钮，即可得到如图 4-3-54 所示的画面。

图 4-3-53 "软元件设置"对话框

由于控制要求采用的是按钮，因此在"动作设置"选项中应选择 点动(M)，如图 4-3-55所示。然后单击"确定"按钮会出现如图 4-3-56 所示的画面。

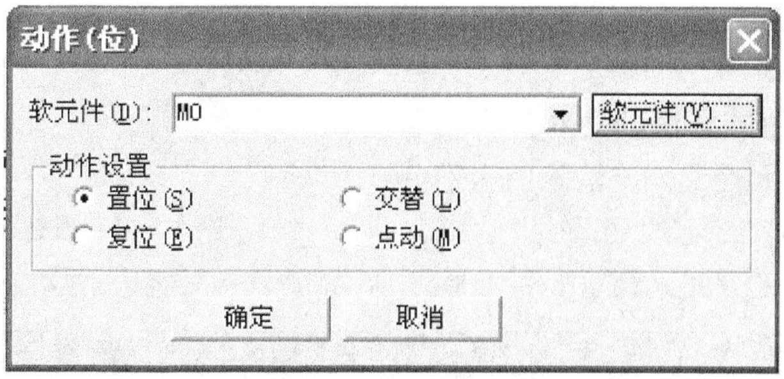

图 4-3-54 设置完软元件的"动作（位）"对话框

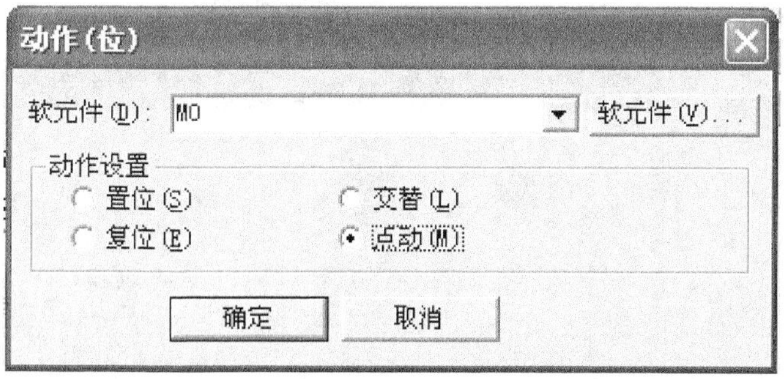

图 4-3-55 动作设置后的"动作（位）"对话框

按钮动作设置完成后，可以观察按钮的动作情况，单击画面中的 <kbd>ON(N)</kbd>，可以看到按钮合上，单击 <kbd>OFF(F)</kbd> 时，可以观察到按钮断开，如图 4-3-57 所示。

停止按钮的制作和起动按钮的制作方法一样，不同的是位元件选择的是 M1，在此不再赘述，读者可以自行制作。制作完按钮的画面如图 4-3-58 所示。

9. 电动机运行状态的指示灯设置制作

1）电动机的运行状态可以用文字表示，也可用指示灯表示，根据控制要求，在此选择指示灯表示。首先在 <kbd>工 库</kbd> 里单击指示灯选择文件包 " <kbd>Lamp</kbd> "，会出现如图 4-3-59 所示指示灯的"库图像一览表"，选择所需要的指示灯，单击"指示灯"

图 4-3-56 动作设置完成的"多用开关"对话框

图标，然后在制作画面内单击就可得到指示灯画面，如图 4-3-60 所示。

2）运用同样的方法做出三个输出量的指示灯，如图 4-3-61 所示。

3）根据制作按钮的方法分别对三个指示灯进行文本输入和软元件输入，输入的文字分别是"电源"、"Y 联结"和"△联结"，输入

a) M0 为 OFF 的按钮画面   b) M0 为 ON 的按钮画面

图 4-3-57   按钮的动作画面

的软元件分别为对应的 Y000、Y001 和 Y002，制作完毕的三盏指示灯画面如图 4-3-62 所示。

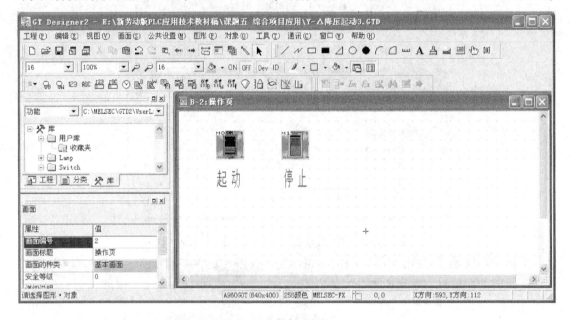

图 4-3-58   制作完按钮的画面

10. 降压起动延时时间的设置制作

1）单击画面中的"数值输入"快捷键图标，然后将光标移至画面中任意空留位置并单击，就可得到如图 4-3-63 所示的画面，接着对该数值进行编辑。

2）单击画面中的 ▶ 快捷键，然后将光标移至数值 **012345** 上并双击，会弹出"数值输入"对话框，接着在"种类"选项中选择 ☞ **数值输入 ☎** 。在 软元件(Y)… 选项中输入"D200"；然后选择数值的颜色。软件数值显示的位数为 6 位默认值，在此将它改为 3 位。接着选择字体的大小为"2×2"；数据类型选"实数"，最后选择数值的底框，只要单击对话框中"其他(E)…"就会出现"图形一览表"提供选择，选择完图形后，再选择底色为红色，设置后的画面如图 4-3-64 所示。

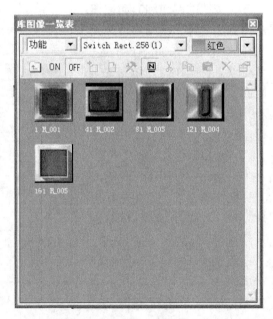

图 4-3-59   指示灯"库图像一览表"

图 4-3-60　指示灯制作画面 1

图 4-3-61　指示灯制作画面 2

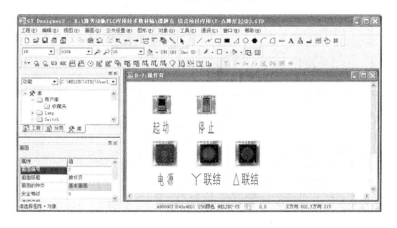

图 4-3-62　三盏指示灯制作完毕的画面

　　3）为了保证数值的安全性可以在对话框下面的"扩展功能"选项中进行选项设置，如图 4-3-65 所示；然后单击"确定"按钮就会出现图 4-3-66 所示的画面。

　　4）对制作完的延时时间设置图标进行命名，命名的设置操作方法同前所述，读者可自行完成，完成后的画面如图 4-3-67 所示。

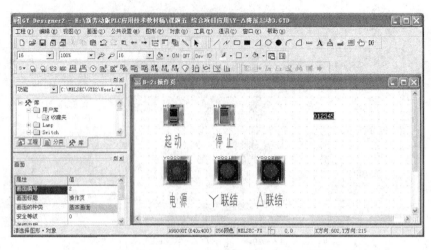

图 4-3-63 "数值输入"画面

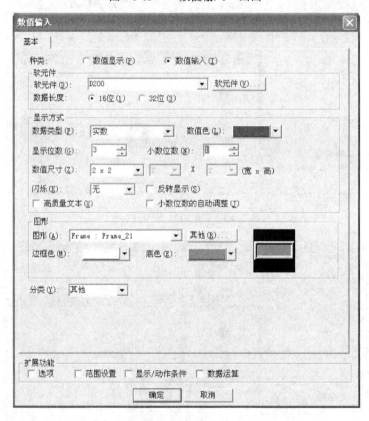

图 4-3-64 "数值输入"设置画面

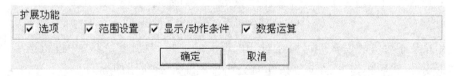

图 4-3-65 扩展可能选项

11. 条形图（也称为棒图）的制作

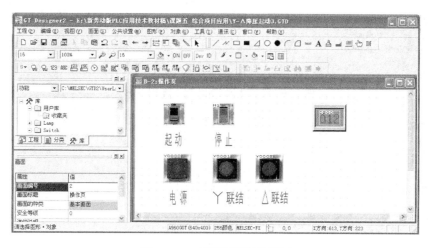

图 4-3-66 时间图标制作画面

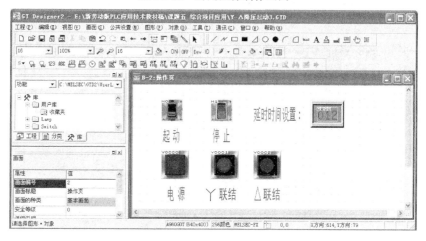

图 4-3-67 降压起动延时时间的设置制作完毕画面

为了显示动态效果的监视，可以采用条形图中"液位"的移动变化实施监控，具体的制作方法是：

1）单击画面中的"液位"快捷键图标 ，然后将鼠标移至画面中的空白位置并单击，即会出现如图 4-3-68 所示的画面。

2）条形图的编辑：首先将光标变成 ，然后移至条形图的框内并双击，此时会弹出"液位"对话框。在对话框的软元件选项中选择软元件为"T0"，数据长度选择"16"位；在显示方式中进行 液位色(L)、图样背景色(F) 选择；将 显示方向(R) 改为向右；为了能使条形图在监控时的颜色移动能填充满，将下限值设置为"0"；在上限值选项中不选择，而是直接选择"T0"，设置完的对话框如图 4-3-69 所示。最后单击"确定"按钮会得到如图 4-3-70 所示的画面。

3）将画面中的梯形图进行适当的拉伸，然后进行文字输入，命名为"起动过程监视"，这样就可得到制作完毕的起动过程条形图监视画面，如图 4-3-71 所示。

12. 面板仪表画面的制作

1）单击画面中的"面板仪表"快捷键图标 ，然后将光标移至画面中的空白位置并单击，就可得到如图 4-3-72 所示的画面；然后对面板仪表进行编辑设置。

图 4-3-68　条形图制作画面

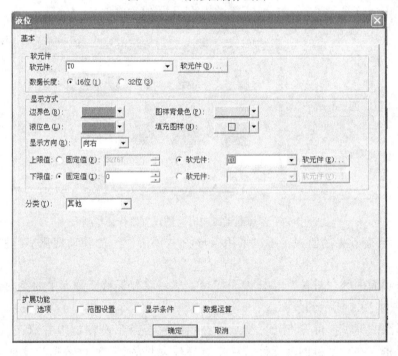

图 4-3-69　"液位"对话框

2）将光标变成▶，然后双击面板仪表图标，会弹出面板仪表对话框，首先进行软元件的设置，对应梯形图将软元件设置为"T0"，数据长度选择 16 位；接着进行"显示方式"选项的选择，在 仪表种类⑺ 中选择"上半圆"，显示方向选择"顺时针"；为了醒目，指针颜色选择红色，然后选择 ☑ 仪表框显示⑧ 和 ☑ 仪表盘显示⑩，并将仪表盘的底色选择为浅一点的颜色；在选择上限值和下限值时，将上限值改为"200"，将下限值设置为"0"；最后在面板仪表的"图形"选项中选择合适的图形和颜色，设置完的参数如图 4-3-73 所示。

3）在"扩展功能"选项中选择范围设置，弹出面板仪表的对话框，然后进行"刻度范

图 4-3-70 设置完参数的条形图画面

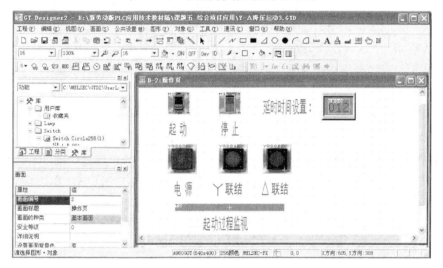

图 4-3-71 梯形图制作完毕后的操作页画面

图 4-3-72 面板仪表制作画面

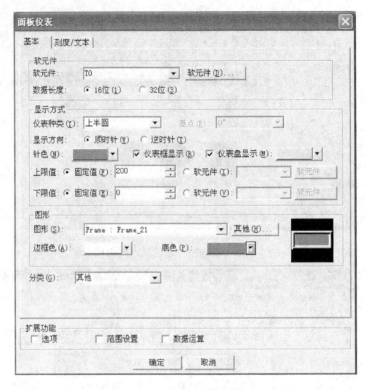

图 4-3-73   "面板仪表"对话框

围"的选择；首先对"刻度"选项进行选择，将 刻度数(P) 和 数值数(M) 选项中的"3"改为"6"；然后单击"选项"按钮，进行上限值和下线值的选择，操作方法同前。面板仪表制作完毕的画面如图 4-3-74 所示。

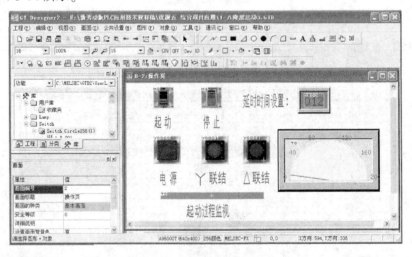

图 4-3-74   面板仪表制作完毕的画面

13. 返回键的制作

1）单击画面中的位开关图标 S▾ ，选择"画面切换开关"，从中选择合适的按钮图标，并将光标移至画面空白位置单击，可得到如图 4-3-75 所示的画面。

2）将光标变成 ▸ ，然后双击返回开关，会弹出"画面切换开关"对话框；在 切换到 选

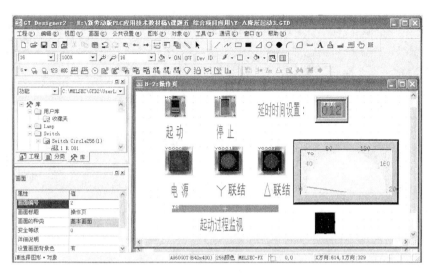

图 4-3-75　返回键制作画面

项中选择"首页"；再在 图形(A) 选项中，单击 其他(B)....，会弹出开关选择的"图像一览表"，选择合适的图形，并设置背景颜色，然后进行文字编辑，输入"返回"；最后单击"确定"按钮，就可得到如图 4-3-76 所示的画面。

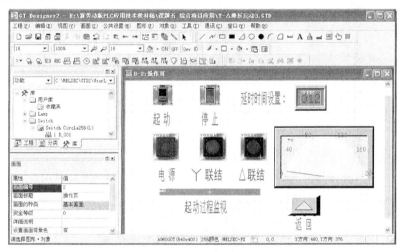

图 4-3-76　操作页制作完毕的画面

14. 触摸屏程序的保存

当触摸屏画面制作完毕后，须将程序进行保存，保存时只要单击软件开发界面中的 🖫 即可。

五、触摸屏的模拟仿真运行

触摸屏在与 PLC 联机控制之前，必须将所制作触摸屏画面进行模拟仿真运行，其模拟仿真的方法和步骤如下：

1）首先打开 PLC 的梯形图控制程序，并单击 🖳，进入 PLC 梯形图仿真运行状态，如图 4-3-77 所示。

2）按如图 4-3-78 所示的画面，从"开始"→程序→ 🖿 MELSOFT应用程序 → 🐭 GI Simulator2 中，

357 ◀◀◀

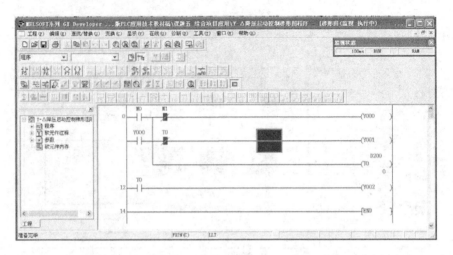

图 4-3-77　PLC 梯形图仿真运行画面

打开 GT Simulator 2 软件，出现如图 4-3-79 所示的界面，选取触摸屏仿真系列产品。

图 4-3-78　起动 GT Simulator 2 仿真软件画面 1

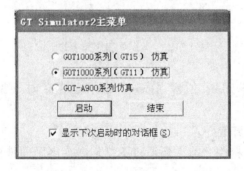

图 4-3-79　起动 GT Simulator 2 仿真软件画面 2

提示　在此应选择编程时选择的"GOT-A900 系列仿真"，否则将无法仿真。

3）选取完触摸屏仿真系列产品，单击"起动"按钮，会出现如图 4-3-80 所示的画面。

图 4-3-80　起动仿真软件就绪画面

4）初次使用 GT Simulator 2 仿真软件，必须对一些相关参数进行设置。首先单击"就绪"画面中的 仿真(S)，会出现如图 4-3-81 所示的画面，然后在的下拉菜单栏中单击 选项(O)... ，会弹出"选项"对话框，在对话框中 通信设置 的"连接方式"选项中，选择 GX Simulator 和 MELSEC-FX ，如图 4-3-82 所示。

图 4-3-81　仿真选项设置下拉菜单画面

图 4-3-82　选项对话框

5）在 动作设置 选项卡中选择"GOT-A960"，如图 4-3-83 所示。

6）单击 图标，可选择要仿真的工程，如图 4-3-84 所示。然后单击"打开"按钮，数秒后就会出现触摸屏仿真的画面，如图 4-3-85 所示。

7）用光标单击画面任意位置（相当于用手触摸触摸屏的任意位置），此时会切换到操

图 4-3-83　动作设置选项画面

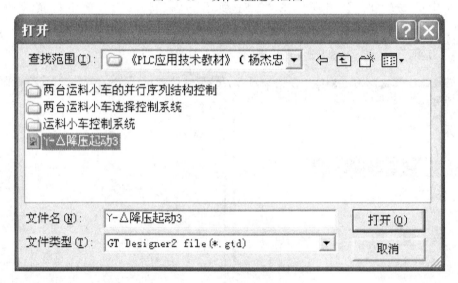

图 4-3-84　选择仿真工程名画面

作页的仿真画面，如图 4-3-86 所示。

8）模拟仿真运行的操作。

①　模拟起动前，应首先进行延时时间设置。其方法是：将光标移至画面中的延时时间设置框图中，然后单击会弹出如图 4-3-87 所示的参数设置键盘。

②　将光标移至画面中的参数设置键盘中，单击输入设定时间参数，如设置 5s，就单击█，在键盘上方的键盘显示屏就会出现"5"的数值，如图 4-3-88 所示。

③　当参数设置完成后，单击确认键"█"，就会出现参数设置完成后的操作页仿真画面，如图 4-3-89 所示。此时在延时时间设置图标内可观察到的数值已由原来的"0.0"转

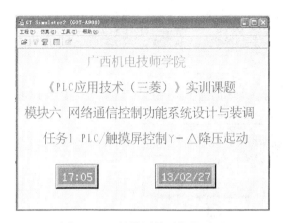

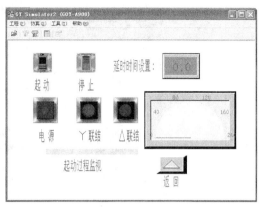

图 4-3-85　触摸屏首页仿真画面　　　　　　　图 4-3-86　操作页仿真画面

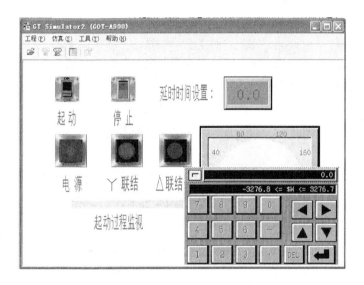

图 4-3-87　选择延时时间设置操作画面

变为"5.0"。若再需改变其参数，只需按照上述方法再次进行设置即可。

④ 起动过程仿真操作：用光标单击起动按钮，起动按钮由下往上动作（由 OFF 转换为 ON），此时电源指示灯（红色）、丫联结指示灯（绿色）点亮，表示电动机丫联结起动，同时，起动过程监视的条形图中的红色液体由左向右移动，面板仪表的红色指针顺时针偏转，表明电动机正在丫联结降压起动，如图 4-3-90 所示。

图 4-3-88　参数设置键盘设置参数后的画面

⑤ 当降压起动延时 5s 时间后，丫联结指示灯（绿色）熄灭，△联结指示灯（蓝色）点亮；而条形图的框内已被红色的液体填满，面板仪表的红色指针也停止偏转，表示电动机已处于△联结运行状态，如图 4-3-91 所示。

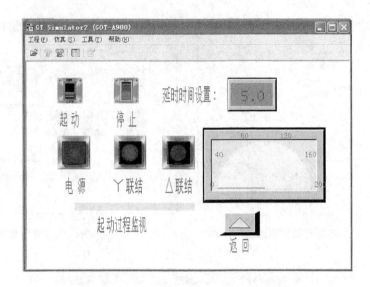

图 4-3-89　延时时间设置完毕后的操作页仿真画面

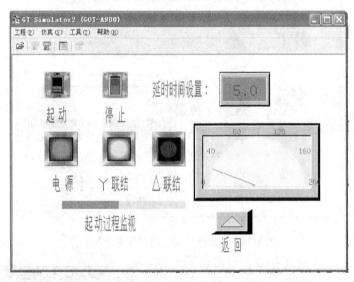

图 4-3-90　丫联结降压起动过程画面

⑥　停止模拟仿真：需要停止时，只需单击画面中的停止按钮上即可。单击停止按钮后，画面中的所有指示灯将熄灭，面板仪表指针返回了"0"，条形图中的红色液体也将褪尽，画面恢复到图 4-3-89 所示的画面，表示电动机处于停止状态。

⑦　结束仿真运行。需要结束仿真运行时，只需用光标单击画面中的 ▨，即可关闭仿真运行。

六、电路安装与调试

1. 电路安装和检查

根据图 4-3-17 所示的 PLC、触摸屏控制 Y-△降压起动控制电路，按照以下安装电路的要求在模拟实物控制配线板上进行元器件及电路安装。

（1）检查元器件　根据表 4-3-4 所示配齐元器件，检查元器件的规格是否符合要求，并

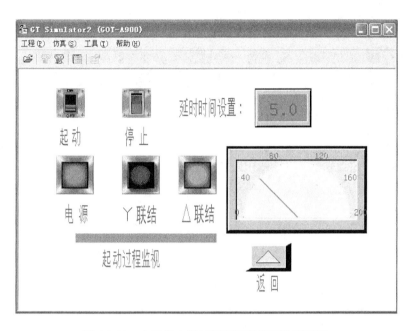

图4-3-91 电动机△联结运行时操作页仿真画面

用万用表检测元器件是否完好。

（2）固定元器件 固定好本任务所需元器件。

（3）配线安装 根据配线原则和工艺要求，进行配线安装。

（4）自检 对照接线图检查接线是否无误。

2. 程序的下载

（1）程序下载方法 首先进行PLC的程序下载，下载方法同前面任务所述。

（2）触摸屏的数据传输 数据的下载和上载传输是将制作完成的屏幕工程下载到GOT或将GOT中的数据上传到计算机，操作步骤如下：

1）选择菜单栏的"通讯"菜单，单击下拉菜单的"跟GOT的通讯(G)..."，会出现如图

图4-3-92 "跟GOT通讯"对话框

4-3-92所示的"跟GOT通讯"对话框；选择"通讯[○]设置"选项卡，并选择"USB"（本例

○ 按照国家标准，"通讯"应该为通信，但由于本书计算机软件中采用的是"通讯"，为与软件保持一致，本书对于截屏图中的"通讯"不作改动。

的触摸屏程序下载用 USB 通信）会出现如图 4-3-93 所示画面。

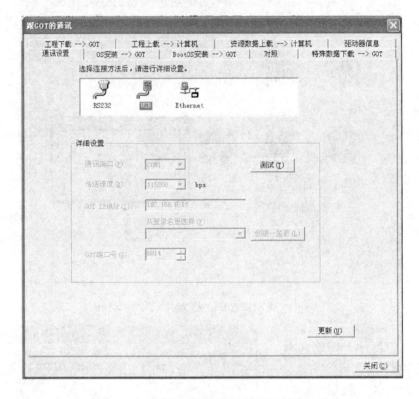

图 4-3-93　选择"通讯设置"选项卡后的画面

2）选择"工程下载→GOT"选项卡，会出现如图 4-3-94 所示的画面，选择要下载的项目。

图 4-3-94　选择"工程下载→GOT"选项卡选项后的画面

3）选择下载项目后单击"下载"按钮，进行下载操作，此时会弹出如图 4-3-95 所示的对话框。

4）单击"是"按钮，进行下载操作；此时会弹出"正在通讯"对话框，如图 4-3-96 所示。通信过程中还会出现如图 4-3-97 所示的正在运行中的对话框。当通信完成后，会弹出如图 4-3-98 所示的对话框，此时只要单击"确定"按钮即可完成数据的传输。

图 4-3-95　选择对话框

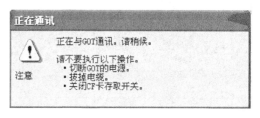

图 4-3-96　"正在通讯"对话框 1

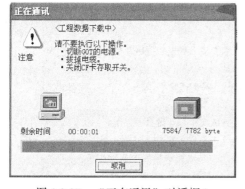

图 4-3-97　"正在通讯"对话框 2

图 4-3-98　数据传输完毕对话框

3. 通电调试

1）经自检无误后，在指导教师的指导下，方可通电调试。

2）首先接通系统电源开关 QF2，将 PLC 的 RUN/STOP 开关拨到"RUN"的位置，然后通过计算机上的 MELSOFT 系列 GX Developer 软件中的"监控/测试"监视程序的运行情况，再按照表 4-3-6 进行操作，观察系统运行情况并做好记录。如出现故障，应立即切断电源，分析原因、检查电路或梯形图，排除故障后，方可进行重新调试，直到系统功能调试成功为止。

表 4-3-6　程序调试步骤及运行情况记录

操作步骤	操作内容	观察内容	观察结果	思考内容
第一步	打开触摸屏电源开关用手指触摸点击屏幕首页上任意位置	1. KM1、KM2 和 KM3 的动作 2. 触摸屏屏幕上的起动按钮、停止按钮、电源指示灯、丫联结指示灯、△联结指示灯、条形图、面板仪表指针		理解 PLC 的工作过程和触摸屏工作过程
第二步	用手指触摸点击屏幕操作页上起动按钮			
第三节	用手指触摸点击屏幕操作页上停止按钮			
第四节	用手指触摸点击屏幕操作页上返回按钮			

检查评议

对任务实施的完成情况进行检查，并将结果填入表4-3-7的评分表内。

表 4-3-7 评分标准

序号	主要内容	考核要求	评分标准	配分	扣分	得分
1	软件安装	能正确进行 GT Designer2 软件的安装	1. 软件安装的方法及步骤正确，否则每错一项扣5分 2. 仿真软件安装的方法及步骤正确，否则每错一项扣5分 3. 不会安装，扣10分	10		
2	电路设计	根据任务，设计电路电气原理图，列出 PLC、触摸屏的 I/O、内部继电器与外部元器件对应关系表，根据加工工艺，设计梯形图及 PLC/触摸屏控制接线图	1. 电气控制原理设计功能不全，每缺一项功能扣5分 2. 电气控制原理设计错，扣20分 3. 输入输出地址遗漏或搞错，每处扣5分 4. 梯形图表达不正确或画法不规范每处扣1分 5. 接线图表达不正确或画法不规范，每处扣2分	60		
3	程序输入及仿真调试	熟练正确地将所编程序输入 PLC；将数据传输到触摸屏中，按照被控设备的动作要求进行模拟调试，达到设计要求	1. 不会熟练操作 PLC 键盘输入指令，扣2分 2. 不会用软件进行触摸屏的文本输入、参数设置、图形制作等，每项扣2分 3. 仿真试车不成功，扣50分			
3	安装与接线	按 PLC/触摸屏控制接线图在模拟配线板正确安装，元器件在配线板上布置要合理，安装要准确紧固，配线导线要紧固、美观，导线要进入线槽，导线要有端子标号	1. 试机运行不正常，扣20分 2. 损坏元器件，扣5分 3. 试机运行正常，但不按电气原理图接线，扣5分 4. 布线不进入线槽，不美观，主电路、控制电路每根扣1分 5. 接点松动、露铜过长、反圈、压绝缘层，标记线号不清楚、遗漏或误标，引出端无别径压端子，每处扣1分 6. 损伤导线绝缘或线芯，每根扣1分 7. 不按 PLC/触摸屏控制接线图接线，每处扣5分	20		
4	安全文明生产	劳动保护用品穿戴整齐；电工工具佩带齐全；遵守操作规程；尊重考评员，讲文明礼貌；考试结束要清理现场	1. 考试中，违犯安全文明生产考核要求的任何一项扣2分，扣完为止 2. 当考评员发现考生有重大事故隐患时，要立即予以制止，并每次扣安全文明生产总分5分	10		
合计						
开始时间：			结束时间：			

问题及防治

在进行触摸屏 GT Designer2 软件的安装和使用以及触摸屏屏幕画面制作、安装及调试过程中，时常会遇到如下情况：

问题 1： 在事先没有安装 GX-Developer Ver. 8 编程软件的计算机上进行触摸屏 GT Designer2 软件的安装时，没有先进行使用环境的安装而直接进行软件的安装。

【后果及原因】 将会导致软件的安装失败。

【预防措施】 应先进行使用环境的安装，然后才进行软件的安装。

问题 2： 在没有连接 PLC 或其他设备情况下，在计算机上进行模拟触摸屏仿真运行时，没有启动 PLC 控制程序的仿真运行，而直接进入触摸屏仿真软件进行仿真操作。

【后果及原因】 将无法进行仿真的操作控制，这时因为没有起动 PLC 的仿真控制程序，致使触摸屏上的变量参数无法工作，导致触摸屏画面上只有制作的画面，而无法进行监控和操作控制。

【预防措施】 在没有连接 PLC 或其他设备情况下，在计算机上进行模拟触摸屏仿真运行时，必须先起动 PLC 控制程序的仿真运行，再进入触摸屏仿真软件进行仿真操作控制和监控。

知识拓展

F940GOT 触摸屏与外围单元的连接

1. 触摸屏电源连接

GOT 的供电方式有两种，即由 PLC 的 DC 24V 电源供电或由独立外部电源供电。将 GOT 背面上的电源端子与相应的 DC 24V 电源连接，电路分别如图 4-3-99 和图 4-3-100 所示。

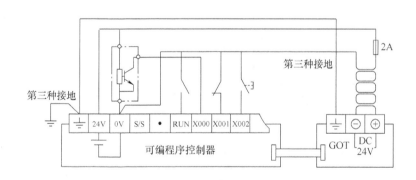

图 4-3-99　由 FX 系列 PLC 的 DC24V 电源供电

2. 触摸屏与个人计算机的连接

如图 4-3-101 所示为 GOT 与个人计算机连接，图中的①为 F940GOT；②为个人计算机；③为电缆 FX-232CAB-1。

3. 触摸屏与 PLC 连接

如图 4-3-102 所示为 GOT 与 PLC 连接，图 4-3-102a 表示与 FX1、FX2、FX2C、A 系列 PLC 连接；图 6-1-102b 表示与 FX0、FX0S、FX0N、FX2N、FX2NC 系列 PLC 连接。①为

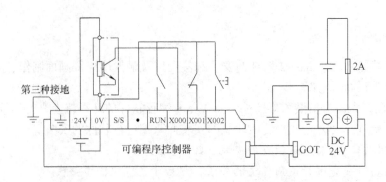

图 4-3-100　由 FX 系列 PLC 的 DC24V 电源供电

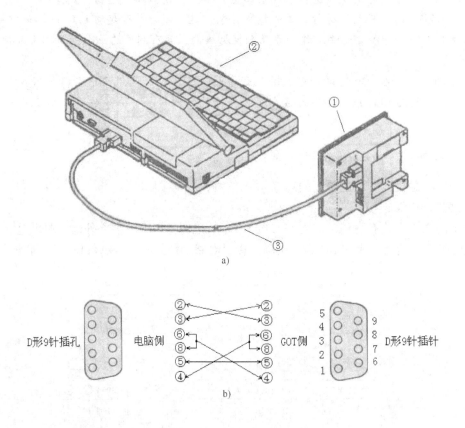

图 4-3-101　GOT 与个人计算机连接

F940GOT；②为电缆 FX—40DU—CAB（3m）或 FX—40DU—CAB—10M（10m）；③FX—50DU—CAB（3m），FX—50DU—CABO（3m）或 FX—50DU—CABO—10M（1m），FX—50DU—CABO（10m），FX—50DU—CABO—20M（20m），FX—50DU—CABO（30m）；④为 FX1、FX2、FX2C 系列 PLC；⑤为 A 系列 PLC；⑥为 FX0、FX0S、FX0N、FX2N、FX2NC 系列 PLC。

4. 触摸屏与个人计算机和 PLC 连接

GOT 有两个串口，GOT 的 RS232C 接口与个人计算机连接，RS—422 接口与 PLC 连接，

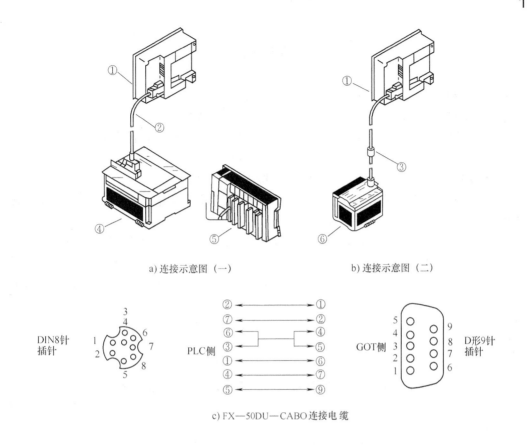

a) 连接示意图（一）　　　　　　　b) 连接示意图（二）

c) FX—50DU—CABO 连接电缆

图 4-3-102　GOT 与 PLC 连接

在个人计算机上可以使用画面创建软件实现与 GOT 的数据传输，也可以使用 PLC 编程软件。

正确连接电缆后，有关通信参数设定可以在画面制作软件或 GOT 本体上完成。

考证要点

根据国家职业资格考试（高级工）相关要求，该任务内容的考证要点见表 4-3-8。

表 4-3-8　考证要点

行为领域	鉴定范围	鉴定点	重要程度
理论知识	可编程序控制器、变频器和触摸屏的基本知识	1. 触摸屏的用途、组成及工作原理 2. 触摸屏的软件安装与使用 3. PLC 和触摸屏的综合应用	★★
操作技能	PLC、变频器和触摸屏的综合应用	1. 能根据控制要求进行 PLC 和触摸屏控制程序的设计、安装与调试 2. 能使用编程软件来模拟现场信号进行程序调试	★★★

考证测试题

一、填空题（请将正确的答案填在横线空白处）

1. 触摸屏全称叫做_____，是一种人机交互装置。

2. 触摸屏在物理上是一套独立的_____定位系统，每次触摸的位置转换为屏幕上的_____。

3. 触摸屏的基本原理是用户用手指或其他物体触摸安装在_____上的触摸屏时，被触摸位置的坐标被触摸屏控制器_____，并通过通信接口将触摸信号传送到_____，从而得到输入的信息。

4. 触摸检测装置安装在显示器的显示表面，用于_____用户的触摸位置，再将该处的信息传送给触摸屏控制器。

5. 触摸屏控制器的主要作用是_____来自触摸检测装置的触摸信息，并将它转换成触点坐标，判断出触摸的含义后送给_____。

6. 按照触摸屏的工作原理和传输信息的介质，把触摸屏分为 4 种，它们分别为_____式、_____式、_____式和_____式触摸屏。

二、判断题（在下列括号内，正确的打"√"，错误的打"×"）

（　　）1. 触摸屏的动作环境设定是为了起动 GOT 而进行重要的初期设定的功能。

（　　）2. 触摸屏的画面状态是用来显示用户画面制作软件所制作的画面的状态，也可以显示报警信息。

（　　）3. 电阻式触摸屏的主要部分是一块与显示器表面配合得很好的 4 层透明复合薄膜，最上层是玻璃或有机玻璃构成的基层，最下面是外表面经过硬化处理、光滑防刮的塑料层。

（　　）4. 表面声波式触摸屏直接采用直角坐标系，数据转换无失真，精度极高，可达 4096×4096 像素点。

三、技能题

触摸屏基本功能画面的制作。其控制要求如下：

1. 创建如图 4-3-103 和图 4-3-104 所示的画面。

2. 单击主控画面上的"电动机正、反转控制"按钮，能切换到图 4-3-104 所示的画面。

3. 单击图 4-3-104 所示画面中的"返回"按钮，能返回主控画面。

图 4-3-103　主控画面

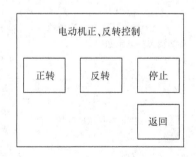

图 4-3-104　控制画面

任务4　触摸屏、PLC、变频器实现电动机调速系统设计与装调

 学习目标

> 知识目标：1. 熟悉触摸屏、变频器、PLC 实现综合控制的形式。
> 　　　　　2. 掌握 PLC 模拟量输出模块 FX2N-2DA 的应用。
> 　　　　　3. 掌握变频器模拟量输入控制调速的方法。
> 　　　　　4. 掌握变频器模拟量输入控制调速的方法。
> 能力目标：1. 能正确设计触摸屏、变频器、PLC 实现电动机调速控制系统。
> 　　　　　2. 能根据控制要求正确编程并进行安装及调试。

工作任务

　　三菱 PLC 有许多特殊功能模块，而模拟量模块就是其中的一种，包括数模转换模块和模数转换模块。例如，数模转换模块可将一定的数字量转换成对应的模拟量（电压或电流）输出，这种转换具有较高的精度。在设计一个控制系统时，常常会需要对电动机的速度进行控制，利用 PLC 的模拟量控制模块的输出对变频器实现速度控制则是一个经济而又简便的方法。

　　本次任务的主要内容是通过触摸屏、PLC、变频器控制系统（模拟量输出的模块）实现对电动机速度控制，其具体情况如下。

　　现有一台生产机械由一台额定频率为 50Hz，额定转速为 2800r/min 的三相异步电动机进行拖动，在生产过程中根据生产工艺需要，要求电动机能在 0～50Hz 的频率下运行。其系统控制要求如下：

　　1）由变频器控制电动机在 0～50Hz 的频率范围内单方向运行。

　　2）控制系统设计了 4 个外部按钮，分别是起动按钮 SB1、停止按钮 SB2、加速按钮 SB3、减速速按钮 SB4。按下起动按钮 SB1，变频器起动后，每按下加速按钮 SB3 一次，电动机加速一级，按下加速按钮 SB3 达到 2s 后，电动机迅速加速，当达到所需运行频率时，松开加速按钮 SB3 后电动机停止加速并稳定运行在当前所需运行频率状态；需要减速时，每按下减速按钮 SB4 一次，电动机减速一级，按下减速按钮 SB4 达到 2s 后，电动机迅速减速，当减速到达所需运行频率时，松开减速按钮 SB4 后电动机停止减速并稳定运行在当前所需运行频率状态。当需要停止时，只需按下停止按钮即可。

　　3）该控制系统还可以用触摸屏进行监控，并在触摸屏上设计与外部控制功能相同的 4 个按钮，要求显示电动机实时速度和对应的电源频率等信息。如图 4-4-1 所示是触摸屏监控的模拟仿真的初始状态画面。

　　4）触摸屏能实现的功能如下：

　　①　在图 4-4-1a 所示的首页画面中能显示当天的日期和时间；单击首页画面的"翻页"图标，画面会自动切换到图 4-4-1b 所示的操作页监控画面。

　　②　当单击"起动"按钮（相当于用手触摸触摸屏的起动按钮）时，变频器起动，此

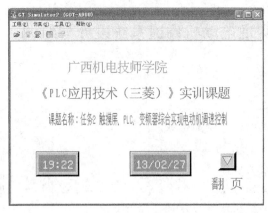

a) 触摸屏首页画面

b) 操作页监控画面

图 4-4-1　触摸屏、PLC、变频器控制系统实现对电动机速度控制触摸屏仿真画面

时监控画面的红色电源指示灯点亮，而此时画面中的"变频器频率"显示为 0Hz，电动机未开始起动运行，变频器的面板显示屏上的数字显示为 000 ，所以在监控画面中的"电动机运行速度"为 0r/min，如图 4-4-2 所示。

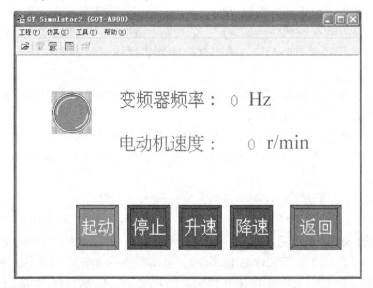

图 4-4-2　电动机起动时的仿真监控画面

③　当单击"升速"按钮时，可观察到画面中的"变频器频率"和"电动机运行速度"升高 1 级，当按下升速按钮（连续按下的时间超过 2s）时，可观察到画面中的"变频器频率"和"电动机运行速度"不断地往上变化，如图 4-4-3 所示是升速到 26Hz 时的监控画面，变频器面板显示屏上的数字显示与触摸屏同时变化，电动机的运行速度也由静止状态按所提供的频率逐渐升速。当松开手时，监控画面中的"变频器频率"和"电动机运行速度"会定格在松手时的频率和所运行的速度状态，此时电动机按照画面中的频率速度稳定运行，同时在变频器的面板显示屏上的数字显示频率也定格在与触摸屏监控画面显示的相同频率。

④　当单击"降速"按钮时，可观察到画面中的"变频器频率"和"电动机运行速

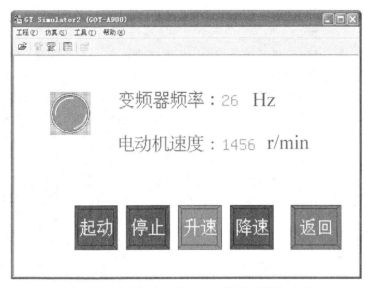

图 4-4-3　电动机升速到 26Hz 时的仿真监控画面

度"会减小 1 级，当按下降速按钮（连续按下的时间超过 2s）时，可观察到画面中的"变频器频率"和"电动机运行速度"会逐渐向下变化，如图 4-4-4 所示是降速到 18Hz 时的监控画面，与其对应的变频器的面板显示屏上的数字显示与触摸屏数字同时变化，电动机的运行速度由高速运行状态按所提供的频率逐渐减速。当松开手时，监控画面中的"变频器频率"和"电动机运行速度"会定格在松手时的频率和所运行的速度状态，此时电动机在按照画面中的频率的速度稳定运行，同时在变频器的面板显示屏上的数字显示频率也定格在与触摸屏监控画面显示的相同频率。

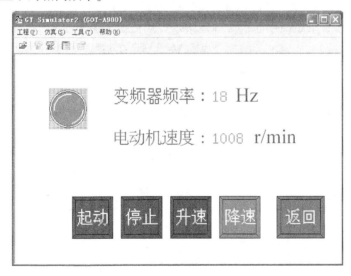

图 4-4-4　电动机降速到 18Hz 时的仿真监控画面

⑤　单击"停止"按钮，可以随时进行电动机的停止控制，触摸屏上的监控画面会返回初始状态。

⑥　单击画面中的"返回"按钮，能返回首页画面。

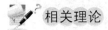

任务分析

PLC 控制变频器实现电动机调速控制常用的方法是通过 PLC 来控制变频器的 RH、RM、RL 端子的组合或通过模拟量功能实现的。本任务是典型的模拟量调速运行控制，要实现控制要求，首先必须熟悉变频器和 PLC 实现模拟量控制端子的控制特点，列出 PLC 数字量与模拟量关系，变频器模拟量输入端子与频率的关系等，再编写控制程序，然后进行电动机基本运行的参数设定和模拟量控制运行参数的设定，最后按照控制要求进行调试运行。

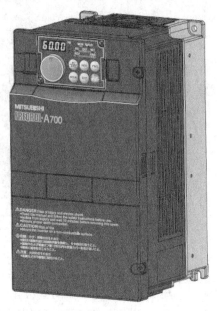

图 4-4-5　三菱 FR-A700
系列变频器的外形

相关理论

一、三菱 FR-A700 系列变频器简介

1. 三菱 FR-A700 系列变频器的组成

变频器从外部结构来看，有开启式和封闭式两种。开启式的散热性能好，但接线端子外露，适用与电气柜内部的安装；封闭式的接线端子全部在内部，不打开盖子是看不见的。现以三菱 FR-A700 系列封闭式变频器为例来介绍变频器的组成。

（1）外观和结构　三菱 FR-A700 系列封闭式变频器的外形如图 4-4-5 所示。其结构如图 4-4-6、图 4-4-7 所示。

（2）变频器的操作面板　三菱 FR-A740 型变频器采用 FR-DU07 操作面板，其外形及各部分名称如图 4-4-8 所示。操作面板按键及指示灯功能说明见表 4-4-1。

表 4-4-1　操作面板按键及指示灯功能说明

面板按键	功能说明	指示灯	状态说明
FWD 键	用于给出正转指令	Hz	显示频率时亮灯
REV 键	用于给出反转指令	A	显示电流时亮灯
MODE 键	切换各设定模式	V	显示电压时亮灯
SET 键	确定各类设置	MON	监视器模式时亮灯
PU EXT 键	PU 进行与外部运行模式间的切换	PU	PU 运行模式时亮灯

（续）

面板按键	功能说明	指示灯	状态说明
STOP RESET 键	停止运行，也可复位报警	EXT	外部运行模式时亮灯
旋钮	设置频率，改变参数的设定值	NET	网络运行模式时亮灯

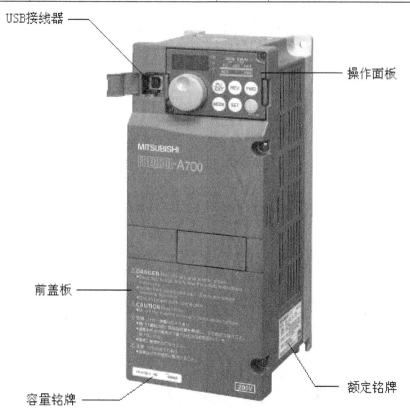

图 4-4-6 三菱 FR-A700 系列变频器的外形结构

（3）变频器的铭牌 三菱 FR-A700 系列变频器的铭牌一般分为额定铭牌和容量铭牌。如图 4-4-9 所示是三菱 FR-A740-3.7kW 变频器额定铭牌和相关内容。图 4-4-10 是其容量铭牌和相关内容。

2. 变频器的内部结构

当打开变频器的前端盖后，可看到变频器的内部结构，如图 4-4-11 所示。

3. 变频器的标准接线与端子功能

不同系列的变频器都有其标准的接线端子，接线时应参考使用说明书，并根据实际需要正确的与外部器件进行连接。变频器的接线主要有两部分：一部分是主电路，用于电源及电动机的连接；另一部分是控制电路，用于控制电路及监测电路的连接。现以本任务所使用的三菱 FR-A740 型变频器为例，介绍该变频器主电路及控制电路各端子的标准接线和功能。

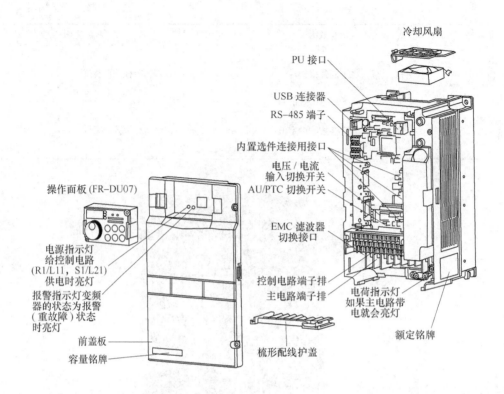

图 4-4-7　三菱 FR-A700 系列变频器的结构

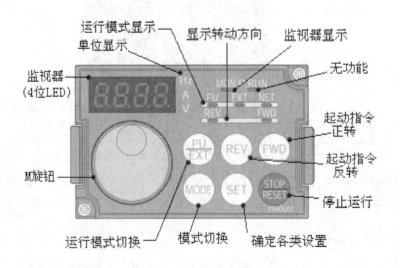

图 4-4-8　FR-DU07 操作面板示意图

（1）三菱 FR-A740 型变频器标准接线图（见图 4-4-12）。

（2）主电路端子　三菱 FR-A740 型变频器的主电路端子如图 4-4-13 所示，其功能说明见表 4-4-2。

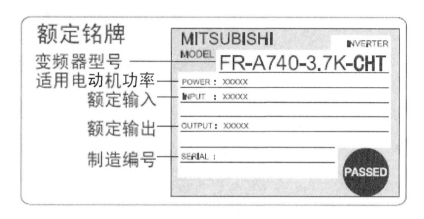

图 4-4-9　三菱 FR-A740-3.7kW 变频器额定铭牌

a) 容量铭牌　　　　　　　　　　　　b) 型号规格

图 4-4-10　三菱 FR-A740-3.7kW 变频器容量铭牌及型号规格

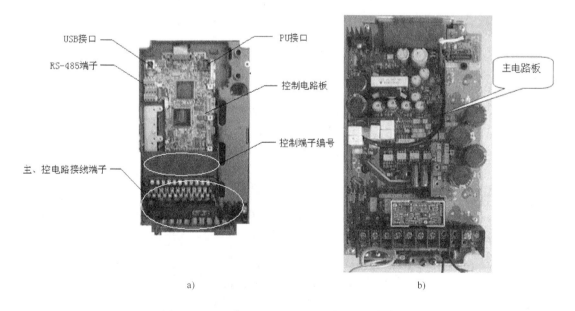

a)　　　　　　　　　　　　　　　b)

图 4-4-11　三菱 FR-A740-3.7kW 变频器内部结构

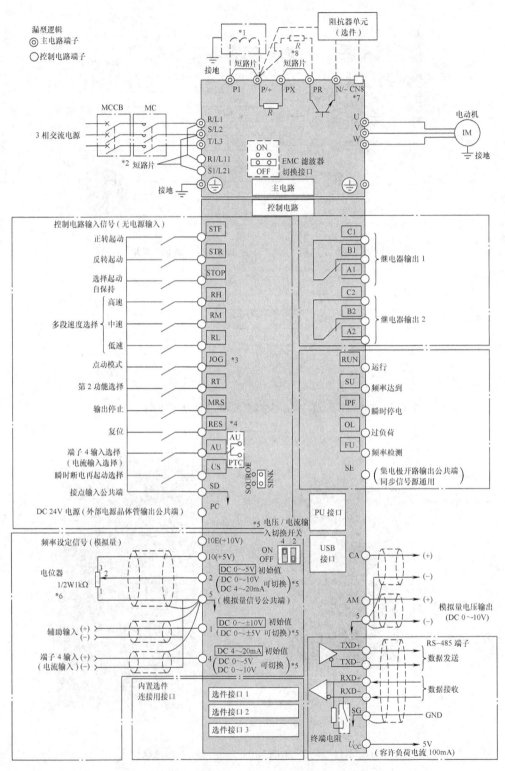

图 4-4-12　三菱 FR-A740 型变频器标准接线图

a）主电路端子外形

b）主电路端子示意图

图 4-4-13 三菱 FR-A740 型变频器的主电路端子图

表 4-2-2 主电路功能说明一览表

端子标记	端子名称	端子功能说明
R/L1、S/L2、T/L3	交流电源输入	连接工频电源。当使用高功率因数变流器（FR-HC、MT-HC）及共直流母线变频器（FR-CV）时不要连接任何东西
U、V、W	变频器输出	接三相笼型电机
R1/L11，S1/L21	控制回路用电源	与交流电源端子 R/L1、S/L2 相连。在保持异常显示或异常输出时，以及使用高功率因数变流器（FR-HC、MT-HC），电源再生共通变流器（FR-CV）等时，拆下端子 R-R1、S-S1 之间的短路片，从外部对该端子输入电源
P/＋、PR	制动电阻连接（22kW 以下）	拆下端子 PR-PX 间的短路片，在端子 P/＋－P1 间连接作为任选件的制动电阻器（FR-ABR）
P/＋、N/－	连接制动单元	连接制动单元，共直流母线变流器电源，再生转换器及高功率因数变流器
P/＋，P1	连接改善功率因数直流电抗器	55kW 以下产品拆下端子 P/＋，P1 间的短路片，连接上 DC 电抗器
PR，PX	内置制动器电路连接	端子 PX-PR 间连接有短路片（初始状态）的状态下，内置的制动器电路为有效
⏚	接地	变频器外壳接地用，必须接大地

（3）控制电路端子 三菱 FR-A740 型变频器的控制电路端子如图 4-4-14 所示，其功能

说明见表4-4-3。

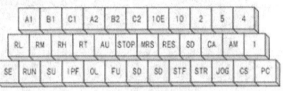

a) 控制电路端子外形   b) 控制电路端子示意图

图 4-4-14　三菱 FR-A740 型变频器的控制电路端子图

表 4-4-3　控制电路功能说明一览表

类型		端子标记	端子名称	端子功能说明	
输入信号	接点输入	STF	正转起动	STF 信号处于 ON 便正转，处于 OFF 便停止	STF、STR 信号同时 ON 时为停止指令
		STR	反转起动	STR 信号 ON 便反转，处于 OFF 便停止	
		STOP	起动自保持选择	使 STOP 信号处于 ON，可以选择起动信号自保持	
		RH，RM，RL	多段速度选择	用 RH、RM 和 RL 信号的组合可以选择多段速度	
		JOG	点动模式选择	JOG 信号 ON 时选择点动运行（初期设定），用起动信号（STF、STR）可以点动运行	
			脉冲列输入	JOG 端子也可作为脉冲列输入端子使用	
		RT	第 2 功能选择	RT 信号 ON 时，第 2 功能被选择。设定了［第 2 转矩提升］［第 2V/F（基准频率）］时也可以使 RT 信号处于 ON 时选择这些功能	
		MRS	输出停止	MRS 信号为 ON（20ms 以上）时，变频器输出停止。用电磁制动停止电动机时用于断开变频器的输出	
		RES	复位	用于解除保护电路动作的保持状态。使端子 RES 信号处于 ON 在 0.1 秒以上，然后断开	
		AU	端子 4 输入选择	只有把 AU 信号置为 ON 时端子 4 才能用，（频率设定信号在 DC4-20mA 之间可以操作）AU 信号为 ON 时端子 2 的功能将无效	
			PTC 输入	AU 端子也可以作为 PTC 输入端子使用（保护电动机的温度）。用作 PTC 输入端子时要把 AU/PTC 切换开关切换到 PTC 侧	
		CS	瞬停再起动选择	CS 信号预先处于 ON，瞬时停电再恢复时变频器便可自动起动。用这种运行必须设定有关参数，因为出厂设定为不能再起动	
		SD	接点输入公共端（漏型）	接点输入端子（漏型逻辑）和端子 FM 的公共端子	
			外部晶体管公共端（源型）	在源型逻辑时连接可编程序控制器等的晶体管输出时，将晶体管输出用的外部电源公共端连接到该端子上，可防止因漏电而造成的误动作	
			DC24V 电源公共端	DC24V 0.1A 电源（端子 PC）的公共输出端子，端子 5 和端子 SE 绝缘	
		PC	外部晶体管公共端（漏型）	在漏型逻辑时连接可编程序控制器等的晶体管输出时，将晶体管输出用的外部电源公共端连接到该端子上，可防止因漏电而造成的误动作	
			接点输入公共端（源型）	接点输入端子（源型逻辑）的公共端子	
			DC24V 电源	可以作为 DC24V 0.1A 电源使用	

（续）

类型		端子标记	端子名称	端子功能说明	
输入信号	频率设定	10E	频率设定用电源	按出厂状态连接频率设定电位器时，与端子10连接。当连接到10E时，改变端子2的输入规格	
		10			
		2	频率设定（电压）	如果输入DC0～5V（或0～10V，0～20mA），当输入5V（10V，20mA）时成最大输出频率，输出频率与输入成正比	
		4	频率设定（电流）	如果输入DC4～20mA（或0～5V，0～10V），当20mA时成最大输出频率，输出频率与输入成正比。只有AU信号置ON时此输入信号才会有效（端子2的输入将无效）	
		1	辅助频率设定	输入DC 0～±5或DC 0～±10V时，端子2或4的频率设定信号与这个信号相加，用参数单元进行输入0～±5DC或0～±10V DC（出厂设定）的切换	
		5	频率设定公共端	频率设定信号（端子2，1或者4）和模拟输出端子CA，AM的公共端子，不要接地	
输出信号	接点	A1、B1、C1	继电器输出1（异常输出）	指示变频器因保护功能动作时输出停止的转换接点。故障时：B-C间不导通（A-C间导通），正常时：B-C间导通（A-C间不导通）	
		A2、B2、C2	继电器输出2	1个继电器输出（常开/常闭）	
	集电极开路	RUN	变频器正在运行	变频器输出频率为起动频率（初始值0.5Hz）以上时为低电平，正在停止或正在直流制动时为高电平	
		SU	频率到达	输出频率达到设定频率的±10%（出厂值）时为低电平，正在加/减速或停止时为高电平	报警代码（4位）输出
		OL	过负载报警	当失速保护功能动作时为低电平，失速保护解除时为高电平	
		IPF	瞬时停电	瞬时停电，电压不足保护动作时为低电平	
		FU	频率检测	输出频率为任意设定的检测频率以上时为低电平，未达到时为高电平	
		SE	集电极开路输出公共端	端子RUN、SU、OL、IPF、FU的公共端子	
	模拟	CA	模拟电流输出	可以从多种监示项目中选一种作为输出。输出信号与监示项目的大小成正比	输出项目：输出频率（出厂值设定）
		AM	模拟电压输出		
通讯	RS-485	—	PU接口	通过PU接口，进行RS-485通信（仅一对一连接） ·遵守标准：EIA-485（RS-485） ·通信方式：多站点通信 ·通信速度：4800～38400bit/s ·最长距离：500m	
		TXD+	变频器传输端子	通过RS-485端子，进行RS-485通信 ·遵守标准：EIA-485（RS-485） ·通信方式：多站点通信 ·通信速度：300～38400bit/s ·最长距离：500m	
		TXD−			
		RXD+	变频器接受端子		
		TXD−			
		SG	接地		
	USB	—	USB接口	与个人电脑通过USB连接后，可以实现FR-Configurator的操作 ·接口：支持USB1.1 ·传输速度：12Mbit/s ·连接器：USB B连接器（B插口）	

二、PLC 和变频器连接

PLC 与变频器的连接有三种方式，一是利用 PLC 的开关量输入/输出模块控制变频器；二是利用 PLC 模拟量输出模块控制变频器；三是利用 PLC 通信端口控制变频器。本任务主要是介绍利用 PLC 的开关量输入/输出模块控制变频器的方法。

1. 利用 PLC 的开关量输入/输出模块控制变频器

变频器的输入信号中包括对运行/停止、正转/反转、微动等运行状态进行操作的开关型指令信号。变频器通常利用继电器接点或具有继电器接点开关特性的元器件（如晶体管、PLC）相连，得到运行状态指令，如图 4-4-15 所示。

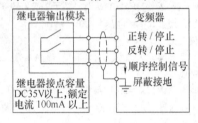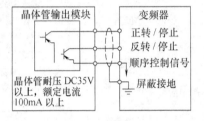

图 4-4-15　PLC 的开关量信号与变频器连接图

PLC 的开关量输入/输出端一般可以与变频器的开关量输入/输出端直接连接。这种控制方式的接线很简单，抗干扰能力强，用 PLC 的开关量输出模块可以控制变频器的正反转、转速和加减速时间，能实现较复杂的控制要求。

2. 利用 PLC 模拟量输出模块控制变频器

变频器中也存在一些数值型（如频率、电压等）指令信号的输入，可分为数字输入和模拟输入两种。数字输入多采用变频器面板上的键盘操作和串行接口来给定；模拟输入则通过接线端子由外部给定，通常通过 0~10V/5V 的电压信号或 0mA/4~20mA 的电流信号输入。由于接口电路因输入信号而异，所以必须根据变频器的输入阻抗选择 PLC 的输出模块，如图 4-4-16 所示。

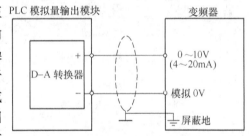

图 4-4-16　PLC 与变频器模拟量信号之间的连接

3. 利用 PLC 通信端口控制变频器

通常控制方式接线简单，但是需要增加通信模块价格较贵，熟悉通信模块的使用方法和设计通信程序可能要花较多的时间，本书不做重点学习。

三、变频器模拟量控制

变频器要实现模拟量控制，可通过在外部模拟量端子信号 2 端和 5 端之间输入模拟量信号。输入的模拟量种类分别是 DC 0~5V、DC 0~10V、DC 0~20mA。

模拟量速度参数见表 4-4-4。进行变频器模拟量控制时，应先用参数将模拟量输入预先设定。

表 4-4-4　模拟量速度参数

参数号 Pr.	功能	出厂设定	设定范围	备注
1	上限频率	120Hz	0~120Hz	
2	下限频率	0Hz	0~120Hz	
73	端子 2 模拟量输入选择	0	0~5、10~15	
125	端子 2 频率速度增益频率	50Hz	0~400Hz	

> **提示** 从表4-4-4可以看出，模拟量速度输入信号端子2端和5端的速度控制相关参数有Pr. 73、Pr. 125。

任务准备

实施本任务教学所使用的实训设备及工具材料可参考表4-4-5。

表4-4-5 实训设备及工具材料

序号	分类	名称	型号规格	数量	单位	备注
1	工具	电工常用工具		1	套	
2	仪表	万用表	MF47型	1	块	
3		编程计算机		1	台	
4		接口单元		1	套	
5		通信电缆		1	条	
6		触摸屏	三菱系列（自定）	1	台	
7		可编程序控制器	FX2N-48MR	1	台	
8		模拟量模块	FX2N-2DA	1	台	
9	设备器材	变频器	FR-A700	1	台	
10		安装配电盘	600mm×900mm	1	块	
11		导轨	C45	0.3	m	
12		空气断路器	Multi9 C65N D20	1	只	
13		熔断器	RT28-32	4	只	
14		按钮	LA4	4	只	
15		接线端子	D-20	20	只	
16		三相异步电动机	自定	1	台	
17		铜塑线	BV1/1. 37mm²	10	m	主电路
18		铜塑线	BV1/1. 13mm²	15	m	控制电路
19		软线	BVR7/0. 75mm²	10	m	
20			M4×20mm 螺杆	若干	只	
21	消耗材料	紧固件	M4×12mm 螺杆	若干	只	
22			φ4mm 平垫圈	若干	只	
23			φ4mm 弹簧垫圈及 M4mm 螺母	若干	只	
24		号码管		若干	m	
25		号码笔		1	支	

任务实施

一、分析本任务控制要求，列出 PLC、触摸屏的 I/O、内部继电器（位元件和字元件）与外部元件对应关系表

根据任务控制要求，可确定 PLC 和触摸屏的 I/O、内部继电器（位元件和字元件）与外部元件对应关系表见表 4-4-6。

表 4-4-6 I/O、内部继电器与外部元件对应关系（位元件和字元件）

名称	元件代号	输入继电器	作用
输入	SB1	X001	外部起动按钮
	SB2	X002	外部停止按钮
	SB3	X003	外部升速按钮
	SB4	X004	外部降速按钮
名称	元件代号	PLC 输出	作用
输出	STF	Y000	变频器正转控制
	2	VOUT1	变频器模拟量
内部继电器	D10		触摸屏字串指示：变频器频率显示
	D20		触摸屏字串指示：电动机运行速度显示
	M1		触摸屏起动触摸键
	M2		触摸屏停止触摸键
	M3		触摸屏升速触摸键
	M4		触摸屏降速触摸键

二、画出 PLC、触摸屏控制变频器接线图

PLC、触摸屏控制变频器接线图如图 4-4-17 所示。

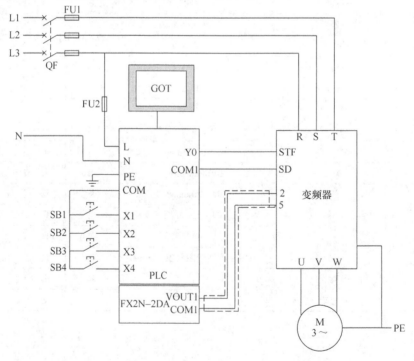

图 4-4-17 触摸屏、PLC 控制变频器运行电气原理图

三、PLC 程序设计

根据控制要求可知，本任务是触摸屏及外部按钮正转控制，PLC 模拟量调速控制，其控

制程序的设计主要包括以下几个方面。

1. 正转控制程序的设计

根据控制要求，首先设计出本任务的触摸屏及外部按钮控制电动机正转控制梯形图程序，如图 4-4-18 所示。

图 4-4-18　正转控制梯形图程序

2. 升降速控制程序的设计

根据模拟量模块 FX2N-2DA 的输出特性可以把 0 ~ 4000 的数字量转换为 0 ~ 10V 电压输出，其输出特性如图 4-4-19 所示。

根据 FX2N-2DA 输出特性，在设计程序时，只要把需转换的数据放置在数据存储器 D0 中，利用模拟量模块写入指令（WR3A）把该数字量转为 0 ~ 10V 电压，并从模拟量模块 FX2N-2DA 的 VOUT1 通道输出，通过控制变频器模拟量电压来控制变频器的输出频率。即数据存储器

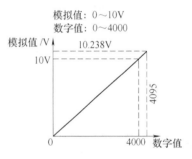

图 4-4-19　FX2N-2DA 输出特性

D0 存放的是控制变频器输出频率的数字量，从而控制 D0 的值便控制了变频器的频率。如图 4-4-20 所示为升降速控制程序。

程序说明：

1）在图 4-4-20 中，停机时用复位指令（RST）把 D0 清零，通过 D-A 转换后 VOUT1 通道输出 0V 电压，保证每次起动时模拟量电压由 0V 开始，变频器输出由最低频率开始升速。

2）由于变频器模拟量输入端由 0 ~ 10V 变化时，变频器输出频率由 0 ~ 50 Hz 变化，即模拟量输入端电压变化 0.2V 时，变频器输出变化 1Hz，根据 FX2N-2DA 输出特性，当数字量由 0 ~ 4000 变化时，转换输出的电压为 0 ~ 10V，因此电压每变化 0.2V，对应的数字量为 80。所以，在升速控制时，通过加法脉冲型指令（ADDP）来对 D0 加 80，每按一次升速按钮，D0 累加 80 一次，一直加到 4000，模拟量模块 FX2N-2DA 电压输出也相应地每次增加 0.2V，变频器输出频率上升 1Hz，一直升到 50Hz。

3）同理，在降速控制时，通过减法脉冲型指令（SUBP）来对 D0 减 80，每按一次降速按钮，D0 减 80 一次，一直减到 0，模拟量模块 FX2N-2DA 电压输出也相应的每次减去 0.2V，变频器输出频率下降 1Hz，一直降到 0Hz。

4）为了使需要升速时速度能迅速上升，本程序设计了快速升速程序，当连续按升速按钮 2s 时，定时器 T0 常闭断开，利用 100ms 脉冲 M8012 来给加法指令工作，使 D0 的数字由 0 上升到 4000 时只需 5s，即 5s 使变频器频率由 0Hz 上升到 50Hz。

5）同理，为了能使需要降速时迅速降速，本程序还设计了快速降速程序，当连续按降速按钮 2s 时，定时器 T0 常闭断开，利用 100ms 脉冲 M8012 来给减法指令工作，使 D0 的数

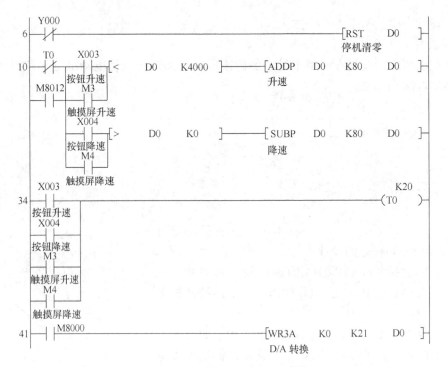

图 4-4-20　升降速控制梯形图程序

字由 4000 下降到 0 时只需 5s，即 5s 使变频器频率由 50 Hz 下降到 0Hz。

6）本程序利用模拟量模块写入指令（WR3A），把 D0 的数字量转换为模拟量电压，该指令格式为：

m1 ·　　特殊模块编号

　　　　　FX3U PLC：K0 ~ K7

　　　　　FX3UC PLC：K1 ~ K7　（K0 为内置的 CC – Link/LT 主站。）

m2 ·　　模拟量输出通道编号

　　　　　FX0N-3A　　：K1(通道1)

　　　　　FX2N-2DA　：K21(通道1),K22(通道2)

(S·)　　写入数据

　　　　　指定输出到模拟量模块的数值。

　　　　　FX0N-3A　　：0 ~ 255 （8位）

　　　　　FX2N-2DA　：0 ~ 4095 （12位）

7）根据本系统的硬件连接，模拟量模块 FX2N-2DA 的编号为 K0，通道 1 的编号为 K21。

3. 触摸屏监控变频器频率显示程序的设计

触摸屏监控变频器的输出频率一般使用通信模式来实现，在条件不具备的情况下使用计算的方法来显示频率的近似值，本任务就是利用除法指令（DIV）把 D0 的数据除以 80 后的值储存在 D10 中，D10 中的数值便是变频器频率的近似值，其频率显示梯形图程序如图 4-4-21 所示。

4. 电动机运行速度显示的设计

图 4-4-21　频率显示梯形图程序

要真实且精确显示电动机的速度，一般使用 PLC 对与电动机同轴安装的编码器进行高速计数来实现速度测量，在条件不具备的情况下，可使用计算的方法来显示电动机速度近似值。本任务所使用的电动机的额定频率为 50Hz，额定转速为 2800r/min。根据近似计算，利用额定转速 2800r/min 除以额定频率 50Hz，得到频率变化 1Hz，电动机转速变化 56r/min，利用乘法指令（MUL）把 D10 的频率数据数据乘以 56 后的值储存在 D20 中，D20 中的数值便是电动机的速度近似值，速度显示梯形图程序如图 4-4-22 所示。

图 4-4-22　速度显示梯形图程序

5. 本任务控制的完整梯形图程序

综上所述，可设计出本任务控制的梯形图程序，如图 4-4-23 所示。

四、程序输入

起动 MELSOFT 系列 GX Developer 编程软件，首先创建新文件名，并命名为"触摸屏、PLC、变频器综合实现电动机调速控制"，运用前面单元所学的梯形图输入法，输入图 4-4-23 所示的梯形图。

五、触摸屏监控画面的制作

1. 首页画面制作

运用任务 3 介绍的方法对触摸屏控制首页进行制作，按要求制作完毕后的首页画面如图 4-4-24 所示。

2. 监控画面制作

根据控制要求设计触摸屏的起动按钮、停止按钮、升速按钮、降速按钮；各按钮的控制位软元件分别为 M1、M2、M3、M4；设计电动机起动的指示灯显示，指示灯的控制位软元件为 Y0，设计好的按钮及指示灯如图 4-4-25 所示。

3. 变频器频率监控画面制作

1）单击图 4-4-25 工具栏的"**A**"，出现"文本"对话框，输入文字"变频器频率："选择好颜色及尺寸后单击"确定"按钮，如图 4-4-26 所示。

2）输入文本后，进行频率显示的设置，单击工具栏的"数值显示"工具"123"，在数值显示对话框中输入需要显示的频率存储器 D10，显示位数为 2 位，选择好颜色及尺寸（见图 4-4-27），单击"确定"按钮，然后再在数值后面输入频率单位"Hz"文字，制作完的画面如图 4-4-28 所示。

4. 电动机运行速度监控画面制作

用同样的操作制作方法编辑电动机的速度显示画面，不同的是在电动机速度数值显示对话框中输入的是需要显示的速度存储器 D20，显示位数为 4 位，设计完成的监控画面如图

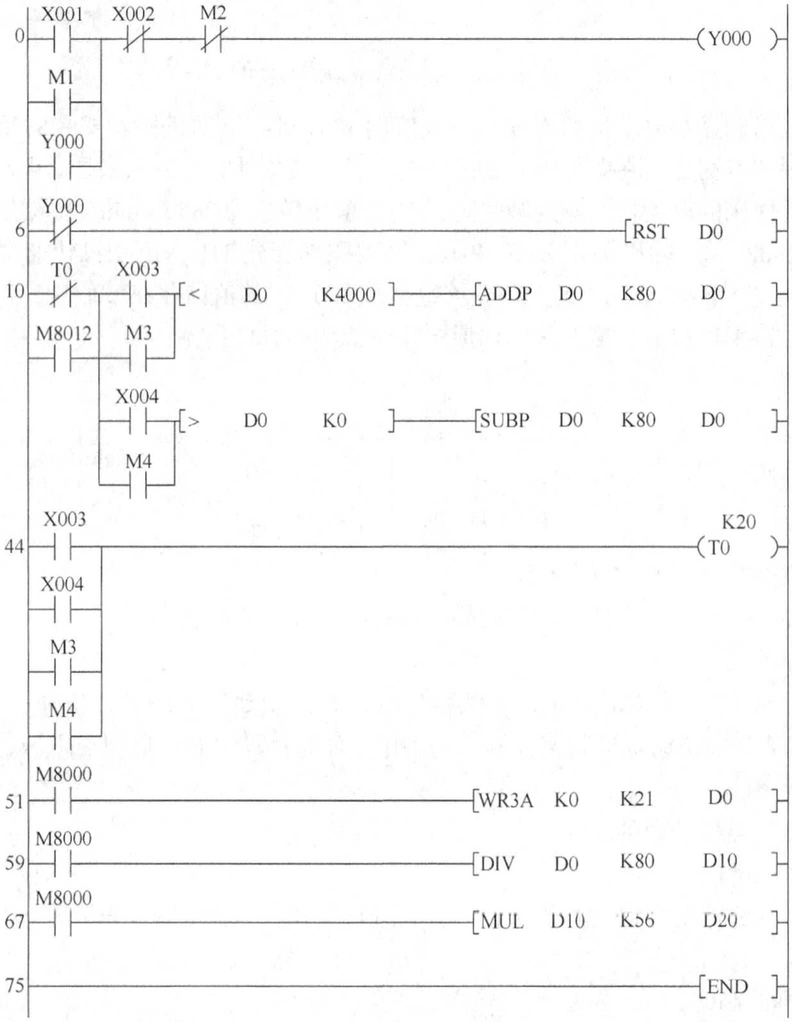

图 4-4-23　模拟量调速正转控制程序

4-4-29所示。

六、电路安装与调试

1. 根据如图 4-4-17 所示的接线图，按照以下安装电路的要求在模拟实物控制配线板上进行元件及电路安装。

（1）检查元器件　根据表4-4-5 配齐元器件，检查元器件的规格是否符合要求，并用万用表检测元器件是否完好。

（2）固定元器件　固定好本任务控制所需元器件。

（3）配线安装　根据配线原则和工艺要求，进行配线安装。

（4）自检　对照接线图检查接线是否无误。

2. 变频器的参数设置

合上电源开关 QF，按照表 4-4-7 的内容进行变频器的参数设置，具体操作方法及步骤可参见前面任务中介绍的有关参数设置方法，在此不再赘述。

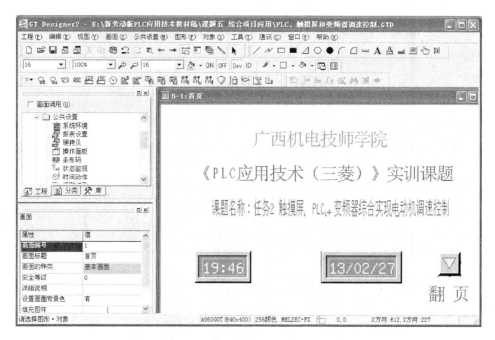

图 4-4-24　触摸屏首页制作完毕画面

图 4-4-25　按钮、指示灯设计画面

表 4-4-7　变频器的参数设置

参数号	参数名称	参数值
Pr. 1	上限频率	50
Pr. 2	下限频率	0
Pr. 73	端子 2 模拟量输入选择	0
Pr. 125	端子 2 频率速度增益频率	50
Pr. 79	运行模式选择	2

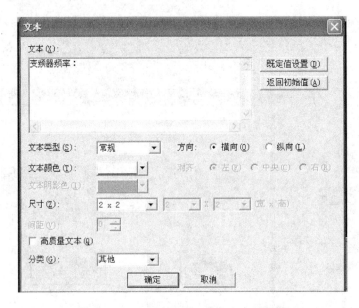

图 4-4-26 "频率显示"输入文本对话框

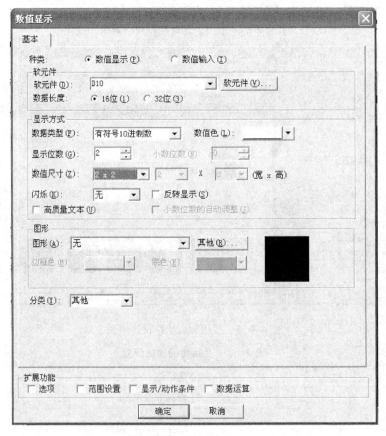

图 4-4-27 "频率的显示"输入后的数值显示文本框

3. 程序的下载

1）首先进行 PLC 的程序下载，下载方法同前面任务所述。

图 4-4-28　设计完的频率显示画面

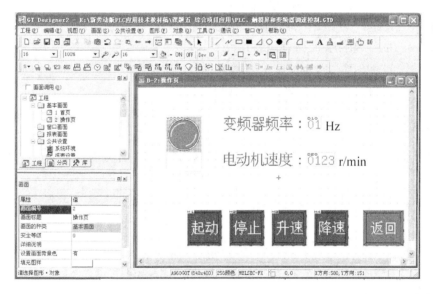

图 4-4-29　完成后的监控画面

2）触摸屏的数据传输。根据前面任务介绍的数据下载和上传的方法，将制作完成的屏幕工程下载到 GOT 或将 GOT 中的数据上传到计算机。

4. 通电调试

1）经自检无误后，在指导教师的指导下，方可通电调试。

2）首先接通系统电源开关 QS，将 PLC 的 RUN/STOP 开关拨到"RUN"的位置，然后通过计算机上的 MELSOFT 系列 GX Developer 软件中的"监控/测试"监视程序的运行情况，再按照表 4-4-8 进行操作，观察系统运行情况并做好记录。如出现故障，应立即切断电源，分析原因、检查电路或梯形图，排除故障后，方可进行重新调试，直到系统功能调试成功为止。

表 4-4-8　程序调试步骤及运行情况记录

操作步骤	操作内容	观察内容	观察结果	思考内容
第一步	打开触摸屏电源开关，用手指触摸点击屏幕首页上翻页按钮			
第二步	按下 SB1			
第三步	多次点动按下 SB3			
第四步	连续按下 SB3 超过 2s			
第五步	多次点动按下 SB4			
第六步	连续按下 SB4 超过 2s			
第七步	按下 SB2	电动机运行和变频器显示屏及触摸屏幕的情况		理解 PLC 触摸屏和变频器工作过程
第八步	用手指触摸点击屏幕操作页上起动按钮			
第九步	多次点动按下触摸屏幕操作页上升速按钮			
第十步	连续按下触摸屏幕操作页上升速按钮超过 2s			
第十一步	松开触摸屏幕操作页上升速按钮			
第十二步	多次点动按下触摸屏幕操作页上降速按钮			
第十三步	连续按下触摸屏幕操作页上降速按钮超过 2s			
第十四步	松开触摸屏幕操作页上降速按钮			
第十五步	用手指触摸点击屏幕操作页上停止按钮			
第十六步	用手指触摸点击屏幕操作页上返回按钮			

检查评议

对任务实施的完成情况进行检查，并将结果填入表 4-4-9 评分表内。

表 4-4-9　评分标准

序号	主要内容	考核要求	评分标准	配分	扣分	得分
1	电路设计	根据任务，设计电路电气原理图，列出 PLC、触摸屏的 I/O、内部继电器与外部元件对应关系表，根据加工工艺，设计梯形图及 PLC/触摸屏/变频器控制接线图	1. 电气控制原理设计功能不全，每缺一项功能扣 5 分 2. 电气控制原理设计错，扣 20 分 3. 输入输出地址遗漏或搞错，每处扣 5 分 4. 梯形图表达不正确或画法不规范，每处扣 1 分 5. 接线图表达不正确或画法不规范，每处扣 2 分	70		
2	程序输入和变频器参数设置及运行调试	熟练正确地将所编程序输入 PLC、触摸屏；按照被控设备的动作要求，进行变频器的参数设置，并运行调试，达到设计要求	1. 不会熟练操作 PLC 键盘输入指令，扣 2 分 2. 不会用软件进行触摸屏的文本输入、参数设置、图形制作等，每项扣 2 分 3. 参数设置错误 1 处，扣 5 分；不会设置参数，扣 10 分 4. 通电试车不成功，扣 50 分 5. 通电试车每错 1 处，扣 10 分			

（续）

序号	主要内容	考核要求	评分标准	配分	扣分	得分
3	安装与接线	按 PLC、触摸屏、变频器控制接线图在模拟配线板正确安装，元器件在配线板上布置要合理，安装要准确紧固，配线导线要紧固、美观，导线要进入线槽，导线要有端子标号	1. 试机运行不正常扣 20 分 2. 损坏元器件扣 5 分 3. 试机运行正常，但不按电气原理图接线，扣 5 分 4. 布线不进入线槽，不美观，主电路、控制电路每根扣 1 分 5. 接点松动、露铜过长、反圈、压绝缘层，标记线号不清楚、遗漏或误标，引出端无别径压端子，每处扣 1 分 6. 损伤导线绝缘或线芯，每根扣 1 分 7. 不按 PLC、触摸屏和变频器控制接线图接线，每处扣 5 分	20		
4	安全文明生产	劳动保护用品穿戴整齐；电工工具佩带齐全；遵守操作规程，尊重考评员，讲文明礼貌；考试结束要清理现场	1. 考试中，违犯安全文明生产考核要求的任何一项扣 2 分，扣完为止 2. 当考评员发现考生有重大事故隐患时，要立即予以制止，并每次扣安全文明生产总分 5 分	10		
合计						
开始时间：			结束时间：			

 问题及防治

在进行触摸屏、PLC 控制变频器实现三相异步电动机变频调速运行控制的设计及电路安装与调试过程中，时常会遇到如下情况：

问题 1：编程设计完成后，在进行试机调试时 PLC 模拟量没有输出。

后果及原因：这是因为在使用 WR3A 指令时没有根据 PLC 模拟量模块的安装位置进行编号。

预防措施：使用 WR3A 指令时，要根据 PLC 模拟量模块的安装位置确定其模块的编号，根据接线的通道确定指令的通道号。

问题 2：在进行试机调试时，当变频器输入的电压到达 5V 时，变频器输出频率达到最高。

后果及原因：这是因为变频器的参数 Pr. 73 没有设置正确。

预防措施：根据变频器模拟量输入的三种形式正确设置 Pr. 73 参数，如果为电流输入，还要进行"电压/电流输入切换开关"的切换选择。

知识拓展

一、三菱 FR-A700 系列变频器的操作

1. 运行步骤

变频器的运行需要设置频率与起动指令。将起动指令设为 ON 后，电动机便开始运转，

同时根据频率指令（设定频率）的大小来决定电动机的转速。设置按图 4-4-30 所示进行操作。

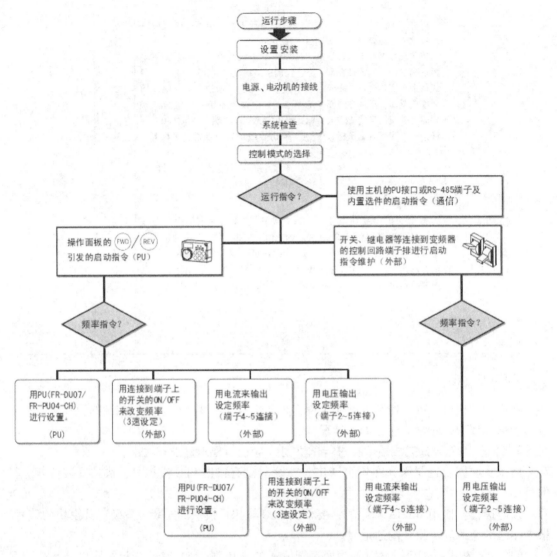

图 4-4-30　FR-A700 系列变频器设置流程图

> **提示**　通电前须检查下列项目：
> 1）确认变频器正确地安装在适当的场所。
> 2）接线是否正确。
> 3）电动机是否为负载状态。
> 4）电动机的额定频率在 50Hz 以外的情况下，请设定 Pr.3 的基准频率。

2. 基本操作

FR-A740 型变频器的基本操作如图 4-4-31 所示。

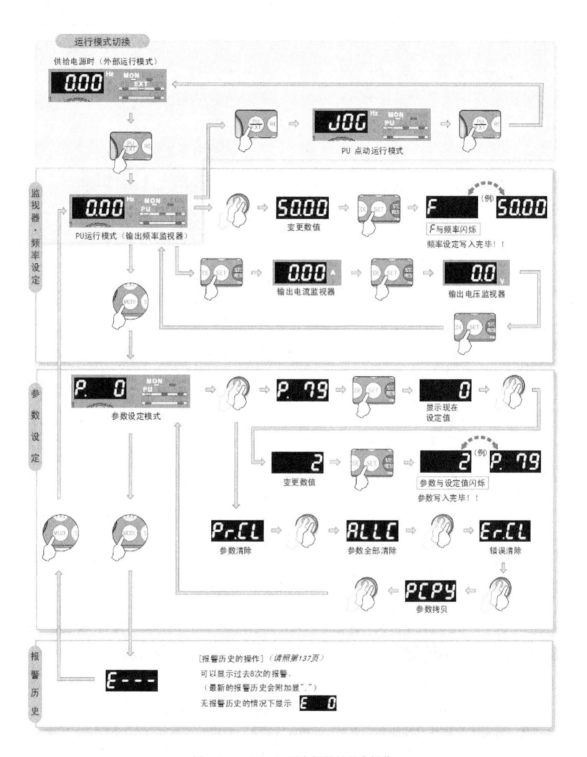

图 4-4-31 FR-740 型变频器的基本操作

（1）锁定操作 FR-A740 型变频器的锁定操作，可以防止参数变更或防止意外起动或停止，使操作面板的 M 旋钮，键盘操作无效化，操作步骤如图 4-4-32 所示。

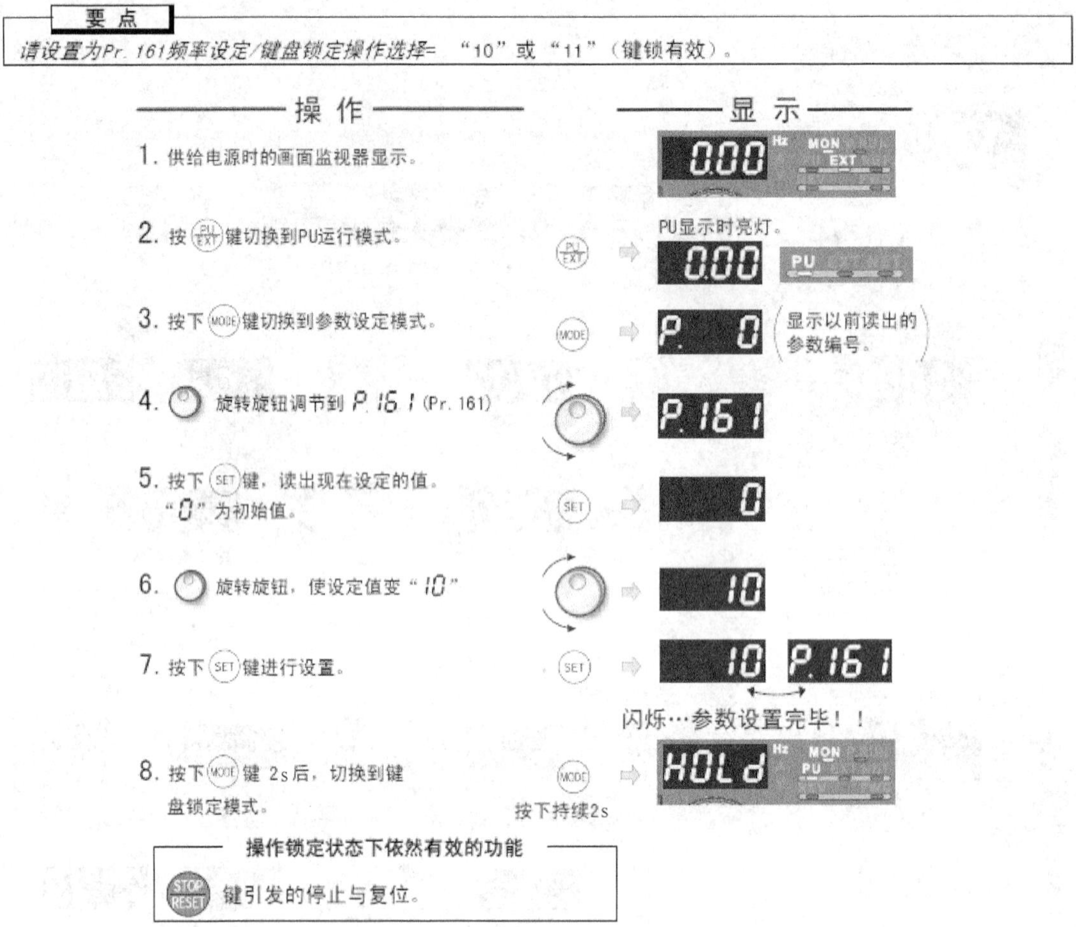

要 点

请设置为Pr. 161频率设定/键盘锁定操作选择＝　"10"或"11"（键锁有效）。

———— 操 作 ————　　　———— 显 示 ————

1. 供给电源时的画面监视器显示。

　　　　　　　0.00 ㎐ MON EXT

2. 按 (PU/EXT) 键切换到PU运行模式。

　　　　　　　PU显示时亮灯

　　　　　　　0.00 PU

3. 按下 (MODE) 键切换到参数设定模式。

　　　　　　　P. 0 （显示以前读出的参数编号。）

4. ◯ 旋转旋钮调节到 P. 161 (Pr. 161)

　　　　　　　P.161

5. 按下 (SET) 键，读出现在设定的值。
　　"0"为初始值。

　　　　　　　0

6. ◯ 旋转旋钮，使设定值变"10"

　　　　　　　10

7. 按下 (SET) 键进行设置。

　　　　　　　10 ⟷ P.161

　　　　　　　闪烁…参数设置完毕！！

　　　　　　　HOLd ㎐ MON PU

8. 按下 (MODE) 键 2s 后，切换到键盘锁定模式。
　　　　　　　按下持续2s

操作锁定状态下依然有效的功能

(STOP/RESET) 键引发的停止与复位。

图 4-4-32　FR-A740 型变频器的锁定操作步骤

提 示　1. Pr. 161 设置为"10"或"11"，然后按住 (MODE) 键 2s 左右，此时 M 旋钮与键盘操作无效。

2. M 旋钮与键盘操作无效化后操作面板会显示 **HOLd** 字样。另外，在此状态下操作 M 旋钮或键盘也会出现 **HOLd**（2s 之内无 M 旋钮及键盘操作时显示到监视器上）。

3. 如果想使用 M 旋钮与键盘操作有效，请按住 (MODE) 键 2s 左右。

4. 操作锁定为解除时，无法通过按键操作来实现 PU 停止的解除。

（2）监视输出电流和输出电压操作　FR-A740 型变频器的监视操作如图 4-4-33 所示。

（3）第一优先监视操作　持续按下 SET 键（1s），可设置监视器最先显示的内容（想恢复到输出频率监视器的情况下，首先让频率显示到监视器上，然后持续按住 SET 键 1s）。

（4）变更参数设定值的操作　变更参数设定值的操作如图 4-4-34 所示。本例以变更上限频率的操作为例。

在监视器模式中按 (SET) 键可以循环显示输出频率，输出电流，输出电压。

—— 操 作 ——　　　　　　　—— 显 示 ——

1. 运行中用 (MODE) 键使输出频率显示到监视器上。

2. 运行中或停止中，与运行模式无关，
　 用 (SET) 键可把输出电流显示到监视器上。　　(SET) ⇨

3. 再次按下 (SET) 键时输出电压显示到监视器上。　　(SET) ⇨

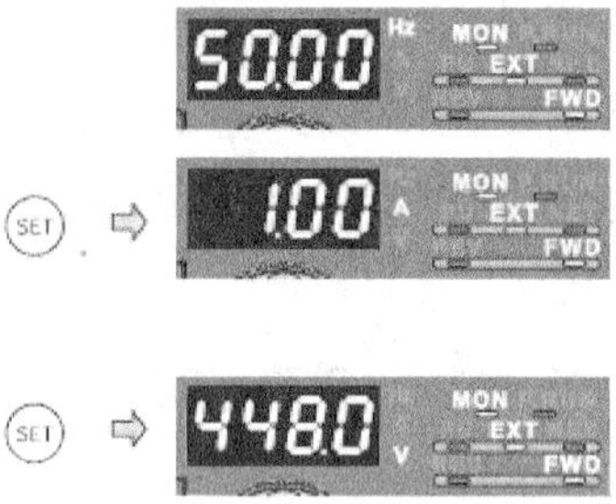

图 4-4-33　FR-A740 型变频器的监视操作

变更例 *Pr. 1* 变更上限频率。

—— 操 作 ——　　　　　　　—— 显 示 ——

1. 供给电源时的画面监视器显示。

2. 按 (PU EXT) 键切换到PU运行模式。　　(PU EXT) ⇨　PU显示时亮灯。

3. 按下 (MODE) 键切换到参数设定模式。　　(MODE) ⇨　显示以前读出的参数编号。

4. 请旋转 (○)，找到 *P. 1* (Pr.1)。　　(○) ⇨

5. 按下 (SET)，读取当前设定的值。
　 显示 "*120.0*"（初始值）。　　(SET) ⇨

6. 旋转 (○)，变更为设定值 "*50.00*"。　　(○) ⇨

7. 按下 (SET) 键进行设置。　　(SET) ⇨

闪烁…参数设置完毕！！

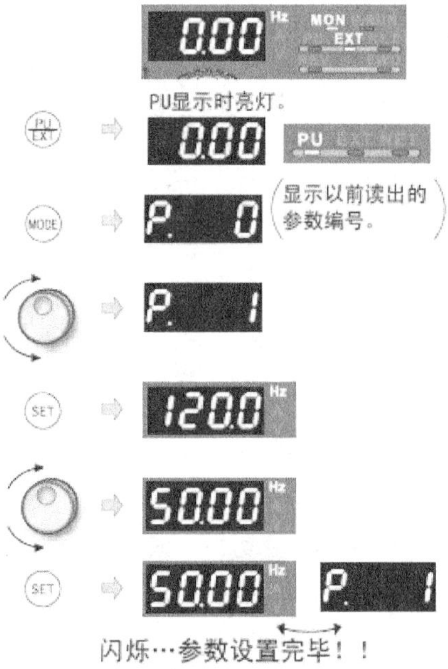

· (○) 旋转旋钮可以读取其他参数。

· 按 (SET) 键再次显示设定值。

· 按2次 (SET) 键显示下一个参数。

· (MODE) 按下2次后，返回到频率监视器。

图 4-4-34　变更上限频率的操作

提示　在操作过程中如有 $Er1$~$Er4$ 显示，则表示下列错误：

$Er1$ 显示了……，是禁止写入错误。

$Er2$ 显示了……，是运行中写入错误。

$Er3$ 显示了……，是校正错误。

$Er4$ 显示了……，是模式指定错误。

（5）参数清除，全部清除操作　通过设定 Pr. CL 参数清除，ALLC 参数全部清除 "1"，是参数将恢复为初始值（如果设定 Pr. 77 参数写入选择 "1"，则无法清除）。参数清除和全部清除操作如图 4-4-35 所示。

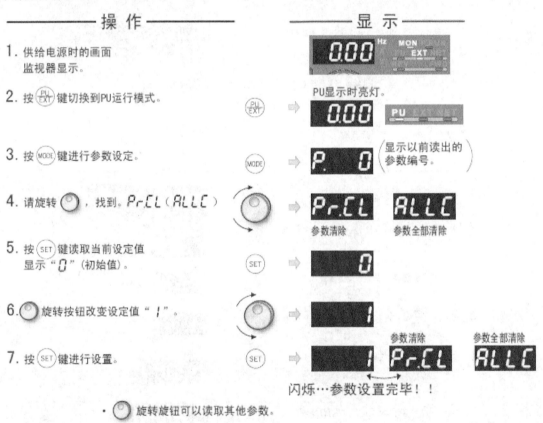

—— 操 作 ——

1. 供给电源时的画面监视器显示。

2. 按 键切换到 PU 运行模式。

3. 按 键进行参数设定。

4. 请旋转 ，找到。$PrCL$（$ALLC$）

5. 按 键读取当前设定值显示 "0"（初始值）。

6. 旋转按钮改变设定值 "1"。

7. 按 键进行设置。

—— 显 示 ——

PU 显示时亮灯。

显示以前读出的参数编号。

参数清除　参数全部清除

参数清除　参数全部清除

闪烁…参数设置完毕！！

· 旋转旋钮可以读取其他参数。

· 按 键再次显示设定值。

· 按 2 次 键显示下一个参数。

图 4-4-35　参数清除和全部清除操作

二、变频器与 PLC 连接使用时应注意的问题

变频器与 PLC 连接使用时，应注意以下几个问题。

1）当变频器输入信号电路连接不当时，可能会导致变频器的误动作。

2）注意 PLC 一侧输入阻抗的大小，以保证电路中的电压和电流不超过电路的容许值，从而提高系统的可靠性和减少误差。

3）PLC 的接地端必须良好接地。应避免和变频器使用共同的接地线，并在接地时使两者分开。

4）当电源条件不太好时，应在 PLC 的电源模块以及输入/输出模块的电源线上接入噪声滤波器和降低噪声用的变压器等。如有必要也可在变频器一侧采取相应措施。

5）当把 PLC 和变频器安装在同一个操作柜中时，应尽可能使与 PLC 和变频器有关的电线分开，并通过使用屏蔽线和双绞线来提高抗噪声的水平。

考证要点

根据国家职业资格考试（高级工）相关要求，该任务内容的考证要点见表 4-4-10。

表 4-4-10　考证要点

行为领域	鉴定范围	鉴定点	重要程度
理论知识	可编程序控制器、变频器和触摸屏的基本知识	1. 变频器的用途、组成及工作原理 2. 变频器的选用原则 3. 变频器与 PLC 连接的注意事项 4. PLC 与变频器的综合应用 5. 触摸屏的用途、组成及工作原理 6. 触摸屏的软件安装与使用 7. PLC、变频器和触摸屏的综合应用	★★
操作技能	PLC、变频器和触摸屏的综合应用	1. 能根据控制要求进行变频器有关参数的设置 2. 能根据控制要求进行 PLC、变频器和触摸屏控制程序的设计、安装与调试 3. 能使用编程软件来模拟现场信号进行程序调试	★★★

考证测试题

一、填空题（请将正确的答案填在横线空白处）

1. PLC 与变频器的连接有三种方式，一是利用 PLC 的＿＿＿＿＿＿输入/输出模块控制变频器；二是利用 PLC ＿＿＿＿＿＿＿＿输出模块控制变频器；三是利用 PLC ＿＿＿＿＿＿端口控制变频器。

2. 变频器从外部结构来看，有开启式和封闭式两种。＿＿＿＿＿＿式的散热性能好，但接线端子外露，适用与电气柜内部的安装；＿＿＿＿＿＿式的接线端子全部在内部，不打开盖子是看不见的。

3. 变频器在接线时，输入电源必须接到＿＿＿＿＿＿＿上，输出电源必须接到端子的＿＿＿＿＿＿上，若接错，会损坏变频器。

4. 为了防止触电、火灾等灾害和降低噪声，变频器必须连接＿＿＿＿＿＿端子。

5. 变频器配线完毕后，要再次检查接线是否正确，有无漏接现象，端子和导线间是否＿＿＿＿＿＿或接地。

6. 变频器通电后，需要改接线时，即使已经关断电源，也应等＿＿＿＿＿＿指示灯熄灭后，用万用表确认直流电压降到安全电压（DC25V 以下）后再操作。若还残留有电压就进行操作，会产生火花，这时应先_____后再进行操作。

二、选择题（将正确答案的序号填入括号内）

1. 变频器的频率设定方式不能采用（   ）。
A. 通过操作面板的加速/减速按键来直接输入变频器的运行频率
B. 通过外部信号输入端子来直接输入变频器的运行频率
C. 通过测速发电机的两个端子来直接输入变频器的运行频率
D. 通过通信接口来直接输入变频器的运行频率

2. 变频器上的 R、S、T 端子是（   ）。
A. 主电路电源端子　　　　B. 变频器输出端子
C. 制动单元连接端子　　　D. 直流电抗器连接端子

3. 三菱 FR-A740 型变频器上的 STR 是（   ）端子。
A. 正转起动　　　B. 反转起动　　　C. 起动自保持选择　　　D. 多段速选择

4. 三菱 FR-A740 型变频器上的 STF 是（   ）端子。
A. 正转起动　　　B. 反转起动　　　C. 起动自保持选择　　　D. 多段速选择

三、简答题

1. 变频器接线时应注意哪些问题？

2. 变频器与 PLC 连接使用时应注意哪些问题？

四、技能题

1. 题目：根据控制要求，用 PLC、触摸屏、变频器进行设计，并安装接线、设置有关参数、编写程序、综合调试。

在一台生产线上有两台电动机 M1 和 M2，其中电动机 M1 要求能实现正、反转控制，起动时要求采用丫-△降压起动。M2 由变频器控制。转换开关 SA1 用于选择控制目标，SA1 转向左，SB4、SB5、SB6 控制 M1 电动机；SA1 转向右，SB4、SB5、SB6 控制 M2 电动机，具体的控制要求如下：

（1）电动机 M1 的控制要求。

1）把 SA1 转向左侧，选择按钮控制 M1，指示灯 HL1 亮，HL2 灭，此时的按钮 SB4 为 M1 电动机正转起动按钮，按钮 SB5 为 M1 电动机反转起动按钮，SB6 为 M1 电动机停止按钮。

2）电动机在停止状态时，按下 SB4，电动机接成丫联结正转起动，延时 5s 后自动转换为△联结运行。

3）电动机在停止状态时，按下 SB5，电动机接成丫联结反转起动，延时 5s 后自动转换为△联结运行。

4）电动机在运行状态时，按下相反运行方向的起动按钮，电动机断电，3s 后才按要求进行丫-△降压起动。

5）电动机过载时，电动机立即断电，指示灯 HL1 以亮 1s，灭 0.5s 的方式进行闪烁报警，同时蜂鸣器 HA 发出声音报警；当过载信号消除后报警停止。

（2）电动机 M2 的控制要求。

1）系统通电后，把 SA1 转向右侧，选择按钮控制 M2，指示灯 HL2 亮，HL1 灭，此时按钮 SB6 控制变频器的电源，SB4 为 M2 电动机升速按钮，SB5 为 M2 电动机降速按钮。

2）按钮 SB6 为变频器的电源控制按钮。变频器未接通电源时，按下 SB6，变频器通电；变频器得电但未运行时，按下 SB6，变频器断电；变频器得电并运行时，按下 SB6 无效。

3）按钮 SB4 为 M2 电动机升速按钮，变频器得电但未运行时，按下 SB4 变频器运行，输出第 1 级频率，然后每按一次升速按钮，变频器的输出频率升高 1 级，最高为 5 级，1～5 级对应的频率为 15Hz、25Hz、35Hz、45Hz、55Hz。频率到达 5 级后升速按钮无效。

4）按钮 SB5 为 M2 电动机降速按钮，每按一次降速按钮，变频器的输出频率降低 1 级，频率到达 1 级后按降速按钮，变频器停止运行，此时按下降速按钮无效。

（3）触摸屏监控界面。利用触摸屏仿真软件 GT Simulator2 仿真功能来模拟触摸屏进行监控，触摸屏型号选择 A960GOT（640×400）。触摸屏监控界面包括有首页、M1 控制界面和 M2 控制界面共 3 个界面。各界面制作的内容和元件摆放位置如图 4-4-36 所示。

触摸屏各界面功能说明：

1）图 4-4-36a 所示的首页界面功能为：

①　显示的日期及时间为实际的日期和时间。

②　按下 "M1 控制界面" 按钮，直接进入 M1 控制界面。

③　按下 "M2 控制界面" 按钮，直接进入 M2 控制界面。

2）图 4-4-36b 所示的 M1 控制界面功能为：

①　在电动机工作状态栏能根据电动机当前工作状态分别显示："停止"、"正转星形联结起动"、"正转三角形联结运行"、"反转星形联结起动"、"反转三角形联结运行"、"电动机故障！"。

②　M1 控制界面中的 "正转起动"、"反转起动"、"停止" 按钮分别控制电动机各个运行状态，不受 SA1 的控制。

③　按下 "首页" 按钮，直接返回首页控制界面。

3）图 4-4-36c 所示的 M2 控制界面功能为：

①　在变频器工作状态栏能根据电动机当前工作状态分别显示："停止"，"15Hz 运行"、"25Hz 运行"、"35Hz 运行"、"45Hz 运行"、"55Hz 运行"。

②　M2 控制界面中的 "升速"、"降速"、"起动/停止" 按钮分别控制电动机各个运行状态，不受 SA1 的控制。

③　按下 "首页" 按钮，直接返回首页控制界面。

（4）紧急停机　在紧急状态下，按下急停按钮 QS，M1、M2 均立即停止运行。急停按钮 QS 复位后，方能重新起动。

2. 考核要求

（1）电路设计：根据任务，设计电路原理图，根据加工工艺，设计触摸屏监控画面、PLC 梯形图和设置变频器参数。

（2）安装与接线：按原理图，在模拟配线板正确安装，元件在配线板上布置要合理，安装要准确紧固，配线导线要紧固、美观，导线要进入线槽，并标注线号。

（3）程序输入及调试：熟练操作，能正确地将所编程序输入 PLC；按照被控设备的动作要求进行模拟调试，达到设计要求。

（4）通电试验：正确使用电工工具及万用表，进行仔细检查，通电试验，并注意人身和设备安全。

(5) 考核时间分配。

1) 设计梯形图及 PLC 控制 I/O 口（输入/输出）接线图及上机编程时间为 180min。

2) 安装接线时间为 60min。

3) 试机时间为 5min。

(6) 评分标准（参见表 4-4-9）。

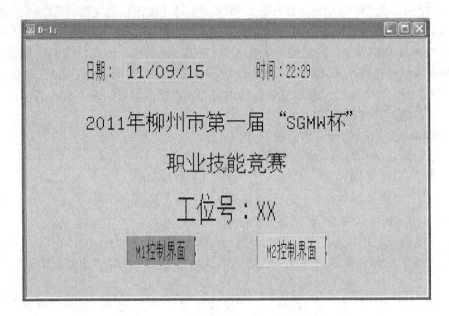

a) 首页界面内容及元件摆放位置

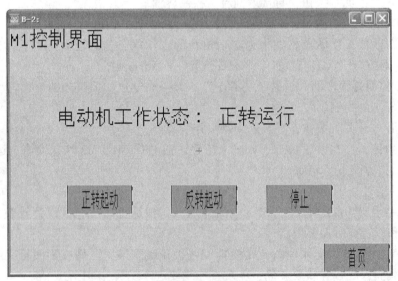

b) M1控制界面内容及元件摆放位置

图 4-4-36　触摸屏界面内容及元器件设置位置画面

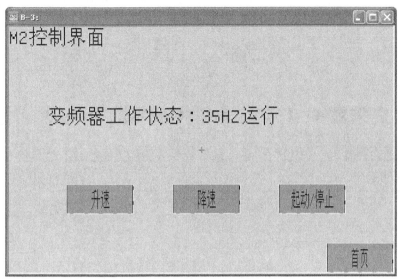

c) M2控制界面内容及元器件摆放位置

图 4-4-36　（续）

附　　录

附录 A　FX2N、FX2NC 基本指令一览表

FX2N 系列 PLC 基本指令共有 27 条。基本指令分为触点类指令、连接类指令、线圈输出类指令和其他指令。

分类	指令名称助记符	功能	梯形图及可用软元件
触点指令	LD 取	常开触点运算开始	XYMSTC
	LDI 取反	常闭触点运算开始	XYMSTC
	LDP 取脉冲	上升沿检测运算开始	XYMSTC
	LDF 取脉冲	下降沿检测运算开始	XYMSTC
	AND 与	常开触点串联	XYMSTC
	ANI 与非	常闭触点串联	XYMSTC
	ANDP 与脉冲	上升沿检测串联连接	XYMSTC
	ANDF 与脉冲	下降沿检测串联连接	XYMSTC
	OR 或	常开触点并联	XYMSTC
	ORI 或非	常闭触点并联	XYMSTC

（续）

分类	指令名称助记符	功能	梯形图及可用软元件
触点指令	ORP 或脉冲	上升沿检测并联连接	XYMSTC
	ORF 或脉冲	下降沿检测并联连接	XYMSTC
连接指令	ANB 电路块与	并联电路块串联连接	
	ORB 电路块或	串联电路块并联连接	
	MPS 进栈	运算存储	MPS MRD MPP
	MRD 读栈	存储读出	
	MPP 出栈	存储读出与复位	
线圈输出类指令	OUT 输出	由于线圈输出	YMSTC
	SET 置位	用于线圈接通保持	SET YMS
	RST 复位	用于线圈复位	RST YMSTCD
	PLS 上升沿脉冲	上升沿微分检出	PLS YM
	PLF 下降沿脉冲	下降沿微分检出	PLF YM
其他指令	INV 反转	运算结果取反	INV
	NOP 无动作	无动作	变更程序中替代某些指令
	END 结束	顺控程序结束	顺控程序结束返回到 0 步

附录 B　FX 系列 PLC 应用指令一览表

分类	FNC NO.	指令助记符	指令表现形式	功　能
程序流程控制指令	00	CJ	⊢⊦———[CJ | Pn]	条件跳转：用于跳过顺序程序中的某一部分，这样可以减少扫描时间，并使"双线圈操作"成为可能
	01	CALL	⊢⊦———[CALL | Pn]	调用子程序：程序调用 [S·] 指针 Pn 指定的子程序。Pn（0~128）
	02	SRET	————[SRET]	子程序返回：从子程序返回主程序
	03	IRET	————[IRET]	中断返回
	04	ET	————[EI]	允许中断
	05	DI	————[DI]	禁止中断
	06	FEND	————[FEND]	程序结束
	07	WDT	⊢⊦———[WDT]	警戒时钟：顺控指令中执行监视定时器刷新
	08	FOR	————[FOR | S]	循环范围开始，重复 [S·] 次
	09	NEXT	————[NEXT]	循环范围终点，与 FOR 成对使用
传送和比较指令	10	CMP	⊢⊦———[CMP | S1 | S2 | D]	比较：[S1·] 同 [S2·] 比较→[D·]
	11	ZCP	⊢⊦———[ZCP | S1 | S2 | S | D]	区间比较：[S·] 同 [S1·] ~ [S2·] 比较→[D·]，[D·] 占 3 点
	12	MOV	⊢⊦———[MOV | S | D]	传送：[S·] → [D·]
	13	SMOV	⊢⊦———[SMOV | S | m1 | m2 | D | n]	移位传送：[S·] 第 m1 位开始的 m2 个数位移到 [D·] 的第 n 个位置，m1、m2、n = 1~4
	14	CML	⊢⊦———[CML | S | D]	取反传送：[S·] 取反→[D·]
	15	BMOV	⊢⊦———[BMOV | S | D | n]	成批传送：[S·] → [D·]（n 点→n 点），[S·] 包括文件寄存器，n≤512
	16	FMOV	⊢⊦———[FMOV | S | D | n]	多点传送：[S·] → [D·]（1 点→n 点）；n≤512
	17	XCH	⊢⊦———[XCH | D1 | D2]	数据交换：(D1) ↔ (D2)
	18	BCD	⊢⊦———[BCD | S | D]	BCD 变换 BIN：[S·] 16/32 位二进制数转换成 4/8 BCD→[D·]
	19	BIN	⊢⊦———[BIN | S | D]	BIN 转换

（续）

分类	FNC NO.	指令助记符	指令表现形式	功 能
四则运算及逻辑运算指令	20	ADD	ADD S1 S2 D	BIN 加法：(S1) + (S2) → (D)
	21	SUB	SUB S1 S2 D	BIN 减法：(S1) − (S2) → (D)
	22	MUL	MUL S1 S2 D	BIN 乘法：(S1) × (S2) → (D)
	23	DIV	DIV S1 S2 D	BIN 除法：(S1) ÷ (S2) → (D)
	24	INC	INC D	BIN 加 1：(D) + 1 → (D)
	25	DEC	DEC D	BIN 减 1：(D) − 1 → (D)
	26	WAND	WAND S1 S2 D	逻辑与：(S1) ∧ (S2) → (D)
	27	WOR	WOR S1 S2 D	逻辑或：(S1) ∨ (S2) → (D)
	28	WXOR	WXOR S1 S2 D	逻辑异或：(S1) ⊕ (S2) → (D)
	29	NEG	NEG D	求补码：(D) 按位取反 + 1 → (D)
循环移位与移位指令	30	ROR	ROR D n	循环右移：执行条件成立，[D·] 循环右移 n 位（高位→低位→高位）
	31	ROL	ROL D n	循环左移：执行条件成立，[D·] 循环左移 n 位（低位→高位→低位）
	32	RCR	RCR D n	带进位循环右移：[D·] 带进位循环右移 n 位（高位→低位→+进位→高位）
	33	RCL	RCL D n	带进位循环左移：[D·] 带进位循环左移 n 位（低位→高位→+进位→低位）
	34	SFTR	SFTR S D n1 n2	位右移：对于 [D·] 起始的 n1 位数据，右移 n2 位。移位后，将 [S·] 起始的 n2 位数据传送到 [D·] + n1 − n2 开始的 n2 中
	35	SFTL	SFTL S D n1 n2	位左移：n2 位 [S·] 左移→n1 位的 [D·]，低位进，高位溢出

（续）

分类	FNC NO.	指令助记符	指令表现形式	功　能
循环移位与移位指令	36	WSFR	┤├─[WSFR│S│D│n1│n2]	字右移：n2 字［S·］右移→［D·］开始的 n1 字，高字进，低字溢出
	37	WSFL	┤├─[WSFL│S│D│n1│n2]	字左移：n2 字［S·］左移→［D·］开始的 n1 字，低字进，高字溢出
	38	SFWR	┤├─[SFWR│S│D│n]	FIFO 写入：先进先出控制的数据写入，2≤n≤512
	39	SFRD	┤├─[SFRD│S│D│n]	FIFO 读出：先进先出控制的数据读出，2≤n≤512
数据处理指令	40	ZRST	┤├─[ZRST│D1│D2]	成批复位：［D1·］～［D2·］复位，［D1·］＜［D2·］
	41	DECO	┤├─[DECO│S│D│n]	解码：［S·］的 n（n=1～8）位二进制数解码为十进制数
	42	ENCO	┤├─[ENCO│S│D│n]	编码：［S·］的 2^n（n=1～8）位的最高"1"位代表的位数（十进制数）编码为二进制数后→［D·］
	43	SUM	┤├─[SUM│S│D]	求置 ON 位的总和：［S·］中"1"的数目存入［D·］
	44	BON	┤├─[BON│S│D│n]	ON 位判断：［S·］中第 n 位为 ON 时，［D·］为 ON（n=0～15）
	45	MEAN	┤├─[MEAN│S│D│n]	平均值：［S·］中 n 点平均值→［D·］（n=1～64）
	46	ANS	┤├─[ANS│S│m│D]	标志置位：若执行条件为 ON，［S·］中定时器定时 n 秒后，标志位［D·］置位。［D·］为 S900～S999
	47	ANR	┤├─[ANR]	标志复位：被置位的定时器复位
	48	SQR	┤├─[SQR│S│D]	二进制平方根：［S·］平方根值→［D·］
	49	FLT	┤├─[FLT│S│D]	二进制整数与二进制浮点数转换：［S·］内二进制整数→［D·］二进制浮点数

（续）

分类	FNC NO.	指令助记符	指令表现形式	功　能
高速处理指令	50	REF	⊢⊣—[REF | D | n]	输入输出刷新：指令执行，[D·] 立即刷新。[D·] 为 X000、X010、……、Y000、Y010、……，n 为 8、16、……、256
	51	REFF	⊢⊣—[REFF | n]	滤波调整：输入滤波时间调整为 n ms，刷新 X0 ~ X17，n = 0 ~ 60
	52	MTR	⊢⊣—[MTR | S | D1 | D2 | n]	矩阵输入（使用一次）：n 列 8 点数据以 [D1·] 输出的选通信号分时，将 [S·] 数据读入 [D2·]
	53	HSCS	⊢⊣—[HS/CS | S1 | S2 | D]	比较置位（高速计数）：[S1·] = [S2·] 时，[D·] 置位，中断输出到 Y，[S2·] 为 C235 ~ C255
	54	HSCR	⊢⊣—[HSCR | S1 | S2 | D]	比较复位（高速计数）：[S1·] = [S2·] 时，[D·] 复位，中断输出到 Y，[D·] = [S2·] 时，自复位
	55	HSZ	⊢⊣—[HSZ | S1 | S2 | S | D]	区间比较（高速计数）：[S·] 与 [S1·]、[S2·] 比较，结果驱动 [D·]
	56	SPD	⊢⊣—[SPD | S1 | S2 | D]	脉冲密度：在 [S2·] 时间内，将 [S1·] 输入脉冲存入 [D·]
	57	PLSY	⊢⊣—[PLSY | S1 | S2 | D]	脉冲输出（使用一次）：以 [S1·] 的频率从 [D·] 送出 [S2·] 个脉冲；[S1·] 范围为 1 ~ 1000Hz
	58	PWM	⊢⊣—[PWM | S1 | S2 | D]	脉宽调制（使用一次）：输出周期 [S2·]、脉冲宽度 [S1·] 的脉冲至 [D·]。周期为 1 ~ 32767ms，脉宽为 1 ~ 32767ms
	59	PLSR	⊢⊣—[PLSR | S1 | S2 | S3 | D]	可调速脉冲输出（使用一次）：[S1·] 最高频率：10 ~ 2000Hz；[S2·] 总输出脉冲数；[S3·] 增减速时间：500ms 以下；[D·] 脉冲输出

（续）

分类	FNC NO.	指令助记符	指令表现形式	功　能
方便指令	60	IST	├─┤├──────[IST │ S │ D1│ D2]	状态初始化（使用一次）：自动控制步进顺控中的状态初始化。[S·] 为运行模式的初始输入；[D1·] 为自动模式中的实用状态的最小号码；[D2·] 为自动模式中的实用状态的最大号码
	61	SER	├─┤├──────[SER │ S1│ S2│ D │ n]	查找数据：检索以 [S1·] 为起始的 n 个与 [S2·] 相同的数据，并将其个数存于 [D·]
	62	ABSD	├─┤├──────[ABSD│ S1│ S2│ D │ n]	绝对值式凸轮控制（使用一次）：对应 [S2·] 计数器的当前值，输出 [D·] 开始的 n 点由 [S1·] 内数据决定的输出波形
	63	INCD	├─┤├──────[INCD│ S1│ S2│ D │ n]	增量式凸轮控制（使用一次）：对应 [S2·] 计数器的当前值，输出 [D·] 开始的 n 点由 [S1·] 内数据决定的输出波形。[S2·] 的第二个计数器统计复位次数
	64	TTMR	├─┤├──────[TTMR│ D │ n]	示教定时器：用 [D·] 开始的第二个数据寄存器测定执行条件 ON 的时间，乘以 n 指定的倍率存入 [D·]，n 为 0~2
	65	STMR	├─┤├──────[STMR│ S │ m │ D]	特殊定时器：m 指定的值作为 [S·] 指定定时器的设定值，使 [D·] 指定的 4 个器件构成延时断开定时器、输入 ON→OFF 后的脉冲定时器、输入 OFF→ON 后的脉冲定时器、滞后输入信号向相反方向变化的脉冲定时器
	66	ALT	├─┤├──────[ALT │ D]	交替输出：每次执行条件由 OFF→ON 的变化时，[D·] 由 OFF→ON、ON→OFF……，交替输出
	67	RAMP	├─┤├──────[RAMP│ S1│ S2│ D │ n]	斜坡输出：[D·] 的内容从 [S1·] 的值到 [S2·] 的值慢慢变化，其变化时间为 n 个扫描周期。n 范围为 1~32767
	68	ROTC	├─┤├──────[ROTC│ S │ m1│ m2│ D]	旋转工作台控制（使用一次）：[S·] 指定开始的 D 为工作台位置检测计数寄存器，其次指定的 D 为取出位置号寄存器，m1 为分度区数，m2 为低速运行行程。完成上述设定，指令就自动在 [D·] 指定输出控制信号

（续）

分类	FNC NO.	指令助记符	指令表现形式	功 能
方便指令	69	SORT	⊢⊢—[SORT | S | m1 | m2 | D | n]—	表数据排列（使用一次）：[S·] 为排序表的首地址，m1 为行号，m2 为列号。指令将以 n 指定的列号，将数据大小开始进行整数排列，结果存入以 [D·] 指定的为首地址的目标元件中，形成新的排序表；m1 为 1~32，m2 为 1~6，n 为 1~m2
外部 I／O 设备指令	70	TKY	⊢⊢—[TKY | S | D1 | D2]—	十键输入（使用一次）：外部十键键号依次为 0~9，连接于 [S·]，每按一次键，其键号依次存入 [D1·]，[D2·] 指定的位元件依次为 ON
	71	HKY	⊢⊢—[HKY | S | D1 | D2 | D3]—	十六键输入（使用一次）：以 [D1·] 为选通信号，顺序将 [S·] 所按键号存入 [D2·]，每次按键以 BIN 码存入，超出上限 9999，溢出；按 A~F 键，[D3·] 指定位元件依次为 ON
	72	DSW	⊢⊢—[DSW | S | D1 | D2 | n]—	数字开关（使用二次）：四位一组（n＝1）或四位二组（n＝2）BCD，数字开关由 [S·] 输入，以 [D1·] 为选通信号，顺序将 [S·] 所按键号存入 [D2·]
	73	SEGD	⊢⊢—[SEGD | S | D]—	七段码译码：将 [S·] 低四位指定的 0~F 的数据译成七段码显示的数据格式存入 [D·]，[D·] 高 8 位不变
	74	SEGL	⊢⊢—[SEGL | S | D | n]—	带锁存七段码显示（使用二次）：四位一组（n＝0~3）或四位二组（n＝4~7）七段码，由 [D·] 的第二个四位为选通信号，顺序显示由 [S·] 经 [D·] 的第 1 个四位或 [D·] 的第 3 个四位输出的值
	75	ARWS	⊢⊢—[ARWS | S | D1 | D2 | n]—	方向开关（使用一次）：[D·] 指定的位移位与各位数值增减用的箭头开关，[D1·] 指定的元件中存放显示的二进制数，根据 [D2·] 指定的第 2 个四位输出的选通信号，依次从 [D2·] 指定的第 1 个四位输出显示。按位移开关，顺序选择所要显示位；按数值增减开关，[D1·] 数值由 0~9 或 9~0 变化。n 为 0~3，选择选通位

（续）

分类	FNC N0.	指令助记符	指令表现形式	功　能
外部 I／O 设备指令	76	ASC	`ASC S D`	ASCⅡ码转换：[S·] 存入微机输入 8 个字节以下的字母数字。指令执行后，将 [S·] 转换为 ASC 码后送到 [D·]
	77	PR	`PR S D`	ASCⅡ码打印（使用两次）：将 [S·] 的 ASCⅡ码→ [D·]
	78	FROM	`FROM m1 m2 D n`	BFM 读出：将特殊单元缓冲存储器（BFM）的 n 点数据读到 [D·]；m1 = 0 ~ 7，特殊单元特殊模块号；m2 = 0 ~ 31，缓冲存储器（BFM）号码；n = 1 ~ 32，传送点数
	79	TO	`TO m1 m2 S n`	写入 BFM：将可编程序控制器 [S·] 的 n 点数据写入特殊单元缓冲存储器（BFM），m1 = 0 ~ 7，特殊单元特殊模块号；m2 = 0 ~ 31，缓冲存储器（BFM）号码；n = 1 ~ 32，传送点数
外部设备指令	80	RS	`RS S m D n`	串行通信传递：使用功能扩展板进行发送接收串行数据 [S·] 为发送首地址，m 为发送点数，[D·] 为接收首地址，n 为接收点数。m、n 范围为 0 ~ 256
	81	PRUN	`PRUN S D`	八进制位传送：[S·] 转换为八进制，送到 [D·]
	82	ASCI	`ASCI S D n`	HEX→ASCⅡ变换：将 [S·] 内 HEX（十六进制）数据的各位转换成 ASCⅡ码向 [D·] 的高低 8 位传送。传送的字符数由 n 指定，n 范围为 1 ~ 256
	83	HEX	`HEX S D n`	ASCⅡ→HEX 变换：将 [S·] 内高低 8 位的 ASCⅡ（十六进制）数据的各位转换成 HEX 向 [D·] 的高低 8 位传送。传送的字符数由 n 指定，n 范围为 1 ~ 256
	84	CCD	`CCD S D n`	检验码：用于通信数据的校验。以 [S·] 指定的元件为起始的 n 点数据，垂直校验与奇偶校验送到 [D·] 与 [D·] + 1 的元件中
	85	VRRD	`VRRD S D`	模拟量输入：将 [S·] 指定的模拟量设定模块的开关模拟值 0 ~ 255 转换成 8 位 BIN 传送到 [D·]
	86	VRSC	`VRSC S D`	模拟量开关设定：[S·] 指定的开关刻度 0 ~ 10 转换为 8 位 BIN 传送到 [D·]，[S·]：开关号码 0 ~ 7

分类	FNC NO.	指令助记符	指令表现形式	功　　能
外部设备指令	87	PID	├┤─[PID │S1│S2│S3│D]─	PID 电路运算：[S1·] 设定目标值，[S2·] 设定测定当前值；[S3·] ～ [S3·] +6 设定控制参数值；执行程序，运算结果被存入 [D·]；[S3·]：D0 ～ D975

附录 C　FX 系列 PLC 触点式比较指令一览表

触点式比较指令（FNC220 ～ FNC249）有别于其他比较指令，它本身就像触点一样，而这些触点的通、断取决于比较条件是否成立。若比较条件成立则触点就导通，反之就断开。这样，这些比较指令就像普通触点一样放在程序的横线上，故又称为线上比较指令。按指令在线上的位置分为以下 3 大类。

类别	FNC NO.	指令助记符	指令表现形式	导通条件	不导通条件
LD 类比较触点	224	LD=	├─[LD= │S1│S2]──[ ]─	[S1·] = [S2·]	[S1·] ≠ [S2·]
	225	LD>	├─[LD> │S1│S2]──( )─	[S1·] > [S2·]	[S1·] ≤ [S2·]
	226	LD<	├─[LD< │S1│S2]──( )─	[S1·] < [S2·]	[S1·] ≥ [S2·]
	228	LD<>	├─[LD<> │S1│S2]──( )─	[S1·] ≠ [S2·]	[S1·] = [S2·]
	229	LD≤	├─[LD<= │S1│S2]──( )─	[S1·] ≤ [S2·]	[S1·] > [S2·]
	230	LD≥	├─[LD>= │S1│S2]──( )─	[S1·] ≥ [S2·]	[S1·] < [S2·]
AND 类比较触点	232	AND=	├┤─[AND= │S1│S2]──( )─	[S1·] = [S2·]	[S1·] ≠ [S2·]
	233	AND>	├┤─[AND> │S1│S2]──( )─	[S1·] > [S2·]	[S1·] ≤ [S2·]
	234	AND<	├┤─[AND< │S1│S2]──( )─	[S1·] < [S2·]	[S1·] ≥ [S2·]
	236	AND<>	├┤─[AND<> │S1│S2]──( )─	[S1·] ≠ [S2·]	[S1·] = [S2·]
	237	AND≤	├┤─[AND<= │S1│S2]──( )─	[S1·] ≤ [S2·]	[S1·] > [S2·]
	238	AND≥	├┤─[AND>= │S1│S2]──( )─	[S1·] ≥ [S2·]	[S1·] < [S2·]

（续）

类别	FNC NO.	指令助记符	指令表现形式	导通条件	不导通条件
OR 类比较触点	240	OR =	OR= S1 S2	[S1·] ＝ [S2·]	[S1·] ≠ [S2·]
	241	OR >	OR> S1 S2	[S1·] ＞ [S2·]	[S1·] ≤ [S2·]
	242	OR <	OR< S1 S2	[S1·] ＜ [S2·]	[S1·] ≥ [S2·]
	244	OR < >	OR<> S1 S2	[S1·] ≠ [S2·]	[S1·] ＝ [S2·]
	245	OR ≤	OR<= S1 S2	[S1·] ≤ [S2·]	[S1·] ＞ [S2·]
	246	OR ≥	OR>= S1 S2	[S1·] ≥ [S2·]	[S1·] ＜ [S2·]

附录 D FX2N 系列 PLC 的特殊软元件

1. PLC 的状态（见附表 D-1）

附表 D-1 FX2N 系列 PLC 的状态

元件号/名称	动作功能	元件号/名称	寄存器内容
§M8000 RUN 监控常开触点		D8000 警戒时钟	初始设置值 200ms（PLC 电源接通时将 ROM 中的初始数据写入），可以 1ms 为增量单位改写
§M8001 RUN 监控常闭触点		D8001 PLC 型号及系统版本	
§M8002 初始脉冲常开触点		D8002 存储器容量	002：2K 步；004：4K 步；008：8K 步
§M8003 初始脉冲常闭触点	扫描时间	D8003 存储器类型	RAM/EEPROM/EPROM 内装/外接存储卡保护开关 ON/OFF 状态

（续）

元件号/名称	动作功能	元件号/名称	寄存器内容
§ M8004 出错	M8060 和/或 M8067 接通时为 ON	D8004 出错 M 编号	8060～8068（M8004 ON）
§ M8005 电池电压低	电池电压异常低时动作	D8005 电池电压	当前电压值（BCD 码），以 0.1V 为单位
§ M8006 电池电压 低锁存	检出低电压后，若 ON，则将其值锁存	D8006 电池电压 低时电压	初始值：3.0V，PLC 通电时由系统 ROM 送入
§ M8007 电池瞬停检出	M8007 ON 的时间比 D8008 中数据短，则 PLC 将继续运行	D8007 瞬停次数	存储 M8007 ON 的次数，关电后数据全清
§ M8008 停电检出	若 ON→OFF，就复位	D8008 停电 检出时间	初始值 10ms（1ms 为单位）通电时，读入系统 ROM 中数据
§ M8009 DC24V 关断	基本单元、扩展单元、扩展块的任一DC24V 电源关断则接通	D8009 DC24V 关断 的单元号	写入 DC24V 关断的基本单元、扩展单元、扩展块中最小的输入元件号

注：1. 用户程序不能驱动标有"§"记号的元件。

　　2. 除非另有说明，D 中的数据通常用十进制表示。

　　3. 当用 220V 交流电源供电时，D8008 中的电源停电时间检测周期可用程序在 10～100ms 之内修改。

2. 时钟（M8010～M8019、D8010～D8019，见附表 D-2）

附表 D-2　时钟（M8010～M8019、D8010～D8019）

元件号/名称	动作功能	元件号/名称	寄存器内容
M8010		D8010 当前扫描 时间	当前扫描周期时间（以 0.1ms 为单位）
M8011/10ms 时钟	每 10ms 发一脉冲	D8011 最小扫描 时间	扫描时间的最小值（以 0.1ms 为单位）
M8012/100ms 时钟	每 100ms 发一脉冲	D8012 最大扫描 时间	扫描时间的最大值[1]（以 0.1ms 为单位）
M8013/1s 时钟	每 1s 发一脉冲	D8013	RTC[2] 秒数据 0～59
M8014/1min 时钟	每 1min 发一脉冲	D8014	RTC 分数据 0～59
M8015	ON，RTC 停走	D8015	RTC 时数据 0～23
M8016	ON，D8013～D8019 冻结 RYTC 仍正常行走	D8016	RTC 日期数据 1～31
M8017	ON 分钟取整数	D8017	RTC 月数据 1～12
M8018	ON 表示 RTC 安装完成	D8018	RTC 年数据 0～99
M8019	时钟数据设置超范围	D8019	RTC 星期几数据 0～6

[1]　不包括在 M8039 接通时的定时扫描等待时间。

[2]　RTC 为实时时钟。

3. 标志（M8020 ~ M8029、D8020 ~ D8029，见附表 D-3）

附表 D-3　标志（M8020 ~ M8029、D8020 ~ D8029）

元件号/名称	动作功能	元件号/名称	寄存器内容
M8020 零标志	加减运算结果为"0"时置位	D8020	X0 ~ X17 输入滤波时间常数 0 ~ 60
M8021 错位标志	减运算结果小于最小负数值时置位	D8021	
M8022 进位标志	加运算有进位或结果溢出时置位	D8022	
M8024	BMOV 方向指定 FNC15	D8024	
M8025	外部复位 HSC 方式	D8025	
M8026	RAMP 保持方式	D8026	
M8027	PR16 数据方式	D8027	
M8028	执行 FROM/TO 过程中中断允许	D8028	Z0 数据寄存器
M8029	指令完成时置位如 DSW 指令	D8029	V0 数据寄存器

4. PLC 方式（M8030 ~ M8039、D8030 ~ D8039，见附表 D-4）

附表 D-4　标志（M8020 ~ M8029、D8020 ~ D8029）

元件号/名称	动作功能	元件号/名称
M8030 电池欠电压 LED 灯灭	M8030 接通后即使电池电压低，PLC 面板上的 LED 灯也不亮	D8030
M8031 全清非保持存储器	M8031 和 M8032 为 ON 时，Y、M、S、T 和 C 的映像寄存器及 T、D、C 的当前值寄存器全部清零。由系统 ROM 置预置值的数据寄存器的文件寄存器中的内容不受影响	D8031
M8032 全清保持存储器		D8032
M8033 存储器保持	PLC 由 RUN→STOP 时，映像寄存器及数据寄存器中的数据全部保留	D8033
M8034 禁止所有输出	虽然外部输出端全为"OFF"，但 PLC 中的程序及映像寄存器仍在运行	D8034
M8035[①] 强制 RUN 方式		D8035
M8036[①] 强制 RUN 信号	用 M8035、M8036、M8037 可实现双开关控制 PLC 起/停。即 RUN 为起动按钮，X00 为停止按钮[②]	D8036
M8037[①] 强制 STOP 信号		D8037
M8038	通信参数设置标志	D8038
M8039 定时扫描方式	M8039 接通后，PLC 以定时扫描方式运行，扫描时间由 D8039 设定	D8039

① PLC 由 RUN→STOP 时，标有 1 的 M 继电器关断。

② 无论 RUN 输入是否为 ON，当 M8035 或 M8036 由编程器强制为 ON 时，PLC 运行。PLC 运行时，若 M8037 强制置 OFF，则 PLC 停止运行。

5. 步进顺控（M8040 ~ M8049、D8040 ~ D8049，见附表 D-5）

附表 D-5　标志（M8040 ~ M8049、D8040 ~ D8049）

元件号/名称	操作/功能	元件号/名称	寄存内容
M8040 禁止状态转移	M8040 接通时禁止状态转移	D8040ON 状态编号 1	状态 S0 ~ S999 中正在动作的状态的最小编号，存在 D8040 中，其他动作的状态号由小到大依次存在 D8041 ~ D8047 中（最多 8 个）
M8041① 状态转移开始	自动方式时从初始状态开始转移	D8041ON 状态编号 2	
M8042 起动脉冲	起动输入时的脉冲输入	D8042ON 状态编号 3	
M8043① 回原点完成	原点返回方式结束后接通	D8043ON 状态编号 4	
M8044① 原点条件	检测到机械原点时动作	D8044ON 状态编号 5	
M8045 禁止输出复位	方式切换时，不执行全部输出的复位	D8045ON 状态编号 6	
M8046STL 状态置 ON	M8047ON 时若 S0 ~ S899 中任一接通则 ON	D8046ON 状态编号 7	
M8047STL 状态监控	接通后 D8040 ~ D8047 有效	D8047ON 状态编号 8	
M8048 报警器接通	M8049 接通后 S900 ~ S999 中任一 ON 时接通	D8048	
M8049 报警器有效	接通时 D8049 的操作有效	D8049ON 状态最小编号	存储报警器 S900 ~ S999 中 ON 的最小编号

注：执行 END 指令时，所有与 STL 状态相连的数据寄存器都被刷新。

① PLC 由 RUN→STOP 时，M 继电器关断。

6. 出错检测（M8060 ~ M8069、D8060 ~ D8069，见附表 D-6）

附表 D-6　标志（M8060 ~ M8069、D8060 ~ D8069）

编号	名称	PROGE 灯	PLC 状态	数据寄存器内容
M8060	I/O 编号错	OFF	RUN	引起 I/O 编号错的第一个 I/O 元件号①
M8061	PLC 硬件错	闪动	STOP	PLC 硬件出错码编号
M8062	PLC/PP 通信错	OFF	RUN	PLC/PP 通信错的错码编号
M8063②	并联通信错	OFF	RUN	并联通信错的错码编号
M8064	参数错	闪动	STOP	参数错的错码编号
M8065	语法错	闪动	STOP	语法错的错码编号
M8066	电路错	闪动	STOP	电路错的错码编号
M8067②	操作错	OFF	RUN	操作错的错码编号
M8068	操作错锁存	OFF	RUN	操作错的步序编号（锁存）
M8069	I/O 总线检查③	—	—	M8065 ~ M8067 错误的步序号

① 如果对应于程序中所编的 I/O 号（基本单元、扩展单元、扩展模块上的）并未装在机上，则 M8060 置 ON，其最小元件号写入 D8060 中。

② 当 PLC 由 STOP→ON 时断开。

③ M8069 接通后，执行 I/O 总线校验，如果出错，将写入出错码 6013 且 M8061 置 ON。

参 考 文 献

[1]　王淑玲. PLC 基础与实训. 北京. 中国劳动社会保障出版社, 2010.

[2]　覃斌. PLC 基础与实训（学生指导用书）. 北京：中国劳动社会保障出版社, 2010.

[3]　杨杰忠, 王淑玲. PLC 基础与实训（教师用书）. 北京：中国劳动社会保障出版社, 2011.

[4]　吴启红. 变频器、可编程序控制器及触摸屏综合应用技术实操指导书. 北京：机械工业出版社, 2010.

[5]　方爱平. PLC 与变频器技能实训（项目式教学）. 北京：高等教育出版社, 2011.

[6]　杨玲. PLC 与变频器技术项目实训. 2 版. 北京：高等教育出版社, 2011.

机 械 工 业 出 版 社

教师服务信息表

尊敬的教师：

您好！感谢您多年来对机械工业出版社的支持与厚爱！为了进一步提高我社教材的出版质量，更好地为职业教育的发展服务，欢迎您对我社的教材多提宝贵意见和建议。另外，如果您在教学中选用了《PLC 应用技术（三菱）（任务驱动模式)》（杨杰忠　主编）一书，我们将为您免费提供与本书配套的电子课件。

一、基本信息

姓名：＿＿＿＿＿＿＿性别：＿＿＿＿＿＿职称：＿＿＿＿＿＿职务：＿＿＿＿＿＿

学校：＿＿＿＿＿＿＿＿＿＿＿＿＿＿＿＿＿＿＿＿＿系部：＿＿＿＿＿＿

地址：＿＿＿＿＿＿＿＿＿＿＿＿＿＿＿＿＿＿＿＿＿邮编：＿＿＿＿＿＿

任教课程：＿＿＿＿＿＿＿电话：＿＿＿＿＿（O）＿手机：＿＿＿＿＿＿

电子邮件：＿＿＿＿＿＿＿qq：＿＿＿＿＿＿＿＿＿msn：＿＿＿＿＿＿

二、您对本书的意见及建议

（欢迎您指出本书的疏误之处）

三、您近期的著书计划

请与我们联系：

100037　北京市西城区百万庄大街 22 号机械工业出版社·技能教育分社　　陈玉芝

Tel：010 – 88379079

Fax：010 – 68329397

E – mail：cyztian@ gmail. com 或 cyztian@ 126. com